第2版

Hadoop in Action. Second Edition

Hadoop实战

陆嘉恒 著

U0352449

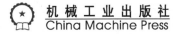

机械工业出版社
China Machine Press

本书能满足读者全面学习最新的 Hadoop 技术及其相关技术（Hive、HBase 等）的需求，是一本系统且极具实践指导意义的 Hadoop 工具书和参考书。第 1 版上市后广受好评，被誉为学习 Hadoop 技术的经典著作之一。与第 1 版相比，第 2 版技术更新颖，所有技术都针对最新版进行了更新；内容更全面，几乎每一个章节都增加了新内容，而且增加了新的章节；实战性更强，案例更丰富；细节更完美，对第 1 版中存在的缺陷和不足进行了修正。

本书内容全面，对 Hadoop 整个技术体系进行了全面的讲解，不仅包括 HDFS、MapReduce、YARN 等核心内容，而且还包括 Hive、HBase、Mahout、Pig、ZooKeeper、Avro、Chukwa 等与 Hadoop 技术相关的重要内容。实战性强，不仅为各个知识点精心设计了大量经典的小案例，而且还包括 Yahoo! 等多个大公司的企业级案例，可操作系极强。

全书一共 19 章：第 1~2 章首先对 Hadoop 进行了全方位的宏观介绍，然后介绍了 Hadoop 在三大主流操作系统平台上的安装与配置方法；第 3~6 章分别详细讲解了 MapReduce 计算模型、MapReduce 的工作机制、MapReduce 应用的开发方法，以及多个精巧的 MapReduce 应用案例；第 7 章全面讲解了 Hadoop 的 I/O 操作；第 8 章对 YARN 进行了介绍；第 9 章对 HDFS 进行了详细讲解和分析；第 10 章细致地讲解了 Hadoop 的管理；第 11~17 章对 Hadoop 大生态系统中的 Hive、HBase、Mahout、Pig、ZooKeeper、Avro、Chukwa 等技术进行了详细的讲解；第 18 章讲解了 Hadoop 的各种常用插件，以及 Hadoop 插件的开发方法；第 19 章分析了 Hadoop 在 Yahoo!、eBay、百度、Facebook 等企业中的应用案例。

图书在版编目（CIP）数据

Hadoop 实战 / 陆嘉恒著 . —2 版 . —北京：机械工业出版社，2012.11（2019.2 重印）

ISBN 978-7-111-39583-6

I. H⋯　Ⅱ. 陆⋯　Ⅲ. 数据处理－应用软件　Ⅳ. TP274

中国版本图书馆 CIP 数据核字（2012）第 208678 号

机械工业出版社（北京市西城区百万庄大街 22 号　邮政编码　100037）
责任编辑：孙海亮
北京市荣盛彩色印刷有限公司印刷
2019 年 2 月第 2 版第 15 次印刷
186mm×240mm • 32.25 印张
标准书号：ISBN 978-7-111-39583-6
定价：79.00 元

凡购本书，如有缺页、倒页、脱页，由本社发行部调换
客服热线：(010) 88379426；88361066
购书热线：(010) 68326294；88379649；68995259
投稿热线：(010) 88379604
读者信箱：hzit@hzbook.com

前　言

为什么写这本书

　　计算技术已经改变了我们的工作、学习和生活。分布式的云计算技术是当下 IT 领域最热门的话题之一，它通过整合资源，为降低成本和能源消耗提供了一种简化、集中的计算平台。这种低成本、高扩展、高性能的特点促使其迅速发展，遍地开发，悄然改变着整个行业的面貌。社会各界对云计算的广泛研究和应用无疑证明了这一点：在学术界，政府和很多高校十分重视对云计算技术的研究和投入；在产业界，各大 IT 公司也在研究和开发相关的云计算产品上投入了大量的资源。这些研究和应用推动与云计算相关的新兴技术和产品不断涌现，传统的信息服务产品向云计算模式转型。

　　Hadoop 作为 Apache 基金会的开源项目，是云计算研究和应用最具代表性的产品。Hadoop 分布式框架为开发者提供了一个分布式系统的基础架构，用户可以在不了解分布式系统底层细节的情况下开发分布式的应用，充分利用由 Hadoop 统一起来的集群存储资源、网络资源和计算资源，实现基于海量数据的高速运算和存储。

　　在编写本书第一版时，鉴于 Hadoop 技术本身和应用环境较为复杂，入门和实践难度较大，而关于 Hadoop 的参考资料又非常少，笔者根据自己的实际研究和使用经历，理论与实践并重，从基础出发，为读者全面呈现了 Hadoop 的相关知识，旨在为 Hadoop 学习者提供一本工具书。但是时至今日，Hadoop 的版本已从本书第一版介绍的 0.20 升级至正式版 1.0，读者的需求也从入门发展到更加深入地了解 Hadoop 的实现细节，了解 Hadoop 的更新和发展的趋势，了解 Hadoop 在企业中的应用。虽然本书第一版受到广大 Hadoop 学习者的欢迎，但是为了保持对最新版 Hadoop 的支持，进一步满足读者的需求，继续推动 Hadoop 技术在国内的普及和发展，笔者不惜时间和精力，搜集资料，亲自实践，编写了本书第二版。

第 2 版与第 1 版的区别

基于 Hadoop 1.0 版本和相关项目的最新版，本书在第 1 版的基础上进行了更新和调整：

□ 每章都增加了新内容（如第 1 章增加了与 Hadoop 安全相关的知识，第 2 增加了在 Max OS X 系统上安装 Hadoop 的介绍，第 9 章增加了 WebHDFS 等）；

□ 部分章节深入剖析了 Hadoop 源码；

□ 增加了对 Hadoop 接口及实践方面的介绍（附录 C 和附录 D）；

□ 增加了对下一代 MapReduce 的介绍（第 8 章）；

□ 将企业应用介绍移到本书最后并更新了内容（第 19 章）；

□ 增加了对 Hadoop 安装和代码执行的集中介绍（附录 B）。

本书面向的读者

在编写本书时，笔者力图使不同背景、职业和层次的读者都能从这本书中获益。

如果你是专业技术人员，本书将带领你深入云计算的世界，全面掌握 Hadoop 及其相关技术细节，帮助你使用 Hadoop 技术解决当前面临的问题。

如果你是系统架构人员，本书将成为你搭建 Hadoop 集群、管理集群，并迅速定位和解决问题的工具书。

如果你是高等院校计算机及相关专业的学生，本书将为你在课堂之外了解最新的 IT 技术打开了一扇窗户，帮助你拓宽视野，完善知识结构，为迎接未来的挑战做好知识储备。

在学习本书之前，大家应该具有如下的基础：

□ 要有一定的分布式系统的基础知识，对文件系统的基本操作有一定的了解。

□ 要有一定的 Linux 操作系统的基础知识。

□ 有较好的编程基础和阅读代码的能力，尤其是要能够熟练使用 Java 语言。

□ 对数据库、数据仓库、系统监控，以及网络爬虫等知识最好也能有一些了解。

如何阅读本书

从整体内容上讲，本书包括 19 章和 4 个附录。前 10 章、第 18 章、第 19 章和 4 个附录主要介绍了 Hadoop 背景知识、Hadoop 集群安装和代码执行、MapReduce 机制及编程知识、HDFS 实现细节及管理知识、Hadoop 应用。第 11 章至第 17 章结合最新版本详细介绍了与 Hadoop 相关的其他项目，分别为 Hive、HBase、Mahout、Pig、ZooKeeper、Avro、Chukwa，以备读者扩展知识面之用。

在阅读本书时，笔者建议大家先系统地学习 Hadoop 部分的理论知识（第 1 章、第 3 章、第 6 章至第 10 章），这样可对 Hadoop 的核心内容和实现机制有一个很好的理解。在此基础上，读者可进一步学习 Hadoop 部分的实践知识（第 2 章、第 4 章、第 5 章、第 18 章、第 19 章和 4 个附录），尝试搭建自己的 Hadoop 集群，编写并运行自己的 MapReduce 代码。对于本书中关于 Hadoop 相关项目的介绍，大家可以有选择地学习。在内容的编排上，各章的知识点是相对独立的，是并行的关系，因此大家可以有选择地进行学习。当然，如果时间允许，还是建议大家系统地学习全书的内容，这样能够对 Hadoop 系统的机制有一个完整而系统的理解，为今后深入地研究和实践 Hadoop 及云计算技术打下坚实的基础。

另外，笔者希望大家在学习本书时能一边阅读，一边根据书中的指导动手实践，亲自实践本书中所给出的编程范例。例如，先搭建一个自己的云平台，如果条件受限，可以选择伪分布的方式。

在线资源及勘误

在本书的附录中，提供了一个基于 Hadoop 的云计算在线测试平台（http://cloud-computing.ruc.edu.cn），大家可以先注册一个免费账户，然后即可体验 Hadoop 平台，通过该平台大家可在线编写 MapReduce 应用并进行自动验证。如果大家希望获得该平台的验证码，或者希望获得完全编程测试和理论测试的权限，请发邮件到 jiahenglu@gmail.com。读者也可访问 Hadoop 的官方网站（hadoop.apache.org）阅读官方介绍文档，下载学习示例代码。

在本书的撰写和相关技术的研究中，尽管笔者投入了大量的精力、付出了艰辛的努力，但是受知识水平所限，书中存在不足和疏漏之处在所难免，恳请大家批评指正。如果有任何问题和建议，可发送电子邮件至 jiahenglu@gmail.com 或 jiahenglu@ruc.edu.cn。

致谢

在本书的编写过程中，很多 Hadoop 方面的实践者和研究者做了大量的工作，他们是冯博亮、程明、徐文韬、张林林、朱俊良、许翔、陈东伟、谭果、林春彬等，在此表示感谢。

陆嘉恒

2012 年 6 月于北京

目 录

第 13 章　Mahout 详解 /284

XVI

第 1 章

Hadoop 简介

本章内容

1.1 什么是 Hadoop

1.1.1 Hadoop 概述

Hadoop 是 Apache 软件基金会旗下的一个开源分布式计算平台。以 Hadoop 分布式文件系统（Hadoop Distributed File System，HDFS）和 MapReduce（Google MapReduce 的开源实现）为核心的 Hadoop 为用户提供了系统底层细节透明的分布式基础架构。HDFS 的高容错性、高伸缩性等优点允许用户将 Hadoop 部署在低廉的硬件上，形成分布式系统；MapReduce 分布式编程模型允许用户在不了解分布式系统底层细节的情况下开发并行应用程序。所以用户可以利用 Hadoop 轻松地组织计算机资源，从而搭建自己的分布式计算平台，并且可以充分利用集群的计算和存储能力，完成海量数据的处理。经过业界和学术界长达 10 年的锤炼，目前的 Hadoop 1.0.1 已经趋于完善，在实际的数据处理和分析任务中担当着不可替代的角色。

1.1.2 Hadoop 的历史

Hadoop 的源头是 Apache Nutch，该项目始于 2002 年，是 Apache Lucene 的子项目之一。2004 年，Google 在"操作系统设计与实现"（Operating System Design and Implementation，OSDI）会议上公开发表了题为 *MapReduce: Simplified Data Processing on Large Clusters*（《MapReduce: 简化大规模集群上的数据处理》）的论文之后，受到启发的 Doug Cutting 等人开始尝试实现 MapReduce 计算框架，并将它与 NDFS（Nutch Distributed File System）结合，用以支持 Nutch 引擎的主要算法。由于 NDFS 和 MapReduce 在 Nutch 引擎中有着良好的应用，所以它们于 2006 年 2 月被分离出来，成为一套完整而独立的软件，并命名为 Hadoop。到了 2008 年年初，Hadoop 已成为 Apache 的顶级项目，包含众多子项目。它被应用到包括 Yahoo! 在内的很多互联网公司。现在的 Hadoop1.0.1 版本已经发展成为包含 HDFS、MapReduce 子项目，与 Pig、ZooKeeper、Hive、HBase 等项目相关的大型应用工程。

1.1.3 Hadoop 的功能与作用

我们为什么需要 Hadoop 呢？众所周知，现代社会的信息增长速度很快，这些信息中又积累着大量数据，其中包括个人数据和工业数据。预计到 2020 年，每年产生的数字信息中将会有超过 1/3 的内容驻留在云平台中或借助云平台处理。我们需要对这些数据进行分析处理，以获取更多有价值的信息。那么我们如何高效地存储管理这些数据、如何分析这些数据呢？这时可以选用 Hadoop 系统。在处理这类问题时，它采用分布式存储方式来提高读写速度和扩大存储容量；采用 MapReduce 整合分布式文件系统上的数据，保证高速分析处理数据；与此同时还采用存储冗余数据来保证数据的安全性。

Hadoop 中的 HDFS 具有高容错性，并且是基于 Java 语言开发的，这使得 Hadoop 可以部署在低廉的计算机集群中，同时不限于某个操作系统。Hadoop 中 HDFS 的数据管理能力、

MapReduce 处理任务时的高效率以及它的开源特性，使其在同类分布式系统中大放异彩，并在众多行业和科研领域中被广泛应用。

1.1.4　Hadoop 的优势

Hadoop 是一个能够让用户轻松架构和使用的分布式计算平台。用户可以轻松地在 Hadoop 上开发运行处理海量数据的应用程序。它主要有以下几个优点：

- □ 高可靠性。Hadoop 按位存储和处理数据的能力值得人们信赖。
- □ 高扩展性。Hadoop 是在可用的计算机集簇间分配数据完成计算任务的，这些集簇可以方便地扩展到数以千计的节点中。
- □ 高效性。Hadoop 能够在节点之间动态地移动数据，以保证各个节点的动态平衡，因此其处理速度非常快。
- □ 高容错性。Hadoop 能够自动保存数据的多份副本，并且能够自动将失败的任务重新分配。

1.1.5　Hadoop 应用现状和发展趋势

由于 Hadoop 优势突出，基于 Hadoop 的应用已经遍地开花，尤其是在互联网领域。Yahoo! 通过集群运行 Hadoop，用以支持广告系统和 Web 搜索的研究；Facebook 借助集群运行 Hadoop 来支持其数据分析和机器学习；搜索引擎公司百度则使用 Hadoop 进行搜索日志分析和网页数据挖掘工作；淘宝的 Hadoop 系统用于存储并处理电子商务交易的相关数据；中国移动研究院基于 Hadoop 的"大云"（BigCloud）系统对数据进行分析并对外提供服务。

2008 年 2 月，作为 Hadoop 最大贡献者的 Yahoo! 构建了当时最大规模的 Hadoop 应用。他们在 2000 个节点上面执行了超过 1 万个 Hadoop 虚拟机器来处理超过 5PB 的网页内容，分析大约 1 兆个网络连接之间的网页索引资料。这些网页索引资料压缩后超过 300TB。Yahoo! 正是基于这些为用户提供了高质量的搜索服务。

Hadoop 目前已经取得了非常突出的成绩。随着互联网的发展，新的业务模式还将不断涌现，Hadoop 的应用也会从互联网领域向电信、电子商务、银行、生物制药等领域拓展。相信在未来，Hadoop 将会在更多的领域中扮演幕后英雄，为我们提供更加快捷优质的服务。

1.2　Hadoop 项目及其结构

现在 Hadoop 已经发展成为包含很多项目的集合。虽然其核心内容是 MapReduce 和 Hadoop 分布式文件系统，但与 Hadoop 相关的 Common、Avro、Chukwa、Hive、HBase 等项目也是不可或缺的。它们提供了互补性服务或在核心层上提供了更高层的服务。图 1-1 是 Hadoop 的项目结构图。

下面将对 Hadoop 的各个关联项目进行更详细的介绍。

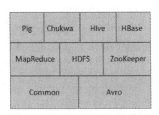

图 1-1　Hadoop 项目结构图

1）Common：Common 是为 Hadoop 其他子项目提供支持的常用工具，它主要包括 FileSystem、RPC 和串行化库。它们为在廉价硬件上搭建云计算环境提供基本的服务，并且会为运行在该平台上的软件开发提供所需的 API。

2）Avro：Avro 是用于数据序列化的系统。它提供了丰富的数据结构类型、快速可压缩的二进制数据格式、存储持久性数据的文件集、远程调用 RPC 的功能和简单的动态语言集成功能。其中代码生成器既不需要读写文件数据，也不需要使用或实现 RPC 协议，它只是一个可选的对静态类型语言的实现。

Avro 系统依赖于模式（Schema），数据的读和写是在模式之下完成的。这样可以减少写入数据的开销，提高序列化的速度并缩减其大小；同时，也可以方便动态脚本语言的使用，因为数据连同其模式都是自描述的。

在 RPC 中，Avro 系统的客户端和服务端通过握手协议进行模式的交换，因此当客户端和服务端拥有彼此全部的模式时，不同模式下相同命名字段、丢失字段和附加字段等信息的一致性问题就得到了很好的解决。

3）MapReduce：MapReduce 是一种编程模型，用于大规模数据集（大于 1TB）的并行运算。映射（Map）、化简（Reduce）的概念和它们的主要思想都是从函数式编程语言中借鉴而来的。它极大地方便了编程人员——即使在不了解分布式并行编程的情况下，也可以将自己的程序运行在分布式系统上。MapReduce 在执行时先指定一个 Map（映射）函数，把输入键值对映射成一组新的键值对，经过一定处理后交给 Reduce，Reduce 对相同 key 下的所有 value 进行处理后再输出键值对作为最终的结果。

图 1-2 是 MapReduce 的任务处理流程图，它展示了 MapReduce 程序将输入划分到不同的 Map 上、再将 Map 的结果合并到 Reduce、然后进行处理的输出过程。详细介绍请参考本章 1.3 节。

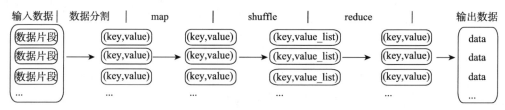

图 1-2　MapReduce 的任务处理流程图

4）HDFS：HDFS 是一个分布式文件系统。因为 HDFS 具有高容错性（fault-tolerent）的特点，所以它可以设计部署在低廉（low-cost）的硬件上。它可以通过提供高吞吐率（high throughput）来访问应用程序的数据，适合那些有着超大数据集的应用程序。HDFS 放宽了对可移植操作系统接口（POSIX，Portable Operating System Interface）的要求，这样可以实现以流的形式访问文件系统中的数据。HDFS 原本是开源的 Apache 项目 Nutch 的基础结构，最后它却成为了 Hadoop 基础架构之一。

以下几个方面是 HDFS 的设计目标：

❑ 检测和快速恢复硬件故障。硬件故障是计算机常见的问题。整个 HDFS 系统由数百甚至数千个存储着数据文件的服务器组成。而如此多的服务器则意味着高故障率，因此，故障的检测和快速自动恢复是 HDFS 的一个核心目标。

❑ 流式的数据访问。HDFS 使应用程序流式地访问它们的数据集。HDFS 被设计成适合进行批量处理，而不是用户交互式处理。所以它重视数据吞吐量，而不是数据访问的反应速度。

❑ 简化一致性模型。大部分的 HDFS 程序对文件的操作需要一次写入，多次读取。一个文件一旦经过创建、写入、关闭就不需要修改了。这个假设简化了数据一致性问题和高吞吐量的数据访问问题。

❑ 通信协议。所有的通信协议都是在 TCP/IP 协议之上的。一个客户端和明确配置了端口的名字节点（NameNode）建立连接之后，它和名字节点的协议便是客户端协议（Client Protocal）。数据节点（DataNode）和名字节点之间则用数据节点协议（DataNode Protocal）。

关于 HDFS 的具体介绍请参考本章 1.3 节。

5）Chukwa：Chukwa 是开源的数据收集系统，用于监控和分析大型分布式系统的数据。Chukwa 是在 Hadoop 的 HDFS 和 MapReduce 框架之上搭建的，它继承了 Hadoop 的可扩展性和健壮性。Chukwa 通过 HDFS 来存储数据，并依赖 MapReduce 任务处理数据。Chukwa 中也附带了灵活且强大的工具，用于显示、监视和分析数据结果，以便更好地利用所收集的数据。

6）Hive：Hive 最早是由 Facebook 设计的，是一个建立在 Hadoop 基础之上的数据仓库，它提供了一些用于对 Hadoop 文件中的数据集进行数据整理、特殊查询和分析存储的工具。Hive 提供的是一种结构化数据的机制，它支持类似于传统 RDBMS 中的 SQL 语言的查询语言，来帮助那些熟悉 SQL 的用户查询 Hadoop 中的数据，该查询语言称为 Hive QL。与此同时，传统的 MapReduce 编程人员也可以在 Mapper 或 Reducer 中通过 Hive QL 查询数据。Hive 编译器会把 Hive QL 编译成一组 MapReduce 任务，从而方便 MapReduce 编程人员进行 Hadoop 系统开发。

7）HBase：HBase 是一个分布式的、面向列的开源数据库，该技术来源于 Google 论文《Bigtable：一个结构化数据的分布式存储系统》。如同 Bigtable 利用了 Google 文件系统（Google File System）提供的分布式数据存储方式一样，HBase 在 Hadoop 之上提供了类似于 Bigtable 的能力。HBase 不同于一般的关系数据库，原因有两个：其一，HBase 是一个适合于非结构化数据存储的数据库；其二，HBase 是基于列而不是基于行的模式。HBase 和 Bigtable 使用相同的数据模型。用户将数据存储在一个表里，一个数据行拥有一个可选择的键和任意数量的列。由于 HBase 表是疏松的，用户可以为行定义各种不同的列。HBase 主要用于需要随机访问、实时读写的大数据（Big Data）。具体介绍请参考第 12 章。

8）Pig：Pig 是一个对大型数据集进行分析、评估的平台。Pig 最突出的优势是它的结构能够经受住高度并行化的检验，这个特性使得它能够处理大型的数据集。目前，Pig 的底层由一个编译器组成，它在运行的时候会产生一些 MapReduce 程序序列，Pig 的语言层由一种叫做 Pig Latin 的正文型语言组成。有关 Pig 的具体内容请参考第 14 章。

9）ZooKeeper：ZooKeeper 是一个为分布式应用所设计的开源协调服务。它主要为用户提供同步、配置管理、分组和命名等服务，减轻分布式应用程序所承担的协调任务。ZooKeeper 的文件系统使用了我们所熟悉的目录树结构。ZooKeeper 是使用 Java 编写的，但是它支持 Java 和 C 两种编程语言。有关 ZooKeeper 的具体内容请参考第 15 章。

上面讨论的 9 个项目在本书中都有相应的章节进行详细的介绍。

1.3　Hadoop 体系结构

如上文所说，HDFS 和 MapReduce 是 Hadoop 的两大核心。而整个 Hadoop 的体系结构主要是通过 HDFS 来实现分布式存储的底层支持的，并且它会通过 MapReduce 来实现分布式并行任务处理的程序支持。

下面首先介绍 HDFS 的体系结构。HDFS 采用了主从（Master/Slave）结构模型，一个 HDFS 集群是由一个 NameNode 和若干个 DataNode 组成的。其中 NameNode 作为主服务器，管理文件系统的命名空间和客户端对文件的访问操作；集群中的 DataNode 管理存储的数据。HDFS 允许用户以文件的形式存储数据。从内部来看，文件被分成若干个数据块，而且这若干个数据块存放在一组 DataNode 上。NameNode 执行文件系统的命名空间操作，比如打开、关闭、重命名文件或目录等，它也负责数据块到具体 DataNode 的映射。DataNode 负责处理文件系统客户端的文件读写请求，并在 NameNode 的统一调度下进行数据块的创建、删除和复制工作。图 1-3 所示为 HDFS 的体系结构。

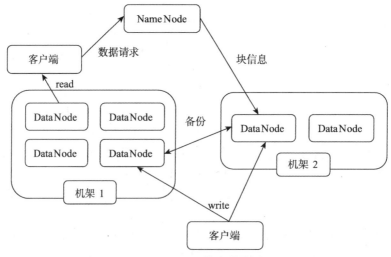

图 1-3　HDFS 体系结构图

NameNode 和 DataNode 都可以在普通商用计算机上运行。这些计算机通常运行的是

GNU/Linux 操作系统。HDFS 采用 Java 语言开发，因此任何支持 Java 的机器都可以部署 NameNode 和 DataNode。一个典型的部署场景是集群中的一台机器运行一个 NameNode 实例，其他机器分别运行一个 DataNode 实例。当然，并不排除一台机器运行多个 DataNode 实例的情况。集群中单一 NameNode 的设计大大简化了系统的架构。NameNode 是所有 HDFS 元数据的管理者，用户需要保存的数据不会经过 NameNode，而是直接流向存储数据的 DataNode。

接下来介绍 MapReduce 的体系结构。MapReduce 是一种并行编程模式，利用这种模式软件开发者可以轻松地编写出分布式并行程序。在 Hadoop 的体系结构中，MapReduce 是一个简单易用的软件框架，基于它可以将任务分发到由上千台商用机器组成的集群上，并以一种可靠容错的方式并行处理大量的数据集，实现 Hadoop 的并行任务处理功能。MapReduce 框架是由一个单独运行在主节点的 JobTracker 和运行在每个集群从节点的 TaskTracker 共同组成的。主节点负责调度构成一个作业的所有任务，这些任务分布在不同的从节点上。主节点监控它们的执行情况，并且重新执行之前失败的任务；从节点仅负责由主节点指派的任务。当一个 Job 被提交时，JobTracker 接收到提交作业和其配置信息之后，就会将配置信息等分发给从节点，同时调度任务并监控 TaskTracker 的执行。

从上面的介绍可以看出，HDFS 和 MapReduce 共同组成了 Hadoop 分布式系统体系结构的核心。HDFS 在集群上实现了分布式文件系统，MapReduce 在集群上实现了分布式计算和任务处理。HDFS 在 MapReduce 任务处理过程中提供了对文件操作和存储等的支持，MapReduce 在 HDFS 的基础上实现了任务的分发、跟踪、执行等工作，并收集结果，二者相互作用，完成了 Hadoop 分布式集群的主要任务。

1.4　Hadoop 与分布式开发

我们通常所说的分布式系统其实是分布式软件系统，即支持分布式处理的软件系统。它是在通信网络互联的多处理机体系结构上执行任务的系统，包括分布式操作系统、分布式程序设计语言及其编译（解释）系统、分布式文件系统和分布式数据库系统等。Hadoop 是分布式软件系统中文件系统层的软件，它实现了分布式文件系统和部分分布式数据库系统的功能。Hadoop 中的分布式文件系统 HDFS 能够实现数据在计算机集群组成的云上高效的存储和管理，Hadoop 中的并行编程框架 MapReduce 能够让用户编写的 Hadoop 并行应用程序运行得以简化。下面简单介绍一下基于 Hadoop 进行分布式并发编程的相关知识，详细的介绍请参看后面有关 MapReduce 编程的章节。

Hadoop 上并行应用程序的开发是基于 MapReduce 编程模型的。MapReduce 编程模型的原理是：利用一个输入的 key/value 对集合来产生一个输出的 key/value 对集合。MapReduce 库的用户用两个函数来表达这个计算：Map 和 Reduce。

用户自定义的 Map 函数接收一个输入的 key/value 对，然后产生一个中间 key/value 对的集合。MapReduce 把所有具有相同 key 值的 value 集合在一起，然后传递给 Reduce 函数。

用户自定义的 Reduce 函数接收 key 和相关的 value 集合。Reduce 函数合并这些 value 值，形成一个较小的 value 集合。一般来说，每次调用 Reduce 函数只产生 0 或 1 个输出的 value 值。通常我们通过一个迭代器把中间 value 值提供给 Reduce 函数，这样就可以处理无法全部放入内存中的大量的 value 值集合了。

图 1-4 是 MapReduce 的数据流图，体现 MapReduce 处理大数据集的过程。简而言之，这个过程就是将大数据集分解为成百上千个小数据集，每个（或若干个）数据集分别由集群中的一个节点（一般就是一台普通的计算机）进行处理并生成中间结果，然后这些中间结果又由大量的节点合并，形成最终结果。图 1-4 也说明了 MapReduce 框架下并行程序中的两个主要函数：Map、Reduce。在这个结构中，用户需要完成的工作是根据任务编写 Map 和 Reduce 两个函数。

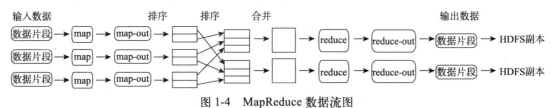

图 1-4   MapReduce 数据流图

MapReduce 计算模型非常适合在大量计算机组成的大规模集群上并行运行。图 1-4 中的每一个 Map 任务和每一个 Reduce 任务均可以同时运行于一个单独的计算节点上，可想而知，其运算效率是很高的，那么这样的并行计算是如何做到的呢？下面将简单介绍一下其原理。

1. 数据分布存储

Hadoop 分布式文件系统（HDFS）由一个名字节点（NameNode）和多个数据节点（DataNode）组成，每个节点都是一台普通的计算机。在使用方式上 HDFS 与我们熟悉的单机文件系统非常类似，利用它可以创建目录，创建、复制、删除文件，并且可以查看文件内容等。但文件在 HDFS 底层被切割成了 Block，这些 Block 分散地存储在不同的 DataNode 上，每个 Block 还可以复制数份数据存储在不同的 DataNode 上，达到容错容灾的目的。NameNode 则是整个 HDFS 的核心，它通过维护一些数据结构来记录每一个文件被切割成了多少个 Block、这些 Block 可以从哪些 DataNode 中获得，以及各个 DataNode 的状态等重要信息。

2. 分布式并行计算

Hadoop 中有一个作为主控的 JobTracker，用于调度和管理其他的 TaskTracker。JobTracker 可以运行于集群中的任意一台计算机上；TaskTracker 则负责执行任务，它必须运行于 DataNode 上，也就是说 DataNode 既是数据存储节点，也是计算节点。JobTracker 将 Map 任务和 Reduce 任务分发给空闲的 TaskTracker，让这些任务并行运行，并负责监控任务的运行情况。如果某一个 TaskTracker 出了故障，JobTracker 会将其负责的任务转交给另一个空闲的 TaskTracker 重新运行。

3. 本地计算

数据存储在哪一台计算机上，就由哪台计算机进行这部分数据的计算，这样可以减少数据在网络上的传输，降低对网络带宽的需求。在 Hadoop 这类基于集群的分布式并行系统中，计算节点可以很方便地扩充，因此它所能够提供的计算能力近乎无限。但是数据需要在不同的计算机之间流动，故而网络带宽变成了瓶颈。"本地计算"是一种最有效的节约网络带宽的手段，业界将此形容为"移动计算比移动数据更经济"。

4. 任务粒度

在把原始大数据集切割成小数据集时，通常让小数据集小于或等于 HDFS 中一个 Block 的大小（默认是 64MB），这样能够保证一个小数据集是位于一台计算机上的，便于本地计算。假设有 M 个小数据集待处理，就启动 M 个 Map 任务，注意这 M 个 Map 任务分布于 N 台计算机上，它们将并行运行，Reduce 任务的数量 R 则可由用户指定。

5. 数据分割（Partition）

把 Map 任务输出的中间结果按 key 的范围划分成 R 份（R 是预先定义的 Reduce 任务的个数），划分时通常使用 Hash 函数（如 hash(key) mod R），这样可以保证某一段范围内的 key 一定是由一个 Reduce 任务来处理的，可以简化 Reduce 的过程。

6. 数据合并（Combine）

在数据分割之前，还可以先对中间结果进行数据合并（Combine），即将中间结果中有相同 key 的 <key, value> 对合并成一对。Combine 的过程与 Reduce 的过程类似，在很多情况下可以直接使用 Reduce 函数，但 Combine 是作为 Map 任务的一部分、在执行完 Map 函数后紧接着执行的。Combine 能够减少中间结果中 <key, value> 对的数目，从而降低网络流量。

7. Reduce

Map 任务的中间结果在执行完 Combine 和 Partition 之后，以文件形式存储于本地磁盘上。中间结果文件的位置会通知主控 JobTracker，JobTracker 再通知 Reduce 任务到哪一个 TaskTracker 上去取中间结果。注意，所有的 Map 任务产生的中间结果均按其 key 值通过同一个 Hash 函数划分成了 R 份，R 个 Reduce 任务各自负责一段 key 区间。每个 Reduce 需要向许多个 Map 任务节点取得落在其负责的 key 区间内的中间结果，然后执行 Reduce 函数，形成一个最终的结果文件。

8. 任务管道

有 R 个 Reduce 任务，就会有 R 个最终结果。很多情况下这 R 个最终结果并不需要合并成一个最终结果，因为这 R 个最终结果又可以作为另一个计算任务的输入，开始另一个并行计算任务，这也就形成了任务管道。

这里简要介绍了在并行编程方面 Hadoop 中 MapReduce 编程模型的原理、流程、程序结构和并行计算的实现，MapReduce 程序的详细流程、编程接口、程序实例等请参见后面章节。

1.5 Hadoop 计算模型——MapReduce

MapReduce 是 Google 公司的核心计算模型，它将运行于大规模集群上的复杂的并行计算过程高度地抽象为两个函数：Map 和 Reduce。Hadoop 是 Doug Cutting 受到 Google 发表的关于 MapReduce 的论文启发而开发出来的。Hadoop 中的 MapReduce 是一个使用简易的软件框架，基于它写出来的应用程序能够运行在由上千台商用机器组成的大型集群上，并以一种可靠容错的方式并行处理上 T 级别的数据集，实现了 Hadoop 在集群上的数据和任务的并行计算与处理。

一个 Map/Reduce 作业（Job）通常会把输入的数据集切分为若干独立的数据块，由 Map 任务（Task）以完全并行的方式处理它们。框架会先对 Map 的输出进行排序，然后把结果输入给 Reduce 任务。通常作业的输入和输出都会被存储在文件系统中。整个框架负责任务的调度和监控，以及重新执行已经失败的任务。

通常，Map/Reduce 框架和分式文件系统是运行在一组相同的节点上的，也就是说，计算节点和存储节点在一起。这种配置允许框架在那些已经存好数据的节点上高效地调度任务，这样可以使整个集群的网络带宽得到非常高效的利用。

Map/Reduce 框架由一个单独的 Master JobTracker 和集群节点上的 Slave TaskTracker 共同组成。Master 负责调度构成一个作业的所有任务，这些任务分布在不同的 slave 上。Master 监控它们的执行情况，并重新执行已经失败的任务，而 Slave 仅负责执行由 Master 指派的任务。

在 Hadoop 上运行的作业需要指明程序的输入/输出位置（路径），并通过实现合适的接口或抽象类提供 Map 和 Reduce 函数。同时还需要指定作业的其他参数，构成作业配置（Job Configuration）。在 Hadoop 的 JobClient 提交作业（JAR 包/可执行程序等）和配置信息给 JobTracker 之后，JobTracker 会负责分发这些软件和配置信息给 slave 及调度任务，并监控它们的执行，同时提供状态和诊断信息给 JobClient。

1.6 Hadoop 数据管理

前面重点介绍了 Hadoop 及其体系结构与计算模型 MapReduce，现在开始介绍 Hadoop 的数据管理，主要包括 Hadoop 的分布式文件系统 HDFS、分布式数据库 HBase 和数据仓库工具 Hive。

1.6.1 HDFS 的数据管理

HDFS 是分布式计算的存储基石，Hadoop 分布式文件系统和其他分布式文件系统有很多类似的特性：

❏ 对于整个集群有单一的命名空间；

❏ 具有数据一致性，都适合一次写入多次读取的模型，客户端在文件没有被成功创建之前是无法看到文件存在的；

❑ 文件会被分割成多个文件块，每个文件块被分配存储到数据节点上，而且会根据配置由复制文件块来保证数据的安全性。

通过前面的介绍和图 1-3 可以看出，HDFS 通过三个重要的角色来进行文件系统的管理：NameNode、DataNode 和 Client。NameNode 可以看做是分布式文件系统中的管理者，主要负责管理文件系统的命名空间、集群配置信息和存储块的复制等。NameNode 会将文件系统的 Metadata 存储在内存中，这些信息主要包括文件信息、每一个文件对应的文件块的信息和每一个文件块在 DataNode 中的信息等。DataNode 是文件存储的基本单元，它将文件块（Block）存储在本地文件系统中，保存了所有 Block 的 Metadata，同时周期性地将所有存在的 Block 信息发送给 NameNode。Client 就是需要获取分布式文件系统文件的应用程序。接下来通过三个具体的操作来说明 HDFS 对数据的管理。

（1）文件写入

1）Client 向 NameNode 发起文件写入的请求。

2）NameNode 根据文件大小和文件块配置情况，返回给 Client 所管理的 DataNode 的信息。

3）Client 将文件划分为多个 Block，根据 DataNode 的地址信息，按顺序将其写入到每一个 DataNode 块中。

（2）文件读取

1）Client 向 NameNode 发起文件读取的请求。

2）NameNode 返回文件存储的 DataNode 信息。

3）Client 读取文件信息。

（3）文件块（Block）复制

1）NameNode 发现部分文件的 Block 不符合最小复制数这一要求或部分 DataNode 失效。

2）通知 DataNode 相互复制 Block。

3）DataNode 开始直接相互复制。

作为分布式文件系统，HDFS 在数据管理方面还有值得借鉴的几个功能：

❑ 文件块（Block）的放置：一个 Block 会有三份备份，一份放在 NameNode 指定的 DataNode 上，另一份放在与指定 DataNode 不在同一台机器上的 DataNode 上，最后一份放在与指定 DataNode 同一 Rack 的 DataNode 上。备份的目的是为了数据安全，采用这种配置方式主要是考虑同一 Rack 失败的情况，以及不同 Rack 之间进行数据复制会带来的性能问题。

❑ 心跳检测：用心跳检测 DataNode 的健康状况，如果发现问题就采取数据备份的方式来保证数据的安全性。

❑ 数据复制（场景为 DataNode 失败、需要平衡 DataNode 的存储利用率和平衡 DataNode 数据交互压力等情况）：使用 Hadoop 时可以用 HDFS 的 balancer 命令配置 Threshold 来平衡每一个 DataNode 的磁盘利用率。假设设置了 Threshold 为 10%，那么执行 balancer 命令时，首先会统计所有 DataNode 的磁盘利用率的平均值，然后判断如果某一个 DataNode 的磁盘利用率超过这个平均值，那么将会把这个 DataNode 的 Block 转移到磁盘利用率低的 DataNode 上，这对于新节点的加入十分有用。

- 数据校验：采用 CRC32 做数据校验。在写入文件块的时候，除了会写入数据外还会写入校验信息，在读取的时候则需要先校验后读入。
- 单个 NameNode：如果单个 NameNode 失败，任务处理信息将会记录在本地文件系统和远端的文件系统中。
- 数据管道性的写入：当客户端要写入文件到 DataNode 上时，首先会读取一个 Block，然后将其写到第一个 DataNode 上，接着由第一个 DataNode 将其传递到备份的 DataNode 上，直到所有需要写入这个 Block 的 DataNode 都成功写入后，客户端才会开始写下一个 Block。
- 安全模式：分布式文件系统启动时会进入安全模式（系统运行期间也可以通过命令进入安全模式），当分布式文件系统处于安全模式时，文件系统中的内容不允许修改也不允许删除，直到安全模式结束。安全模式主要是为了在系统启动的时候检查各个 DataNode 上数据块的有效性，同时根据策略进行必要的复制或删除部分数据块。在实际操作过程中，如果在系统启动时修改和删除文件会出现安全模式不允许修改的错误提示，只需要等待一会儿即可。

1.6.2　HBase 的数据管理

HBase 是一个类似 Bigtable 的分布式数据库，它的大部分特性和 Bigtable 一样，是一个稀疏的、长期存储的（存在硬盘上）、多维度的排序映射表，这张表的索引是行关键字、列关键字和时间戳。表中的每个值是一个纯字符数组，数据都是字符串，没有类型。用户在表格中存储数据，每一行都有一个可排序的主键和任意多的列。由于是稀疏存储的，所以同一张表中的每一行数据都可以有截然不同的列。列名字的格式是 "<family>:<label>"，它是由字符串组成的，每一张表有一个 family 集合，这个集合是固定不变的，相当于表的结构，只能通过改变表结构来改变表的 family 集合。但是 label 值相对于每一行来说都是可以改变的。

HBase 把同一个 family 中的数据存储在同一个目录下，而 HBase 的写操作是锁行的，每一行都是一个原子元素，都可以加锁。所有数据库的更新都有一个时间戳标记，每次更新都会生成一个新的版本，而 HBase 会保留一定数量的版本，这个值是可以设定的。客户端可以选择获取距离某个时间点最近的版本，或者一次获取所有版本。

以上从微观上介绍了 HBase 的一些数据管理措施。那么 HBase 作为分布式数据库在整体上从集群出发又是如何管理数据的呢？

HBase 在分布式集群上主要依靠由 HRegion、HMaster、HClient 组成的体系结构从整体上管理数据。

HBase 体系结构有三大重要组成部分：

- HBaseMaster：HBase 主服务器，与 Bigtable 的主服务器类似。

❑ HRegionServer：HBase 域服务器，与 Bigtable 的 Tablet 服务器类似。

❑ HBase Client：HBase 客户端是由 org.apache.hadoop.HBase.client.HTable 定义的。

下面将对这三个组件进行详细的介绍。

（1）HBaseMaster

一个 HBase 只部署一台主服务器，它通过领导选举算法（Leader Election Algorithm）确保只有唯一的主服务器是活跃的，ZooKeeper 保存主服务器的服务器地址信息。如果主服务器瘫痪，可以通过领导选举算法从备用服务器中选择新的主服务器。

主服务器承担着初始化集群的任务。当主服务器第一次启动时，会试图从 HDFS 获取根或根域目录，如果获取失败则创建根或根域目录，以及第一个元域目录。在下次启动时，主服务器就可以获取集群和集群中所有域的信息了。同时主服务器还负责集群中域的分配、域服务器运行状态的监视、表格的管理等工作。

（2）HRegionServer

HBase 域服务器的主要职责有服务于主服务器分配的域、处理客户端的读写请求、本地缓冲区回写、本地数据压缩和分割域等功能。

每个域只能由一台域服务器来提供服务。当它开始服务于某域时，它会从 HDFS 文件系统中读取该域的日志和所有存储文件，同时还会管理操作 HDFS 文件的持久性存储工作。客户端通过与主服务器通信获取域和域所在域服务器的列表信息后，就可以直接向域服务器发送域读写请求，来完成操作。

（3）HBaseClient

HBase 客户端负责查找用户域所在的域服务器地址。HBase 客户端会与 HBase 主机交换消息以查找根域的位置，这是两者之间唯一的交流。

定位根域后，客户端连接根域所在的域服务器，并扫描根域获取元域信息。元域信息中包含所需用户域的域服务器地址。客户端再连接元域所在的域服务器，扫描元域以获取所需用户域所在的域服务器地址。定位用户域后，客户端连接用户域所在的域服务器并发出读写请求。用户域的地址将在客户端被缓存，后续的请求无须重复上述过程。

综上所述，在 HBase 的体系结构中，HBase 主要由主服务器、域服务器和客户端三部分组成。主服务器作为 HBase 的中心，管理整个集群中的所有域，监控每台域服务器的运行情况等；域服务器接收来自服务器的分配域，处理客户端的域读写请求并回写映射文件等；客户端主要用来查找用户域所在的域服务器地址信息。

1.6.3　Hive 的数据管理

Hive 是建立在 Hadoop 上的数据仓库基础构架。它提供了一系列的工具，用来进行数据提取、转化、加载，这是一种可以存储、查询和分析存储在 Hadoop 中的大规模数据的机制。Hive 定义了简单的类 SQL 的查询语言，称为 Hive QL，它允许熟悉 SQL 的用户用 SQL 语言查询数据。作为一个数据仓库，Hive 的数据管理按照使用层次可以从元数据存储、数据存储和数据交换三方面来介绍。

（1）元数据存储

Hive 将元数据存储在 RDBMS 中，有三种模式可以连接到数据库：

- Single User Mode：此模式连接到一个 In-memory 的数据库 Derby，一般用于 Unit Test。
- Multi User Mode：通过网络连接到一个数据库中，这是最常用的模式。
- Remote Server Mode：用于非 Java 客户端访问元数据库，在服务器端启动一个 MetaStoreServer，客户端利用 Thrift 协议通过 MetaStoreServer 来访问元数据库。

（2）数据存储

首先，Hive 没有专门的数据存储格式，也没有为数据建立索引，用户可以非常自由地组织 Hive 中的表，只需要在创建表的时候告诉 Hive 数据中的列分隔符和行分隔符，它就可以解析数据了。

其次，Hive 中所有的数据都存储在 HDFS 中，Hive 中包含 4 种数据模型：Table、External Table、Partition 和 Bucket。

Hive 中的 Table 和数据库中的 Table 在概念上是类似的，每一个 Table 在 Hive 中都有一个相应的目录来存储数据。例如，一个表 pvs，它在 HDFS 中的路径为：/wh/pvs，其中，wh 是在 hive-site.xml 中由 ${hive.metastore.warehouse.dir} 指定的数据仓库的目录，所有的 Table 数据（不包括 External Table）都保存在这个目录中。

（3）数据交换

数据交换主要分为以下几部分，如图 1-5 所示。

- 用户接口：包括客户端、Web 界面和数据库接口。
- 元数据存储：通常存储在关系数据库中，如 MySQL、Derby 等。
- 解释器、编译器、优化器、执行器。
- Hadoop：利用 HDFS 进行存储，利用 MapReduce 进行计算。

用户接口主要有三个：客户端、数据库接口和 Web 界面，其中最常用的是客户端。Client 是 Hive 的客户端，当启动 Client 模式时，用户会想要连接 Hive Server，这时需要指出 Hive Server 所在的节点，并且在该节点启动 HiveServer。Web 界面是通过浏览器访问 Hive 的。

Hive 将元数据存储在数据库中，如 MySQL、Derby 中。Hive 中的元数据包括表的名字、表的列、表的分区、表分区的属性、表的属性（是否为外部表等）、表的数据所在目录等。

解释器、编译器、优化器完成 Hive QL 查询语句从词法分析、语法分析、编译、优化到查询计划的生成。生成的查询计划存储在 HDFS 中，并且随后由 MapReduce 调用执行。

Hive 的数据存储在 HDFS 中，大部分的查询由 MapReduce 完成（包含 * 的查询不会生成 MapRedcue 任务，比如 select * from tbl）。

以上从 Hadoop 的分布式文件系统 HDFS、分布式数据库 HBase 和数据仓库工具 Hive 入手介绍了 Hadoop 的数据管理，它们都通过自己的数据定义、体系结构实现了数据从宏观到微观的立体化管理，完成了 Hadoop 平台上大规模的数据存储和任务处理。

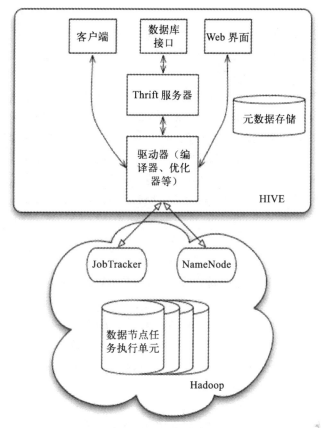

图 1-5　Hive 数据交换图

1.7　Hadoop 集群安全策略

众所周知，Hadoop 的优势在于其能够将廉价的普通 PC 组织成能够高效稳定处理事务的大型集群，企业正是利用这一特点来构架 Hadoop 集群、获取海量数据的高效处理能力的。但是，Hadoop 集群搭建起来后如何保证它安全稳定地运行呢？旧版本的 Hadoop 中没有完善的安全策略，导致 Hadoop 集群面临很多风险，例如，用户可以以任何身份访问 HDFS 或 MapReduce 集群，可以在 Hadoop 集群上运行自己的代码来冒充 Hadoop 集群的服务，任何未被授权的用户都可以访问 DataNode 节点的数据块等。经过 Hadoop 安全小组的努力，在 Hadoop 1.0.0 版本中已经加入最新的安全机制和授权机制（Simple 和 Kerberos），使 Hadoop 集群更加安全和稳定。下面从用户权限管理、HDFS 安全策略和 MapReduce 安全策略三个方面简要介绍 Hadoop 的集群安全策略。有关安全方面的基础知识如 Kerberos 认证等读者可自行查阅相关资料。

（1）用户权限管理

Hadoop 上的用户权限管理主要涉及用户分组管理，为更高层的 HDFS 访问、服务访问、Job 提交和配置 Job 等操作提供认证和控制基础。

Hadoop 上的用户和用户组名均由用户自己指定，如果用户没有指定，那么 Hadoop 会调用 Linux 的 "whoami" 命令获取当前 Linux 系统的用户名和用户组名作为当前用户的对应名，并将其保存在 Job 的 user.name 和 group.name 两个属性中。这样用户所提交 Job 的后续认证和授权以及集群服务的访问都将基于此用户和用户组的权限及认证信息进行。例如，在用户提交 Job 到 JobTracker 时，JobTracker 会读取保存在 Job 路径下的用户信息并进行认证，在认证成功并获取令牌之后，JobTracker 会根据用户和用户组的权限信息将 Job 提交到 Job 队列（具体细节参见本小节的 HDFS 安全策略和 MapReduce 安全策略）。

Hadoop 集群的管理员是创建和配置 Hadoop 集群的用户，它可以配置集群，使用 Kerberos 机制进行认证和授权。同时管理员可以在集群的服务（集群的服务主要包括 NameNode、DataNode、JobTracker 和 TaskTracker）授权列表中添加或更改某确定用户和用户组，系统管理员同时负责 Job 队列和队列的访问控制矩阵的创建。

（2）HDFS 安全策略

用户和 HDFS 服务之间的交互主要有两种情况：用户机和 NameNode 之间的 RPC 交互获取待通信的 DataNode 位置，客户机和 DataNode 交互传输数据块。

RPC 交互可以通过 Kerberos 或授权令牌来认证。在认证与 NameNode 的连接时，用户需要使用 Kerberos 证书来通过初试认证，获取授权令牌。授权令牌可以在后续用户 Job 与 NameNode 连接的认证中使用，而不必再次访问 Kerberos Key Server。授权令牌实际上是用户机与 NameNode 之间共享的密钥。授权令牌在不安全的网络上传输时，应给予足够的保护，防止被其他用户恶意窃取，因为获取授权令牌的任何人都可以假扮成认证用户与 NameNode 进行不安全的交互。需要注意的是，每个用户只能通过 Kerberos 认证获取唯一一个新的授权令牌。用户从 NameNode 获取授权令牌之后，需要告诉 NameNode：谁是指定的令牌更新者。指定的更新者在为用户更新令牌时应通过认证确定自己就是 NameNode。更新令牌意味着延长令牌在 NameNode 上的有效期。为了使 MapReduce Job 使用一个授权令牌，用户应将 JobTracker 指定为令牌更新者。这样同一个 Job 的所有 Task 都会使用同一个令牌。JobTracker 需要保证这一令牌在整个任务的执行过程中都是可用的，在任务结束之后，它可以选择取消令牌。

数据块的传输可以通过块访问令牌来认证，每一个块访问令牌都由 NameNode 生成，它们都是特定的。块访问令牌代表着数据访问容量，一个块访问令牌保证用户可以访问指定的数据块。块访问令牌由 NameNode 签发被用在 DataNode 上，其传输过程就是将 NameNode 上的认证信息传输到 DataNode 上。块访问令牌是基于对称加密模式生成的，NameNode 和 DataNode 共享了密钥。对于每个令牌，NameNode 基于共享密钥计算一个消息认证码（Message Authentication Code，MAC）。接下来，这个消息认证码就会作为令牌验证器成为令牌的主要组成部分。当一个 DataNode 接收到一个令牌时，它会使用自己的共享密钥重新计算一个消息认证码，如果这个认证码同令牌中的认证码匹配，那么认证成功。

（3）MapReduce 安全策略

MapReduce 安全策略主要涉及 Job 提交、Task 和 Shuffle 三个方面。

对于 Job 提交，用户需要将 Job 配置、输入文件和输入文件的元数据等写入用户 home 文件夹下，这个文件夹只能由该用户读、写和执行。接下来用户将 home 文件夹位置和认证信息发送给 JobTracker。在执行过程中，Job 可能需要访问多个 HDFS 节点或其他服务，因此，Job 的安全凭证将以 <String key, binary value> 形式保存在一个 Map 数据结构中，在物理存储介质上将保存在 HDFS 中 JobTracker 的系统目录下，并分发给每个 TaskTracker。Job 的授权令牌将 NameNode 的 URL 作为其关键信息。为了防止授权令牌过期，JobTracker 会定期更新授权令牌。Job 结束之后所有的令牌都会失效。为了获取保存在 HDFS 上的配置信息，JobTracker 需要使用用户的授权令牌访问 HDFS，读取必需的配置信息。

任务（Task）的用户信息沿用生成 Task 的 Job 的用户信息，因为通过这个方式能保证一个用户的 Job 不会向 TaskTracker 或其他用户 Job 的 Task 发送系统信号。这种方式还保证了本地文件有权限高效地保存私有信息。在用户提交 Job 后，TaskTracker 会接收到 JobTracker 分发的 Job 安全凭证，并将其保存在本地仅对该用户可见的 Job 文件夹下。在与 TaskTracker 通信的时候，Task 会用到这个凭证。

当一个 Map 任务完成时，它的输出被发送给管理此任务的 TaskTracker。每一个 Reduce 将会与 TaskTracker 通信以获取自己的那部分输出，此时，就需要 MapReduce 框架保证其他用户不会获取这些 Map 的输出。Reduce 任务会根据 Job 凭证计算请求的 URL 和当前时间戳的消息认证码。这个消息认证码会和请求一起发到 TaskTracker，而 TaskTracker 只会在消息认证码正确并且在封装时间戳的 N 分钟之内提供服务。在 TaskTracker 返回数据时，为了防止数据被木马替换，应答消息的头部将会封装根据请求中的消息认证码计算而来的新消息认证码和 Job 凭证，从而保证 Reduce 能够验证应答消息是由正确的 TaskTracker 发送而来。

1.8　本章小结

本章首先介绍了 Hadoop 分布式计算平台：它是由 Apache 软件基金会开发的一个开源分布式计算平台。以 Hadoop 分布式文件系统（HDFS）和 MapReduce（Google MapReduce 的开源实现）为核心的 Hadoop 为用户提供了系统底层细节透明的分布式基础架构。由于 Hadoop 拥有可计量、成本低、高效、可信等突出特点，基于 Hadoop 的应用已经遍地开花，尤其是在互联网领域。

本章接下来介绍了 Hadoop 项目及其结构，现在 Hadoop 已经发展成为一个包含多个子项目的集合，被用于分布式计算，虽然 Hadoop 的核心是 Hadoop 分布式文件系统和 MapReduce，但 Hadoop 下的 Common、Avro、Chukwa、Hive、HBase 等子项目提供了互补性服务或在核心层之上提供了更高层的服务。紧接着，简要介绍了以 HDFS 和 MapReduce 为核心的 Hadoop 体系结构。

本章之后又从分布式系统的角度介绍了 Hadoop 是如何做到并行计算和数据管理的。分布式计算平台 Hadoop 实现了分布式文件系统和分布式数据库。Hadoop 中的分布式文件系统 HDFS 能够实现数据在电脑集群组成的云上高效的存储和管理功能，Hadoop 中的并行编程框架 MapReduce 基于 HDFS 来保证用户可以编写应用于 Hadoop 的并行应用程序。本章又介绍了 Hadoop 的数据管理，主要包括 Hadoop 的分布式文件系统 HDFS、分布式数据库 HBase 和数据仓库工具 Hive。它们都有自己完整的数据定义和体系结构，以及实现数据从宏观到微观的立体管理数据办法，这都为 Hadoop 平台的数据存储和任务处理打下了基础。

本章最后还介绍了关于 Hadoop 的一些基本的安全策略，包括用户权限管理、HDFS 安全策略和 MapReduce 安全策略，为用户的实际使用提供了参考。本章中的许多内容在本书后面的章节中会详细介绍。

## 第 2 章

Hadoop 的安装与配置

本章内容

- ❑ 在 Linux 上安装与配置 Hadoop
- ❑ 在 Mac OSX 上安装与配置 Hadoop
- ❑ 在 Windows 上安装与配置 Hadoop
- ❑ 安装和配置 Hadoop 集群
- ❑ 日志分析及几个小技巧
- ❑ 本章小结

Hadoop 的安装非常简单，大家可以在官网上下载到最新的几个版本，截至本书截稿时，Hadoop 的最新版本是 1.0.1，下载网址为 http://apache.etoak.com//hadoop/core/。

Hadoop 是为了在 Linux 平台上使用而开发的，但是在一些主流的操作系统如 UNIX、Windows 甚至 Mac OS X 系统上 Hadoop 也运行良好。不过，在 Windows 上运行 Hadoop 稍显复杂，首先必须安装 Cygwin 来模拟 Linux 环境，然后才能安装 Hadoop。

本章将介绍在 Linux、Mac OS X 和 Windows 系统上安装最新的 Hadoop1.0.1 版本，其中，Linux 系统是 Ubuntu 11.10，Mac OS X 系统是 10.7.3 版本，Windows 系统采用 Windows Xp sp3。这些安装步骤均由笔者成功实践过，大家可直接参照执行。

2.1 在 Linux 上安装与配置 Hadoop

在 Linux 上安装 Hadoop 之前，需要先安装两个程序：

1）JDK 1.6（或更高版本）。Hadoop 是用 Java 编写的程序，Hadoop 的编译及 MapReduce 的运行都需要使用 JDK。因此在安装 Hadoop 前，必须安装 JDK 1.6 或更高版本。

2）SSH（安全外壳协议），推荐安装 OpenSSH。Hadoop 需要通过 SSH 来启动 Slave 列表中各台主机的守护进程，因此 SSH 也是必须安装的，即使是安装伪分布式版本（因为 Hadoop 并没有区分开集群式和伪分布式）。对于伪分布式，Hadoop 会采用与集群相同的处理方式，即按次序启动文件 conf/slaves 中记载的主机上的进程，只不过在伪分布式中 Salve 为 localhost（即为自身），所以对于伪分布式 Hadoop，SSH 一样是必需的。

2.1.1 安装 JDK 1.6

下面介绍安装 JDK 1.6 的具体步骤。

（1）下载和安装 JDK 1.6

确保可以连接到互联网，从 http://www.oracle.com/technetwork/java/javase/downloads 页面下载 JDK 1.6 安装包（文件名类似 jdk-***-linux-i586.bin，不建议安装 JDK 1.7 版本，因为并不是所有软件都支持 1.7 版本）到 JDK 安装目录（本章假设 IDK 安装目录均为 /usr/lib/jvm/jdk）。

（2）手动安装 JDK 1.6

在终端下进入 JDK 安装目录，并输入命令：

```
sudo chmod u+x jdk-***-linux-i586.bin
```

修改完权限之后就可以进行安装了，在终端输入命令：

```
sudo -s ./jdk-***-linux-i586.bin
```

安装结束之后就可以开始配置环境变量了。

（3）配置环境变量

输入命令：

```
sudo gedit /etc/profile
```

输入密码,打开 profile 文件。

在文件最下面输入如下内容:

```
#set Java Environment
export JAVA_HOME=/usr/lib/jvm/jdk1.6_043
export CLASSPATH=".:$JAVA_HOME/lib:$CLASSPATH"
export PATH="$JAVA_HOME/bin:$PATH"
source/ect/profile
```

这一步的意义是配置环境变量,使系统可以找到 JDK。

(4)验证 JDK 是否安装成功

输入命令:

```
java -version
```

会出现如下 JDK 版本信息:

```
java version "1.6.0_22"
Java(TM) SE Runtime Environment (build 1.6.0_22-b04)
Java HotSpot(TM) Client VM (build 17.1-b03, mixed mode, sharing)
```

如果出现上述 JDK 版本信息,说明当前安装的 JDK 并未设置成 Ubuntu 系统默认的 JDK,接下来还需要手动将安装的 JDK 设置成系统默认的 JDK。

(5)手动设置系统默认 JDK

在终端依次输入命令:

```
sudo update-alternatives --install /usr/bin/java java /usr/lib/jvm/jdk/bin/java 300
sudo update-alternatives --install /usr/bin/javac javac /usr/lib/jvm/jdk/bin/javac 300
sudo update-alternatives --config java
```

接下来输入 java –version 就可以看到所安装的 JDK 的版本信息了。

2.1.2　配置 SSH 免密码登录

同样以 Ubuntu 为例,假设用户名为 u:

1)确认已经连接上互联网,然后输入命令:

```
sudo apt-get install ssh
```

2)配置为可以免密码登录本机。首先查看在 u 用户下是否存在 .ssh 文件夹(注意 ssh 前面有 ".",这是一个隐藏文件夹),输入命令:

```
ls -a /home/u
```

一般来说,安装 SSH 时会自动在当前用户下创建这个隐藏文件夹,如果没有,可以手动创建一个。

接下来,输入命令(注意下面命令中不是双引号,是两个单引号):

```
ssh-keygen -t dsa -P '' -f ~/.ssh/id_dsa
```

解释一下,ssh-keygen 代表生成密钥;-t(注意区分大小写)表示指定生成的密钥类型;

dsa 是 dsa 密钥认证的意思，即密钥类型；-P 用于提供密语；-f 指定生成的密钥文件。

在 Ubuntu 中，～ 代表当前用户文件夹，此处即 /home/u。

这个命令会在 .ssh 文件夹下创建 id_dsa 及 id_dsa.pub 两个文件，这是 SSH 的一对私钥和公钥，类似于钥匙和锁，把 id_dsa.pub（公钥）追加到授权的 key 中去。

输入命令：

```
cat ~/.ssh/id_dsa.pub >> ~/.ssh/authorized_keys
```

这条命令的功能是把公钥加到用于认证的公钥文件中，这里的 authorized_keys 是用于认证的公钥文件。

至此免密码登录本机已配置完毕。

3）验证 SSH 是否已安装成功，以及是否可以免密码登录本机。

输入命令：

```
ssh –version
```

显示结果：

```
OpenSSH_5.8p1 Debian-7ubuntu1, OpenSSL 1.0.0e 6 Sep 2011
Bad escape character 'rsion'.
```

显示 SSH 已经安装成功了。

输入命令：

```
ssh localhost
```

会有如下显示：

```
The authenticity of host 'localhost (::1)' can't be established.
RSA key fingerprint is 8b:c3:51:a5:2a:31:b7:74:06:9d:62:04:4f:84:f8:77.
Are you sure you want to continue connecting (yes/no)? yes
Warning: Permanently added 'localhost' (RSA) to the list of known hosts.
Linux master 2.6.31-14-generic #48-Ubuntu SMP Fri Oct 16 14:04:26 UTC 2011 i686

To access official Ubuntu documentation, please visit:
http://help.ubuntu.com/

Last login: Sat Feb 18 17:12:40 2012 from master
admin@Hadoop:~$
```

这说明已经安装成功，第一次登录时会询问是否继续链接，输入 yes 即可进入。

实际上，在 Hadoop 的安装过程中，是否免密码登录是无关紧要的，但是如果不配置免密码登录，每次启动 Hadoop 都需要输入密码以登录到每台机器的 DataNode 上，考虑到一般的 Hadoop 集群动辄拥有数百或上千台机器，因此一般来说都会配置 SSH 的免密码登录。

2.1.3 安装并运行 Hadoop

介绍 Hadoop 的安装之前，先介绍一下 Hadoop 对各个节点的角色定义。

Hadoop 分别从三个角度将主机划分为两种角色。第一，最基本的划分为 Master 和

Slave，即主人与奴隶；第二，从 HDFS 的角度，将主机划分为 NameNode 和 DataNode（在分布式文件系统中，目录的管理很重要，管理目录相当于主人，而 NameNode 就是目录管理者）；第三，从 MapReduce 的角度，将主机划分为 JobTracker 和 TaskTracker（一个 Job 经常被划分为多个 Task，从这个角度不难理解它们之间的关系）。

Hadoop 有官方发行版与 cloudera 版，其中 cloudera 版是 Hadoop 的商用版本，这里先介绍 Hadoop 官方发行版的安装方法。

Hadoop 有三种运行方式：单机模式、伪分布式与完全分布式。乍看之下，前两种方式并不能体现云计算的优势，但是它们便于程序的测试与调试，所以还是很有意义的。

你可以在以下地址获得 Hadoop 的官方发行版：http://www.apache.org/dyn/closer.cgi/Hadoop/core/。

下载 hadoop-1.0.1.tar.gz 并将其解压，本书后续都默认将 Hadoop 解压到 /home/u/ 目录下。

（1）单机模式配置方式

安装单机模式的 Hadoop 无须配置，在这种方式下，Hadoop 被认为是一个单独的 Java 进程，这种方式经常用来调试。

（2）伪分布式 Hadoop 配置

可以把伪分布式的 Hadoop 看做只有一个节点的集群，在这个集群中，这个节点既是 Master，也是 Slave；既是 NameNode，也是 DataNode；既是 JobTracker，也是 TaskTracker。

伪分布式的配置过程也很简单，只需要修改几个文件。

进入 conf 文件夹，修改配置文件。

指定 JDK 的安装位置：

```
Hadoop-env.sh:
export JAVA_HOME=/usr/lib/jvm/jdk
```

这是 Hadoop 核心的配置文件，这里配置的是 HDFS（Hadoop 的分布式文件系统）的地址及端口号。

```
conf/core-site.xml:
<configuration>
    <property>
        <name>fs.default.name</name>
        <value>hdfs://localhost:9000</value>
    </property>
</configuration>
```

以下是 Hadoop 中 HDFS 的配置，配置的备份方式默认为 3，在单机版的 Hadoop 中，需要将其改为 1。

```
conf/hdfs-site.xml:
<configuration>
    <property>
        <name>dfs.replication</name>
        <value>1</value>
```

```
        </property>
</configuration>
```

以下是 Hadoop 中 MapReduce 的配置文件，配置 JobTracker 的地址及端口。

```
conf/mapred-site.xml:
<configuration>
    <property>
        <name>mapred.job.tracker</name>
        <value>localhost:9001</value>
    </property>
</configuration>
```

接下来，在启动 Hadoop 前，需要格式化 Hadoop 的文件系统 HDFS。进入 Hadoop 文件夹，输入命令：

```
bin/hadoop namenode -format
```

格式化文件系统，接下来启动 Hadoop。

输入命令，启动所有进程：

```
bin/start-all.sh
```

最后，验证 Hadoop 是否安装成功。

打开浏览器，分别输入网址：

```
http://localhost:50030 (MapReduce 的 Web 页面 )
http://localhost:50070 (HDFS 的 Web 页面 )
```

如果都能查看，说明 Hadoop 已经安装成功。

对于 Hadoop 来说，启动所有进程是必须的，但是如果有必要，你依然可以只启动 HDFS（start-dfs.sh）或 MapReduce（start-mapred.sh）。

关于完全分布式的 Hadoop 会在 2.4 节详述。

2.2　在 Mac OSX 上安装与配置 Hadoop

由于现在越来越多的人使用 Mac Book，故笔者在本章中增加了在 Mac OS X 上安装与配置 Hadoop 的内容，供使用 Mac Book 的读者参考。

2.2.1　安装 Homebrew

Mac OS X 上的 Homebrew 是类似于 Ubuntu 下 apt 的一种软件包管理器，利用它可以自动下载和安装软件包，安装 Homebrew 之后，就可以使用 Homebrew 自动下载安装 Hadoop。安装 Homebrew 的步骤如下：

1）从 Apple 官方下载并安装内置 GCC 编译器——Xcode（现在版本为 4.2）。安装 Xcode 主要是因为一些软件包的安装依赖于本地环境，需要在本地编译源码。Xcode 的下载地址为 https://developer.apple.com/xcode/。

2）使用命令行安装 Homebrew，输入命令：

```
/usr/bin/ruby -e "$(/usr/bin/curl -fksSL https://raw.github.com/mxcl/homebrew/
master/Library/Contributions/install_homebrew.rb)"
```

这个命令会将 Homebrew 安装在 /usr/local 目录下，以保证在使用 Homebrew 安装软件包时不用使用 sudo 命令。安装完成后可以使用 brew –v 命令查看是否安装成功。

2.2.2　使用 Homebrew 安装 Hadoop

安装完 Homebrew 之后，就可以在命令行输入下面的命令来自动安装 Hadoop。自动安装的 Hadoop 在 /usr/local/Cellar/hadoop 路径下。需要注意的是，在使用 brew 安装软件时，会自动检测安装包的依赖关系，并安装有依赖关系的包，在这里 brew 就会在安装 Hadoop 时自动下载 JDK 和 SSH，并进行安装。

```
brew install hadoop
```

2.2.3　配置 SSH 和使用 Hadoop

接下来需要配置 SSH 免密码登录和启动 Hadoop。由于其步骤和内容与 Linux 的配置完全相同，故这里不再赘述。

2.3　在 Windows 上安装与配置 Hadoop

2.3.1　安装 JDK 1.6 或更高版本

相对于 Linux，JDK 在 Windows 上的安装过程更容易，你可以在 http://www.java.com/zh_CN/download/manual.jsp 下载到最新版本的 JDK。这里再次申明，Hadoop 的编译及 MapReduce 程序的运行，很多地方都需要使用 JDK 的相关工具，因此只安装 JRE 是不够的。

安装过程十分简单，运行安装程序即可，程序会自动配置环境变量（在之前的版本中还没有这项功能，新版本的 JDK 已经可以自动配置环境变量了）。

2.3.2　安装 Cygwin

Cygwin 是在 Windows 平台下模拟 UNIX 环境的一个工具，只有通过它才可以在 Windows 环境下安装 Hadoop。可以通过下面的链接下载 Cygwin：http://www.cygwin.com/。

双击运行安装程序，选择 install from internet。

根据网络状况，选择合适的源下载程序。

进入 select packages 界面，然后进入 Net，选中 OpenSSL 及 OpenSSH（如图 2-1 所示）。

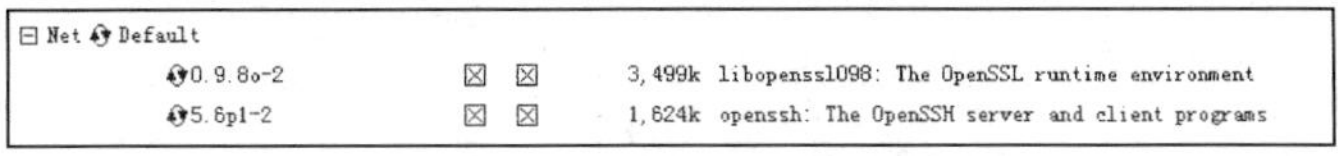

```
⊟ Net ✿ Default
          ♺ 0.9.8o-2        ☒ ☒    3,499k libopenssl098: The OpenSSL runtime environment
          ♺ 5.6p1-2         ☒ ☒    1,624k openssh: The OpenSSH server and client programs
```

图 2-1　勾选 openssl 及 openssh

如果打算在 Eclipse 上编译 Hadoop，还必须安装 Base Category 下的 sed（如图 2-2 所示）。

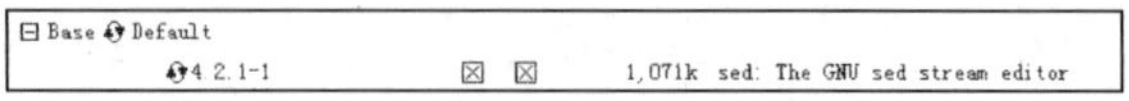

☐ Base ✦ Default				
	✪ 4.2.1-1	☒	☒	1,071k sed: The GNU sed stream editor

图 2-2　勾选 sed

另外建议安装 Editors Category 下的 vim，以便在 Cygwin 上直接修改配置文件。

2.3.3　配置环境变量

依次右击"我的电脑"，在弹出的快捷菜单中依次单击"属性"→"高级系统设置"→"环境变量"，修改环境变量里的 path 设置，在其后添加 Cygwin 的 bin 目录。

2.3.4　安装 sshd 服务

单击桌面上的 Cygwin 图标，启动 Cygwin，执行 ssh-host-config 命令，当要求输入 Yes/No 时，选择输入 No。当显示"Have fun"时，表示 sshd 服务安装成功。

2.3.5　启动 sshd 服务

在桌面上的"我的电脑"图标上右击，在弹出的快捷菜单中单击"管理"命令，启动 CYGWIN sshd 服务，或者直接在终端下输入下面的命令启动服务：

```
net start sshd
```

2.3.6　配置 SSH 免密码登录

执行 ssh-keygen 命令生成密钥文件。按如下命令生成 authorized_keys 文件：

```
cd ~/.ssh/
cp id_rsa.pub authorized_keys
```

完成上述操作后，执行 exit 命令先退出 Cygwin 窗口，如果不执行这一步操作，后续的操作可能会遇到错误。

接下来，重新运行 Cygwin，执行 ssh localhost 命令，在第一次执行时会有提示，然后输入 yes，直接回车即可。

2.3.7　安装并运行 Hadoop

在 Windows 上安装 Hadoop 与在 Linux 上安装的过程一样，这里就不再赘述了，不过有两点需要注意：

1）在配置 conf/hadoop-evn.sh 文件中 Java 的安装路径时，如果路径之间有空格，需要将整个路径用双引号引起来。例如可以进行配置：

```
export JAVA_HOME="/cygdrive/c/Program Files/Java/jdk1.6.0_22"
```

其中 cygdrive 表示安装 cygdrive 之后系统的根目录。

另外一种办法是在 cygwin 窗口使用类似下面的命令创建文件链接，使后面的文件指向 Windows 下安装的 JDK，然后将 conf/hadoop-env.sh 中 JDK 配置为此链接文件：

```
$ ln -s /cygdrive/c/Program\ Files/Java/jdk1.6.0_22 /usr/local/jdk
```

2）在配置 conf/mapred-site.xml 文件时，应增加对 mapred.child.tmp 属性的配置，配置的值应为一个 Linux 系统的绝对路径，如果不配置，Job 在运行时就会报错。具体配置为：

```
<property>
    <name>mapred.child.tmp</name>
    <value>/home/Administrator/hadoop-1.0.1/tmp</value>
</property>
```

同样需要在 conf/core-site.xml 文件中为 hadoop.tmp.dir 属性配置一个和 mapred.child.tmp 属性相似的绝对路径。

2.4　安装和配置 Hadoop 集群

2.4.1　网络拓扑

通常来说，一个 Hadoop 的集群体系结构由两层网络拓扑组成，如图 2-3 所示。结合实际应用来看，每个机架中会有 30~40 台机器，这些机器共享一个 1GB 带宽的网络交换机。在所有的机架之上还有一个核心交换机或路由器，通常来说其网络交换能力为 1GB 或更高。可以很明显地看出，同一个机架中机器节点之间的带宽资源肯定要比不同机架中机器节点间丰富。这也是 Hadoop 随后设计数据读写分发策略要考虑的一个重要因素。

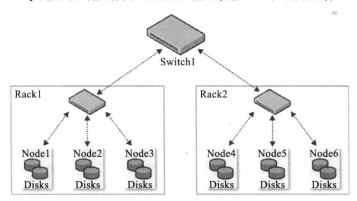

图 2-3　Hadoop 的网络拓扑结构

2.4.2　定义集群拓扑

在实际应用中，为了使 Hadoop 集群获得更高的性能，读者需要配置集群，使 Hadoop 能够感知其所在的网络拓扑结构。当然，如果集群中机器数量很少且存在于一个机架中，那么就不用做太多额外的工作；而当集群中存在多个机架时，就要使 Hadoop 清晰地知道每台机器所在的机架。随后，在处理 MapReduce 任务时，Hadoop 就会优先选择在机架内部做数据传输，而不是在机架间传输，这样就可以更充分地使用网络带宽资源。同时，HDFS 可以更加智能地部署数据副本，并在性能和可靠性间找到最优的平衡。

在 Hadoop 中，网络的拓扑结构、机器节点及机架的网络位置定位都是通过树结构来描述的。通过树结构来确定节点间的距离，这个距离是 Hadoop 做决策判断时的参考因素。NameNode 也是通过这个距离来决定应该把数据副本放到哪里的。当一个 Map 任务到达时，它会被分配到一个 TaskTracker 上运行，JobTracker 节点则会使用网络位置来确定 Map 任务执行的机器节点。

在图 2-3 中，笔者使用树结构来描述网络拓扑结构，主要包括两个网络位置：交换机 / 机架 1 和交换机 / 机架 2。因为图 2-3 中的集群只有一个最高级别的交换机，所以此网络拓扑可简化描述为 / 机架 1 和 / 机架 2。

在配置 Hadoop 时，Hadoop 会确定节点地址和其网络位置的映射，此映射在代码中通过 Java 接口 DNSToSwitchMaping 实现，代码如下：

```
public interface DNSToSwitchMapping {
    public List<String> resolve(List<String> names);
}
```

其中参数 names 是 IP 地址的一个 List 数据，这个函数的返回值为对应网络位置的字符串列表。在 opology.node.switch.mapping.impl 中的配置参数定义了一个 DNSToSwitchMaping 接口的实现，NameNode 通过它确定完成任务的机器节点所在的网络位置。

在图 2-3 的实例中，可以将节点 1、节点 2、节点 3 映射到 / 机架 1 中，节点 4、节点 5、节点 6 映射到 / 机架 2 中。事实上在实际应用中，管理员可能不需要手动做额外的工作去配置这些映射关系，系统有一个默认的接口实现 ScriptBasedMapping。它可以运行用户自定义的一个脚本区完成映射。如果用户没有定义映射，它会将所有的机器节点映射到一个单独的网络位置中默认的机架上；如果用户定义了映射，那么这个脚本的位置由 topology.script.file.name 的属性控制。脚本必须获取一批主机的 IP 地址作为参数进行映射，同时生成一个标准的网络位置给输出。

2.4.3　建立和安装 Cluster

要建立 Hadoop 集群，首先要做的就是选择并购买机器，在机器到手之后，就要进行网络部署并安装软件了。安装和配置 Hadoop 有很多方法，这部分内容在前文已经详细讲解过（见 2.1 节、2.2 节和 2.3 节），同时还告诉了读者在实际部署时应该考虑的情况。

为了简化我们在每个机器节点上安装和维护相同软件的过程，通常会采用自动安装法，比如 Red Hat Linux 下的 Kickstart 或 Debian 的全程自动化安装。这些工具先会记录你的安装过程，以及你对选项的选择，然后根据记录来自动安装软件。同时它们会在每个进程结尾提供一个钩子执行脚本，在对那些不包含在标准安装中的最终系统进行调整和自定义时这是非常有用的。

下面我们将具体介绍如何部署和配置 Hadoop。Hadoop 为了应对不同的使用需求（不管是开发、实际应用还是研究），有着不同的运行方式，包括单机式、单机伪分布式、完全分布式等。前面已经详细介绍了在 Windows、MacOSX 和 Linux 下 Hadoop 的安装和配置。下面将对 Hadoop 的分布式配置做具体的介绍。

1. Hadoop 集群的配置

在配置伪分布式的过程中，大家也许会觉得 Hadoop 的配置很简单，但那只是最基本的配置。

Hadoop 的配置文件分为两类。

1）只读类型的默认文件：src/core/core-default.xml、src/hdfs/hdfs-default.xml、src/mapred/mapred-default.xml、conf/mapred-queues.xml。

2）定位（site-specific）设置：conf/core-site.xml、conf/hdfs-site.xml、conf/mapred-site.xml、conf/mapred-queues.xml。

除此之外，也可以通过设置 conf/Hadoop-env.sh 来为 Hadoop 的守护进程设置环境变量（在 bin/ 文件夹内）。

Hadoop 是通过 org.apache.hadoop.conf.configuration 来读取配置文件的。在 Hadoop 的设置中，Hadoop 的配置是通过资源（resource）定位的，每个资源由一系列 name/value 对以 XML 文件的形式构成，它以一个字符串命名或以 Hadoop 定义的 Path 类命名（这个类是用于定义文件系统内的文件或文件夹的）。如果是以字符串命名的，Hadoop 会通过 classpath 调用此文件。如果以 Path 类命名，那么 Hadoop 会直接在本地文件系统中搜索文件。

资源设定有两个特点，下面进行具体介绍。

1）Hadoop 允许定义最终参数（final parameters），如果任意资源声明了 final 这个值，那么之后加载的任何资源都不能改变这个值，定义最终资源的格式是这样的：

```
<property>
    <name>dfs.client.buffer.dir</name>
    <value>/tmp/Hadoop/dfs/client</value>
    <final>true</final>    // 注意这个值
</property>
```

2）Hadoop 允许参数传递，示例如下，当 tenpdir 被调用时，basedir 会作为值被调用。

```
<property>
    <name>basedir</name>
    <value>/user/${user.name}</value>
<property>

<property>
    <name>tempdir</name>
    <value>${basedir}/tmp</value>
</property>
```

前面提到，读者可以通过设置 conf/Hadoop-env.sh 为 Hadoop 的守护进程设置环境变量。一般来说，大家至少需要在这里设置在主机上安装的 JDK 的位置（JAVA_HOME），以使 Hadoop 找到 JDK。大家也可以在这里通过 HADOOP_*_OPTS 对不同的守护进程分别进行设置，如表 2-1 所示。

表 2-1　Hadoop 的守护进程配置表

守护进程（Daemon）	配置选项（Configure Options）
NameNode	HADOOP_NAMENODE_OPTS
DataNode	HADOOP_DATANODE_OPTS
SecondaryNameNode	HADOOP_SECONDARYNAMENODE_OPTS
JobTracker	HADOOP_JOBTRACKER_OPTS
TaskTracker	HADOOP_TASKTRACKER_OPTS

例如，如果想设置 NameNode 使用 parallelGC，那么可以这样写：

```
export HADOOP_NameNode_OPTS="-XX:+UseParallelGC ${HADOOP_NAMENODE_OPTS}"
```

在这里也可以进行其他设置，比如设置 Java 的运行环境（HADOOP_OPTS），设置日志文件的存放位置（HADOOP_LOG_DIR），或者 SSH 的配置（HADOOP_SSH_OPTS），等等。

关于 conf/core-site.xml、conf/hdfs-site.xml、conf/mapred-site.xml 的配置如表 2-2 ～表 2-4 所示。

表 2-2　conf/core-site.xml 的配置

参数（Parameter）	值（Value）
fs.default.name	NameNode 的 IP 地址及端口

表 2-3　conf/hdfs-site.xml 的配置

参数（Parameter）	值（Value）
dfs.name.dir	NameNode 存储名字空间及汇报日志的位置
dfs.data.dir	DataNode 存储数据块的位置

表 2-4　conf/mapred-site.xml 的配置

参数（Parameter）	值（Value）
mapreduce.jobtracker.address	JobTracker 的 IP 地址及端口
mapreduce.jobtracker.system.dir	MapReduce 在 HDFS 上存储文件的位置，例如 /Hadoop/mapred/system/
mapreduce.cluster.local.dir	MapReduce 的缓存数据存储在文件系统中的位置
mapred.tasktracker.{map|reduce}.tasks.maximum	每台 TaskTracker 所能运行的 Map 或 Reduce 的 task 最大数量
dfs.hosts/dfs.hosts.exclude	允许或禁止的 DataNode 列表
mapreduce.jobtracker.hosts.filename/ mapreduce.jobtracker.hosts.exclude.filename	允许或禁止的 TaskTrackers 列表
mapreduce.cluster.job-authorization-enabled	布尔类型，表示 Job 存取控制列表是否支持对 Job 的观察和修改

一般而言，除了规定端口、IP 地址、文件的存储位置外，其他配置都不是必须修改的，可以根据读者的需要决定采用默认配置还是自己修改。还有一点需要注意的是，以上配置都被默认为最终参数（final parameters），这些参数都不可以在程序中再次修改。

接下来可以看一下 conf/mapred-queues.xml 的配置列表，如表 2-5 所示。

表 2-5　conf/mapred-queues.xml 的配置

标签或属性（Tag/Attribute）	值（Value）	是否可刷新
queues	配置文件的根元素	无意义
aclsEnabled	布尔类型 \<queues\> 标签的属性，表示存取控制列表是否支持控制 Job 的提交及所有 queue 的管理	是
queue	\<queues\> 的子元素，定义系统中的 queue	无意义
name	\<queue\> 的子元素，代表名字	否
state	\<queue\> 的子元素，代表 queue 的状态	是
acl-submit-job	\<queue\> 的子元素，定义一个能提交 Job 到该 queue 的用户或组的名单列表	是
acl-administer-job	\<queue\> 的子元素，定义一个能更改 Job 的优先级或能杀死已提交到该 queue 的 Job 用户或组的名单列表	是
properties	\<queues\> 的子元素，定义优先调度规则	无意义
property	\<properties\> 的子元素	无意义
key	\<property\> 的子元素	调度程序指定
value	\<property\> 的属性	调度程序指定

相信大家不难猜出表 2-5 的 conf/mapred-queues.xml 文件是用来做什么的，这个文件就是用来设置 MapReduce 系统的队列顺序的。queues 是 JobTracker 中的一个抽象概念，可以在一定程度上管理 Job，因此它为管理员提供了一种管理 Job 的方式。这种控制是常见且有效的，例如通过这种管理可以把不同的用户划分为不同的组，或分别赋予他们不同的级别，并且会优先执行高级别用户提交的 Job。

按照这个思想，很容易想到三种原则：

❑ 同一类用户提交的 Job 统一提交到同一个 queue 中；

❑ 运行时间较长的 Job 可以提交到同一个 queue 中；

❑ 把很快就能运行完成的 Job 划分到一个 queue 中，并且限制 queue 中 Job 的数量上限。

queue 的有效性很依赖在 JobTracker 中通过 mapreduce.jobtracker.taskscheduler 设置的调度规则（scheduler）。一些调度算法可能只需要一个 queue，不过有些调度算法可能很复杂，需要设置很多 queue。

对 queue 大部分设置的更改都不需要重新启动 MapReduce 系统就可以生效，不过也有一些更改需要重启系统才能有效，具体如表 2-5 所示。

conf/mapred-queues.xml 的文件配置与其他文件略有不同，配置格式如下：

```
<queues aclsEnabled="$aclsEnabled">
        <queue>
```

```
<name>$queue-name</name>
<state>$state</state>
<queue>
  <name>$child-queue1</name>
  <properties>
    <property key="$key" value="$value"/>
      ...
  </properties>
  <queue>
    <name>$grand-child-queue1</name>
      ...
  </queue>
</queue>
<queue>
  <name>$child-queue2</name>
    ...
</queue>
  ...
  ...
  ...
  <queue>
   <name>$leaf-queue</name>
   <acl-submit-job>$acls</acl-submit-job>
   <acl-administer-jobs>$acls</acl-administer-jobs>
   <properties>
     <property key="$key" value="$value"/>
     ...
   </properties>
  </queue>
 </queue>
</queues>
```

以上这些就是 Hadoop 配置的主要内容，其他关于 Hadoop 配置方面的信息，诸如内存配置等，如果有兴趣可以参阅官方的配置文档。

2. 一个具体的配置

为了方便阐述，这里只搭建一个有三台主机的小集群。

相信大家还没有忘记 Hadoop 对主机的三种定位方式，分别为 Master 和 Slave，JobTracker 和 TaskTracker，NameNode 和 DataNode。在分配 IP 地址时我们顺便规定一下角色。

下面为这三台机器分配 IP 地址及相应的角色：

```
10.37.128.2—master,namonode,jobtracker—master（主机名）
10.37.128.3—slave,dataNode,tasktracker—slave1（主机名）
10.37.128.4—slave,dataNode,tasktracker—slave2（主机名）
```

首先在三台主机上创建相同的用户（这是 Hadoop 的基本要求）：

1）在三台主机上均安装 JDK 1.6，并设置环境变量。

2）在三台主机上分别设置 /etc/hosts 及 /etc/hostname。

hosts 这个文件用于定义主机名与 IP 地址之间的对应关系。

/etc/hosts:

```
127.0.0.1 localhost
10.37.128.2 master
10.37.128.3 slave1
10.37.128.4 slave2
```

hostname 这个文件用于定义 Ubuntu 的主机名。

/etc/hostname:

"你的主机名"（如 master，slave1 等）

3）在这三台主机上安装 OpenSSH，并配置 SSH 可以免密码登录。

安装方式不再赘述，建立 ~/.ssh 文件夹，如果已存在，则无须创建。生成密钥并配置 SSH 免密码登录本机，输入命令：

```
ssh-keygen -t dsa -P '' -f ~/.ssh/id_dsa
cat ~/.ssh/id_dsa.pub >> ~/.ssh/authorized_keys
```

将文件复制到两台 Slave 主机相同的文件夹内，输入命令：

```
scp authorized_keys slave1:~/.ssh/
scp authorized_keys slave2:~/.ssh/
```

查看是否可以从 Master 主机免密码登录 Slave，输入命令：

```
ssh slave1
ssh slave2
```

4）配置三台主机的 Hadoop 文件，内容如下。

conf/Hadoop-env.sh:

```
export JAVA_HOME=/usr/lib/jvm/jdk
```

conf/core-site.xml:

```xml
<?xml version="1.0"?>
<?xml-stylesheet type="text/xsl" href="configuration.xsl"?>

<!-- Put site-specific property overrides in this file. -->

<configuration>
  <property>
    <name>fs.default.name</name>
    <value>hdfs://master:9000</value>
  </property>
<property>
    <name>hadoop.tmp.dir</name>
    <value>/tmp</value>
</property>
</configuration>
```

conf/hdfs-site.xml:

```
<?xml version="1.0"?>
<?xml-stylesheet type="text/xsl" href="configuration.xsl"?>

<!-- Put site-specific property overrides in this file. -->

<configuration>
<property>
    <name>dfs.replication</name>
    <value>2</value>
</property>
</configuration>
```

conf/mapred-site.xml:

```
<?xml version="1.0"?>
<?xml-stylesheet type="text/xsl" href="configuration.xsl"?>

<!-- Put site-specific property overrides in this file. -->

<configuration>
 <property>
    <name>mapred.job.tracker</name>
    <value>master:9001</value>
</property>
</configuration>
```

conf/masters:

```
master
```

conf/slaves:

```
slave1
slave2
```

5）启动 Hadoop。

```
bin/Hadoop NameNode -format
bin/start-all.sh
```

你可以通过以下命令或者通过 http://master:50070 及 http://master:50030 查看集群状态。

```
Hadoop dfsadmin -report
```

2.5　日志分析及几个小技巧

　　如果大家在安装的时候遇到问题，或者按步骤安装完成却不能运行 Hadoop，那么建议仔细查看日志信息。Hadoop 记录了详尽的日志信息，日志文件保存在 logs 文件夹内。

　　无论是启动还是以后会经常用到的 MapReduce 中的每一个 Job，或是 HDFS 等相关信息，Hadoop 均存有日志文件以供分析。

　　例如：NameNode 和 DataNode 的 namespaceID 不一致，这个错误是很多人在安装时都会遇到的。日志信息为：

```
java.io.IOException: Incompatible namespaceIDs in /root/tmp/dfs/data:namenode
namespaceID = 1307672299; datanode namespaceID = 389959598
```

若 HDFS 一直没有启动，读者可以查询日志，并通过日志进行分析，日志提示信息显示了 NameNode 和 DataNode 的 namespaceID 不一致。

这个问题一般是由于两次或两次以上格式化 NameNode 造成的，有两种方法可以解决，第一种方法是删除 DataNode 的所有资料，第二种方法就是修改每个 DataNode 的 namespaceID（位于 /dfs/data/current/VERSION 文件中）或修改 NameNode 的 namespaceID（位于 /dfs/name/current/VERSION 文件中）。使其一致。

下面这两种方法在实际应用也可能会用到。

1）重启坏掉的 DataNode 或 JobTracker。当 Hadoop 集群的某单个节点出现问题时，一般不必重启整个系统，只须重启这个节点，它会自动连入整个集群。

在坏死的节点上输入如下命令即可：

```
bin/Hadoop-daemon.sh start datanode
bin/Hadoop-daemon.sh start jobtracker
```

2）动态加入 DataNode 或 TaskTracker。下面这条命令允许用户动态地将某个节点加入到集群中。

```
bin/Hadoop-daemon.sh --config ./conf start datanode
bin/Hadoop-daemon.sh --config ./conf start tasktracker
```

2.6 本章小结

本章主要讲解了 Hadoop 的安装和配置过程。Hadoop 的安装过程并不复杂，基本配置也简单明了，其中有几个关键点：

- ❏ Hadoop 主要是用 Java 语言写的，它无法使用一般 Linux 预装的 OpenJDK，因此在安装 Hadoop 前要先安装 JDK（版本要在 1.6 以上）；
- ❏ 作为分布式系统，Hadoop 需要通过 SSH 的方式启动处于 slave 上的程序，因此必须安装和配置 SSH。

由此可见，在安装 Hadoop 前需要安装 JDK 及 SSH。

Hadoop 在 Mac OS X 上的安装与 Linux 雷同，在 Windows 系统上的安装与在 Linux 上有一点不同，就是在 Windows 系统上需要通过 Cygwin 模拟 Linux 环境，而 SSH 的安装也需要在安装 Cygwin 时进行选择，请不要忘了这一点。

集群配置只要记住 conf/Hadoop-env.sh、conf/core-site.xml、conf/hdfs-site.xml、conf/mapred-site.xml、conf/mapred-queues.xml 这 5 个文件的作用即可，另外 Hadoop 有些配置是可以在程序中修改的，这部分内容不是本章的重点，因此没有详细说明。

第 3 章

MapReduce 计算模型

本章内容

- 为什么要用 MapReduce
- MapReduce 计算模型
- MapReduce 任务的优化
- Hadoop 流
- Hadoop Pipes
- 本章小结

2004 年，Google 发表了一篇论文，向全世界的人们介绍了 MapReduce。现在已经到处都有人在谈论 MapReduce（微软、雅虎等大公司也不例外）。在 Google 发表论文时，MapReduce 的最大成就是重写了 Google 的索引文件系统。而现在，谁也不知道它还会取得多大的成就。MapReduce 被广泛地应用于日志分析、海量数据排序、在海量数据中查找特定模式等场景中。Hadoop 根据 Google 的论文实现了 MapReduce 这个编程框架，并将源代码完全贡献了出来。本章就是要向大家介绍 MapReduce 这个流行的编程框架。

3.1　为什么要用 MapReduce

MapReduce 的流行是有理由的。它非常简单、易于实现且扩展性强。大家可以通过它轻易地编写出同时在多台主机上运行的程序，也可以使用 Ruby、Python、PHP 和 C++ 等非 Java 类语言编写 Map 或 Reduce 程序，还可以在任何安装 Hadoop 的集群中运行同样的程序，不论这个集群有多少台主机。MapReduce 适合处理海量数据，因为它会被多台主机同时处理，这样通常会有较快的速度。

下面来看一个例子。

引文分析是评价论文好坏的一个非常重要的方面，本例只对其中最简单的一部分，即论文的被引用次数进行了统计。假设有很多篇论文（百万级），且每篇论文的引文形式如下所示：

```
References
David M. Blei, Andrew Y. Ng, and Michael I. Jordan.
2003. Latent dirichlet allocation. Journal of Machine
Learning Research, 3:993-1022.
Samuel Brody and Noemie Elhadad. 2010. An unsupervised
aspect-sentiment model for online reviews. In
NAACL '10.
Jaime Carbonell and Jade Goldstein. 1998. The use of
mmr, diversity-based reranking for reordering documents
and producing summaries. In SIGIR '98, pages
335-336.
Dennis Chong and James N. Druckman. 2010. Identifying
frames in political news. In Erik P. Bucy and
R. Lance Holbert, editors, Sourcebook for Political
Communication Research: Methods, Measures, and
Analytical Techniques. Routledge.
Cindy Chung and James W. Pennebaker. 2007. The psychological
function of function words. Social Communication:
Frontiers of Social Psychology, pages 343-
359.
G¨unes Erkan and Dragomir R. Radev. 2004. Lexrank:
graph-based lexical centrality as salience in text summarization.
J. Artif. Int. Res., 22(1):457-479.
Stephan Greene and Philip Resnik. 2009. More than
words: syntactic packaging and implicit sentiment. In
NAACL '09, pages 503-511.
```

Aria Haghighi and Lucy Vanderwende. 2009. Exploring content models for multi-document summarization. In NAACL '09, pages 362-370.
Sanda Harabagiu, Andrew Hickl, and Finley Lacatusu. 2006. Negation, contrast and contradiction in text processing.

在单机运行时，想要完成这个统计任务，需要先切分出所有论文的名字存入一个 Hash 表中，然后遍历所有论文，查看引文信息，一一计数。因为文章数量很多，需要进行很多次内外存交换，这无疑会延长程序的执行时间。但在 MapReduce 中，这是一个 WordCount 就能解决的问题。

3.2　MapReduce 计算模型

要了解 MapReduce，首先需要了解 MapReduce 的载体是什么。在 Hadoop 中，用于执行 MapReduce 任务的机器有两个角色：一个是 JobTracker，另一个是 TaskTracker。JobTracker 是用于管理和调度工作的，TaskTracker 是用于执行工作的。一个 Hadoop 集群中只有一台 JobTracker。

3.2.1　MapReduce Job

在 Hadoop 中，每个 MapReduce 任务都被初始化为一个 Job。每个 Job 又可以分为两个阶段：Map 阶段和 Reduce 阶段。这两个阶段分别用两个函数来表示，即 Map 函数和 Reduce 函数。Map 函数接收一个 <key, value> 形式的输入，然后产生同样为 <key, value> 形式的中间输出，Hadoop 会负责将所有具有相同中间 key 值的 value 集合到一起传递给 Reduce 函数，Reduce 函数接收一个如 <key, (list of values)> 形式的输入，然后对这个 value 集合进行处理并输出结果，Reduce 的输出也是 <key, value> 形式的。

为了方便理解，分别将三个 <key, value> 对标记为 <k1, v1>、<k2, v2>、<k3, v3>，那么上面所述的过程就可以用图 3-1 来表示了。

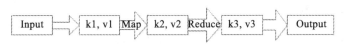

图 3-1　MapReduce 程序数据变化的基本模型

3.2.2　Hadoop 中的 Hello World 程序

上面所述的过程是 MapReduce 的核心，所有的 MapReduce 程序都具有图 3-1 所示的结构。下面我再举一个例子详述 MapReduce 的执行过程。

大家初次接触编程时学习的不论是哪种语言，看到的第一个示例程序可能都是 "Hello World"。在 Hadoop 中也有一个类似于 Hello World 的程序。这就是 WordCount。本节会结合这个程序具体讲解与 MapReduce 程序有关的所有类。这个程序的内容如下：

```
package cn.edu.ruc.cloudcomputing.book.chapter03;
```

```java
import java.io.IOException;
import java.util.*;

import org.apache.hadoop.fs.Path;
import org.apache.hadoop.conf.*;
import org.apache.hadoop.io.*;
import org.apache.hadoop.mapred.*;
import org.apache.hadoop.util.*;

public class WordCount {

    public static class Map extends MapReduceBase implements Mapper<LongWritable,
    Text, Text, IntWritable> {
      private final static IntWritable one = new IntWritable(1);
      private Text word = new Text();

      public void map(LongWritable key, Text value, OutputCollector<Text,
      IntWritable> output, Reporter reporter) throws IOException {
        String line = value.toString();
        StringTokenizer tokenizer = new StringTokenizer(line);
        while (tokenizer.hasMoreTokens()) {
          word.set(tokenizer.nextToken());
          output.collect(word, one);
        }
      }
    }

    public static class Reduce extends MapReduceBase implements Reducer<Text,
    IntWritable, Text, IntWritable> {
      public void reduce(Text key, Iterator<IntWritable> values, OutputCollector<Text,
      IntWritable> output, Reporter reporter) throws IOException {
        int sum = 0;
        while (values.hasNext()) {
          sum += values.next().get();
        }
        output.collect(key, new IntWritable(sum));
      }
    }

    public static void main(String[] args) throws Exception {
      JobConf conf = new JobConf(WordCount.class);
      conf.setJobName("wordcount");

      conf.setOutputKeyClass(Text.class);
      conf.setOutputValueClass(IntWritable.class);

      conf.setMapperClass(Map.class);
      conf.setReducerClass(Reduce.class);

      conf.setInputFormat(TextInputFormat.class);
```

```
        conf.setOutputFormat(TextOutputFormat.class);

        FileInputFormat.setInputPaths(conf, new Path(args[0]));
        FileOutputFormat.setOutputPath(conf, new Path(args[1]));

        JobClient.runJob(conf);
    }
}
```

同时，为了叙述方便，设定两个输入文件，如下：

```
echo "Hello World Bye World" > file01
echo "Hello Hadoop Goodbye Hadoop" > file02
```

看到这个程序，相信很多读者会对众多的预定义类感到很迷惑。其实这些类非常简单明了。首先，WordCount 程序的代码虽多，但是执行过程却很简单，在本例中，它首先将输入文件读进来，然后交由 Map 程序处理，Map 程序将输入读入后切出其中的单词，并标记它的数目为 1，形成 <word，1> 的形式，然后交由 Reduce 处理，Reduce 将相同 key 值（也就是 word）的 value 值收集起来，形成 <word, list of 1> 的形式，之后将这些 1 值加起来，即为单词的个数，最后将这个 <key, value> 对以 TextOutputFormat 的形式输出到 HDFS 中。

针对这个数据流动过程，我挑出了如下几句代码来表述它的执行过程：

```
JobConf conf = new JobConf(MyMapre.class);
conf.sctJobName("wordcount");

conf.setInputFormat(TextInputFormat.class);
conf.setOutputFormat(TextOutputFormat.class);

conf.setMapperClass(Map.class);
conf.setReducerClass(Reduce.class);

FileInputFormat.setInputPaths(conf, new Path(args[0]));
FileOutputFormat.setOutputPath(conf, new Path(args[1]));
```

首先讲解一下 Job 的初始化过程。Main 函数调用 Jobconf 类来对 MapReduce Job 进行初始化，然后调用 setJobName() 方法命名这个 Job。对 Job 进行合理的命名有助于更快地找到 Job，以便在 JobTracker 和 TaskTracker 的页面中对其进行监视。接着就会调用 setInputPath() 和 setOutputPath() 设置输入输出路径。下面会结合 WordCount 程序重点讲解 Inputformat()、OutputFormat()、Map()、Reduce() 这 4 种方法。

1. InputFormat() 和 InputSplit

InputSplit 是 Hadoop 中用来把输入数据传送给每个单独的 Map，InputSplit 存储的并非数据本身，而是一个分片长度和一个记录数据位置的数组。生成 InputSplit 的方法可以通过 Inputformat() 来设置。当数据传送给 Map 时，Map 会将输入分片传送到 InputFormat() 上，InputFormat() 则调用 getRecordReader() 方法生成 RecordReader，RecordReader 再通过 creatKey()、creatValue() 方法创建可供 Map 处理的 <key, value> 对，即 <k1, v1>。简而言之，

InputFormat() 方法是用来生成可供 Map 处理的 <key, value> 对的。

　　Hadoop 预定义了多种方法将不同类型的输入数据转化为 Map 能够处理的 <key, value> 对，它们都继承自 InputFormat，分别是：

- ❑ BaileyBorweinPlouffe.BbpInputFormat
- ❑ ComposableInputFormat
- ❑ CompositeInputFormat
- ❑ DBInputFormat
- ❑ DistSum.Machine.AbstractInputFormat
- ❑ FileInputFormat

　　其中，FileInputFormat 又有多个子类，分别为：

- ❑ CombineFileInputFormat
- ❑ KeyValueTextInputFormat
- ❑ NLineInputFormat
- ❑ SequenceFileInputFormat
- ❑ TeraInputFormat
- ❑ TextInputFormat

　　其中，TextInputFormat 是 Hadoop 默认的输入方法，在 TextInputFormat 中，每个文件（或其一部分）都会单独作为 Map 的输入，而这是继承自 FileInputFormat 的。之后，每行数据都会生成一条记录，每条记录则表示成 <key, value> 形式：

- ❑ key 值是每个数据的记录在数据分片中的字节偏移量，数据类型是 LongWritable；
- ❑ value 值是每行的内容，数据类型是 Text。

　　也就是说，输入数据会以如下的形式被传入 Map 中：

```
file01:
0  hello world bye world
file02
0  hello hadoop bye hadoop
```

　　因为 file01 和 file02 都会被单独输入到一个 Map 中，因此它们的 key 值都是 0。

2. OutputFormat()

　　对于每一种输入格式都有一种输出格式与其对应。同样，默认的输出格式是 TextOutputFormat，这种输出方式与输入类似，会将每条记录以一行的形式存入文本文件。不过，它的键和值可以是任意形式的，因为程序内部会调用 toString() 方法将键和值转换为 String 类型再输出。最后的输出形式如下所示：

```
Bye 2
Hadoop 2
Hello 2
World 2
```

3. Map() 和 Reduce()

Map() 方法和 Reduce() 方法是本章的重点，从前面的内容知道，Map() 函数接收经过 InputFormat 处理所产生的 <k1, v1>，然后输出 <k2, v2>。WordCount 的 Map() 函数如下：

```
public class MyMapre {
    public static class Map extends MapReduceBase implements Mapper<LongWritable,
    Text, Text, IntWritable> {
      private final static IntWritable one = new IntWritable(1);
      private Text word = new Text();

      public void map(LongWritable key, Text value,
OutputCollector<Text, IntWritable> output, Reporter reporter) throws IOException {
        String line = value.toString();
        StringTokenizer tokenizer = new StringTokenizer(line);
        while (tokenizer.hasMoreTokens()) {
          word.set(tokenizer.nextToken());
          output.collect(word, one);
      }
    }
  }
}
```

Map() 函数继承自 MapReduceBase，并且它实现了 Mapper 接口，此接口是一个范型类型，它有 4 种形式的参数，分别用来指定 Map() 的输入 key 值类型、输入 value 值类型、输出 key 值类型和输出 value 值类型。在本例中，因为使用的是 TextInputFormat，它的输出 key 值是 LongWritable 类型，输出 value 值是 Text 类型，所以 Map() 的输入类型即为 <LongWritable, Text>。如前面的内容所述，在本例中需要输出 <word, 1> 这样的形式，因此输出的 key 值类型是 Text，输出的 value 值类型是 IntWritable。

实现此接口类还需要实现 Map() 方法，Map() 方法会负责具体对输入进行操作，在本例中，Map() 方法对输入的行以空格为单位进行切分，然后使用 OutputCollect 收集输出的 <word, 1>，即 <k2, v2>。

下面来看 Reduce() 函数：

```
public static class Reduce extends MapReduceBase implements Reducer<Text,
IntWritable, Text, IntWritable> {
    public void reduce(Text key, Iterator<IntWritable> values,
    OutputCollector<Text, IntWritable> output, Reporter reporter) throws IOException {
      int sum = 0;
      while (values.hasNext()) {
      sum += values.next().get();
      }
      output.collect(key, new IntWritable(sum));
    }
}
```

与 Map() 类似，Reduce() 函数也继承自 MapReduceBase，需要实现 Reducer 接口。Reduce() 函数以 Map() 的输出作为输入，因此 Reduce() 的输入类型是 <Text, IneWritable>。

而 Reduce() 的输出是单词和它的数目，因此，它的输出类型是 <Text, IntWritable>。Reduce()
函数也要实现 Reduce() 方法，在此方法中，Reduce() 函数将输入的 key 值作为输出的 key 值，
然后将获得的多个 value 值加起来，作为输出的 value 值。

4. 运行 MapReduce 程序

读者可以在 Eclipse 里运行 MapReduce 程序，也可以在命令行中运行 MapReduce 程
序，但是在实际应用中，还是推荐到命令行中运行程序。按照第 2 章介绍的步骤，首先安装
Hadoop，然后输入编译打包生成的 JAR 程序，如下所示（以 Hadoop-0.20.2 为例，安装路径
是 ~/hadoop）：

```
mkdir FirstJar
javac -classpath ~/hadoop/hadoop-0.20.2-core.jar -d  FirstJar
WordCount.java
jar -cvf wordcount.jar -C FirstJar/ .
```

首先建立 FirstJar，然后编译文件生成 .class，存放到文件夹 FirstJar 中，并将 FirstJar 中
的文件打包生成 wordcount.jar 文件。

接着上传输入文件（输入文件是 file01，file02，存放在 ~/input）：

```
~/hadoop/bin/hadoop dfs -mkdir input
~/hadoop/bin/hadoop dfs -put ~/input/file0* input
```

在此上传过程中，先建立文件夹 input，然后上传文件 file01、file02 到 input 中。

最后运行生成的 JAR 文件，为了叙述方便，先将生成的 JAR 文件放入 Hadoop 的安装文
件夹中（HADOOP_HOME），然后运行如下命令。

```
~/hadoop/bin/hadoop jar wordcount.jar WordCount input output
11/01/21 20:02:38 WARN mapred.JobClient: Use GenericOptionsParser for parsing the
arguments. Applications should implement Tool for the same.
11/01/21 20:02:38 INFO mapred.FileInputFormat: Total input paths to process : 2
11/01/21 20:02:38 INFO mapred.JobClient: Running job: job_201101111819_0002
11/01/21 20:02:39 INFO mapred.JobClient: map 0% reduce 0%
11/01/21 20:02:49 INFO mapred.JobClient: map 100% reduce 0%
11/01/21 20:03:01 INFO mapred.JobClient: map 100% reduce 100%
11/01/21 20:03:03 INFO mapred.JobClient: Job complete: job_201101111819_0002
11/01/21 20:03:03 INFO mapred.JobClient: Counters: 18
11/01/21 20:03:03 INFO mapred.JobClient: Job Counters
11/01/21 20:03:03 INFO mapred.JobClient: Launched reduce tasks=1
11/01/21 20:03:03 INFO mapred.JobClient: Launched map tasks=2
11/01/21 20:03:03 INFO mapred.JobClient: Data-local map tasks=2
11/01/21 20:03:03 INFO mapred.JobClient: FileSystemCounters
11/01/21 20:03:03 INFO mapred.JobClient: FILE_BYTES_READ=100
11/01/21 20:03:03 INFO mapred.JobClient: HDFS_BYTES_READ=46
11/01/21 20:03:03 INFO mapred.JobClient: FILE_BYTES_WRITTEN=270
11/01/21 20:03:03 INFO mapred.JobClient: HDFS_BYTES_WRITTEN=31
11/01/21 20:03:03 INFO mapred.JobClient: Map-Reduce Framework
11/01/21 20:03:04 INFO mapred.JobClient: Reduce input groups=4
11/01/21 20:03:04 INFO mapred.JobClient: Combine output records=0
```

```
11/01/21 20:03:04 INFO mapred.JobClient: Map input records=2
11/01/21 20:03:04 INFO mapred.JobClient: Reduce shuffle bytes=106
11/01/21 20:03:04 INFO mapred.JobClient: Reduce output records=4
11/01/21 20:03:04 INFO mapred.JobClient: Spilled Records=16
11/01/21 20:03:04 INFO mapred.JobClient: Map output bytes=78
11/01/21 20:03:04 INFO mapred.JobClient: Map input bytes=46
11/01/21 20:03:04 INFO mapred.JobClient: Combine input records=0
11/01/21 20:03:04 INFO mapred.JobClient: Map output records=8
11/01/21 20:03:04 INFO mapred.JobClient: Reduce input records=8
```

Hadoop 命令（注意不是 Hadoop 本身）会启动一个 JVM 来运行这个 MapReduce 程序，并自动获取 Hadoop 的配置，同时把类的路径（及其依赖关系）加入到 Hadoop 的库中。以上就是 Hadoop Job 的运行记录，从这里面可以看到，这个 Job 被赋予了一个 ID 号：job_201101111819_0002，而且得知输入文件有两个（Total input paths to process：2），同时还可以了解 Map 的输入输出记录（record 数及字节数），以及 Reduce 的输入输出记录。比如说，在本例中，Map 的 task 数量是 2 个，Reduce 的 Task 数量是一个；Map 的输入 record 数是 2 个，输出 record 数是 8 个等。

可以通过命令查看输出文件输出文件为：

```
bye 2
hadoop 2
hello 2
world 2
```

5. 新的 API

从 0.20.2 版本开始，Hadoop 提供了一个新的 API。新的 API 是在 org.apache.hadoop.mapreduce 中的，旧版的 API 则在 org.apache.hadoop.mapred 中。新的 API 不兼容旧的 API，WordCount 程序用新的 API 重写如下：

```java
package cn.ruc.edu.cloudcomputing.book.chaptero3;
import java.io.IOException;
import java.util.*;

import org.apache.hadoop.fs.Path;
import org.apache.hadoop.conf.*;
import org.apache.hadoop.io.*;
import org.apache.hadoop.mapreduce.*;
import org.apache.hadoop.mapreduce.lib.input.*;
import org.apache.hadoop.mapreduce.lib.output.*;
import org.apache.hadoop.util.*;

    public class WordCount extends Configured implements Tool {
        public static class Map extends Mapper<LongWritable, Text, Text, IntWritable> {
                private final static IntWritable one = new IntWritable(1);
                private Text word = new Text();
                public void map(LongWritable key, Text value, Context context)
                throws IOException, InterruptedException {
```

```
        String line = value.toString();
        StringTokenizer tokenizer = new StringTokenizer(line);
        while (tokenizer.hasMoreTokens()) {
          word.set(tokenizer.nextToken());
          context.write(word, one);
        }
      }
    }

  public static class Reduce extends Reducer<Text, IntWritable, Text,
IntWritable> {
    public void reduce(Text key, Iterable<IntWritable> values, Context context)
    throws IOException, InterruptedException {
     int sum = 0;
      for (IntWritable val : values) {
        sum += val.get();
      }
      context.write(key, new IntWritable(sum));
    }
  }
}

public int run(String [] args) throws Exception {
    Job job = new Job(getConf());
    job.setJarByClass(WordCount.class);
    job.setJobName("wordcount");

    job.setOutputKeyClass(Text.class);
    job.setOutputValueClass(IntWritable.class);

    job.setMapperClass(Map.class);
    job.setReducerClass(Reduce.class);

    job.setInputFormatClass(TextInputFormat.class);
    job.setOutputFormatClass(TextOutputFormat.class);

    FileInputFormat.setInputPaths(job, new Path(args[0]));
    FileOutputFormat.setOutputPath(job, new Path(args[1]));

    boolean success = job.waitForCompletion(true);
    return success ? 0 : 1;
}

  public static void main(String[] args) throws Exception {
      int ret = ToolRunner.run(new WordCount(), args);
      System.exit(ret);
  }
}
```

从这个程序可以看到新旧 API 的几个区别：

❑ 在新的 API 中，Mapper 与 Reducer 已经不是接口而是抽象类。而且 Map 函数与

Reduce 函数也已经不再实现 Mapper 和 Reducer 接口，而是继承 Mapper 和 Reducer 抽象类。这样做更容易扩展，因为添加方法到抽象类中更容易。

□ 新的 API 中更广泛地使用了 context 对象，并使用 MapContext 进行 MapReduce 间的通信，MapContext 同时充当 OutputCollector 和 Reporter 的角色。

□ Job 的配置统一由 Configurartion 来完成，而不必额外地使用 JobConf 对守护进程进行配置。

□ 由 Job 类来负责 Job 的控制，而不是 JobClient，JobClient 在新的 API 中已经被删除。

这些区别，都可以在以上的程序中看出。

此外，新的 API 同时支持"推"和"拉"式的迭代方式。在以往的操作中，<key, value> 对是被推入到 Map 中的，但是在新的 API 中，允许程序将数据拉入 Map 中，Reduce 也一样。这样做更加方便程序分批处理数据。

3.2.3　MapReduce 的数据流和控制流

前面已经提到了 MapReduce 的数据流和控制流的关系，本节将结合 WordCount 实例具体解释它们的含义。图 3-2 是上例中 WordCount 程序的执行流程。

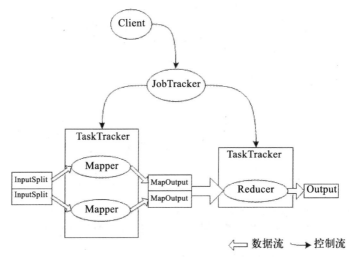

图 3-2　MapReduce 工作的简易图

由前面的内容知道，负责控制及调度 MapReduce 的 Job 的是 JobTracker，负责运行 MapReduce 的 Job 的是 TaskTracker。当然，MapReduce 在运行时是分成 Map Task 和 Reduce Task 来处理的，而不是完整的 Job。简单的控制流大概是这样的：JobTracker 调度任务给 TaskTracker，TaskTracker 执行任务时，会返回进度报告。JobTracker 则会记录进度的进行状况，如果某个 TaskTracker 上的任务执行失败，那么 JobTracker 会把这个任务分配给另一台 TaskTracker，直到任务执行完成。

这里更详细地解释一下数据流。上例中有两个 Map 任务及一个 Reduce 任务。数据首先按照 TextInputFormat 形式被处理成两个 InputSplit，然后输入到两个 Map 中，Map 程序会读取 InputSplit 指定位置的数据，然后按照设定的方式处理该数据，最后写入到本地磁盘中。注意，这里并不是写到 HDFS 上，这应该很好理解，因为 Map 的输出在 Job 完成后即可删除了，因此不需要存储到 HDFS 上，虽然存储到 HDFS 上会更安全，但是因为网络传输会降低 MapReduce 任务的执行效率，因此 Map 的输出文件是写在本地磁盘上的。如果 Map 程序在没来得及将数据传送给 Reduce 时就崩溃了（程序出错或机器崩溃），那么 JobTracker 只需要另选一台机器重新执行这个 Task 就可以了。

Reduce 会读取 Map 的输出数据，合并 value，然后将它们输出到 HDFS 上。Reduce 的输出会占用很多的网络带宽，不过这与上传数据一样是不可避免的。如果大家还是不能很好地理解数据流的话，下面有一个更具体的图（WordCount 执行时的数据流），如图 3-3 所示。

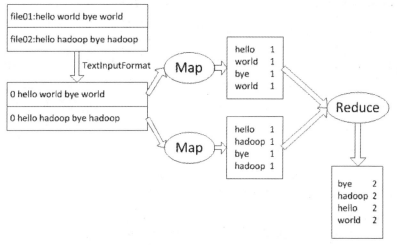

图 3-3　WordCount 数据流程图

相信看到图 3-3，大家就会对 MapReduce 的执行过程有更深刻的了解了。

除此之外，还有两种情况需要注意：

1）MapReduce 在执行过程中往往不止一个 Reduce Task，Reduce Task 的数量是可以程序指定的。当存在多个 Reduce Task 时，每个 Reduce 会搜集一个或多个 key 值。需要注意的是，当出现多个 Reduce Task 时，每个 Reduce Task 都会生成一个输出文件。

2）另外，没有 Reduce 任务的时候，系统会直接将 Map 的输出结果作为最终结果，同时 Map Task 的数量可以看做是 Reduce Task 的数量，即有多少个 Map Task 就有多少个输出文件。

3.3　MapReduce 任务的优化

相信每个程序员在编程时都会问自己两个问题"我如何完成这个任务"，以及"怎么能让程序运行得更快"。同样，MapReduce 计算模型的多次优化也是为了更好地解答这两个问题。

MapReduce 计算模型的优化涉及了方方面面的内容，但是主要集中在两个方面：一是计算性能方面的优化；二是 I/O 操作方面的优化。这其中，又包含六个方面的内容。

1. 任务调度

任务调度是 Hadoop 中非常重要的一环，这个优化又涉及两个方面的内容。计算方面：Hadoop 总会优先将任务分配给空闲的机器，使所有的任务能公平地分享系统资源。I/O 方面：Hadoop 会尽量将 Map 任务分配给 InputSplit 所在的机器，以减少网络 I/O 的消耗。

2. 数据预处理与 InputSplit 的大小

MapReduce 任务擅长处理少量的大数据，而在处理大量的小数据时，MapReduce 的性能就会逊色很多。因此在提交 MapReduce 任务前可以先对数据进行一次预处理，将数据合并以提高 MapReduce 任务的执行效率，这个办法往往很有效。如果这还不行，可以参考 Map 任务的运行时间，当一个 Map 任务只需要运行几秒就可以结束时，就需要考虑是否应该给它分配更多的数据。通常而言，一个 Map 任务的运行时间在一分钟左右比较合适，可以通过设置 Map 的输入数据大小来调节 Map 的运行时间。在 FileInputFormat 中（除了 CombineFileInputFormat），Hadoop 会在处理每个 Block 后将其作为一个 InputSplit，因此合理地设置 block 块大小是很重要的调节方式。除此之外，也可以通过合理地设置 Map 任务的数量来调节 Map 任务的数据输入。

3. Map 和 Reducc 任务的数量

合理地设置 Map 任务与 Reduce 任务的数量对提高 MapReduce 任务的效率是非常重要的。默认的设置往往不能很好地体现出 MapReduce 任务的需求，不过，设置它们的数量也要有一定的实践经验。

首先要定义两个概念——Map/Reduce 任务槽。Map/Reduce 任务槽就是这个集群能够同时运行的 Map/Reduce 任务的最大数量。比如，在一个具有 1200 台机器的集群中，设置每台机器最多可以同时运行 10 个 Map 任务，5 个 Reduce 任务。那么这个集群的 Map 任务槽就是 12000，Reduce 任务槽是 6000。任务槽可以帮助对任务调度进行设置。

设置 MapReduce 任务的 Map 数量主要参考的是 Map 的运行时间，设置 Reduce 任务的数量就只需要参考任务槽的设置即可。一般来说，Reduce 任务的数量应该是 Reduce 任务槽的 0.95 倍或是 1.75 倍，这是基于不同的考虑来决定的。当 Reduce 任务的数量是任务槽的 0.95 倍时，如果一个 Reduce 任务失败，Hadoop 可以很快地找到一台空闲的机器重新执行这个任务。当 Reduce 任务的数量是任务槽的 1.75 倍时，执行速度快的机器可以获得更多的 Reduce 任务，因此可以使负载更加均衡，以提高任务的处理速度。

4. Combine 函数

Combine 函数是用于本地合并数据的函数。在有些情况下，Map 函数产生的中间数据会有很多是重复的，比如在一个简单的 WordCount 程序中，因为词频是接近与一个 zipf 分布的，每个 Map 任务可能会产生成千上万个 <the, 1> 记录，若将这些记录一一传送给 Reduce 任务是很耗时的。所以，MapReduce 框架运行用户写的 combine 函数用于本地合并，这会大大减少网络 I/O 操作的消耗。此时就可以利用 combine 函数先计算出在这个 Block 中单词 the 的个数。合理地设计 combine 函数会有效地减少网络传输的数据量，提高 MapReduce 的效率。

在 MapReduce 程序中使用 combine 很简单，只需在程序中添加如下内容：

```
job.setCombinerClass(combine.class);
```

在 WordCount 程序中，可以指定 Reduce 类为 combine 函数，具体如下：

```
job.setCombinerClass(Reduce.class);
```

5. 压缩

编写 MapReduce 程序时，可以选择对 Map 的输出和最终的输出结果进行压缩（同时可以选择压缩方式）。在一些情况下，Map 的中间输出可能会很大，对其进行压缩可以有效地减少网络上的数据传输量。对最终结果的压缩虽然会减少数据写 HDFS 的时间，但是也会对读取产生一定的影响，因此要根据实际情况来选择（第 7 章中提供了一个小实验来验证压缩的效果）。

6. 自定义 comparator

在 Hadoop 中，可以自定义数据类型以实现更复杂的目的，比如，当读者想实现 k-means 算法（一个基础的聚类算法）时可以定义 k 个整数的集合。自定义 Hadoop 数据类型时，推荐自定义 comparator 来实现数据的二进制比较，这样可以省去数据序列化和反序列化的时间，提高程序的运行效率（具体会在第 7 章中讲解）。

3.4　Hadoop 流

Hadoop 流提供了一个 API，允许用户使用任何脚本语言写 Map 函数或 Reduce 函数。Hadoop 流的关键是，它使用 UNIX 标准流作为程序与 Hadoop 之间的接口。因此，任何程序只要可以从标准输入流中读取数据并且可以写入数据到标准输出流，那么就可以通过 Hadoop 流使用其他语言编写 MapReduce 程序的 Map 函数或 Reduce 函数。

举个最简单的例子（本例的运行环境：Ubuntu，Hadoop-0.20.2）：

```
bin/hadoop jar contrib/streaming/hadoop-0.20.2-streaming.jar -input input -output
output -mapper /bin/cat -reducer usr/bin/wc
```

从这个例子中可以看到，Hadoop 流引入的包是 hadoop-0.20.2-streaming.jar，并且具有如下命令：

```
-input      指明输入文件路径
-output     指明输出文件路径
-mapper     指定 map 函数
-reducer    指定 reduce 函数
```

Hadoop 流的操作还有其他参数，后面会一一列出。

3.4.1 Hadoop 流的工作原理

先来看 Hadoop 流的工作原理。在上例中，Map 和 Reduce 都是 Linux 内的可执行文件，更重要的是，它们接受的都是标准输入（stdin），输出的都是标准输出（stdout）。如果大家熟悉 Linux，那么对它们一定不会陌生。执行上一节中的示例程序的过程如下所示。

程序的输入与 WordCount 程序是一样的，具体如下：

```
file01:
hello world bye world
file02
hello hadoop bye hadoop
```

输入命令：

```
bin/hadoop jar contrib/streaming/hadoop-0.20.2-streaming.jar -input input -output
output -mapper /bin/cat -reducer /usr/bin/wc
```

显示：

```
packageJobJar: [/root/tmp/hadoop-unjar7103575849190765740/] [] /tmp/
streamjob2314757737747407133.jar tmpDir=null
11/01/23 02:07:36 INFO mapred.FileInputFormat: Total input paths to process : 2
11/01/23 02:07:37 INFO streaming.StreamJob: getLocalDirs(): [/root/tmp/mapred/local]
11/01/23 02:07:37 INFO streaming.StreamJob: Running job: job_201101111819_0020
11/01/23 02:07:37 INFO streaming.StreamJob: To kill this job, run:
11/01/23 02:07:37 INFO streaming.StreamJob: /root/hadoop/bin/hadoop job  -Dmapred.
job.tracker=localhost:9001 -kill job_201101111819_0020
11/01/23 02:07:37 INFO streaming.StreamJob: Tracking URL: http://localhost:50030/
jobdetails.jsp?jobid=job_201101111819_0020
11/01/23 02:07:38 INFO streaming.StreamJob:  map 0%  reduce 0%
11/01/23 02:07:47 INFO streaming.StreamJob:  map 100%  reduce 0%
11/01/23 02:07:59 INFO streaming.StreamJob:  map 100%  reduce 100%
11/01/23 02:08:02 INFO streaming.StreamJob: Job complete: job_201101111819_0020
11/01/23 02:08:02 INFO streaming.StreamJob: Output: output
```

程序的输出是：

```
2       8       46
```

wc 命令用来统计文件中的行数、单词数与字节数，可以看到，这个结果是正确的。

Hadoop 流的工作原理并不复杂，其中 Map 的工作原理如图 3-4 所示（Reduce 与其相同）。

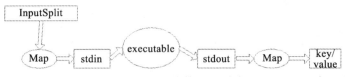

图 3-4　Hadoop 流的 Map 流程图

当一个可执行文件作为 Mapper 时，每一个 Map 任务会以一个独立的进程启动这个可执行文件，然后在 Map 任务运行时，会把输入切分成行提供给可执行文件，并作为它的标准输入（stdin）内容。当可执行文件运行出结果时，Map 从标准输出（stdout）中收集数据，并将其转化为 <key, value> 对，作为 Map 的输出。

Reduce 与 Map 相同，如果可执行文件做 Reducer 时，Reduce 任务会启动这个可执行文件，并且将 <key, value> 对转化为行作为这个可执行文件的标准输入（stdin）。然后 Reduce 会收集这个可执行文件的标准输出（stdout）的内容。并把每一行转化为 <key, value> 对，作为 Reduce 的输出。

Map 与 Reduce 将输出转化为 <key , value> 对的默认方法是：将每行的第一个 tab 符号（制表符）之前的内容作为 key，之后的内容作为 value。如果没有 tab 符号，那么这一行的所有内容会作为 key，而 value 值为 null。当然这是可以更改的。

值得一提的是，可以使用 Java 类作为 Map，而用一个可执行程序作为 Reduce；或使用 Java 类作为 Reduce，而用可执行程序作为 Map。例如：

```
/bin/hadoop  jar contrib/streaming/hadoop-0.20.2-streaming.jar
 -input myInputDirs -output myOutputDir -mapper
org.apache.hadoop.mapred.lib.IdentityMapper -reducer /bin/wc
```

3.4.2　Hadoop 流的命令

Hadoop 流提供自己的流命令选项及一个通用的命令选项，用于设置 Hadoop 流任务。首先介绍一下流命令。

1. Hadoop 流命令选项

Hadoop 流命令具体内容如表 3-1 所示。

表 3-1　Hadoop 流命令

参　　数	可选 / 必选	参　　数	可选 / 必选
-input	必选	-cmdenv	可选
-output	必选	-inputreader	可选
-mapper	必选	-verbose	可选
-reducer	必选	-lazyOutput	可选
-file	可选	-numReduce tasks	可选
-inputformat	可选	-mapdebug	可选
-outputformat	可选	-reducedebug	可选
-partitioner	可选	-io	可选
-combiner	可选		

表 3-1 所示的 Hadoop 流命令中，必选的 4 个很好理解，分别用于指定输入 / 输出文件的位置及 Map/Reduce 函数。在其他的可选命令中，这里我们只解释常用的几个。

❑ -file

-file 指令用于将文件加入到 Hadoop 的 Job 中。上面的例子中，cat 和 wc 都是 Linux

系统中的命令，而在 Hadoop 流的使用中，往往需要使用自己写的文件（作为 Map 函数或 Reduce 函数）。一般而言，这些文件是 Hadoop 集群中的机器上没有的，这时就需要使用 Hadoop 流中的 -file 命令将这个可执行文件加入到 Hadoop 的 Job 中。

❑ -combiner

这个命令用来加入 combiner 程序。

❑ -inputformat 和 -outputformat

这两个命令用来设置输入输出文件的处理方法，这两个命令后面的参数必须是 Java 类。

2. Hadoop 流通用的命令选项

Hadoop 流的通用命令用来配置 Hadoop 流的 Job。需要注意的是，如果使用这部分配置，就必须将其置于流命令配置之前，否则命令会失败。这里简要列出命令列表（如表 3-2 所示），供大家参考。

表 3-2　Hadoop 流的 Job 设置命令

参　　数	可选 / 必选	参　　数	可选 / 必选
-conf	可选	-files	可选
-D	可选	-libjars	可选
-fs	可选	-archives	可选
-jt	可选		

3.4.3　两个例子

从上面的内容可以知道，Hadoop 流的 API 是一个扩展性非常强的框架，它与程序相连的部分只有数据，因此可以接受任何适用于 UNIX 标准输入 / 输出的脚本语言，比如 Bash、PHP、Ruby、Python 等。

下面举两个非常简单的例子来进一步说明它的特性。

1. Bash

MapReduce 框架是一个非常适合在大规模的非结构化数据中查找数据的编程模型，grep 就是这种类型的一个例子。

在 Linux 中，grep 命令用来在一个或多个文件中查找某个字符模式（这个字符模式可以代表字符串，多用正则表达式表示）。

下面尝试在如下的数据中查找带有 Hadoop 字符串的行，如下所示。

输入文件为：

```
file01:
hello      world bye world
file02:
hello      hadoop bye hadoop
```

reduce 文件为：

```
reduce.sh:
grep hadoop
```

输入命令为：

```
bin/hadoop jar contrib/streaming/hadoop-0.20.2-streaming.jar -input input -output
output -mapper /bin/cat -reducer ~/Desktop/test/reducer.sh -file ~/Desktop/test/
reducer.sh
```

结果为：

```
hello       hadoop bye hadoop
```

显然，这个结果是正确的。

2. Python

对于 Python 来说，情况有些特殊。因为 Python 是可以编译为 JAR 包的，如果将程序编译为 JAR 包，那么就可以采用运行 JAR 包的方式来运行了。

不过，同样也可以用流的方式运行 Python 程序。请看如下代码：

```
Reduce.py
#!/usr/bin/python

import sys;

def generateLongCountToken(id):
    return "LongValueSum:" + id + "\t" + "1"
def main(argv):
    line = sys.stdin.readline();
    try:
        while line:
            line = line[:-1];
            fields = line.split("\t");
            print generateLongCountToken(fields[0]);
            line = sys.stdin.readline();
    except "end of file":
        return None
if __name__ == "__main__":
    main(sys.argv)
```

使用如下命令来运行：

```
bin/hadoop jar contrib/streaming/hadoop-0.20.2-streaming.jar -input input -output
pyoutput -mapper reduce.py -reducer aggregate -file reduce.py
```

注意其中的 aggregate 是 Hadoop 提供的一个包，它提供一个 Reduce 函数和一个 combine 函数。这个函数实现一些简单的类似求和、取最大值最小值等的功能。

3.5 Hadoop Pipes

Hadoop Pipes 提供了一个在 Hadoop 上运行 C++ 程序的方法。与流不同的是，流使用的是标准输入输出作为可执行程序与 Hadoop 相关进程间通信的工具，而 Pipes 使用的是 Sockets。先看一个示例程序 wordcount.cpp：

```cpp
#include "hadoop/Pipes.hh"
#include "hadoop/TemplateFactory.hh"
#include "hadoop/StringUtils.hh"

const std::string WORDCOUNT = "WORDCOUNT";
const std::string INPUT_WORDS = "INPUT_WORDS";
const std::string OUTPUT_WORDS = "OUTPUT_WORDS";

class WordCountMap: public HadoopPipes::Mapper {
public:
  HadoopPipes::TaskContext::Counter* inputWords;

  WordCountMap(HadoopPipes::TaskContext& context) {
    inputWords = context.getCounter(WORDCOUNT, INPUT_WORDS);
  }

  void map(HadoopPipes::MapContext& context) {
    std::vector<std::string> words =
      HadoopUtils::splitString(context.getInputValue(), " ");
    for(unsigned int i=0; i < words.size(); ++i) {
      context.emit(words[i], "1");
    }
    context.incrementCounter(inputWords, words.size());
  }
};

class WordCountReduce: public HadoopPipes::Reducer {
public:
  HadoopPipes::TaskContext::Counter* outputWords;

  WordCountReduce(HadoopPipes::TaskContext& context) {
    outputWords = context.getCounter(WORDCOUNT, OUTPUT_WORDS);
  }

  void reduce(HadoopPipes::ReduceContext& context) {
    int sum = 0;
    while (context.nextValue()) {
      sum += HadoopUtils::toInt(context.getInputValue());
    }
    context.emit(context.getInputKey(), HadoopUtils::toString(sum));
    context.incrementCounter(outputWords, 1);
  }
};
```

```
int main(int argc, char *argv[]) {
  return HadoopPipes::runTask(HadoopPipes::TemplateFactory<WordCountMap,
  WordCountReduce>());
}
```

这个程序连接的是一个 C++ 库，结构类似于 Java 编写的程序。如新版 API 一样，这个程序使用 context 方法读入和收集 <key, value> 对。在使用时要重写 HadoopPipes 名字空间下的 Mapper 和 Reducer 函数，并用 context.emit() 方法输出 <key, value> 对。main 函数是应用程序的入口，它调用 HadoopPipes::runTask 方法，这个方法由一个 TemplateFactory 参数来创建 Map 和 Reduce 实例，也可以重载 factory 设置 combiner()、partitioner()、record reader、record writer。

接下来，编译这个程序。这个编译命令需要用到 g++，读者可以使用 apt 自动安装这个程序。g++ 的命令格式如下所示：

```
apt-get install g++
```

然后建立文件 Makerfile，如下所示：

```
HADOOP_INSTALL=" 你的 hadoop 安装文件夹 "
PLATFORM=Linux-i386-32 (如果是 AMD 的 CPU, 请使用 Linux-amd64-64)

CC = g++
CPPFLAGS = -m32 -I$(HADOOP_INSTALL)/c++/$(PLATFORM)/include

wordcount: wordcount.cpp
$(CC) $(CPPFLAGS) $< -Wall -L$(HADOOP_INSTALL)/c++/$(PLATFORM)/lib -lhadooppipes
-lhadooputils -lpthread -g -O2 -o $@
注意在 $(CC) 前有一个 <tab> 符号, 这个分隔符是很关键的。
```

在当前目录下建立一个 WordCount 可执行文件。

接着，上传可执行文件到 HDFS 上，这是为了 TaskTracker 能够获得这个可执行文件。这里上传到 bin 文件夹内。

```
~/hadoop/bin/hadoop fs -mkdir bin
~/hadoop/bin/hadoop dfs -put wordcount bin
```

然后，就可以运行这个 MapReduce 程序了，可以采用两种配置方式运行这个程序。一种方式是直接在命令中运行指定配置，如下所示：

```
~/hadoop/bin/hadoop pipes\
-D hadoop.pipes.java.recordreader=true\
-D hadoop.pipes.java.recordwriter=true\
-input input\
-output Coutput\
-program bin/wordcount
```

另一种方式是预先将配置写入配置文件中，如下所示：

```
<?xml version="1.0"?>
<configuration>
```

```
<property>
    // Set the binary path on DFS
    <name>hadoop.pipes.executable</name>
    <value>bin/wordcount</value>
</property>
<property>
    <name>hadoop.pipes.java.recordreader</name>
    <value>true</value>
</property>
<property>
    <name>hadoop.pipes.java.recordwriter</name>
    <value>true</value>
</property>
</configuration>
```

然后通过如下命令运行这个程序：

```
~/hadoop/bin/hadoop pipes -conf word.xml -input input -output output
```

将参数 hadoop.pipes.executable 和 hadoop.pipes.java.recordreader 设置为 true 表示使用 Hadoop 默认的输入输出方式（即 Java 的）。同样的，也可以设置一个 Java 语言编写的 Mapper 函数、Reducer 函数、combiner 函数和 partitioner 函数。实际上，在任何一个作业中，都可以混用 Java 类和 C++ 类。

3.6 本章小结

本章主要介绍了 MapReduce 的计算模型，其中的关键内容是一个流程和四个方法。一个流程指的是数据流程，输入数据到 <k1, v1>、<k1, v1> 到 <k2, v2>、<k2, v2> 到 <k3, v3>、<k3, v3> 到输出数据。四个方法就是这个数据转换过程中使用的方法（分别是 InputFormat、Map、Reduce、OutputFormat），以及其对应的转换过程。除此之外，还介绍了 MapReduce 编程框架的几个优化方法，以及 Hadoop 流和 Hadoop Pipes，后者是在 Hadoop 中使用脚本文件及 C++ 编写 MapReduce 程序的方法。

第 4 章

开发 MapReduce 应用程序

本章内容

- ☐ 系统参数的配置
- ☐ 配置开发环境
- ☐ 编写 MapReduce 程序
- ☐ 本地测试
- ☐ 运行 MapReduce 程序
- ☐ 网络用户界面
- ☐ 性能调优
- ☐ MapReduce 工作流
- ☐ 本章小结

在前面的章节中，已经介绍了 MapReduce 模型。在本章中，将介绍如何在 Hadoop 中开发 MapReduce 的应用程序。在编写 MapReduce 程序之前，需要安装和配置开发环境，因此，首先要学习如何进行配置。

4.1 系统参数的配置

1. 通过 API 对相关组件的参数进行配置

Hadoop 有很多自己的组件（例如 Hbase 和 Chukwa 等），每一种组件都可以实现不同的功能，并起着不同的作用，通过多种组件的配合使用，Hadoop 就能够实现非常强大的功能。这些可以通过 Hadoop 的 API 对相关参数进行配置来实现。

先简单地介绍一下 API [⊖]，它被分成了以下几个部分（也就是几个不同的包）。

❑ org.apache.hadoop.conf：定义了系统参数的配置文件处理 API；

❑ org.apache.hadoop.fs：定义了抽象的文件系统 API；

❑ org.apache.hadoop.dfs：Hadoop 分布式文件系统（HDFS）模块的实现；

❑ org.apache.hadoop.mapred ：Hadoop 分布式计算系统（MapReduce）模块的实现，包括任务的分发调度等；

❑ org.apache.hadoop.ipc ：用在网络服务端和客户端的工具，封装了网络异步 I/O 的基础模块；

❑ org.apache.hadoop.io：定义了通用的 I/O API，用于针对网络、数据库、文件等数据对象进行读写操作等。

在此我们需要用到 org.apache.hadoop.conf，用它来定义系统参数的配置。Configurations 类由源来设置，每个源包含以 XML 形式出现的一系列属性 / 值对。每个源以一个字符串或一个路径来命名。如果是以字符串命名，则通过类路径检查该字符串代表的路径是否存在 ；如果是以路径命名的，则直接通过本地文件系统进行检查，而不用类路径。

下面举一个配置文件的例子。

configuration-default.xml

```
<? xml version="1.0"? >
<configuration>
  <property>
     <name>hadoop.tmp.dir</name>
     <value>/tmp/hadoop-${usr.name}</value>
     <description>A base for other temporary directories.</description>
  </property>
  <property>
     <name>io.file.buffer.size</name>
     <value>4096</value>
     <description>the size of buffer for use in sequence file.</description>
```

⊖ 可以参考 http://hadoop.apache.org/common/docs/current/api。

```
    </property>
    <property>
      <name>height</name>
      <value>tall</value>
     <final>true</final>
    </property>
</configuration>
```

这个文件中的信息可以通过以下的方式进行抽取：

```
Configuration conf = new Configuration();
Conf.addResource("configuration-default.xml");
aassertThat(conf.get("hadoop.tmp.dir"),is("/tmp/hadoop-${usr.name}"));
assertThat(conf.get("io.file.buffer.size"),is("4096"));
assertThat(conf.get("height"),is("tall"));
```

2. 多个配置文件的整合

假设还有另外一个配置文件 configuration-site.xml，其中具体代码细节如下：

configuration-site.xml

```
<? xml version="1.0"? >
<configuration>
    <property>
       <name>io.file.buffer.size</name>
       <value>5000</value>
       <description>the size of buffer for use in sequence file.</description>
    </property>
    <property>
       <name>height</name>
       <value>short</value>
     <final>true</final>
    </property>
</configuration>
```

使用两个资源 configuation-default.xml 和 configuration-site.xml 来定义配置。将资源按顺序添加到 Configuration 之中，代码如下：

```
Configuration conf = new Configuration();
conf.addResource("configuration-default.xml");
conf.addResource("|configuration-site.xml");
```

现在不同资源中有了相同属性，但是这些属性的取值却不一样。这时这些属性的取值应该如何确定呢？可以遵循这样一个原则：后添加进来的属性取值覆盖掉前面所添加资源中的属性取值。因此，此处的属性 io.file.buffer.size 取值应该是 5000 而不是先前的 4096，即：

```
assertThat(conf.get("io.file.buffer.size"),is("5000"));
```

但是，有一个特例，被标记为 final 的属性不能被后面定义的属性覆盖。Configuration-default.xml 中的属性 height 被标记为 final，因此在 configuration-site.xml 中重写 height 并不会成功，它依然会从 configuration-default.xml 中取值：

```
assertThat(conf.get("height"),is("tall"));
```

重写标记为 final 的属性通常会报告配置错误，同时会有警告信息被记录下来以便为诊断所用。管理员将守护进程地址文件之中的属性标记为 final，可防止用户在客户端配置文件中或作业提交参数中改变其取值。

Hadoop 默认使用两个源进行配置，并按顺序加载 core-default.xml 和 core-site.xml。在实际应用中可能会添加其他的源，应按照它们添加的顺序进行加载。其中 core-default.xml 用于定义系统默认的属性，core-site.xml 用于定义在特定的地方重写。

4.2 配置开发环境

首先下载准备使用的 Hadoop 版本，然后将其解压到用于开发的主机上（详细过程见附录 B）。接下来，在集成开发环境中创建一个新的工程，然后将解压后的文件夹根目录下的 JAR 文件和 lib 目录之下的 JAR 文件加入到 classpath 中。之后就可以编译 Hadoop 程序，并且可以在集成开发环境中以本地模式运行。

Hadoop 有三种不同的运行方式：单机模式、伪分布模式、完全分布模式。三种不同的运行方式各有各的好处与不足之处：单机模式的安装与配置比较简单，运行在本地文件系统上，便于程序的调试，可及时查看程序运行的效果，但是当数据量比较大时运行的速度会比较慢，并且没有体现出 Hadoop 分布式的优点；伪分布模式同样是在本地文件系统上运行，与单机模式的不同之处在于它运行的文件系统为 HDFS，这种模式的好处是能够模仿完全分布模式，看到一些分布式处理的效果；完全分布模式则运行在多台机器的 HDFS 之上，完完全全地体现出了分布式的优点，但是在调试程序方面会比较麻烦。

在实际运用中，可以结合这三种不同模式的优点，比如，编写和调试程序在单机模式和伪分布模式上进行，而实际处理大数据则在完全分布模式下进行。这样就会涉及三种不同模式的配置与管理，相关配置和管理会在相应的章节重点讲解。

4.3 编写 MapReduce 程序

下面将通过一个计算学生平均成绩的例子来讲解开发 MapReduce 程序的流程。程序主要包括两部分内容：Map 部分和 Reduce 部分，分别实现 Map 和 Reduce 的功能。

4.3.1 Map 处理

Map 处理的是一个纯文本文件，此文件中存放的数据是每一行表示一个学生的姓名和他相应的一科成绩，如果有多门学科，则每个学生就存在多行数据。代码如下所示：

```
public static class Map
    extends Mapper<LongWritable, Text, Text, IntWritable> {
public void map(LongWritable key, Text value, Context context)
    throws IOException, InterruptedException {
        String line = value.toString(); // 将输入的纯文本文件的数据转化成 String
```

```
        System.out.println(line);// 为了便于程序的调试，输出读入的内容
        // 将输入的数据先按行进行分割
        StringTokenizer tokenizerArticle = new StringTokenizer(line,"\n");
        // 分别对每一行进行处理
        while(tokenizerArticle.hasMoreTokens()){
        // 每行按空格划分
StringTokenizer tokenizerLine = new StringTokenizer(tokenizerArticle.nextToken());
            String strName = tokenizerLine.nextToken(); // 学生姓名部分
            String strScore = tokenizerLine.nextToken();// 成绩部分
            Text name = new Text(strName);// 学生姓名
            int scoreInt = Integer.parseInt(strScore);// 学生成绩score of student
            context.write(name, new IntWritable(scoreInt));// 输出姓名和成绩
            }
        }
    }
```

通过数据集进行测试，结果显示完全可以将文件中的姓名和他相应的成绩提取出来。需要解释的是：Mapper 处理的数据是由 InputFormat 分解过的数据集，其中 InputFormat 的作用是将数据集切割成小数据集 InputSplit，每一个 InputSplit 将由一个 Mapper 负责处理。此外，InputFormat 中还提供了一个 RecordReader 的实现，并将一个 InputSplit 解析成 <key, value> 对提供给 Map 函数。InputFormat 的默认值是 TextInputFormat，它针对文本文件，按行将文本切割成 InputSplit，并用 LineRecordReader 将 InputSplit 解析成 <key, value> 对，key 是行在文本中的位置，value 是文件中的一行。

本程序中的 InputFormat 使用的是默认值 TextInputFormat，因此结合上述程序的注释部分不难理解整个程序的处理流程和正确性。

4.3.2　Reduce 处理

Map 处理的结果会通过 partition 分发到 Reducer，Reducer 做完 Reduce 操作后，将通过 OutputFormat 输出结果，代码如下：

```
public static class Reduce
                extends Reducer<Text, IntWritable, Text, IntWritable> {
            public void reduce(Text key, Iterable<IntWritable> values,
                Context context) throws IOException, InterruptedException {
            int sum = 0;
            int count=0;
            Iterator<IntWritable> iterator = values.iterator();
                        while (iterator.hasNext()) {
                                sum += iterator.next().get(); // 计算总分
                                count++;// 统计总的科目数
            }
            int average = (int) sum/count;// 计算平均成绩
            context.write(key, new IntWritable(average));
            }
                }
```

Mapper 最终处理的结果 <key, value> 对会被送到 Reducer 中进行合并，在合并的时候，

有相同 key 的键 / 值对会被送到同一个 Reducer 上。Reducer 是所有用户定制 Reducer 类的基类，它的输入是 key 及这个 key 对应的所有 value 的一个迭代器，还有 Reducer 的上下文。Reduce 处理的结果将通过 Reducer.Context 的 write 方法输出到文件中。

4.4　本地测试

Score_Process 类继承于 Configured 的实现接口 Tool, 上述的 Map 和 Reduce 是 Score_Process 的内部类，它们分别实现了 Map 和 Reduce 功能，主函数存在于 Score_Process 中。下面创建一个 Score_Process 实例对程序进行测试。

Score_process 的 run() 方法的实现如下：

```
public int run(String [] args) throws Exception {
        Job job = new Job(getConf());
        job.setJarByClass(Score_Process.class);
        job.setJobName("Score_Process");
        job.setOutputKeyClass(Text.class);
        job.setOutputValueClass(IntWritable.class);
        job.setMapperClass(Map.class);
        job.setCombinerClass(Reduce.class);
        job.setReducerClass(Reduce.class);
        job.setInputFormatClass(TextInputFormat.class);
        job.setOutputFormatClass(TextOutputFormat.class);

        FileInputFormat.setInputPaths(job, new Path(args[0]));
        FileOutputFormat.setOutputPath(job, new Path(args[1]));
        boolean success = job.waitForCompletion(true);
        return success ? 0 : 1;
    }
```

下面给出 main() 函数，对程序进行测试：

```
public static void main(String[] args) throws Exception {
    int ret = ToolRunner.run(new Score_Process(), args);
    System.exit(ret);
  }
```

如果程序要在 Eclipse 中执行，那么用户需要在 run congfiguration 中设置好参数，输入的文件夹名为 input，输出的文件夹名为 output。

4.5　运行 MapReduce 程序

想要测试人体的健康状况，要先知道人体各个组织的健康状况，然后再综合评价人体的健康状况。假设每个组织的健康指标是一个 0 ～ 100 之间的数字，得到综合身体健康状况的方法是计算所有组织健康指标的平均数。由于测试的人数众多，因此存储数据的格式为：姓名 + 得分 +#（代表一个人单个人体组织的健康状况），每个组织的健康状况分别用一个文件存储。现在一共有 1000 个组织参与了评估，即用 1000 个文件分别存储。

　　由于此例中对数据的处理与前面对学生成绩进行的简单处理有一些区别，下面先将程序的主要部分列举出来。

　　Mapper 部分的代码如下：

```
public static class Map
      extends Mapper<LongWritable, Text, Text, IntWritable> {
      public void map(LongWritable key, Text value, Context context)
      throws IOException, InterruptedException {
          String line = value.toString();
      // 以 "#" 为分隔符，将输入的文件分割成单个记录
StringTokenizer tokenizerArticle = new StringTokenizer(line,"#");
// 对每个记录进行处理
while(tokenizerArticle.hasMoreTokens()){
// 将每个记录分成姓名和分数两个部分
StringTokenizer tokenizerLine = new StringTokenizer(tokenizerArticle.nextToken());
      while(tokenizerLine.hasMoreTokens()){
          String strName = tokenizerLine.nextToken();
          if(tokenizerLine.hasMoreTokens()){
          String strScore = tokenizerLine.nextToken();
          Text name = new Text(strName);// 姓名
          int scoreInt = Integer.parseInt(strScore);// 该组织的状况得分
          context.write(name, new IntWritable(scoreInt));
          }
      }
    }
}
```

　　上述程序比较简单，和单节点上的代码也很相似，配合注释就能够很好地理解，因此就不再多讲解了。

　　下面是 Reducer 部分的代码：

```
public static class Reduce
                extends Reducer<Text, IntWritable, Text, IntWritable> {
                public void reduce(Text key, Iterable<IntWritable> values,
                Context context) throws IOException, InterruptedException {
                        int sum = 0;
                 int count=0;
                 Iterator<IntWritable> iterator = values.iterator();
                        while (iterator.hasNext()) {
                                sum += iterator.next().get();
                                count++;
                }
                int average = (int) sum/count;
                context.write(key, new IntWritable(average));
            }
    }
```

4.5.1　打包

为了能够在命令行中运行程序，首先需要对它进行编译和打包，下面就分别展示编译和打包的过程。

编译代码如下：

```
Javac  -classpath  /usr/local/hadoop/hadoop-1.0.1/hadoop-core-1.0.1.jar -d
ScoreProcessFinal_classes ScoreProcessFinal.java
```

上述命令会将 ScoreProcessFinal.java 编译后的所有 class 文件放到 ScoreProcessFinal_classes 文件夹下。执行下面的命令打包所有的 class 文件：

```
jar -cvf /usr/local/hadoop/hadoop-1.0.1/bin/ScoreProcessFinal.jar -C ScoreProcessFinal_classes/ .
标明清单 (manifest)
增加：ScoreProcessFinal$Map.class(读入 = 1899) (写出 = 806)(压缩了 57%)
增加：ScoreProcessFinal$Reduce.class(读入 = 1671) (写出 = 707)(压缩了 57%)
增加：ScoreProcessFinal.class(读入 = 2374) (写出 = 1183)(压缩了 50%)
```

4.5.2　在本地模式下运行

使用下面的命令以本地模式运行打包后的程序：

```
hadoop jar ScoreProcessFinal.jar inputOfScoreProcessFinal outputOfScoreProcessFinal
```

上面的命令以 inputOfScoreProcessFinal 为输入路径，同时以 outputOfScoreProcessFinal 为输出路径。

到此，我们已经将编译打包和在本地模式下运行的情况讲解完了。

4.5.3　在集群上运行

接下来讲解程序如何在集群上运行。在笔者的实验环境中，一共有 4 台机器，其中一台同时担当 JobTracker 和 NameNode 的角色，但不担当 TaskTracker 和 DataNode 的角色，另外 3 台机器则同时担当 Tasktracker 和 DataNode 的角色。

首先，将输入的文件复制到 HDFS 中，用以下命令完成该功能：

```
hadoop dfs -copyFromLocal /home/u/Desktop/inputOfScoreProcessFinal inputOfScoreProcessFinal
```

下面，在命令行中运行程序：

```
~/hadoop-0.20.2/bin$ hadoop jar /home/u/TG/ScoreProcessFinal.jar
ScoreProcessFinal inputOfScoreProcessFinal outputOfScoreProcessFinal
```

执行上述命令运行 ScoreProcessFinal.jar 中的 ScoreProcessFinal 类，并且将 inputOfScoreProcessFinal 作为输入，outputOfScoreProcessFinal 作为输出。

4.6　网络用户界面

Hadoop 自带的网络用户界面在查看工作的信息时很方便（在 http：//jobtracker-host:50030/ 中能找到用户界面）。在 Job 运行时，它对于跟踪 Job 工作进程很有用，同样在工作完成后查看工作统计和日志时也会很有用。

4.6.1　JobTracker 页面

JobTracker 页面主要包括五部分。

第一部分是 Hadoop 安装的详细信息，比如版本号、编译完成时间、JobTracker 当前的运行状态和开始时间。

第二部分是集群的一个总结信息：集群容量（用集群上可用的 Map 和 Reduce 任务槽的数量表示）及使用情况、集群上运行的 Map 和 Reduce 的数量、提交的工作总量、当前可用的 TaskTracker 节点数和每个节点平均可用槽的数量。

第三部分是一个正在运行的工作日程表。打开能看到工作的序列。

第四部分显示的是正在运行、完成、失败的工作，这些显示信息通过表格来体现。表中每一行代表一个工作并且显示了工作的 ID 号、所属者、名字和进程信息。

最后一部分是页面的最下面 JobTracker 日志的链接和 JobTracker 的历史信息：JobTracker 运行的所有工作信息。在将这些信息提交到历史页面之前，主要显示 100 个工作（可以通过 mapred.job.name 进行配置）。注意，历史记录是永久保存的，因此可以从 JobTracker 以前运行的工作中找到相关的记录。

4.6.2　工作页面

点击一个工作的 ID 将看到它的工作页面。在工作页面的顶部是一个关于工作的一些总结性基本信息，比如工作所属者、名字、工作文件和工作已经执行了多长时间等。工作文件是工作的加强配置文件，包含在工作运行期间所有有效的属性及它们的取值。如果不确定某个属性的取值，可以点击进一步查看文件。

当工作运行时，可以在页面上监控它的进展情况，因为页面会周期性更新。在总结信息的下面是一张表，它显示了 Map 和 Reduce 的进展情况。"任务栏"显示了该工作的 Map 和 Reduce 任务的总数（Map 和 Reduce 各占一行）。其他列显示了这些任务的状态："暂停"（等待执行）、"正在执行"、"完成"（运行成功）、"终止"（准确地说应该称为"失败"），最后一列显示了失败或终止的任务所尝试的总数。

图 4-1 显示工作页面最下面的内容。

图 4-1 是每个任务完成情况的一个图形化表示。Reduce 完成图分为 3 个阶段：复制（发生在将 Map 输出转交给 Reduce 的 TaskTracker 时）、排序（发生在 Reduce 输入合并时）和 Reduce（发生在 Reduce 函数起作用并产生最终输出时）。

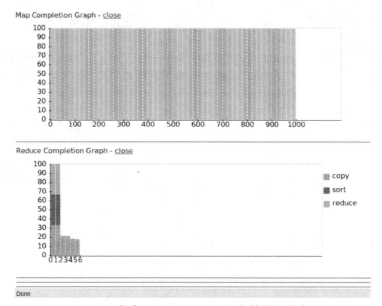

图 4-1　每个 Map 和 Reduce 任务的执行进度

4.6.3　返回结果

执行完任务后，可以通过以下几种方式得到结果。

1）通过命令行直接显示输出文件夹中的文件。

命令行如下：

```
hadoop dfs -ls outputOfScoreProcessFinal
```

通过以上命令的执行结果可以发现，输出的结果中一共有 6 个文件，分别是 part-r-00000 到 part-r-00005。还可以具体显示每个文件中的内容，例如要显示 part-r-00000 中的内容，命令如下：

```
hadoop dfs -cat outputOfScoreProcessFinal/part-r-00000
```

2）将输出的文件从 HDFS 复制到本地文件系统上，在本地文件系统上查看。

命令如下：

```
hadoop dfs -get outputOfScoreProcessFinal/* /home/u/outputOfScoreProcessFinal
```

上述命令的主要功能是将 HDFS 中目录 outputOfScoreProcessFinal 下的所有文件复制到本地文件系统的目录 /home/u/outputOfScoreProcessFinal 下，然后就可以方便地进行查看了。

另外还可以在命令行中将输出文件 part-r-00000 到 part-r-00005 合并成一个文件，并复制到本地文件系统中。下面就是在命令行中进行的操作：

```
hadoop dfs -getmerge outputOfScoreProcessFinal /home/u/outputScore
```

上述命令的功能就是，将 HDFS 中目录 outputOfScoreProcessFinal 下的所有文件（即

part-r-00000 到 part-r-00005) 进行合并, 然后复制到本地文件系统中的目录 /home/u/outputScore 下。

3) 通过 Web 界面查看输出的结果。

通过浏览器访问集群的 NameNode 界面, 点击页面上的"Browse the filesystem"即可看到 HDFS 中的内容, 依次点击 home、u、outputOfScoreProcessFinal, 就可以看到程序的输出文件, 再点击各个具体的输出文件可以查看输出内容。

4.6.4　任务页面

工作页面中的一些链接可以用来查看该工作中任务的详细信息。例如, 点击"Map"链接, 将看到一个页面, 所有的 Map 任务信息都列在这一页上。当然, 也可以只看已经完成的任务。任务页面显示信息以表格形式来体现, 表中的每一行都表示一个任务, 它包含了诸如开始时间、结束时间之类的信息, 以及由 TaskTracker 提供的错误信息和查看单个任务的计数器的链接。同样, 点击"Reduce"链接也可以看到一个页面, 所有的 Reduce 任务信息都列在这一页上。同样可以只看已经完成的任务。显示的信息内容与 Map 界面的相同。

4.6.5　任务细节页面

在任务页面上可以点击任何任务来得到关于它的详细信息。图 4-2 的任务细节页面显示了每个任务的尝试情况。在这里, 只有一个任务尝试并且成功完成。图中包含的表格提供了更多的有用数据, 比如任务尝试是在哪个节点上运行的, 同时还可以查看任务日志文件和计数器的链接。这个表中还包含"Actions"列, 可终止一个任务尝试的链接。默认情况下, 这项功能是没有启用的, 网络用户界面只是一个只读接口。将 webinterface.private.actions 设为 true 即可启用这项功能。

对于 Map 任务, 有一个部分 (即图 4-2 中的"Input Split Location"区域) 信息显示了输入的片段被分配到了哪个节点上。

图 4-2　任务尝试页面

4.7 性能调优

一个程序可以完成基本功能其实还不够，还有一些具有实际意义的问题需要解决，比如性能是不是足够好、有没有提高的空间等。具体来讲包括两个方面的内容：一个是时间性能；另一个是空间性能。衡量性能的指标就是，能够在正确完成功能的基础上，使执行的时间尽量短，占用的空间尽量小。

前面只是实现了程序基本应该实现的功能，对性能问题并没有加以考虑。下面就从不同的角度来简单地介绍一下提高性能的方法。

4.7.1 输入采用大文件

在前面的例子当中，笔者的实验数据包含 1000 个文件，在 HDFS 中共占用了 1000 个文件块，而每一个文件的大小都是 2.3MB，相对于 HDFS 块的默认大小 64MB 来说算是比较小的了。如果 MapReduce 在处理数据时，Map 阶段输入的文件较小而数量众多，就会产生很多的 Map 任务，以前面的输入为例，一共产生了 1000 个 Map 任务。每次新的 Map 任务操作都会造成一定的性能损失。针对上述 2.2GB 大小的数据，在实验环境中运行的时间大概为 33 分钟。

为了尽量使用大文件的数据，笔者对这 1000 个文件进行了一次预处理，也就是将这些数量众多的小文件合并成大一些的文件，最终将它们合并成了一个大小为 2.2GB 的大文件。然后再以这个大文件作为输入，在同样的环境中进行测试，运行的时间大概为 4 分钟。

从实验结果可以很明显地看出二者在执行时间上的差别非常大。因此为了提高性能，应该对小文件做一些合理的预处理，变小为大，从而缩短执行的时间。不仅如此，合并前的众多文件在 HDFS 中占用了 1000 个块，而合并后的文件在 HDFS 中只占用 36 个块（64MB 为一块），占用空间也相应地变小了，可谓一举两得。

另外，如果不对小文件做合并的预处理，也可以借用 Hadoop 中的 CombineFileInputFormat。它可以将多个文件打包到一个输入单元中，从而每次执行 Map 操作就会处理更多的数据。同时，CombineFileInputFormat 会考虑节点和集群的位置信息，以决定哪些文件被打包到一个单元之中，所以使用 CombineFileInputFormat 也会使性能得到相应地提高。

4.7.2 压缩文件

在分布式系统中，不同节点的数据交换是影响整体性能的一个重要因素。另外在 Hadoop 的 Map 阶段所处理的输出大小也会影响整个 MapReduce 程序的执行时间。这是因为 Map 阶段的输出首先存储在一定大小的内存缓冲区中，如果 Map 输出的大小超出一定限度，Map task 就会将结果写入磁盘，等 Map 任务结束后再将它们复制到 Reduce 任务的节点上。如果数据量大，中间的数据交换会占用很多的时间。

一个提高性能的方法是对 Map 的输出进行压缩。这样会带来以下几个方面的好处：减少存储文件的空间；加快数据在网络上（不同节点间）的传输速度，以及减少数据在内存和磁盘间交换的时间。可以通过将 mapred.compress.map.output 属性设置为 true 来对 Map 的输出数据进行压缩，同时还可以设置 Map 输出数据的压缩格式，通过设置 mapred.map.output.compression.codec 属性即可进行压缩格式的设置。

4.7.3　过滤数据

数据过滤主要指在面对海量输入数据作业时，在作业执行之前先将数据中无用数据、噪声数据和异常数据清除。通过数据过滤可以降低数据处理的规模，较大程度地提高数据处理效率，同时避免异常数据或不规范数据对最终结果造成负面影响。

在数据处理的时候如何进行数据过滤呢？在 MapReduce 中可以根据过滤条件利用很多办法完成数据预处理中的数据过滤，比如编写预处理程序，在程序中加上过滤条件，形成真正的处理数据；也可以在数据处理任务的最开始代码处加上过滤条件；还可以使用特殊的过滤器数据结果来完成过滤。下面笔者以一种在并行程序中功能强大的过滤器结构为例来介绍如何在 MapReduce 中对海量数据进行过滤。

Bloom Filter 是在 1970 年由 Howard Bloom 提出的二进制向量数据结构。在保存所有集合元素特征的同时，它能在保证高效空间效率和一定出错率的前提下迅速检测一个元素是不是集合中的成员。Bloom Filter 的误报（false positive）只会发生在检测集合内的数据上，而不会对集合外的数据产生漏报（false negative）。这样每个检测请求返回有"在集合内（可能错误）"和"不在集合内（绝对不在集合内）"两种情况，可见 Bloom Filter 牺牲了极少正确率换取时间和空间，所以它不适合那些"零错误"的应用场合。在 MapReduce 中，Bloom Filter 由 Bloom Filter 类（此类继承了 Filter 类，Filter 类实现了 Writable 序列化接口）实现，使用 add(Key key) 函数将一个 key 值加入 Filter，使用 membershipTest(Key key) 来测试某个 key 是否在 Filter 内。

以上说明了 Bloom Filter 的大概思想，那么在实践中如何使用 Bloom Filter 呢？假设有两个表需要进行内连接，其中一个表非常大，另一个表非常小，这时为了加快处理速度和减小网络带宽，可以基于小表创建连接列上的 Bloom Filter。具体做法是先创建 Bloom Filter 对象，将小表中所有连接列上的值都保存到 Bloom Filter 中，然后开始通过 MapReduce 作业执行内连接。在连接的 Map 阶段，读小表的数据时直接输出以连接列值为 key、以数据为 value 的 <key, value> 对；读大表数据时，在输出前先判断当前**元组**的连接列值是否在 Bloom Filter 内，如果不存在就说明在后面的连接阶段不会使用到，不需要输出，如果存在就采用与小表同样的输出方式输出。最后在 Reduce 阶段，针对每个连接列值连接两个表的**元组**并输出结果。

大家已经知道了 Bloom Filter 的作用和使用方法，那么 Bloom Filter 具体是如何实现的呢？又是如何保证空间和时间的高效性呢？如何用正确率换取时间和空间的呢？（基于 MapReduce 中实现的 BloomFilter 代码进行分析）Bloom Filter 自始至终是一个 M 位的位数组：

```
private static final byte[] bitvalues = new byte[] {
    (byte)0x01,
    (byte)0x02,
    (byte)0x04,
    (byte)0x08,
    (byte)0x10,
    (byte)0x20,
    (byte)0x40,
    (byte)0x80
};
```

它有两个重要接口，分别是 add() 和 membershipTest ()，add() 负责保存集合元素的特征到位数组 (类似于一个学习的过程)，在保存所有集合元素特征之后可以使用 membershipTest() 来判断某个值是否是集合中的元素。

在初始状态下，Bloom Filter 的所有位都被初始化为 0。为了表示集合中的所有元素，Bloom Fliter 使用 k 个互相独立的 Hash 函数，它们分别将集合中的每个元素映射到（1,2,…,M）这个范围上，映射的位置作为此元素特征值的一维，并将位数组中此位置的值设置为 1，最终得到的 k 个 Hash 函数值将形成集合元素的特征值向量，同时此向量也被保存在位数组中。从获取 k 个 Hash 函数值到修改对应位数组值，这就是 add 接口所完成的任务。

```
public void add(Key key) {
    if(key == null) {
        throw new NullPointerException("key cannot be null");
    }

    int[] h = hash.hash(key);
    hash.clear();

    for(int i = 0; i < nbHash; i++) {
        bits.set(h[i]);
    }
}
```

利用 add 接口将所有集合元素的特征值向量保存到 Bloom Filter 之后，就可以使用此过滤器也就是 membershipTest 接口来判断某个值是否是集合元素。在判断时，首先还是计算待判断值的特征值向量，也就是 k 个 Hash 函数值，然后判断特征值向量每一维对应的位数组位置上的值是否是 1，如果全部是 1，那么 membershipTest 返回 true，否则返回 false，这就是判断值是否存在于集合中的原理。

```
public boolean membershipTest(Key key) {
    if(key == null) {
        throw new NullPointerException("key cannot be null");
    }

    int[] h = hash.hash(key);
    hash.clear();
    for(int i = 0; i < nbHash; i++) {
```

```
        if(!bits.get(h[i])) {
          return false;
        }
      }
      return true;
    }
```

从上面 add 接口和 membershipTest 接口实现的原理可以看出，正是 Hash 函数冲突的可能性导致误判的可能。由于 Hash 函数冲突，两个值的特征值向量也有可能冲突（k 个 Hash 函数全部冲突）。如果两个值中只有一个是集合元素，那么该值的特征值向量会保存在位数组中，从而在判断另外一个非集合元素的值时，会发现该值的特征值向量已经保存在位数组中，最终返回 true，形成误判。那么都有哪些因素影响了错误率呢？通过上面的分析可以看出，Hash 函数的个数和位数组的大小影响了错误率。位数组越大，特征值向量冲突的可能性越小，错误率也小。在位数组大小一定的情况下，Hash 函数个数越多，形成的特征值向量维数越多，冲突的可能性越小；但是维数越多，占用的位数组位置越多，又提高了冲突的可能性。所以在实际应用中，在使用 Bloom Filter 时应根据实际需要和一定的估计来确定合适的数组规模和哈希函数规模。

通过上面的介绍和分析可以发现，在 Bloom Filter 中插入元素和查询值都是 O(1) 的操作；同时它并不保存元素而是采用位数组保存特征值，并且每一位都可以重复利用。所以同集合、链表和树等传统方法相比，Bloom Filter 无疑在时间和空间性能上都极为优秀。但错误率限制了 Bloom Filter 的使用场景，只允许**误报**（false positive）的场景；同时由于一位多用，因此 Bloom Filter 并不支持删除集合元素，在删除某个元素时可能会同时删除另外一个元素的部分特征值。图 4-3 是一个简单的例子，既说明了 Bloom Filter 的实现过程，又说明了错误发生的原因（步骤⑤判断的值是包含在集合中的，但是返回值为 true）。

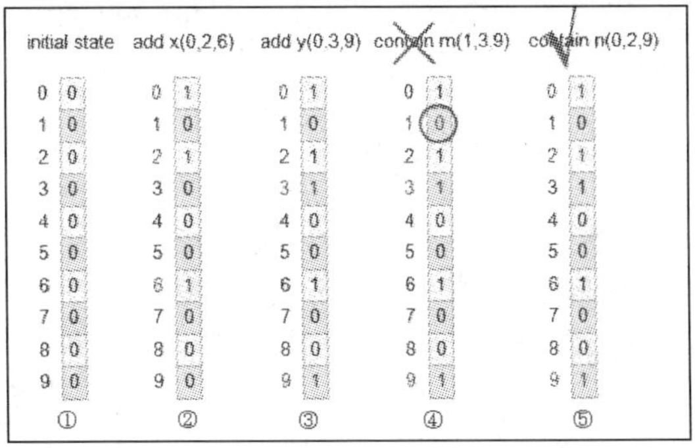

图 4-3　Bloom Filter 实现过程图

4.7.4　修改作业属性

属性 mapred.tasktracker.map.tasks.maximum 的默认值是 2，属性 mapred.tasktracker.reduce.tasks.maximum 的默认值也是 2，因此每个节点上实际处于运行状态的 Map 和 Reduce 的任

务数最多为 2，而较为理想的数值应在 10 ～ 100 之间。因此，可以在 conf 目录下修改属性 mapred.tasktracker.map.tasks.maximum 和 mapred.tasktracker.reduce.tasks.maximum 的 取 值，将它们设置为一个较大的值，使得每个节点上同时运行的 Map 和 Reduce 任务数增加，从而缩短运行的时间，提高整体的性能。

例如下面的修改：

```
<property>
  <name>mapred.tasktracker.map.tasks.maximum</name>
  <value>10</value>
  <description>The maximum number of map tasks that will be run
  simultaneously by a task tracker.
  </description>
</property>
<property>
  <name>mapred.tasktracker.reduce.tasks.maximum</name>
  <value>10</value>
  <description>The maximum number of reduce tasks that will be run
  simultaneously by a task tracker.
  </description>
</property>
```

4.8　MapReduce 工作流

到目前为止，已经讲述了使用 MapReduce 编写程序的机制。不过还没有讨论如何将数据处理问题转化为 MapReduce 模型。

数据处理只能解决一些非常简单的问题。如果处理过程变得复杂了，这种复杂性会通过更加复杂、完善的 Map 和 Reduce 函数，甚至更多的 MapReduce 工作来体现。下面简单介绍一些比较复杂的 MapReduce 编程知识。

4.8.1　复杂的 Map 和 Reduce 函数

从 前 面 Map 和 Reduce 函 数 的 代 码 很 明 显 可 以 看 出，Map 和 Reduce 都 继 承 自 MapReduce 自己定义好的 Mapper 和 Reducer 基类，MapReduce 框架根据用户继承 Mapper 和 Reducer 后的衍生类和类中覆盖的核心函数来识别用户定义的 Map 处理阶段和 Reduce 处理阶段。所以只有用户继承这些类并且实现其中的核心函数，提交到 MapReduce 框架上的作业才能按照用户的意愿被解析出来并执行。前面介绍的 MapReduce 作业仅仅继承并覆盖了基类中的核心函数 Map 或 Reduce，下面介绍基类中的其他函数，使大家能够编写功能更加复杂、控制更加完备的 Map 和 Reduce 函数。

1. setup 函数

此函数在基类中的源码如下：

```
/**
```

```
 * Called once at the start of the task.
 */
protected void setup(Context context
                        ) throws IOException, InterruptedException {
  // NOTHING
}
```

从上面的注释可以看出，setup 函数是在 task 启动开始就调用的。在这里先温习一下 task 的知识。在 MapReduce 中作业会被组织成 Map task 和 Reduce task。每个 task 都以 Map 类或 Reduce 类为处理方法主体，输入分片为处理方法的输入，自己的分片处理完之后 task 也就销毁了。从这里可以看出，setup 函数在 task 启动之后数据处理之前只调用一次，而覆盖的 Map 函数或 Reduce 函数会针对输入分片中的每个 key 调用一次。所以 setup 函数可以看做 task 上的一个全局处理，而不像在 Map 函数或 Reduce 函数中，处理只对当前输入分片中的正在处理数据产生作用。利用 setup 函数的特性，大家可以将 Map 或 Reduce 函数中的重复处理放置到 setup 函数中，可以将 Map 或 Reduce 函数处理过程中可能使用到的全局变量进行初始化，或从作业信息中获取全局变量，还可以监控 task 的启动。需要注意的是，调用 setup 函数只是对应 task 上的全局操作，而不是整个作业的全局操作。

2. cleanup 函数

cleanup 函数在基类中的源码如下：

```
/**
 * Called once at the end of the task.
 */
protected void cleanup(Context context
                          ) throws IOException, InterruptedException {
  // NOTHING
}
```

从这个函数的注释中可以看到，它跟 setup 函数相似，不同之处在于 cleanup 函数是在 task 销毁之前执行的。它的作用和 setup 也相似，区别仅在于它的启动处在 task 销毁之前，所以不再赘述 cleanup 的作用。大家应根据具体使用环境和这两个函数的特点，做出恰当的选择。

3. run 函数

run 函数在基类中的源码如下：

```
/**
 * Expert users can override this method for more complete control over the
 * execution of the Mapper.
 * @param context
 * @throws IOException
 */
public void run(Context context) throws IOException, InterruptedException {
  setup(context);
  while (context.nextKeyValue()) {
```

```
    map(context.getCurrentKey(), context.getCurrentValue(), context);
  }
  cleanup(context);
}
```

从上面函数的主体内容和代码的注释可以看出，此函数是 Map 类或 Reduce 类的启动方法：先调用 setup 函数，然后针对每个 key 调用一次 Map 函数或 Reduce 函数，最后销毁 task 之前再调用 cleanup 函数。这个 run 函数将 Map 阶段和 Reduce 阶段的代码过程呈现给了大家。正如注释中所说，如果想更加完备地控制 Map 或者 Renduce 阶段，可以覆盖此函数，并像普通的 Java 类中的函数一样添加自己的控制内容，比如增加自己的 task 启动之后和销毁之前的处理，或者在 while 循环内外再定义自己针对每个 key 的处理内容，甚至可以对 Map 和 Reduce 函数的处理结果进行进一步的处理。

4.8.2　MapReduce Job 中全局共享数据

在编写 MapReduce 代码的时候，经常会遇到这样的困扰：全局变量应该如何保存？如何让每个处理都能获取保存的这些全局变量？在编程过程中全局变量的使用是不可避免的，但是在 MapReduce 中直接使用代码级别的全局变量是不现实的。这主要是因为继承 Mapper 基类的 Map 阶段类的运行和继承 Reducer 基类的 Reduce 阶段类的运行都是独立的，并不像代码看起来的那样会共享同一个 Java 虚拟机的资源。下面介绍几种在 MapReduce 编程中相对有效的设置全局共享数据的方法。

1. 读写 HDFS 文件

在 MapReduce 框架中，Map task 和 Reduce task 都运行在 Hadoop 集群的节点上，所以 Map task 和 Reduce task、甚至不同的 Job 都可以通过读写 HDFS 中预定好的同一个文件来实现全局共享数据。具体实现是利用 Hadoop 的 Java API（关于 Java API 请参见第 9 章）来完成的。需要注意的是，针对多个 Map 或 Reduce 的写操作会产生冲突，覆盖原有数据。

这种方法的优点是能够实现读写，也比较直观；而缺点是要共享一些很小的全局数据也需要使用 I/O，这将占用系统资源，增加作业完成的资源消耗。

2. 配置 Job 属性

在 MapReduce 执行过程中，task 可以读取 Job 的属性。基于这个特性，大家可以在任务启动之初利用 Configuration 类中的 set(String name, String value) 将一些简单的全局数据封装到作业的配置属性中，然后在 task 中再利用 Configuration 类中的 get(String name) 获取配置到属性中的全局数据。这种方法的优点是简单，资源消耗小；缺点是对量比较大的共享数据显得比较无力。

3. 使用 DistributedCache

DistributedCache 是 MapReduce 为应用提供缓存文件的只读工具，它可以缓存文本文件、压缩文件和 jar 文件等。在使用时，用户可以在作业配置时使用本地或 HDFS 文件的 URL 来将其设置成共享缓存文件。在作业启动之后和 task 启动之前，MapReduce 框架会将可能需要的缓存文件复制到执行任务节点的本地。这种方法的优点是每个 Job 共享文件只会在启动之后复制一次，并且它适用于大量的共享数据；而缺点是它是只读的。下面举一个简单的例子说明如何使用 DistributedCache（具体的示例程序可查看本书附录 C）。

1）将要缓存的文件复制到 HDFS 上。

```
$ bin/hadoop fs -copyFromLocal lookup /myapp/lookup
```

2）启用作业的属性配置，并设置待缓存文件。

```
Configuration conf = new Configuration();
DistributedCache.addCacheFile(new URI("/myapp/lookup #lookup "), conf);
```

3）在 Map 函数中使用 DistributedCache。

```
public static class Map extends Mapper<Object, Text, Text, Text> {
  private Path[] localArchives;
  private Path[] localFiles;
  public void setup (Context context
                    ) throws IOException, InterruptedException {
    // 获取缓存文件
    Configuration conf = context.getConfiguration();
    localArchives = DistributedCache.getLocalCacheArchives(conf);
    localFiles = DistributedCache.getLocalCacheFiles(conf);
  }
  public void map(K key, V value,
                  Context context)
  throws IOException {
    // 使用从缓存文件中获取的数据
    // ...
    // ...
    Context.collect(k, v);
  }
}
```

4.8.3　链接 MapReduce Job

在日常的数据处理过程中，常常会碰到有些问题不是一个 MapReduce 作业就能解决的，这时就需要在工作流中安排多个 MapReduce 作业，让它们配合起来自动完成一些复杂任务，而不需要用户手动启动每一个作业。那么怎样将 MapReduce Job 链接起来呢？应该怎么管理呢？下面来介绍如何链接 MapReduce Job 和如何配置 MapReduce Job 流。

1. 线性 MapReduce Job 流

MapReduce Job 也是一个程序，作为程序就是将输入经过处理再输出。所以在处理复杂问题的时候，如果一个 Job 不能完成，最简单的办法就是设置多个有一定顺序的 Job，每个 Job 以前一个 Job 的输出作为输入，经过处理，将数据再输出到下一个 Job 中。这样 Job 流就能按照预定的代码处理数据，达到预期的目的。这种办法的具体实现非常简单：将每个 Job 的启动代码设置成只有上一个 Job 结束之后才执行，然后将 Job 的输入设置成上一个 Job

的输出路径。

2. 复杂 MapReduce Job 流

第一种方法非常直观简单，但是在某些复杂任务下它仍然不能满足需求。一种情况是处理过程中数据流并不是简单的线性流，如 Job3 需要将 Job1 和 Job2 的输出结果组合起来进行处理。在这种情况下 Job3 的启动依赖于 Job1 和 Job2 的完成，但是 Job1 和 Job2 之间并没有关系。针对这种复杂情况，MapReduce 框架提供了让用户将 Job 组织成复杂 Job 流的 API——ControlledJob 类和 JobControl 类（这两个类属于 org.apache.hadoop.mapreduce.lib.jobcontrol 包）。具体做法是：先按照正常情况配置各个 Job，配置完成后再将各个 Job 封装到对应的 ControlledJob 对象中，然后使用 ControlledJob 的 addDependingJob() 设置依赖关系，接着再实例化一个 JobControl 对象，并使用 addJob() 方法将所有的 Job 注入 JobControl 对象中，最后使用 JobControl 对象的 run 方法启动 Job 流。

3. Job 设置预处理和后处理过程

对于前面已经介绍的复杂任务的例子，使用前面的两种方法能很好地解决。现在假设另一种情况，在 Job 处理前和处理后需要做一些简单地处理，这种情况使用第一种方法仍能解决，但是如果针对这些简单的处理设置新的 Job 来处理稍显笨拙，这里涉及第三种情况，通过在 Job 前或后链接 Map 过程来解决预处理和后处理。比如，在一般统计词频的 Job 中，并不会统计那些无意义的单词（a、an 和 the 等），这就需要在正式的 Job 前链接一个 Map 过程过滤掉这些无意义的单词。这种方法具体是通过 MapReduce 中 org.apache.hadoop.mapred.lib 包下的 ChainMapper 和 ChainReducer 两个静态类来实现的，这种方法最终形成的是一个独立的 Job，而不是 Job 流，并且只有针对 Job 的输入输出流，各个阶段函数之间的输入输出 MapReduce 框架会自动组织。下面是一个具体的实现：

```
...
Configuration conf = new Configuration ();
JobConf job = new JobConf(conf);
job.setJobName("Job");

job.setInputFormatClass(TextInputFormat.class);
job.setOutputKeyClass(Text.class);
job.setOutputValueClass(IntWritable.class);
FileInputFormat.setInputPaths(job, new Path(args[0]));
FileOutputFormat.setOutputPath(job, new Path(args[1]));

JobConf map1Conf = new JobConf(false);
ChainMapper.addMapper(job,
            Map1.class,
            LongWritable.class,
            Text.class,
            Text.class,
            Text.class,
            true,
```

```
                  map1Conf);

JobConf map2Conf = new JobConf(false);
ChainMapper.addMapper(job,
            Map2.class,
            Text.class,
            Text.class,
            LongWritable.class,
            Text.class,
            true,
            map2Conf);

JobConf reduceConf = new JobConf(false);
ChainReducer.setReducer(job,
            Reduce.class,
            LongWritable.class,
            Text.class,
            Text.class,
            Text.class,
            true,
            reduceConf);

JobConf map3Conf = new JobConf(false);
ChainReducer.addMapper(job,
            Map3.class,
            Text.class,
            Text.class,
            LongWritable.class,
            Text.class,
            true,
            map3Conf);

JobClient.runJob(job);
```

在这个例子中，job 对象先组织了作业全局的配置，接下来再使用 ChainMapper 和 ChainReducer 两个静态类的静态方法设置了作业的各个阶段函数。需要注意的是，ChainMapper 和 ChainReducer 到目前为止只支持旧 API，即 Map 和 Reduce 必须是实现 org. apache.hadoop.mapred.Mapper 接口的静态类（详细的示例程序请查看附录 D）。

4.9　本章小结

在本章中，主要总体介绍了开发 MapReduce 程序的一般框架和一些优化方法。

在本章一开始，笔者举例说明了 MapReduce 的编程。在单节点上完成 Map 函数和 Reduce 函数，并且对它们进行测试。待 Map 和 Reduce 都能够成功运行后，再在单节点的大数据集进行测试。在进行程序的编写和编译时，最好在集成环境下进行，因为这样便于程序的修改和调试，建议在 Eclipse 下进行编程。

程序可以在集成环境中运行，也可以在命令行中编译打包，然后在命令中执行。最终的结果也有 3 种不同的查看方式：在命令行中直接查看；复制到本地文件系统中查看；通过 Web 用户界面查看。

对于已经能够完成功能性要求的 MapReduce 程序，还可以从多个方面进行性能上的优化。比如从几个常见的方面入手：变小文件为大文件，减少 Map 的数量；压缩最终的输出数据或 Map 的中间输出结果；在 Hadoop 安装路径下的 conf 目录下修改属性，使能够同时运行的 Map 和 Reduce 任务数增多，从而提高性能。

在本章最后，针对日常处理中的复杂问题，为大家介绍了 MapReduce 的一些高阶编程手段，将这些方法运用于具体的环境中，能高效直观地解决复杂的 MapReduce 问题。

第 5 章

MapReduce 应用案例

本章内容

- ☐ 单词计数
- ☐ 数据去重
- ☐ 排序
- ☐ 单表关联
- ☐ 多表关联
- ☐ 本章小结

前面已经介绍了很多关于 MapReduce 的基础知识，比如 Hadoop 集群的配置方法，以及如何开发 MapReduce 应用程序等。本章将从本书配套的云计算在线监测平台（http://cloudcomputing.ruc.edu.cn/）上的 MapReduce 编程题目出发，向大家介绍如何挖掘实际问题的并行处理可能性，以及如何设计编写 MapReduce 程序。需要说明的是，本章所有给出的代码均使用 Hadoop 最新的 API 编写、在伪分布集群的默认设置下运行通过，其 Hadoop 版本为 1.0.1，JDK 的版本是 1.7。本章旨在帮助刚接触 MapReduce 的读者入门。

5.1 单词计数

进入云计算在线监测平台后的第一个编程题目是 WordCount，也就是文本中的单词计数。如同 Java 中的"Hello World"经典程序一样，WordCount 是 MapReduce 的入门程序。虽然此例在本书中的其他章节也有涉及，但是本章主要从如何挖掘此问题中的并行处理可能性角度出发，让读者了解设计 MapReduce 程序的过程。

5.1.1 实例描述

计算出文件中每个单词的频数。要求输出结果按照单词的字母顺序进行排序。每个单词和其频数占一行，单词和频数之间有间隔。

比如，输入一个文件，其内容如下：

```
hello world
hello hadoop
hello mapreduce
```

对应上面给出的输入样例，其输出样例为：

```
hadoop      1
hello       3
mapreduce   1
world       1
```

5.1.2 设计思路

这个应用实例的解决方案很直接，就是将文件内容切分成单词，然后将所有相同的单词聚集在一起，最后计算单词出现的次数并输出。根据 MapReduce 并行程序设计原则可知，解决方案中的内容切分步骤和数据不相关，可以并行化处理，每个获得原始数据的机器只要将输入数据切分成单词就可以了。所以可以在 Map 阶段完成单词切分任务。另外，相同单词的频数计算也可以并行化处理。由实例要求来看，不同单词之间的频数不相关，所以可以将相同的单词交给一台机器来计算频数，然后输出最终结果。这个过程可以在 Reduce 阶段完成。至于将中间结果根据不同单词分组再分发给 Reduce 机器，这正好是 MapReduce 过程中的 shuffle 能够完成的。至此，这个实例的 MapReduce 程序就设计出来了。Map 阶段完成由输入数据到单词切分的工作，shuffle 阶段完成相同单词的聚集和分发工作（这个过程是 MapReduce 的默认过程，不用具体配置），Reduce 阶段负责接收所有单词并计算其频数。
MapReduce 中传递的数据都是 <key,value> 形式的，并且 shuffle 排序聚集分发都是按照 key
值进行的，因此将 Map 的输出设计成由 word 作为 key、1 作为 value 的形式，这表示单词
word 出现了一次（Map 的输入采用 Hadoop 默认的输入方式：文件的一行作为 value，行号
作为 key）。Reduce 的输入为 Map 输出聚集后的结果，即 <key,value-list>，具体到这个实例
就是 <word,{1,1,1,1···}>，Reduce 的输出会设计成与 Map 输出相同的形式，只是后面的数字
不再固定是 1，而是具体算出的 word 所对应的频数。下面给出笔者实验的 WordCount 代码。

5.1.3　程序代码

WordCount 代码如下：

```
package cn.edu.ruc.cloudcomputing.book.chapter05;

import java.io.IOException;
import java.util.StringTokenizer;

import org.apache.hadoop.conf.Configuration;
import org.apache.hadoop.fs.Path;
import org.apache.hadoop.io.IntWritable;
import org.apache.hadoop.io.Text;
import org.apache.hadoop.mapreduce.Job;
import org.apache.hadoop.mapreduce.Mapper;
import org.apache.hadoop.mapreduce.Reducer;
import org.apache.hadoop.mapreduce.lib.input.FileInputFormat;
import org.apache.hadoop.mapreduce.lib.output.FileOutputFormat;
import org.apache.hadoop.util.GenericOptionsParser;

public class WordCount {
// 继承 Mapper 接口，设置 map 的输入类型为 <Object,Text>
// 输出类型为 <Text, IntWritable>
  public static class TokenizerMapper
        extends Mapper<Object, Text, Text, IntWritable>{
    //one 表示单词出现一次
private final static IntWritable one = new IntWritable(1);
//word 用于存储切下的单词
    private Text word = new Text();

    public void map(Object key, Text value, Context context ) throws IOException,
    InterruptedException {
      StringTokenizer itr = new StringTokenizer(value.toString());   // 对输入的行切词
      while (itr.hasMoreTokens()) {
        word.set(itr.nextToken());   // 切下的单词存入 word
        context.write(word, one);
      }
    }
  }
```

```
// 继承 Reducer 接口，设置 Reduce 的输入类型为 <Text,IntWritable>
// 输出类型为 <Text，IntWritable>

  public static class IntSumReducer extends Reducer<Text,IntWritable,Text,IntWritable> {
//result 记录单词的频数
 private IntWritable result = new IntWritable();

   public void reduce(Text key, Iterable<IntWritable> values, Context context )
   throws IOException, InterruptedException {
     int sum = 0;
          // 对获取的 <key,value-list> 计算 value 的和
     for (IntWritable val : values) {
       sum += val.get();
     }
          // 将频数设置到 result 中
     result.set(sum);
    // 收集结果
     context.write(key, result);
   }
  }

  public static void main(String[] args) throws Exception {
Configuration conf = new Configuration();
// 检查运行命令
   String[] otherArgs = new GenericOptionsParser(conf, args).getRemainingArgs();
   if (otherArgs.length != 2) {
     System.err.println("Usage: wordcount <in> <out>");
     System.exit(2);
}
// 配置作业名
Job job = new Job(conf, "word count");
// 配置作业的各个类
   job.setJarByClass(WordCount.class);
   job.setMapperClass(TokenizerMapper.class);
   job.setCombinerClass(IntSumReducer.class);
   job.setReducerClass(IntSumReducer.class);
   job.setOutputKeyClass(Text.class);
   job.setOutputValueClass(IntWritable.class);
   FileInputFormat.addInputPath(job, new Path(otherArgs[0]));
   FileOutputFormat.setOutputPath(job, new Path(otherArgs[1]));
   System.exit(job.waitForCompletion(true) ? 0 : 1);
   }
  }
```

5.1.4 代码解读

WordCount 程序在 Map 阶段接收输入的 <key,value>（key 是当前输入的行号，value 是对应行的内容），然后对此行内容进行切词，每切下一个词就将其组织成 <word,1> 的形式输出，表示 word 出现了一次。

在 Reduce 阶段，TaskTracker 会接收到 <word,{1,1,1,1···}> 形式的数据，也就是特定单词及其出现次数的情况，其中"1"表示 word 的频数。所以 Reduce 每接受一个 <word,{1,1,1,1···}>，就会在 word 的频数上加 1，最后组织成 <word,sum> 的形式直接输出。

5.1.5　程序执行

运行条件：将 WordCount.java 文件放在 Hadoop 安装目录下，并在目录下创建输入目录 input，目录下有输入文件 file1、file2。其中：

file1 的内容是：

```
hello world
```

file2 的内容是：

```
hello hadoop
hello mapreduce
```

准备好之后在命令行输入命令运行。下面对执行的命令进行介绍。

1）在集群上创建输入文件夹：

```
bin/hadoop fs -mkdir wordcount_input
```

2）上传本地目录 input 下前四个字符为 file 的文件到集群上的 input 目录下：

```
bin/hadoop fs -put input/file* wordcount_input
```

3）编译 WordCount.java 程序，将结果放入当前目录的 WordCount 目录下：

```
javac -classpath hadoop-1.0.1-core.jar:lib/commons-cli-1.2.jar -d WordCount
WordCount.java
```

4）将编译结果打成 Jar 包：

```
jar -cvf wordcount.jar -C WordCount .
```

5）在集群上运行 WordCount 程序，以 input 目录作为输入目录，output 目录作为输出目录：

```
bin/hadoop jar wordcount.jar WordCount wordcount_input wordcount_output
```

6）查看输出结果：

```
bin/hadoop fs -cat wordcount_output/part-r-00000
```

5.1.6　代码结果

运行结果如下：

```
hadoop      1
hello       3
mapreduce   1
world       1
```

5.1.7 代码数据流

WordCount 程序是最简单也是最具代表性的 MapReduce 框架程序，下面再基于上例给出 MapReduce 程序执行过程中详细的数据流。

首先在 MapReduce 程序启动阶段，JobTracker 先将 Job 的输入文件分割到每个 Map Task 上。假设现在有两个 Map Task，一个 Map Task 一个文件。

接下来 MapReduce 启动 Job，每个 Map Task 在启动之后会接收到自己所分配的输入数据，针对此例（采用默认的输入方式，每一次读入一行，key 为行首在文件中的偏移量，value 为行字符串内容），两个 Map Task 的输入数据如下：

```
<0, "hello world">
<0, "hello hadoop">
<14, "hello mapreduce">
```

Map 函数会对输入内容进行词分割，然后输出每个单词和其频次。第一个 Map Task 的 Map 输出如下：

```
<"hello", 1>
<"world", 1>
```

第二个 Map Task 的 Map 输出如下：

```
<"hello", 1>
<"hadoop", 1>
<"hello", 1>
<"mapreduce", 1>
```

由于在本例中设置了 Combiner 的类为 Reduce 的 class，所以每个 Map Task 将输出发送到 Reduce 时，会先执行一次 Combiner。这里的 Combiner 相当于将结果先局部进行合并，这样能够降低网络压力，提高效率。执行 Combiner 之后两个 Map Task 的输出如下：

```
Map Task1
<"hello", 1>
<"world", 1>

Map Task2
<"hello", 2>
<"hadoop", 1>
<"mapreduce", 1>
```

接下来是 MapReduce 的 shuffle 过程，对 Map 的输出进行排序合并，并根据 Reduce 数量对 Map 的输出进行分割，将结果交给对应的 Reduce。经过 shuffle 过程的输出也就是 Reduce 的输入如下：

```
<"hadoop", 1>
<"hello", <1, 2>>
<"mapreduce", 1>
<"world", 1>
```

Reduce 接收到如上的输入之后，对每个 <key, value-list> 进行处理，计算每个单词也就是 key 的出现总数。最后输出单词和对应的频数，形成整个 MapReduce 的输出，内容如下：

```
<"hadoop", 1>
<"hello", 3>
<"mapreduce", 1>
<"world", 1>
```

WordCount 虽然简单，但具有代表性，也在一定程度上反映了 MapReduce 设计的初衷——对日志文件的分析。希望这里的详细分析能对大家有所帮助。

5.2　数据去重

数据去重这个实例主要是为了让读者掌握并利用并行化思想对数据进行有意义的筛选。统计大数据集上的数据种类个数、从网站日志中计算访问地等这些看似庞杂的任务都会涉及数据去重。下面就进入这个实例的 MapReduce 程序设计。

5.2.1　实例描述

对数据文件中的数据进行去重。数据文件中的每行都是一个数据。

样例输入：

file1：

```
2006-6-9  a
2006-6-10 b
2006-6-11 c
2006-6-12 d
2006-6-13 a
2006-6-14 b
2006-6-15 c
2006-6-11 c
```

file2：

```
2006-6-9  b
2006-6-10 a
2006-6-11 b
2006-6-12 d
2006-6-13 a
2006-6-14 c
2006-6-15 d
2006-6-11 c
```

样例输出：

```
2006-6-10 a
2006-6-10 b
2006-6-11 b
2006-6-11 c
```

```
2006-6-12 d
2006-6-13 a
2006-6-14 b
2006-6-14 c
2006-6-15 c
2006-6-15 d
2006-6-9 a
2006-6-9 b
```

5.2.2　设计思路

　　数据去重实例的最终目标是让原始数据中出现次数超过一次的数据在输出文件中只出现一次。我们自然而然会想到将同一个数据的所有记录都交给一台 Reduce 机器，无论这个数据出现多少次，只要在最终结果中输出一次就可以了。具体就是 Reduce 的输入应该以数据作为 key，而对 value-list 则没有要求。当 Reduce 接收到一个 <key,value-list> 时就直接将 key 复制到输出的 key 中，并将 value 设置成空值。在 MapReduce 流程中，Map 的输出 <key,value> 经过 shuffle 过程聚集成 <key,value-list> 后会被交给 Reduce。所以从设计好的 Reduce 输入可以反推出 Map 输出的 key 应为数据，而 value 为任意值。继续反推，Map 输出的 key 为数据。而在这个实例中每个数据代表输入文件中的一行内容，所以 Map 阶段要完成的任务就是在采用 Hadoop 默认的作业输入方式之后，将 value 设置成 key，并直接输出（输出中的 value 任意）。Map 中的结果经过 shuffle 过程之后被交给 Reduce。在 Reduce 阶段不管每个 key 有多少个 value，都直接将输入的 key 复制为输出的 key，并输出就可以了（输出中的 value 被设置成空）。

　　因为此程序简单且执行步骤与单词计数实例完全相同，所以不再赘述，下面只给出程序。

5.2.3　程序代码

　　程序代码如下：

```
package cn.edu.ruc.cloudcomputing.book.chapter05;

import java.io.IOException;

import org.apache.hadoop.conf.Configuration;
import org.apache.hadoop.fs.Path;
import org.apache.hadoop.io.IntWritable;
import org.apache.hadoop.io.Text;
import org.apache.hadoop.mapreduce.Job;
import org.apache.hadoop.mapreduce.Mapper;
import org.apache.hadoop.mapreduce.Reducer;
import org.apache.hadoop.mapreduce.lib.input.FileInputFormat;
import org.apache.hadoop.mapreduce.lib.output.FileOutputFormat;
import org.apache.hadoop.util.GenericOptionsParser;
```

```java
public class Dedup {
//map 将输入中的 value 复制到输出数据的 key 上，并直接输出
  public static class Map extends Mapper<Object, Text, Text, Text>{
    private static Text line = new Text();
    public void map(Object key, Text value, Context context) throws IOException,
    InterruptedException {
      line = value;
      context.write(line, new Text(""));
    }
  }
//reduce 将输入中的 key 复制到输出数据的 key 上，并直接输出
  public static class Reduce extends Reducer<Text,Text,Text,Text> {
    public void reduce(Text key, Iterable<Text> values, Context context ) throws
    IOException, InterruptedException {
      context.write(key, new Text(""));
    }
  }

  public static void main(String[] args) throws Exception {
    Configuration conf = new Configuration();
    String[] otherArgs = new GenericOptionsParser(conf, args).getRemainingArgs();
    if (otherArgs.length != 2) {
      System.err.println("Usage: wordcount <in> <out>");
      System.exit(2);
    }
    Job job = new Job(conf, "Data Deduplication");
    job.setJarByClass(Dedup.class);
    job.setMapperClass(Map.class);
    job.setCombinerClass(Reduce.class);
    job.setReducerClass(Reduce.class);
    job.setOutputKeyClass(Text.class);
    job.setOutputValueClass(Text.class);
    FileInputFormat.addInputPath(job, new Path(otherArgs[0]));
    FileOutputFormat.setOutputPath(job, new Path(otherArgs[1]));
    System.exit(job.waitForCompletion(true) ? 0 : 1);
  }
}
```

5.3　排序

　　数据排序是许多实际任务在执行时要完成的第一项工作，比如学生成绩评比、数据建立索引等。这个实例和数据去重类似，都是先对原始数据进行初步处理，为进一步的数据操作打好基础。下面进入这个实例。

5.3.1　实例描述

　　对输入文件中的数据进行排序。输入文件中的每行内容均为一个数字，即一个数据。要

求在输出中每行有两个间隔的数字，其中，第二个数字代表原始数据，第一个数字代表这个原始数据在原始数据集中的位次。

样例输入：

file1：

```
2
32
654
32
15
756
65223
```

file2：

```
5956
22
650
92
```

file3：

```
26
54
6
```

样例输出：

```
1   2
2   6
3   15
4   22
5   26
6   32
7   32
8   54
9   92
10  650
11  654
12  756
13  5956
14  65223
```

5.3.2　设计思路

这个实例仅仅要求对输入数据进行排序，熟悉 MapReduce 过程的读者很快会想到在 MapReduce 过程中就有排序。是否可以利用这个默认的排序、而不需要自己再实现具体的排序呢？答案是肯定的。但是在使用之前首先要了解 MapReduce 过程中的默认排序规则。它是按照 key 值进行排序，如果 key 为封装 int 的 IntWritable 类型，那么 MapReduce 按照数字大小对 key 排序；如果 key 为封装 String 的 Text 类型，那么 MapReduce 按照字典顺序对字符串排序。需要注意的是，Reduce 自动排序的数据仅仅是发送到自己所在节点的数据，使用默认的排序并不能保证全局的顺序，因为在排序前还有一个 partition 的过程，默认无法保证分割后各个 Reduce 上的数据整体是有序的。所有要想使用默认的排序过程，还必须定义自己的 Partition 类，保证执行 Partition 过程之后所有 Reduce 上的数据在整体上是有序的，然后再对局部 Reduce 上的数据进行默认排序，这样才能保证所有数据有序。了解了这个细节，我们就知道，首先应该使用封装 int 的 IntWritable 型数据结构，也就是将读入的数据在 Map 中转化成 IntWritable 型，然后作为 key 值输出（value 任意）；其次需要重写 partition 类，保证整体有序，具体做法是用输入数据的最大值除以系统 partition 数量的商作为分割数据的边界增量，也就是说分割数据的边界为此商的 1 倍、2 倍至 numPartitions-1 倍，这样就能保证执行 partition 后的数据是整体有序的；然后 Reduce 获得 <key,value-list> 之后，根据 value-list 中元素的个数将输入的 key 作为 value 的输出次数，输出的 key 是一个全局变量，用于统计当前 key 的位次。需要注意的是，这个程序中没有配置 Combiner，也就是说在 MapReduce 过程中不使用 Combiner。这主要是因为使用 Map 和 Reduce 就已经能够完成任务了。

　　由于此程序简单且执行步骤与单词计数实例完全相同，所以不再赘述，下面只给出程序。

5.3.3　程序代码

　　程序代码如下：

```
package cn.edu.ruc.cloudcomputing.book.chapter05;

import java.io.IOException;

import org.apache.hadoop.conf.Configuration;
import org.apache.hadoop.fs.Path;
import org.apache.hadoop.io.IntWritable;
import org.apache.hadoop.io.Text;
import org.apache.hadoop.mapreduce.Job;
import org.apache.hadoop.mapreduce.Mapper;
import org.apache.hadoop.mapreduce.Reducer;
import org.apache.hadoop.mapreduce.lib.input.FileInputFormat;
import org.apache.hadoop.mapreduce.lib.output.FileOutputFormat;
import org.apache.hadoop.util.GenericOptionsParser;
import org.apache.hadoop.mapreduce.Partitioner;

public class Sort {

//map 将输入中的 value 转化成 IntWritable 类型，作为输出的 key
    public static class Map extends Mapper<Object, Text, IntWritable, IntWritable>{

        private static IntWritable data = new IntWritable();
```

```
    public void map(Object key, Text value, Context context) throws IOException,
    InterruptedException {
        String line = value.toString();
        data.set(Integer.parseInt(line));
        context.write(data, new IntWritable(1));
    }
}
```
//reduce 将输入的 key 复制到输出的 value 上，然后根据输入的
//value-list 中元素的个数决定 key 的输出次数
// 用全局 linenum 来代表 key 的位次
```
  public static class Reduce extends Reducer<IntWritable,IntWritable,IntWritable,
  IntWritable> {
    private static IntWritable linenum = new IntWritable(1);

    public void reduce(IntWritable key, Iterable<IntWritable> values, Context
    context) throws IOException, InterruptedException {
      for (IntWritable val : values) {
        context.write(linenum , key);
    linenum = new IntWritable(linenum.get() + 1);
      }
    }
  }
```
// 自定义 Partition 函数，此函数根据输入数据的最大值和 MapReduce 框架中
//Partition 的数量获取将输入数据按照大小分块的边界，然后根据输入数值和
// 边界的关系返回对应的 Partition ID
```
    public static class Partition extends Partitioner <IntWritable,IntWritable> {
                @Override
        public int getPartition(IntWritable key, IntWritable value, int
        numPartitions) {

        int Maxnumber = 65223;
        int bound = Maxnumber/numPartitions + 1;
        int keynumber = key.get();
        for (int i = 0; i <numPartitions; i++) {
                if(keyNumber< bound * (i + 1) &&keyNumber>= bound * i) {
                    return i;
                }
        }
        return -1;

    }

  public static void main(String[] args) throws Exception {
    Configuration conf = new Configuration();
    String[] otherArgs = new GenericOptionsParser(conf, args).getRemainingArgs();
    if (otherArgs.length != 2) {
      System.err.println("Usage: wordcount <in> <out>");
      System.exit(2);
    }
    Job job = new Job(conf, "Sort");
```

```
        job.setJarByClass(Sort.class);
        job.setMapperClass(Map.class);
        job.setReducerClass(Reduce.class);
        job.setPartitionerClass(Partition.class);
        job.setOutputKeyClass(IntWritable.class);
        job.setOutputValueClass(IntWritable.class);
        FileInputFormat.addInputPath(job, new Path(otherArgs[0]));
        FileOutputFormat.setOutputPath(job, new Path(otherArgs[1]));
        System.exit(job.waitForCompletion(true) ? 0 : 1);
    }
}
```

5.4　单表关联

前面的实例都是在数据上进行一些简单的处理，为进一步的操作打基础。单表关联这个实例要求从给出的数据中寻找出所关心的数据，它是对原始数据所包含信息的挖掘。下面进入这个实例。

5.4.1　实例描述

实例中给出 child-parent 表，要求输出 grandchild-grandparent 表。

样例的输入：

file：

```
child parent
Tom Lucy
Tom Jack
Jone Lucy
Jone Jack
Lucy Mary
Lucy Ben
Jack Alice
Jack Jesse
Terry Alice
Terry Jesse
Philip Terry
Philip Alma
Mark Terry
Mark Alma
```

样例输出为：

file：

```
grandchild grandparent
Tom        Alice
Tom        Jesse
Jone       Alice
```

```
Jone      Jesse
Tom       Mary
Tom       Ben
Jone      Mary
Jone      Ben
Philip    Alice
Philip    Jesse
Mark      Alice
Mark      Jesse
```

5.4.2　设计思路

分析这个实例，显然需要进行单表连接，连接的是左表的 parent 列和右表的 child 列，且左表和右表是同一个表。连接结果中除去连接的两列就是所需要的结果——grandchild-grandparent 表。要用 MapReduce 实现这个实例，首先要考虑如何实现表的自连接，其次就是连接列的设置，最后是结果的整理。考虑到 MapReduce 的 shuffle 过程会将相同的 key 值放在一起，所以可以将 Map 结果的 key 值设置成待连接的列，然后列中相同的值自然就会连接在一起了。再与最开始的分析联系起来：要连接的是左表的 parent 列和右表的 child 列，且左表和右表是同一个表，所以在 Map 阶段将读入数据分割成 child 和 parent 之后，会将 parent 设置为 key，child 设置为 value 进行输出，作为左表；再将同一对 child 和 parent 中的 child 设置成 key，parent 设置成 value 进行输出，作为右表。为了区分输出中的左右表，需要在输出的 value 中再加上左右表信息，比如在 value 的 String 最开始处加上字符 1 表示左表、字符 2 表示右表。这样在 Map 的结果中就形成了左表和右表，然后在 shuffle 过程中完成连接。在 Reduce 接收到的连接结果中，每个 key 的 value-list 就包含了 grandchild 和 grandparent 关系。取出每个 key 的 value-list 进行解析，将左表中的 child 放入一个数组，右表中的 parent 放入一个数组，然后对两个数组求笛卡儿积就是最后的结果了。

在设计思路中已经包含了对程序的分析，而其程序执行步骤也与单词计数实例完全相同，所以代码解读和程序执行不再赘述，下面只给出程序。

5.4.3　程序代码

程序代码如下：

```
package cn.edu.ruc.cloudcomputing.book.chapter05;

import java.io.IOException;
import java.util.*;

import org.apache.hadoop.conf.Configuration;
import org.apache.hadoop.fs.Path;
import org.apache.hadoop.io.IntWritable;
import org.apache.hadoop.io.Text;
import org.apache.hadoop.mapreduce.Job;
import org.apache.hadoop.mapreduce.Mapper;
```

```
import org.apache.hadoop.mapreduce.Reducer;
import org.apache.hadoop.mapreduce.lib.input.FileInputFormat;
import org.apache.hadoop.mapreduce.lib.output.FileOutputFormat;
import org.apache.hadoop.util.GenericOptionsParser;

public class STjoin {
    public static int time = 0;
    //Map 将将输入分割成 child 和 parent，然后正序输出一次作为右表，反序输出一次作为左表，需要注意
        的是在输出的 value 中必须加上左右表区别标志
    public static class Map extends Mapper<Object, Text, Text, Text>{

        public void map(Object key, Text value, Context context) throws
        IOException, InterruptedException {
            String childname = new String();
            String parentname = new String();
            String relationtype = new String();
            String line = value.toString();
            int i = 0;
            while(line.charAt(i)!=' '){
                    i++;
            }
            String[] values = {line.substring(0,i),line.substring(i+1)};
            if(values[0].compareTo("child") != 0)
            {
                    childname = values[0];
                    parentname = values[1];
                    relationtype = "1";   // 左右表区分标志
                    context.write(new Text(values[1]), new Text(relationtype
                    + "+" + childname + "+" + parentname));
                                        // 左表
                    relationtype = "2";
                    context.write(new Text(values[0]), new Text(relationtype
                    + "+" + childname + "+" + parentname));
                                        // 右表
                        }
                }
    }

    public static class Reduce extends Reducer<Text,Text,Text,Text> {

        public void reduce(Text key, Iterable<Text> values,Context context) throws
        IOException, InterruptedException {

            if(time == 0){   // 输出表头
                context.write(new Text("grandchild"),new Text("grandparent"));
                time++;
            }
            int grandchildnum = 0;
            String grandchild[] = new String[10];
            int grandparentnum = 0;
```

```
        String grandparent[] = new String[10];
        Iterator ite = values.iterator();
        while(ite.hasNext())
        {
            String record = ite.next().toString();
            int len = record.length();
            int i = 2;
            if(len == 0) continue;
            char relationtype = record.charAt(0);
            String childname = new String();
            String parentname = new String();
            // 获取value-list中value的child
            while(record.charAt(i) != '+')
            {
                childname = childname + record.charAt(i);
                i++;
            }
            i = i+1;
            // 获取value-list中value的parent
            while(i < len)
            {
                parentname = parentname + record.charAt(i);
                i++;
            }
            // 左表，取出child放入grandchild
            if(relationtype == '1'){
                grandchild[grandchildnum] = childname;
                grandchildnum++;
            }
            else{// 右表，取出parent放入grandparent
                grandparent[grandparentnum] = parentname;
                grandparentnum++;
            }
        }
        //grandchild和grandparent数组求笛卡儿积
        if(grandparentnum != 0 && grandchildnum != 0){
            for(int m = 0; m < grandchildnum; m++){
                for(int n = 0; n < grandparentnum; n++){
                context.write(new Text(grandchild[m]),new Text(grandparent[n]));
                // 输出结果
                }
            }
        }

    }
}

public static void main(String[] args) throws Exception {
    Configuration conf = new Configuration();
    String[] otherArgs = new GenericOptionsParser(conf, args).getRemainingArgs();
```

```
    if (otherArgs.length != 2) {
        System.err.println("Usage: wordcount <in> <out>");
        System.exit(2);
    }
    Job job = new Job(conf, "single table join");
    job.setJarByClass(STjoin.class);
    job.setMapperClass(Map.class);
    job.setReducerClass(Reduce.class);
    job.setOutputKeyClass(Text.class);
    job.setOutputValueClass(Text.class);
    FileInputFormat.addInputPath(job, new Path(otherArgs[0]));
    FileOutputFormat.setOutputPath(job, new Path(otherArgs[1]));
    System.exit(job.waitForCompletion(true) ? 0 : 1);
  }
}
```

5.5　多表关联

5.5.1　实例描述

多表关联和单表关联类似，它也是通过对原始数据进行一定的处理，从其中挖掘出关心的信息。下面进入这个实例。

输入是两个文件，一个代表工厂表，包含工厂名列和地址编号列；另一个代表地址表，包含地址名列和地址编号列。要求从输入数据中找出工厂名和地址名的对应关系，输出工厂名 - 地址名表。

样例输入：

factory：

```
factoryname addressed
Beijing Red Star 1
Shenzhen Thunder 3
Guangzhou Honda 2
Beijing Rising 1
Guangzhou Development Bank 2
Tencent 3
Bank of Beijing 1
```

address：

```
addressID addressname
1 Beijing
2 Guangzhou
3 Shenzhen
4 Xian
```

样例输出：

```
factoryname    addressname
```

```
Bank of Beijing Beijing
Beijing Red Star Beijing
Beijing Rising Beijing
Guangzhou Development Bank Guangzhou
Guangzhou Honda Guangzhou
Shenzhen Thunder Shenzhen
Tencent Shenzhen
```

5.5.2　设计思路

多表关联和单表关联相似，都类似于数据库中的自然连接。相比单表关联，多表关联的左右表和连接列更加清楚，因此可以采用和单表关联相同的处理方式。Map 识别出输入的行属于哪个表之后，对其进行分割，将连接的列值保存在 key 中，另一列和左右表标志保存在 value 中，然后输出。Reduce 拿到连接结果后，解析 value 内容，根据标志将左右表内容分开存放，然后求笛卡儿积，最后直接输出。

这个实例的具体分析参考单表关联实例，下面给出代码。

5.5.3　程序代码

程序代码如下：

```
package cn.edu.ruc.cloudcomputing.book.chapter05;

import java.io.IOException;
import java.util.*;

import org.apache.hadoop.conf.Configuration;
import org.apache.hadoop.fs.Path;
import org.apache.hadoop.io.IntWritable;
import org.apache.hadoop.io.Text;
import org.apache.hadoop.mapreduce.Job;
import org.apache.hadoop.mapreduce.Mapper;
import org.apache.hadoop.mapreduce.Reducer;
import org.apache.hadoop.mapreduce.lib.input.FileInputFormat;
import org.apache.hadoop.mapreduce.lib.output.FileOutputFormat;
import org.apache.hadoop.util.GenericOptionsParser;

public class MTjoin {
    public static int time = 0;

    public static class Map extends Mapper<Object, Text, Text, Text>{
        // 在 Map 中先区分输入行属于左表还是右表，然后对两列值进行分割，
        // 连接列保存在 key 值，剩余列和左右表标志保存在 value 中，最后输出
        public void map(Object key, Text value, Context context) throws
        IOException, InterruptedException {
            String line = value.toString();
            int i = 0;
                // 输入文件首行，不处理
```

```
        if(line.contains("factoryname") == true || line.contains("addressID") == true){
            return;
        }
            // 找出数据中的分割点
        while(line.charAt(i) >= '9' || line.charAt(i) <= '0'){
            i++;
        }

        if(line.charAt(0) >= '9'||line.charAt(0) <= '0') {
        // 左表
            int j = i-1;
            while(line.charAt(j) != ' ')   j--;
            String[] values = {line.substring(0,j),line.substring(i)};
            context.write(new Text(values[1]), new Text("1+" + values[0]));
        }
        else{ // 右表
            int j = i + 1;
            while(line.charAt(j) != ' ')   j++;
            String[] values = {line.substring(0,i+1),line.substring(j)};
            context.write(new Text(values[0]), new Text("2+" + values[1]));

        }
    }
}


    public static class Reduce extends Reducer<Text,Text,Text,Text> {
//Reduce 解析 Map 输出，将 value 中数据按照左右表分别保存，然后求 // 笛卡儿积，输出
    public void reduce(Text key, Iterable<Text> values,Context context) throws
    IOException, InterruptedException {

    if(time == 0){   // 输出文件第一行
            context.write(new Text("factoryname"),new Text("addressname"));
            time++;
    }

    int factorynum = 0;
    String factory[] = new String[10];
    int addressnum = 0;
    String address[] = new String[10];
    Iterator ite = values.iterator();
    while(ite.hasNext())
    {
            String record = ite.next().toString();
            int len = record.length();
            int i = 2;
            char type = record.charAt(0);
            String factoryname = new String();
            String addressname = new String();
            if(type == '1'){    // 左表
                    factory[factorynum] = record.substring(2);
```

```
                    factorynum++;
            }
            else{   //右表
                    address[addressnum] = record.substring(2);
                    addressnum++;
            }
    }
    if(factorynum != 0&&addressnum != 0){   //求笛卡儿积
            for(int m = 0; m < factorynum; m++){
                    for(int n = 0; n < addressnum; n++){
                            context.write(new Text(factory[m]),new
                            Text(address[n]));
                    }
            }
    }
  }
 }
}

public static void main(String[] args) throws Exception {
  Configuration conf = new Configuration();
  String[] otherArgs = new GenericOptionsParser(conf, args).getRemainingArgs();
  if (otherArgs.length != 2) {
    System.err.println("Usage: wordcount <in> <out>");
    System.exit(2);
  }
  Job job = new Job(conf, "multiple table join");
  job.setJarByClass(MTjoin.class);
  job.setMapperClass(Map.class);
  job.setReducerClass(Reduce.class);
  job.setOutputKeyClass(Text.class);
  job.setOutputValueClass(Text.class);
  FileInputFormat.addInputPath(job, new Path(otherArgs[0]));
  FileOutputFormat.setOutputPath(job, new Path(otherArgs[1]));
  System.exit(job.waitForCompletion(true) ? 0 : 1);
 }
}
```

5.6　本章小结

本章通过五个实例向读者呈现了如何使用 MapReduce 程序解决实际问题，其中第一个 WordCount 实例是 MapReduce 的入门程序，它能统计出数据文件中单词的频数；实例二数据去重和实例三数据排序，都是对原始数据的初步操作，为进一步进行数据分析打下基础；实例四单表关联和实例五多表关联是对数据的进一步操作，从中挖掘有用的信息。虽然五个实例相对简单普通，但是都能利用 Hadoop 平台对大数据集进行并行处理，展示了 MapReduce 编程框架的魅力所在。

第 6 章

MapReduce 工作机制

本章内容

- ☐ MapReduce 作业的执行流程
- ☐ 错误处理机制
- ☐ 作业调度机制
- ☐ Shuffle 和排序
- ☐ 任务执行
- ☐ 本章小结

关于 MapReduce 的准备知识和应用案例在本书前面章节中已经做了详细介绍，本章将从 MapReduce 作业的执行情况、作业运行过程中的错误机制、作业的调度策略、shuffle 和排序、任务的执行等几个方面详细讲解 MapReduce，让大家更加深入地了解 MapReduce 的运行机制，为深入学习使用 Hadoop 和 Hadoop 子项目打下基础。

6.1　MapReduce 作业的执行流程

从第 5 章的 MapReduce 编程实例中可以看出，只要在 mian() 函数中调用 Job 的启动接口，然后将程序提交到 Hadoop 上，MapReduce 作业就可以 Hadoop 上运行。另外，在前面的章节中也从 Task 运行角度介绍了 Map 和 Reduce 的过程。但是从运行"Hadoop JAR"到看到作业运行结果，这中间实际上还涉及很多其他细节。那么 Hadoop 运行 MapReduce 作业的完整步骤是什么呢？每一步又是如何具体实现的呢？本节将详细介绍。

6.1.1　MapReduce 任务执行总流程

通过前面的知识我们知道，一个 MapReduce 作业的执行流程是：代码编写→作业配置→作业提交→ Map 任务的分配和执行→处理中间结果→ Reduce 任务的分配和执行→作业完成，而在每个任务的执行过程中，又包含输入准备→任务执行→输出结果。图 6-1 给出了MapReduce 作业详细的执行流程图。

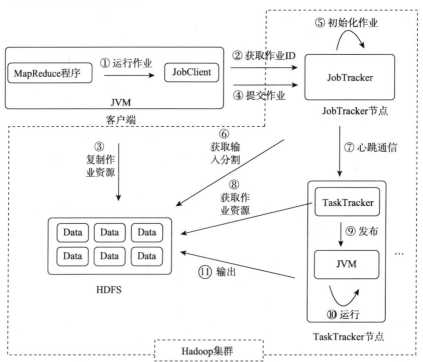

图 6-1　MapReduce 作业执行的流程图

从图 6-1 中可以看出，MapReduce 作业的执行可以分为 11 个步骤，涉及 4 个独立的实体。它们在 MapReduce 执行过程中的主要作用是：

- 客户端（Client）：编写 MapReduce 代码，配置作业，提交作业；
- JobTracker：初始化作业，分配作业，与 TaskTracker 通信，协调整个作业的执行；
- TaskTracker：保持与 JobTracker 的通信，在分配的数据片段上执行 Map 或 Reduce 任务，需要注意的是，图 6-1 中 TaskTracker 节点后的省略号表示 Hadoop 集群中可以包含多个 TaskTracker；
- HDFS：保存作业的数据、配置信息等，保存作业结果。

下面按照图 6-1 中 MapReduce 作业的执行流程结合代码详细介绍各个步骤。

6.1.2　提交作业

一个 MapReduce 作业在提交到 Hadoop 上之后，会进入完全地自动化执行过程。在这个过程中，用户除了监控程序的执行情况和强制中止作业之外，不能对作业的执行过程进行任何干预。所以在作业提交之前，用户需要将所有应该配置的参数按照自己的需求配置完毕。需要配置的主要内容有：

- 程序代码：这里主要是指 Map 和 Reduce 函数的具体代码，这是一个 MapReduce 作业对应的程序必不可少的部分，并且这部分代码的逻辑正确与否与运行结果直接相关。
- Map 和 Reduce 接口的配置：在 MapReduce 中，Map 接口需要派生自 Mapper<k1,v1,k2,v2> 接口，Reduce 接口则要派生自 Reducer<k2,v2,k3,v3>。它们都对应唯一一个方法，分别是 Map 函数和 Reduce 函数，也就是在上一点中所写的代码。在调用这两个方法时需要配置它们的四个参数，分别是输入 key 的数据类型、输入 value 的数据类型、输出 key-value 对的数据类型和 context 实例，其中输入输出的数据类型要与继承时所设置的数据类型相同。还有一个要求是 Map 接口的输出 key-value 类型和 Reduce 接口的输入 key-value 类型要对应，因为 Map 输出组合 value 之后，它们会成为 Reduce 的输入内容（初学者请特别注意，很多初学者编写的 MapReduce 程序中会忽视这个问题）。
- 输入输出路径：作业提交之前，还需要在主函数中配置 MapReduce 作业在 Hadoop 集群上的输入路径和输出路径（必须保证输出路径不存在，如果存在程序会报错，这也是初学者经常忽视的错误）。具体的代码是：

```
FileInputFormat.addInputPath(job, new Path(otherArgs[0]));
FileOutputFormat.setOutputPath(job, new Path(otherArgs[1]));
```

- 其他类型设置，比如调用 runJob 方法：先要在主函数中配置如 Output 的 key 和 value 类型、作业名称、InputFormat 和 OutputFormat 等，最后再调用 JobClient 的 runJob 方法。

配置完作业的所有内容并确认无误之后就可以运行作业了，也就是执行图 6-1 中的步骤

① （具体提交方法不再赘述，请参考本书的第 5 章）。

用户程序调用 JobClient 的 runJob 方法，在提交 JobConf 对象之后，runJob 方法会先行调用 JobSubmissionProtocol 接口所定义的 submitJob 方法，并将作业提交给 JobTracker。紧接着，runJob 不断循环，并在循环中调用 JobSubmissionProtocol 的 getTaskCompletionEvents 方法，获取 TaskCompletionEvent 类的对象实例，了解作业的实时执行情况。如果发现作业运行状态有更新，就将状态报告给 JobTracker。作业完成后，如果成功则显示作业计数器，否则，将导致作业失败的错误记录到控制台。

从上面介绍的作业提交的过程可以看出，最关键的是 JobClient 对象中 submitJobInternal (final JobConf job) 方法的调用执行（submitJob() 方法调用此方法真正执行 Job），那么 submitJobInternal 方法具体是怎么做的？下面从 submitJobInternal 的代码出发介绍作业提交的详细过程（只列举关键代码）。

```
public RunningJob submitJob(JobConf job) throws FileNotFoundException,
ClassNotFoundException, InvalidJobConfException, IOException {
    ......
  // 从 JobTracker 得到当前任务的 ID
  JobID jobId = jobSubmitClient.getNewJobId();
  // 获取 HDFS 路径:
  Path submitJobDir = new Path(jobStagingArea, jobId.toString());
  jobCopy.set("mapreduce.job.dir", submitJobDir.toString());
  // 获取路径令牌
TokenCache.obtainTokensForNameNodes(jobCopy.getCredentials(),new Path []
{submitJobDir}, jobCopy);
  // 为作业生成 splits
FileSystem fs = submitJobDir.getFileSystem(jobCopy);
LOG.debug("Creating splits at " + fs.makeQualified(submitJobDir));
int maps = writeSplits(context, submitJobDir);
jobCopy.setNumMapTasks(maps);
// 将 Job 的配置信息写入 JobTracker 的作业缓存文件中
  FSDataOutputStream out = FileSystem.create(fs, submitSplitFile, new
  FsPermission(JobSubmissionFiles.JOB_FILE_PERMISSION));
  try {
jobCopy.writeXml(out);
} finally {
    out.close();
  }
  // 真正地调用 JobTracker 来提交任务
  JobStatus status = jobSubmitClient.submitJob(jobId, submitJobDir.toString(),
  jobCopy.getCredentials());
    ......
}
```

从上面的代码可以看出，整个提交过程包含以下步骤：

1）通过调用 JobTracker 对象的 getNewJobId() 方法从 JobTracker 处获取当前作业的 ID 号（见图 6-1 中的步骤②）。

2）检查作业相关路径。在代码中获取各个路径信息时会对作业的对应路径进行检查。

比如，如果没有指定输出目录或它已经存在，作业就不会被提交，并且会给 MapReduce 程序返回错误信息；再比如输入目录不存在或没有对应令牌也会返回错误等。

3）计算作业的输入划分，并将划分信息写入 Job.split 文件，如果写入失败就会返回错误。split 文件的信息主要包括：split 文件头、split 文件版本号、split 的个数。这些信息中每一条都会包括以下内容：split 类型名（默认 FileSplit）、split 的大小、split 的内容（对于 FileSplit 来说是写入的文件名，此 split 在文件中的起始位置上）、split 的 location 信息（即在哪个 DataNode 上）。

4）将运行作业所需要的资源——包括作业 JAR 文件、配置文件和计算所得的输入划分等——复制到作业对应的 HDFS 上（见图 6-1 的步骤③）。

5）调用 JobTracker 对象的 submitJob() 方法来真正提交作业，告诉 JobTracker 作业准备执行（见图 6-1 的步骤④）。

6.1.3　初始化作业

在客户端用户作业调用 JobTracker 对象的 submitJob() 方法后，JobTracker 会把此调用放入内部的 TaskScheduler 变量中，然后进行调度，默认的调度方法是 JobQueueTaskScheduler，也就是 FIFO 调度方式。当客户作业被调度执行时，JobTracker 会创建一个代表这个作业的 JobInProgress 对象，并将任务和记录信息封装到这个对象中，以便跟踪任务的状态和进程。接下来 JobInProgress 对象的 initTasks 函数会对任务进行初始化操作（见图 6-1 的步骤⑤）。下面仍然从 initTasks 函数的代码出发详细讲解初始化过程。

```
public synchronized void initTasks() throws IOException {
    ……
    // 从 HDFS 中作业对应的路径读取 job.split 文件，生成 input
    // splits 为下面 Map 的划分做好准备
 TaskSplitMetaInfo[] splits = createSplits(jobId);
    // 根据 input split 设置 Map Task 个数
  numMapTasks = splits.length;
for (TaskSplitMetaInfo split : splits) {
        NetUtils.verifyHostnames(split.getLocations()); }
    // 为每个 Map Tasks 生成一个 TaskInProgress 来处理一个 input split
    maps = new TaskInProgress[numMapTasks];
    for(int i=0; i < numMapTasks; ++i) {
      inputLength += splits[i].getInputDataLength();
      maps[i] = new TaskInProgress(jobId, jobFile,  splits[i], jobtracker, conf,
      this, i, numSlotsPerMap); }
    if (numMapTasks > 0) {
//map task 放入 nonRunningMapCache，其将在 JobTracker 向
//TaskTracker 分配 Map Task 的时候使用
nonRunningMapCache = createCache(splits, maxLevel);
    }
    // 创建 Reduce Task
    this.reduces = new TaskInProgress[numReduceTasks];
    for (int i = 0; i < numReduceTasks; i++) {
```

```
    reduces[i] = new TaskInProgress(jobId, jobFile, numMapTasks, i, jobtracker,
    conf, this, numSlotsPerReduce);
//Reduce Task 放入 nonRunningReduces, 其将在 JobTracker 向
//TaskTracker 分配 Reduce Task 的时候使用
    nonRunningReduces.add(reduces[i]);
}

// 清理 Map 和 Reduce
cleanup = new TaskInProgress[2];
TaskSplitMetaInfo emptySplit = JobSplit.EMPTY_TASK_SPLIT;
cleanup[0] = new TaskInProgress(jobId, jobFile, emptySplit, jobtracker, conf,
this, numMapTasks);
cleanup[0].setJobCleanupTask();
cleanup[1] = new TaskInProgress(jobId, jobFile, numMapTasks,  numReduceTasks,
jobtracker, conf, this, 1);
cleanup[1].setJobCleanupTask();
// 创建两个初始化 Task, 一个初始化 Map, 一个初始化 Reduce
setup = new TaskInProgress[2];
setup[0] = new TaskInProgress(jobId, jobFile, emptySplit, jobtracker, conf,
this, numMapTasks + 1, 1);
setup[0].setJobSetupTask();
setup[1] = new TaskInProgress(jobId, jobFile, numMapTasks, numReduceTasks + 1,
jobtracker, conf, this, 1);
setup[1].setJobSetupTask();
tasksInited = true;// 初始化完毕
......
}
```

从上面的代码可以看出初始化过程主要有以下步骤：

1）从 HDFS 中读取作业对应的 job.split（见图 6-1 的步骤⑥）。JobTracker 从 HDFS 中作业对应的路径获取 JobClient 在步骤③中写入的 job.split 文件，得到输入数据的划分信息，为后面初始化过程中 Map 任务的分配做好准备。

2）创建并初始化 Map 任务和 Reduce 任务。initTasks 先根据输入数据划分信息中的个数设定 Map Task 的个数，然后为每个 Map Task 生成一个 TaskInProgress 来处理 input split，并将 Map Task 放入 nonRunningMapCache，以便在 JobTracker 向 TaskTracker 分配 Map Task 的时候使用。接下来根据 JobConf 中的 mapred.reduce.tasks 属性利用 setNumReduceTasks() 方法来设置 reduce task 的个数，然后采用类似 Map Task 的方式将 Reduce Task 放入 nonRunningReduces 中，以便向 TaskTracker 分配 Reduce Task 时使用。

3）最后就是创建两个初始化 Task，根据个数和输入划分已经配置的信息，并分别初始化 Map 和 Reduce。

6.1.4　分配任务

在前面的介绍中我们已经知道，TaskTracker 和 JobTracker 之间的通信和任务的分配是通过心跳机制完成的。TaskTracker 作为一个单独的 JVM 执行一个简单的循环，主要实现

每隔一段时间向 JobTracker 发送心跳（Heartbeat）：告诉 JobTracker 此 TaskTracker 是否存活，是否准备执行新的任务。JobTracker 接收到心跳信息，如果有待分配任务，它就会为 TaskTracker 分配一个任务，并将分配信息封装在心跳通信的返回值中返回给 TaskTracker。TaskTracker 从心跳方法的 Response 中得知此 TaskTracker 需要做的事情，如果是一个新的 Task 则将它加入本机的任务队列中（见图 6-1 的步骤⑦）。

下面从 TaskTracker 中的 transmitHeartBeat() 方法和 JobTracker 中的 heartbeat() 方法的主要代码出发，介绍任务分配的详细过程，以及在此过程中 TaskTracker 和 JobTracker 的通信。

TaskTracker 中 transmitHeartBeat() 方法的主要代码：

```
// 向 JobTracker 报告 TaskTracker 的当前状态
if (status == null) {
  synchronized (this) {
    status = new TaskTrackerStatus(taskTrackerName, localHostname, httpPort, cloneAndRe
        setRunningTaskStatuses(sendCounters), failures, maxMapSlots, maxReduceSlots);
  }
}
...
// 根据条件是否满足来确定此 TaskTracker 是否请求 JobTracker
// 为其分配新的 Task
boolean askForNewTask;
long localMinSpaceStart;
synchronized (this) {
  askForNewTask = (status.countMapTasks() < maxCurrentMapTasks ||
                    status.countReduceTasks() < maxCurrentReduceTasks) &&  acceptNewTasks;
  localMinSpaceStart = minSpaceStart;
}
...
// 向 JobTracker 发送 heartbeat
HeartbeatResponse heartbeatResponse = jobClient.heartbeat(status, justStarted,
justInited, askForNewTask, heartbeatResponseId);
...
```

JobTracker 中 heartbeat() 方法的主要代码：

```
...
String trackerName = status.getTrackerName();
...
// 如果 TaskTracker 向 JobTracker 请求一个 Task 运行
if (recoveryManager.shouldSchedule() && acceptNewTasks && !isBlacklisted) {
  TaskTrackerStatus taskTrackerStatus = getTaskTracker(trackerName);
  if (taskTrackerStatus == null) {
    LOG.warn("Unknown task tracker polling; ignoring: " + trackerName);
  } else {
    List<Task> tasks = getSetupAndCleanupTasks(taskTrackerStatus);
    if (tasks == null ) {
      // 任务调度器分配任务
      tasks = taskScheduler.assignTasks(taskTrackers.get(trackerName));
    }
```

```
        if (tasks != null) {
          for (Task task : tasks) {
            // 将任务返回给 TaskTracker
            expireLaunchingTasks.addNewTask(task.getTaskID());
            actions.add(new LaunchTaskAction(task));
    }}}}…
```

上面两段代码展示了 TaskTracker 和 JobTracker 之间通过心跳通信汇报状态与分配任务的详细过程。TaskTracker 首先发送自己的状态（主要是 Map 任务和 Reduce 任务的个数是否小于上限），并根据自身条件选择是否向 JobTracker 请求新的 Task，最后发送心跳。JobTracker 接收到 TaskTracker 的心跳后首先分析心跳信息，如果发现 TaskTracker 在请求一个 Task，那么任务调度器就会将任务和任务信息封装起来返回给 TaskTracker。

针对 Map 任务和 Reduce 任务，TaskTracker 有固定数量的任务槽（Map 任务和 Reduce 任务的个数都有上限）。当 TaskTracker 从 JobTracker 返回的心跳信息中获取新的任务信息时，它会将 Map 任务或者 Reduce 任务加入对应的任务槽中。需要注意的是，在 JobTracker 为 TaskTracker 分配 Map 任务时，为了减小网络带宽，会考虑将 map 任务数据本地化。它会根据 TaskTracker 的网络位置，选取一个距离此 TaskTracker map 任务最近的输入划分文件分配给此 TaskTracker。最好的情况是，划分文件就在 TaskTracker 本地（TaskTracker 往往是运行在 HDFS 的 DataNode 中，所以这种情况是存在的）。

6.1.5　执行任务

TaskTracker 申请到新的任务之后，就要在本地运行任务了。运行任务的第一步是将任务本地化（将任务运行所必需的数据、配置信息、程序代码从 HDFS 复制到 TaskTracker 本地，见图 6-1 的步骤⑧）。这主要是通过调用 localizeJob() 方法来完成的（此方法的具体代码并不复杂，不再列出）。这个方法主要通过下面几个步骤来完成任务的本地化：

1）将 job.split 复制到本地；

2）将 job.jar 复制到本地；

3）将 job 的配置信息写入 job.xml；

4）创建本地任务目录，解压 job.jar；

5）调用 launchTaskForJob() 方法发布任务（见图 6-1 的步骤⑨）。

任务本地化之后，就可以通过调用 launchTaskForJob() 真正启动起来。接下来 launchTaskForJob() 又会调用 launchTask() 方法启动任务。launchTask() 方法的主要代码如下：

```
…
// 创建 Task 本地运行目录
    localizeTask(task);
    if (this.taskStatus.getRunState() == TaskStatus.State.UNASSIGNED) {
        this.taskStatus.setRunState(TaskStatus.State.RUNNING);
    }
    // 创建并启动 TaskRunner
    this.runner = task.createRunner(TaskTracker.this, this);
```

```
    this.runner.start();
this.taskStatus.setStartTime(System.currentTimeMillis());
...
```

从代码中可以看出 launchTask() 方法会先为任务创建本地目录，然后启动 TaskRunner。在启动 TaskRunner 后，对于 Map 任务，会启动 MapTaskRunner；对于 Reduce 任务则启动 ReduceTaskRunner。

之后，TaskRunner 又会启动新的 Java 虚拟机来运行每个任务（见图 6-1 的步骤⑩）。以 Map 任务为例，任务执行的简单流程是：

1）配置任务执行参数（获取 Java 程序的执行环境和配置参数等）；

2）在 Child 临时文件表中添加 Map 任务信息（运行 Map 和 Reduce 任务的主进程是 Child 类）；

3）配置 log 文件夹，然后配置 Map 任务的通信和输出参数；

4）读取 input split，生成 RecordReader 读取数据；

5）为 Map 任务生成 MapRunnable，依次从 RecordReader 中接收数据，并调用 Mapper 的 Map 函数进行处理；

6）最后将 Map 函数的输出调用 collect 收集到 MapOutputBuffer 中（见图 6-1 的步骤⑪）。

6.1.6　更新任务执行进度和状态

在本章的作业提交过程中我们曾介绍：一个 MapReduce 作业在提交到 Hadoop 上之后，会进入完全地自动化执行过程，用户只能监控程序的执行状态和强制中止作业。但是 MapReduce 作业是一个长时间运行的批量作业，有时候可能需要运行数小时。所以对于用户而言，能够得知作业的运行状态是非常重要的。在 Linux 终端运行 MapReduce 作业时，可以看到在作业执行过程中有一些简单的作业执行状态报告，这能让用户大致了解作业的运行情况，并通过与预期运行情况的对比来确定作业是否按照预定方式运行。

在 MapReduce 作业中，作业的进度主要由一些可衡量可计数的小操作组成。比如在 Map 任务中，其任务进度就是已处理输入的百分比，如果完成 100 条记录中的 50 条，那么 Map 任务的进度就是 50%（这里只是针对一个 Map 任务举例，并不是在 Linux 终端中执行 MapReduce 任务时出现的 Map 50%，在终端中出现的 50% 是总体 Map 任务的进度，这是将所有 Map 任务的进度组合起来的结果）。总体来讲，MapReduce 作业的进度由下面几项组成：Mapper（或 Reducer）读入或写出一条记录，在报告中设置状态描述，增加计数器，调用 Reporter 对象的 progess() 方法。

由 MapReduce 作业分割成的每个任务中都有一组计数器，它们对任务执行过程中的进度组成事件进行计数。如果任务要报告进度，它便会设置一个标志以表明状态变化将会发送到 TaskTracker 上。另一个监听线程检查到这标志后，会告知 TaskTracker 当前的任务状态。具体代码如下（这是 Map Task 中 run 函数的部分代码）：

```
// 同 TaskTracker 通信，汇报任务执行进度
 TaskReporter reporter = new TaskReporter(getProgress(), umbilical,jvmContext);
  startCommunicationThread(umbilical);
 initialize(job, getJobID(), reporter, useNewApi);
```

同时，TaskTracker 在每隔 5 秒发送给 JobTracker 的心跳中封装任务状态，报告自己的任务执行状态。具体代码如下（这是 TaskTracker 中 transmitHeartBeat() 方法的部分代码）：

```
// 每隔一段时间，向 JobTracker 返回一些统计信息
boolean sendCounters;
if (now > (previousUpdate + COUNTER_UPDATE_INTERVAL)) {
  sendCounters = true;    previousUpdate = now;
}
else {
  sendCounters = false;
}
```

通过心跳通信机制，所有 TaskTracker 的统计信息都会汇总到 JobTracker 处。JobTracker 将这些统计信息合并起来，产生一个全局作业进度统计信息，用来表明正在运行的所有作业，以及其中所含任务的状态。最后，JobClient 通过每秒查看 JobTracker 来接收作业进度的最新状态。具体代码如下（这是 JobClient 中用来提交作业的 runJob() 方法的部分代码）：

```
// 首先生成一个 JobClient 对象
JobClient jc = new JobClient(job);
// 调用 submitJob 来提交一个任务
running = jc.submitJob(job);
...
// 使用 monitorAndPrintJob 方法不断监控作业进度
if (!jc.monitorAndPrintJob(job, rj)) {
LOG.info("Job Failed: " + rj.getFailureInfo());
throw new IOException("Job failed!");
}
```

6.1.7　完成作业

所有 TaskTracker 任务的执行进度信息都会汇总到 JobTracker 处，当 JobTracker 接收到最后一个任务的已完成通知后，便把作业的状态设置为"成功"。然后，JobClient 也将及时得知任务已成功完成，它会显示一条信息告知用户作业已完成，最后从 runJob() 方法处返回（在返回后 JobTracker 会清空作业的工作状态，并指示 TaskTracker 也清空作业的工作状态，比如删除中间输出等）。

6.2　错误处理机制

众所周知，Hadoop 有很强的容错性。这主要是针对由成千上万台普通机器组成的集群中常态化的硬件故障，Hadoop 能够利用冗余数据方式来解决硬件故障，以保证数据安全和任务执行。那么 MapReduce 在具体执行作业过程中遇到硬件故障会如何处理呢？对于用户

代码的缺陷或进程崩溃引起的错误又会如何处理呢？本节将从硬件故障和任务失败两个方面
说明 MapReduce 的错误处理机制。

6.2.1　硬件故障

从 MapReduce 任务的执行角度出发，所涉及的硬件主要是 JobTracker 和 TaskTracker
（对应从 HDFS 出发就是 NameNode 和 DataNode）。显然硬件故障就是 JobTracker 机器故障
和 TaskTracker 机器故障。

在 Hadoop 集群中，任何时候都只有唯一一个 JobTracker。所以 JobTracker 故障就是单
点故障，这是所有错误中最严重的。到目前为止，在 Hadoop 中还没有相应的解决办法。能
够想到的是通过创建多个备用 JobTracker 节点，在主 JobTracker 失败之后采用领导选举算
法（Hadoop 中常用的一种确定 Master 的算法）来重新确定 JobTracker 节点。一些企业使用
Hadoop 提供服务时，就采用了这样的方法来避免 JobTracker 错误。

机器故障除了 JobTracker 错误就是 TaskTracker 错误。TaskTracker 故障相对较为常见，
并且 MapReduce 也有相应的解决办法，主要是重新执行任务。下面将详细介绍当作业遇到
TaskTracker 错误时，MapReduce 所采取的解决步骤。

在 Hadoop 中，正常情况下，TaskTracker 会不断地与系统 JobTracker 通过心跳机制进
行通信。如果某 TaskTracker 出现故障或运行缓慢，它会停止或者很少向 JobTracker 发送心
跳。如果一个 TaskTracker 在一定时间内（默认是 1 分钟）没有与 JobTracker 通信，那么
JobTracker 会将此 TaskTracker 从等待任务调度的 TaskTracker 集合中移除。同时 JobTracker
会要求此 TaskTracker 上的任务立刻返回，如果此 TaskTracker 任务是仍然在 mapping 阶段的
Map 任务，那么 JobTracker 会要求其他的 TaskTracker 重新执行所有原本由故障 TaskTracker
执行的 Map 任务。如果任务是在 Reduce 阶段的 Reduce 任务，那么 JobTracker 会要求其
他 TaskTracker 重新执行故障 TaskTracker 未完成的 Reduce 任务。比如，一个 TaskTracker
已经完成被分配的三个 Reduce 任务中的两个，因为 Reduce 任务一旦完成就会将数据写到
HDFS 上，所以只有第三个未完成的 Reduce 需要重新执行。但是对于 Map 任务来说，即使
TaskTracker 完成了部分 Map，Reduce 仍可能无法获取此节点上所有 Map 的所有输出。所以
无论 Map 任务完成与否，故障 TaskTracker 上的 Map 任务都必须重新执行。

6.2.2　任务失败

在实际任务中，MapReduce 作业还会遇到用户代码缺陷或进程崩溃引起的任务失败等情
况。用户代码缺陷会导致它在执行过程中抛出异常。此时，任务 JVM 进程会自动退出，并
向 TaskTracker 父进程发送错误消息，同时错误消息也会写入 log 文件，最后 TaskTracker 将
此次任务尝试标记失败。对于进程崩溃引起的任务失败，TaskTracker 的监听程序会发现进程
退出，此时 TaskTracker 也会将此次任务尝试标记为失败。对于死循环程序或执行时间太长
的程序，由于 TaskTracker 没有接收到进度更新，它也会将此次任务尝试标记为失败，并杀
死程序对应的进程。

在以上情况中，TaskTracker 将任务尝试标记为失败之后会将 TaskTracker 自身的任务计数器减 1，以便向 JobTracker 申请新的任务。TaskTracker 也会通过心跳机制告诉 JobTracker 本地的一个任务尝试失败。JobTracker 接到任务失败的通知后，通过重置任务状态，将其加入到调度队列来重新分配该任务执行（JobTracker 会尝试避免将失败的任务再次分配给运行失败的 TaskTracker）。如果此任务尝试了 4 次（次数可以进行设置）仍没有完成，就不会再被重试，此时整个作业也就失败了。

6.3 作业调度机制

在 0.19.0 版本之前，Hadoop 集群上的用户作业采用先进先出（FIFO，First Input First Output）调度算法，即按照作业提交的顺序来运行。同时每个作业都会使用整个集群，因此它们只有轮到自己运行才能享受整个集群的服务。虽然 FIFO 调度器最后又支持了设置优先级的功能，但是由于不支持优先级抢占，所以这种单用户的调度算法仍然不符合云计算中采用并行计算来提供服务的宗旨。从 0.19.0 版本开始，Hadoop 除了默认的 FIFO 调度器外，还提供了支持多用户同时服务和集群资源公平共享的调度器，即公平调度器（Fair Scheduler Guide）和容量调度器（Capacity Scheduler Guide）。下面主要介绍公平调度器。

公平调度是为作业分配资源的方法，其目的是随着时间的推移，让提交的作业获取等量的集群共享资源，让用户公平地共享集群。具体做法是：当集群上只有一个作业在运行时，它将使用整个集群；当有其他作业提交时，系统会将 TaskTracker 节点空闲时间片分配给这些新的作业，并保证每一个作业都得到大概等量的 CPU 时间。

公平调度器按作业池来组织作业，它会按照提交作业的用户数目将资源公平地分到这些作业池里。默认情况下，每一个用户拥有一个独立的作业池，以使每个用户都能获得一份等同的集群资源而不会管它们提交了多少作业。在每一个资源池内，会用公平共享的方法在运行作业之间共享容量。除了提供公平共享方法外，公平调度器还允许为作业池设置最小的共享资源，以确保特定用户、群组或生产应用程序总能获取到足够的资源。对于设置了最小共享资源的作业池来说，如果包含了作业，它至少能获取到最小的共享资源。但是如果最小共享资源超过作业需要的资源时，额外的资源会在其他作业池间进行切分。

在常规操作中，当提交一个新作业时，公平调度器会等待已运行作业中的任务完成，以释放时间片给新的作业。但公平调度器也支持作业抢占。如果新的作业在一定时间（即超时时间，可以配置）内还未获取公平的资源分配，公平调度器就会允许这个作业抢占已运行作业中的任务，以获取运行所需要的资源。另外，如果作业在超时时间内获取的资源不到公平共享资源的一半时，也允许对任务进行抢占。而在选择时，公平调度器会在所有运行任务中选择最近运行起来的任务，这样浪费的计算相对较少。由于 Hadoop 作业能容忍丢失任务，抢占不会导致被抢占的作业失败，只是让被抢占作业的运行时间更长。

最后，公平调度器还可以限制每个用户和每个作业池并发运行的作业数量。这个限制可以在用户一次性提交数百个作业或当大量作业并发执行时用来确保中间数据不会塞满集群上的磁盘空间。超出限制的作业会被列入调度器的队列中进行等待，直到早期作业运行完毕。公平调度器再根据作业优先权和提交时间的排列情况从等待作业中调度即将运行的作业。

6.4　Shuffle 和排序

从前面的介绍中我们得知，Map 的输出会经过一个名为 shuffle 的过程交给 Reduce 处理（在 "MapReduce 数据流" 图中也可以看出），当然也有 Map 的结果经过 sort-merge 交给 Reduce 处理的。其实在 MapReduce 流程中，为了让 Reduce 可以并行处理 Map 结果，必须对 Map 的输出进行一定的排序和分割，然后再交给对应的 Reduce，而这个将 Map 输出进行进一步整理并交给 Reduce 的过程就成为了 shuffle。从 shuffle 的过程可以看出，它是 MapReduce 的核心所在，shuffle 过程的性能与整个 MapReduce 的性能直接相关。

总体来说，shuffle 过程包含在 Map 和 Reduce 两端中。在 Map 端的 shuffle 过程是对 Map 的结果进行分区（partition）、排序（sort）和分割（spill），然后将属于同一个划分的输出合并在一起（merge）并写在磁盘上，同时按照不同的划分将结果发送给对应的 Reduce（Map 输出的划分与 Reduce 的对应关系由 JobTracker 确定）。Reduce 端又会将各个 Map 送来的属于同一个划分的输出进行合并（merge），然后对 merge 的结果进行排序，最后交给 Reduce 处理。下面将从 Map 和 Reduce 两端详细介绍 shuffle 过程。

6.4.1　Map 端

从 MapReduce 的程序中可以看出，Map 的输出结果是由 collector 处理的，所以 Map 端的 shuffle 过程包含在 collect 函数对 Map 输出结果的处理过程中。下面从具体的代码来分析 Map 端的 shuffle 过程。

首先从 collect 函数的代码入手（MapTask 类）。从下面的代码段可以看出 Map 函数的输出内存缓冲区是一个环形结构。

```
final int kvnext = (kvindex + 1) % kvoffsets.length;
```

当输出内存缓冲区内容达到设定的阈值时，就需要把缓冲区内容分割（spill）到磁盘中。但是在分割的时候 Map 并不会阻止继续向缓冲区中写入结果，如果 Map 结果生成的速度快于写出速度，那么缓冲区会写满，这时 Map 任务必须等待，直到分割写出过程结束。这个过程可以参考下面的代码。

```
do {
    // 在环形缓冲区中，如果下一个空闲位置同起始位置相等，那么缓冲区
    // 已满
    kvfull = kvnext == kvstart;
    // 环形缓冲区的内容是否达到写出的阈值
    final boolean kvsoftlimit = ((kvnext > kvend)
        ? kvnext - kvend > softRecordLimit
        : kvend - kvnext <= kvoffsets.length - softRecordLimit);
    // 达到阈值，写出缓冲区内容，形成 spill 文件
```

```
    if (kvstart == kvend && kvsoftlimit) {
      startSpill();
    }
    // 如果缓冲区满, 则 Map 任务等待写出过程结束
    if (kvfull) {
      while (kvstart != kvend) {
        reporter.progress();
        spillDone.await();
      }
    }
  } while (kvfull);
```

在 collect 函数中将缓冲区中的内容写出时会调用 sortAndSpill 函数。sortAndSpill 每被调用一次就会创建一个 spill 文件,然后按照 key 值对需要写出的数据进行排序,最后按照划分的顺序将所有需要写出的结果写入这个 spill 文件中。如果用户作业配置了 combiner 类,那么在写出过程中会先调用 combineAndSpill() 再写出,对结果进行进一步合并(combine)是为了让 Map 的输出数据更加紧凑。sortAndSpill 函数的执行过程可以参考下面 sortAndSpill 函数的代码。

```
// 创建 spill 文件
  Path filename = mapOutputFile.getSpillFileForWrite(numSpills, size);
  out = rfs.create(filename);
  ...
  // 按照 key 值对待写出数据进行排序
  sorter.sort(MapOutputBuffer.this, kvstart, endPosition, reporter);
  ...
  // 按照划分将数据写入文件
  for (int i = 0; i < partitions; ++i) {
    IFile.Writer<K, V> writer = null;
    long segmentStart = out.getPos();
    writer = new Writer<K, V>(job, out, keyClass, valClass, codec, spilledRecordsCounter);
    // 如果没有配置 combiner 类, 数据直接写入文件
    if (null == combinerClass) {
      ...
    }
    else {
      ...
    // 如果配置了 combiner 类, 则先调用 combineAndSpill 函
    // 数后再写入文件
      combineAndSpill(kvIter, combineInputCounter);
    }
  }
```

显然,直接将每个 Map 生成的众多 spill 文件(因为 Map 过程中,每一次缓冲区写出都会产生一个 spill 文件)交给 Reduce 处理不现实。所以在每个 Map 任务结束之后在 Map 的 TaskTracker 上还会执行合并操作(merge),这个操作的主要目的是将 Map 生成的众多 spill 文件中的数据按照划分重新组织,以便于 Reduce 处理。主要做法是针对指定的分区,从各个 spill 文件中拿出属于同一个分区的所有数据,然后将它们合并在一起,并写入一个已分区且已排序

的 Map 输出文件中。这个过程的详细情况请参考 mergeParts() 函数的代码，这里不再列出。

待唯一的已分区且已排序的 Map 输出文件写入最后一条记录后，Map 端的 shuffle 阶段就结束了。下面就进入 Reduce 端的 shuffle 阶段。

6.4.2　Reduce 端

在 Reduce 端，shuffle 阶段可以分成三个阶段：复制 Map 输出、排序合并和 Reduce 处理。下面按照这三个阶段进行详细介绍。

如前文所述，Map 任务成功完成后，会通知父 TashTracker 状态已更新，TaskTracker 进而通知 JobTracker（这些通知在心跳机制中进行）。所以，对于指定作业来说，JobTracker 能够记录 Map 输出和 TaskTracker 的映射关系。Reduce 会定期向 JobTracker 获取 Map 的输出位置。一旦拿到输出位置，Reduce 任务就会从此输出对应的 TaskTracker 上复制输出到本地（如果 Map 的输出很小，则会被复制到执行 Reduce 任务的 TaskTracker 节点的内存中，便于进一步处理，否则会放入磁盘），而不会等到所有的 Map 任务结束。这就是 Reduce 任务的复制阶段。

在 Reduce 复制 Map 的输出结果的同时，Reduce 任务就进入了合并（merge）阶段。这一阶段主要的任务是将从各个 Map TaskTracker 上复制的 Map 输出文件（无论在内存还是在磁盘）进行整合，并维持数据原来的顺序。

reduce 端的最后阶段就是对合并的文件进行 reduce 处理。下面是 reduce Task 上 run 函数的部分代码，从这个函数可以看出整个 Reduce 端的三个步骤。

```
// 复制阶段，从 map TaskTracker 处获取 Map 输出
boolean isLocal = "local".equals(job.get("mapred.job.tracker", "local"));
if (!isLocal) {
    reduceCopier = new ReduceCopier(umbilical, job, reporter);
    if (!reduceCopier.fetchOutputs()) {
        ...
    }
}
// 复制阶段结束
copyPhase.complete();
// 合并阶段，将得到的 Map 输出合并
setPhase(TaskStatus.Phase.SORT);
...
// 合并阶段结束
sortPhase.complete();
//Reduce 阶段
setPhase(TaskStatus.Phase.REDUCE);
// 启动 Reduce
Class keyClass = job.getMapOutputKeyClass();
Class valueClass = job.getMapOutputValueClass();
RawComparator comparator = job.getOutputValueGroupingComparator();
if (useNewApi) {
  runNewReducer(job, umbilical, reporter, rIter, comparator,keyClass, valueClass);
```

```
} else {
  runOldReducer(job, umbilical, reporter, rIter, comparator, keyClass, valueClass);
}
done(umbilical, reporter);
}
```

6.4.3　shuffle 过程的优化

熟悉了上面介绍的 shuffle 过程，可能有读者会说：这个 shuffle 过程不是最优的。是的，Hadoop 采用的 shuffle 过程并不是最优的。举个简单的例子，如果现在需要 Hadoop 集群完成两个集合的并操作，事实上并操作只需要让两个集群中重复的元素在最后的结果中出现一次就可以了，并不要求结果的元素是按顺序排列的。但是如果使用 Hadoop 默认的 shuffle 过程，那么结果势必是排好序的，显然这个处理就不是必须的了。在这里简单介绍从 Hadoop 参数的配置出发来优化 shuffle 过程。在一个任务中，完成单位任务使用时间最多的一般都是 I/O 操作。在 Map 端，主要就是 shuffle 阶段中缓冲区内容超过阈值后的写出操作。可以通过合理地设置 ip.sort.* 属性来减少这种情况下的写出次数，具体来说就是增加 io.sort.mb 的值。在 Reduce 端，在复制 Map 输出的时候直接将复制的结果放在内存中同样能够提升性能，这样可以让部分数据少做两次 I/O 操作（前提是留下的内存足够 Reduce 任务执行）。所以在 Reduce 函数的内存需求很小的情况下，将 mapred.inmem.merge.threshold 设置为 0，将 mapreed.job.reduce.input.buffer.percent 设置为 1.0（或者一个更低的值）能够让 I/O 操作更少，提升 shuffle 的性能。

6.5　任务执行

本章前面详细介绍了 MapReduce 作业的执行流程，也简单介绍了基于 Hadoop 自身的一些参数优化。本节再介绍一些 Hadoop 在任务执行时的具体策略，让读者进一步了解 MapReduce 任务的执行细节，以便控制细节。

6.5.1　推测式执行

所谓推测式执行是指当作业的所有任务都开始运行时，JobTracker 会统计所有任务的平均进度，如果某个任务所在的 TaskTracker 节点由于配置比较低或 CPU 负载过高，导致任务执行的速度比总体任务的平均速度要慢，此时 JobTracker 就会启动一个新的备份任务，原有任务和新任务哪个先执行完就把另外一个 kill 掉，这就是经常在 JobTracker 页面看到任务执行成功、但是总有些任务被 kill 的原因。

MapReduce 将待执行作业分割成一些小任务，然后并行运行这些任务，提高作业运行的效率，使作业的整体执行时间少于顺序执行的时间。但很明显，运行缓慢的任务（可能因为配置问题、硬件问题或 CPU 负载过高）将成为 MapReduce 的性能瓶颈。因为只要有一个运行缓慢的任务，整个作业的完成时间将被大大延长。这个时候就需要采用推测式执行来避免出现这种情况。当 JobTracker 检测到所有任务中存在运行过于缓慢的任务时，就会启动另一个相同的任务作为备份。原始任务和备份任务中只要有一个完成，另一个就会被中止。推测式执行的任务只有在一个作业的所有任务开始执行之后才会启动，并且只针对运行一段时间之后、执行速度慢于整个作业的平均执行速度的情况。

推测式执行在默认情况下是启用的。这种执行方式有一个很明显的缺陷：对于由于代码缺陷导致的任务执行速度过慢，它所启用的备份任务并不会解决问题。除此之外，因为推测式执行会启动新的任务，所以这种执行方式不可避免地会增加集群的负担。所以在利用 Hadoop 集群运行作业的时候可以根据具体情况选择开启或关闭推测式执行策略（通过设置 mapred.map.tasks.speculative.execution 和 mapred.reduce.tasks.speculative.execution 属性的值来为 Map 和 Reduce 任务开启或关闭推测式执行策略）。

6.5.2　任务 JVM 重用

在本章图 6-1 中可以看出，不论是 Map 任务还是 Reduce 任务，都是在 TaskTracker 节点上的 Java 虚拟机（JVM）中运行的。当 TaskTracker 被分配一个任务时，就会在本地启动一个新的 Java 虚拟机来运行这个任务。对于有大量零碎输入文件的 Map 任务而言，为每一个 Map 任务启动一个 Java 虚拟机这种做法显然还有很大的改善空间。如果在一个非常短的任务结束之后让后续的任务重用此 Java 虚拟机，这样就可以省下新任务启动新的 Java 虚拟机的时间，这就是所谓的任务 JVM 重用。需要注意的是，虽然一个 TaskTracker 上可能会有多个任务在同时运行，但这些正在执行的任务都是在相互独立的 JVM 上的。TaskTracker 上的其他任务必须等待，因为即使启用 JVM 重用，JVM 也只能顺序执行任务。

控制 JVM 重用的属性是 mapred.job.reuse.jvm.num.tasks。这个属性定义了单个 JVM 上运行任务的最大数目，默认情况下是 1，意味着每个 JVM 上运行一个任务。可以将这个属性设置为一个大于 1 的值来启用 JVM 重用，也可以将此属性设为 –1，表明共享此 JVM 的任务数目不受限制。

6.5.3　跳过坏记录

MapReduce 作业处理的数据集非常庞大，用户在基于 MapReduce 编写处理程序时可能并不会考虑到数据集中的每一种数据格式和字段（特别是某些坏的记录）。所以，用户代码在处理数据集中的某个特定记录时可能会崩溃。这个时候即使 MapReduce 有错误处理机制，但是由于存在这种代码缺陷，即使重新执行 4 次（默认的最大重新执行次数），这个任务仍然会失败，最终也会导致整个作业失败。所以针对这种由于坏数据导致任务抛出的异常，重新运行任务是无济于事的。但是，如果想要在庞大的数据集中找出这个坏记录，然后在程序中添加相应的处理代码或直接除去这条坏记录，显然也是很困难的一件事情，况且并不能保证没有其他坏记录。所以最好的办法就是在当前代码对应的任务执行期间，遇到坏记录时就直接跳过去（由于数据集巨大，忽略这种极少数的坏记录是可以接受的），然后继续执行，这就是 Hadoop 中的忽略模式（skipping 模式）。当忽略模式启动时，如果任务连续失败两次，它会将自己正在处理的记录告诉 TaskTracker，然后 TaskTracker 会重新运行该任务并在运行到先前任务报告的记录时直接跳过。从忽略模式的工作方式可以看出，忽略模式只能检测并忽略一个错误记录，因此这种机制仅适用于检测个别错误记录。如果增加任务尝试次数最大值（这由 mapred.map.max.attemps 和 mapred.reduce.max.attemps 两个属性决定），可以增加忽略模式能够检测并忽略的错误记录数目。默认情况下忽略模式是关闭的，可以使用 SkipBadRedcord 类单独为 Map 和 Reduce 任务启用它。

6.5.4 任务执行环境

Hadoop 能够为执行任务的 TaskTracker 提供执行所需要的环境信息。例如，Map 任务可以知道自己所处理文件的名称、自己在作业任务群中的 ID 号等。JobTracker 分配任务给 TaskTracker 时，就会将作业的配置文件发送给 TaskTracker，TaskTracker 将此文件保存在本地。从本章前面的介绍中我们知道，TaskTracker 是在本节点单独的 JVM 上以子进程的形式执行 Map 或 Reduce 任务的。所以启动 Map 或 Reduce Task 时，会直接从父 TaskTracker 处继承任务的执行环境。图 6-2 列出了每个 Task 执行时使用的本地参数（从作业配置中获取，返回给 Task 的是配置信息）。

名称	类型	描述
mapred.job.id	String	job id
mapred.jar	String	job目录下job.jar的位置
job.local.dir	String	job指定的共享存储空间
mapred.tip.id	String	task id
mapred.task.id	String	task尝试id
mapred.task.is.map	boolean	是否是map task
mapred.task.partition	int	task在job中的id
map.input.file	String	map读取的文件名
map.input.start	long	map输入的数据块的起始位置偏移
map.input.length	long	map输入的数据块的字节数
mapred.work.output.dir	String	task临时输出目录

图 6-2　Task 的本地参数表

当 Job 启动时，TaskTracker 会根据配置文件创建 Job 和本地缓存。TaskTracker 的本地目录是 ${mapred.local.dir}/taskTracker/。在这个目录下有两个子目录：一个是作业的分布式缓存目录，路径是在本地目录后面加上 archive/；一个是本地 Job 目录，路径是在本地目录后面加上 jobcache/$jobid/，在这个目录下保存了 Job 执行的共享目录（各个任务可以使用这个空间作为暂存空间，用于任务之间的文件共享，此目录通过 job.local.dir 参数暴露给用户）、存放 JAR 包的目录（保存作业的 JAR 文件和展开的 JAR 文件）、一个 XML 文件（此 XML 文件是本地通用的作业配置文件）和根据任务 ID 分配的任务目录（每个任务都有一个这样的目录，目录中包含本地化的任务作业配置文件，存放中间结果的输出文件目录、任务当前工作目录和任务临时目录）。

关于任务的输出文件需要注意的是，应该确保同一个任务的多个实例不会尝试向同一个文件进行写操作。因为这可能会存在两个问题，第一个问题是，如果任务失败并被重试，那么会先删除第一个任务的旧文件；第二个问题是，在推测式执行的情况下同一任务的两个实例会向同一个文件进行写操作。Hadoop 通过将输出写到任务的临时文件夹来解决上面的两个问题。这个临时目录是 {mapred.out put.dir}/_temporary/${mapred.task.id}。如果任务执行成功，目录的内容（任务输出）就会被复制到此作业的输出目录（${mapred.out.put.dir}）。因此，如果一个任务失败并重试，第一个任务尝试的部分输出就会被消除。同时推测式执行时的备份任务和原始任务位于不同的工作目录，它们的临时输出文件夹并不相同，只有先完成的任务才会把其工作目录中的输出内容传到输出目录中，而另外一个任务的工作目录就会被丢弃。

6.6　本章小结

本章从 MapReduce 程序中的 JobClient.runJob(conf) 开始，给出了 MapReduce 执行的流程图，并分析了流程图中的四个核心实体，结合实际代码介绍了 MapReduce 执行的详细流程。MapReduce 的执行流程简单概括如下：用户作业执行 JobClient.runJob(conf) 代码会在 Hadoop 集群上将其启动。启动之后 JobClient 实例会向 JobTracker 获取 JobId，而且客户端会将作业执行需要的作业资源复制到 HDFS 上，然后将作业提交给 JobTracker。JobTracker 在本地初始化作业，再从 HDFS 作业资源中获取作业输入的分割信息，根据这些信息 JobTracker 将作业分割成多个任务，然后分配给在与 JobTracker 心跳通信中请求任务的 TaskTracker。TaskTracker 接收到新的任务之后会先从 HDFS 上获取作业资源，包括作业配置信息和本作业分片的输入，然后在本地启动一个 JVM 并执行任务。任务结束之后将结果写回 HDFS。

介绍完 MapReduce 作业的详细流程后，本章还重点介绍了 MapReduce 中采用的两种机制，分别是错误处理机制和作业调度机制。在错误处理机制中，如果遇到硬件故障，MapReduce 会将故障节点上的任务分配给其他节点处理。如果遇到任务失败，则会重新执行。在作业调度机制中，主要介绍了公平调度器。这种调度策略能够按照提交作业的用户数目将资源公平地分到用户的作业池中，以达到用户公平共享整个集群的目的。

本章最后介绍了 MapReduce 中两个流程的细节，分别是 shuffle 和任务执行。在 shuffle 中，从代码入手介绍了 Map 端和 Reduce 端的 shuffle 过程及 shuffle 的优化。shuffle 的过程可以概括为：在 Map 端，当缓冲区内容达到阈值时 Map 写出内容。写出时按照 key 值对数据排序，再按照划分将数据写入文件，然后进行 merge 并将结果交给 Reduce。在 Reduce 端，TaskTracker 先从执行 Map 的 TaskTracker 节点上复制 Map 输出，然后对排序合并，最后进行 Reduce 处理。关于任务执行则主要介绍了三个任务执行的细节，分别是推测式执行、JVM 重用和执行环境。推测式执行是指 JobTracker 在作业执行过程中，发现某个作业执行速度过慢，为了不影响整个作业的完成进度，会启动和这个作业完全相同的备份作业让 TaskTracker 执行，最后保留二者中较快完成的结果。JVM 重用主要是针对比较零碎的任务，对于新任务不是启动新的 JVM，而是在先前任务执行完毕的 JVM 上直接执行，这样节省了 JVM 启动的时间。在任务执行环境中主要介绍了任务执行参数的内容和任务目录结构，以及任务临时文件夹的使用情况。

第 7 章

Hadoop I/O 操作

本章内容

☐ I/O 操作中的数据检查

☐ 数据的压缩

☐ 数据的 I/O 中序列化操作

☐ 针对 Mapreduce 的文件类

☐ 本章小结

Hadoop 工程下与 I/O 相关的包如下：

❑ org.apache.hadoop.io

❑ org.apache.hadoop.io.compress

❑ org.apache.hadoop.io.file.tfile

❑ org.apache.hadoop.io.serializer

❑ org.apache.hadoop.io.serializer.avro

除了 org.apache.hadoop.io.serializer.avro 用于为 Avro（与 Hadoop 相关的 Apache 的另一个顶级项目）提供数据序列化操作外，其余都是用于 Hadoop 的 I/O 操作。

除此以外，部分 fs 类中的内容也与本章有关，所以本章也会提及一些，不过大都是一些通用的东西，由于对 HDFS 的介绍不是本章的重点，在此不会详述。

可以说，Hadoop 的 I/O 由传统的 I/O 操作而来，但是又有些不同。第一，在我们常见的计算机系统中，数据是集中的，无论多少电影、音乐或者 Word 文档，它只会存在于一台主机中，而 Hadoop 则不同，Hadoop 系统中的数据经常是分散在多个计算机系统中的；第二，一般而言，传统计算机系统中的数据量相对较小，大多在 GB 级别，而 Hadoop 处理的数据经常是 PB 级别的。

变化就会带来问题，这两个变化带给我们的问题就是 Hadoop 的 I/O 操作不仅要考虑本地主机的 I/O 操作成本，还要考虑数据在不同主机之间的传输成本。同时 Hadoop 的数据寻址方式也要改变，才能应对庞大数据带来的寻址压力。

虽说 Hadoop 的 I/O 操作与传统方式已经有了一些变化，但是仍未脱离传统的数据 I/O 操作，因此如果熟悉传统的 I/O 操作，你会发现本章的内容非常简单。

7.1　I/O 操作中的数据检查

Apache 的 Hadoop 官网上有一个名为 Sort900 的具体的 Hadoop 配置实例，所谓 Sort900 就是在 900 台主机上对 9TB 的数据进行排序。一般而言，在 Hadoop 集群的实际应用中，主机的数目是很大的，Sort900 使用了 900 台主机，而淘宝目前则使用了 1100 台主机来存储他们的数据（据说计划扩充到 1500 台）。在这么多的主机同时运行时，你会发现主机损坏是非常常见的，这就会涉及很多程序上的预处理了。对于本章而言，就体现在 Hadoop 中进行数据完整性检查的重要性上。

校验和方式是检查数据完整性的重要方式。一般会通过对比新旧校验和来确定数据情况，如果两者不同则说明数据已经损坏。比如，在传输数据前生成了一个校验和，将数据传输到目的主机时再次计算校验和，如果两次的校验和不同，则说明数据已经损坏。或者在系统启动时计算校验和，如果其值和硬盘上已经存在的校验和不同，那么也说明数据已经损坏。校验和不能恢复数据，只能检测错误。

Hadoop 采用 CRC-32（Cyclic Redundancy Check--- 循环冗余校验，32 指生成的校验和是 32 位的）的方式检查数据完整性。这是一种非常常见的校验和验证方式，检错能力强，开销小，易于实现。如果大家有兴趣可以自行查阅资料了解。

Hadoop 采用 HDFS 作为默认的文件系统，因此我们需要讨论两方面的数据完整性：

1）本地文件系统的数据完整性；

2）HDFS 的数据完整性。

1. 对本地文件 I/O 的检查

在 Hadoop 中，本地文件系统的数据完整性由客户端负责。重点是在存储和读取文件时进行校验和的处理。

具体做法是，每当 Hadoop 创建文件 a 时，Hadoop 就会同时在同一文件夹下创建隐藏文件 .a.crc，这个文件记录了文件 a 的校验和。针对数据文件的大小，每 512 个字节 Hadoop 就会生成一个 32 位的校验和（4 字节），你可以在 src/core/core-default.xml 中通过修改 io.bytes.per.checksum 的大小来修改每个校验和所针对的文件的大小。如下所示：

```
<property>
<name>io.bytes.per.checksum</name>
<value>512</value>
<description>The number of bytes per checksum.  Must not be larger than io.file.
buffer.size.</description>
</property>
```

一般来说，主流的文件系统都能在一定程度上保证数据的完整性，因此有可能你并不需要 Hadoop 的这部分功能。如果不需要，你可以通过修改文件 src/core/core-default.xml 中 fs.file.impl 的值来禁用校验和机制，如下所示：

```
<property>
<name>fs.file.impl</name>
<value>org.apache.hadoop.fs.LocalFileSystem</value>
<description>The FileSystem for file: uris.</description>
</property>
```

把值修改为 org.apache.hadoop.fs.RawLocalFileSystem 即可禁用校验和机制。

如果你只想在程序中对某些读取禁用校验和检验，那么你可以声明 RawLocalFileSystem 实例。例如：

```
FileSystem fs = new RawFileSystem();
Fs.initialize( null , conf );
```

在 Hadoop 中，校验和系统单独为一类——org.apache.hadoop.fs.ChecksumFileSystem，当需要校验和机制时，你可以很方便地调用它来为你服务。

引用方法为：

```
FileSystem rawFS = …;
FileSystem checksumFS = new ChecksumFileSystem(rawFS);
```

事实上，org.apache.hadoop.fs.ChecksumFileSystem 是 org.apache.hadoop.fs.FileSystem 子类的子类，其继承关系如下：

```
java.lang.Object
  -org.apache.hadoop.conf.Configured
      -org.apache.hadoop.fs.FileSystem
          -org.apache.hadoop.fs.FilterFileSystem
              -org.apache.hadoop.fs.ChecksumFileSystem
                  -org.apache.hadoop.fs.LocalFileSystem
```

如果大家对这些类的作用感兴趣，可以查阅 Hadoop 的 app 文档，地址为 http://hadoop.apache.org/common/docs/current/api/index.html。

读取文件时，如果 ChecksumFileSystem 检测到错误，便会调用 reportChecksumFailure。这是一个布尔类型的函数，此时，LocalFileSystem 会把这些问题文件及其校验和一起移动到同一台主机的次级目录下，命名为 bad_files。一般而言，使用者需要经常处理这些文件。

2. 对 HDFS 的 I/O 数据进行检查

一般来说，HDFS 会在三种情况下检验校验和：

（1）DataNode 接收数据后存储数据前

要了解这种情况，大家先要了解 DataNode 一般会在什么时候接收数据。它接收数据一般有两种情况：一是用户从客户端上传数据；二是 DataNode 从其他 DataNode 上接收数据。一般来说，客户端往往也是 DataNode，不过有时候客户端仅仅是客户端而已，并不是 Hadoop 集群中的节点。当客户端上传数据时，Hadoop 会根据预定规则形成一条数据管线。图 7-1 就是一个典型的副本管线（数据备份为 3）。数据 0 是原数据，数据 1、数据 2、数据 3 是备份。

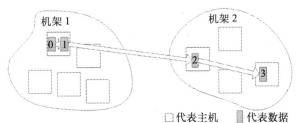

图 7-1　数据管线及数据备份流程图

数据将按管线流动以完成数据的上传及备份过程，图 7-1 中顺序就是先在客户端这个节点上保存数据（在这张图上，客户端也是 Hadoop 集群中的一个节点）。注意这个流动的过程，备份 1 在接收数据的同时也会把接收到的数据发送给备份 2 所在的机器，因此如果过程执行顺利，三个备份形成的时间相差不多（相对依次备份而言）。这里面涉及一个负载均衡的问题，不过这个问题不是本章的重点，这里不再详述。我们在这里只关心数据完整性的问题。在传输数据的最开始阶段，Hadoop 会简单地检查数据块的完整性信息，这一点从 DataNode 的源代码也可以看出。下面是 DataNode 在各个待传输节点之间传输数据的主要函数 transferBlock(Block block, DataNodeInfo xferTargets[])，其中检查的主要代码如下：

```
// 检查数据块是否真正存在
```

```
if (!data.isValidBlock(block)) {
    ……
    return;
}
// 检查 NameNode 上数据块长度和硬盘数据块长度是否匹配
    long onDiskLength = data.getLength(block);
    if (block.getNumBytes() > onDiskLength) {
        ……
        return;
    }
```

上面简单地检查之后，就开始向各个 DataNode 传输数据，在传输过程中会一同发送数据头信息，包括块信息、源 DataNode 信息、备份个数、校验和等，可参考 DataTransfer 中 run 函数的部分代码：

```
// 数据头信息 out.writeShort(DataTransferProtocol.DATA_TRANSFER_VERSION);
// 数据传输版本
    out.writeByte(DataTransferProtocol.OP_WRITE_BLOCK);
    out.writeLong(b.getBlockId());   // 块 ID
    out.writeLong(b.getGenerationStamp());   // 生成时间戳
    ……
    srcNode.write(out);    // 写入源 DataNode 信息
    out.writeInt(targets.length - 1);   // 备份个数
    for (int i = 1; i < targets.length; i++) {
        targets[i].write(out);
    }
    blockSender.sendBlock(out, baseStream, null);   // 数据块和校验和
```

Hadoop 不会在数据每流动到一个 DataNode 时都检查校验和，它只会在数据流动到最后一个节点时才检验校验和。也就是说 Hadoop 会在备份 3 所在的 DataNode 接受完数据后检查校验和。具体核心代码如 BlockSender.java 中的部分代码：

```
// 通过设置的 DataNode 序列流正常传输数据
IOUtils.readFully(blockIn, buf, dataOff, len);
// 传输结束后，根据配置的 verifyChecksum 来检测数据完整性
if (verifyChecksum) {
    ……
    for (int i=0; i<numChunks; i++) {
        checksum.reset();
        int dLen = Math.min(dLeft, bytesPerChecksum);
        checksum.update(buf, dOff, dLen);
        if (!checksum.compare(buf, cOff)) {
            throw new ChecksumException("Checksum failed at " +
                (offset + len - dLeft), len);
        }
    ……
    }
}
```

这就是从客户端上传数据时 Hadoop 对数据完整性检测进行的相关处理。

DataNode 从其他 DataNode 接收数据时也是同样的处理过程。

（2）客户端读取 DataNode 上的数据时

Hadoop 会在客户端读取 DataNode 上的数据时，使用 DFSClient 中的 read 函数先将数据读入到用户的数据缓冲区，然后再检验校验和。具体代码片段如下：

```
// 读取数据到缓冲区
int nRead = super.read(buf, off, len);
if (dnSock != null && gotEOS && !eosBefore && nRead >= 0
        && needChecksum()) {
// 检查校验和
            checksumOk(dnSock);
}
```

（3）DataNode 后台守护进程的定期检测

DataNode 会在后台运行 DataBlockScanner，这个程序会定期检测此 DataNode 上的所有数据块。从 DataNode.java 中 startDataNode 函数的源代码就可以看出：

```
// 根据配置信息初始化 DataNode 上的定期数据扫描器
String reason = null;
if (conf.getInt("dfs.DataNode.scan.period.hours", 0) < 0) {
    reason = "verification is turned off by configuration";
} else if ( !(data instanceof FSDataset) ) {
    reason = "verifcation is supported only with FSDataset";
}
if ( reason == null ) {
    blockScanner = new DataBlockScanner(this, (FSDataset)data, conf);
} else {
    LOG.info("Periodic Block Verification is disabled because " + reason + ".");
}
......
// 将扫描服务加入 DataNode 服务中
this.infoServer.addServlet(null, "/blockScannerReport",
    DataBlockScanner.Servlet.class);
......
this.infoServer.start();
```

3. 数据恢复策略

在 Hadoop 上进行数据读操作时，如果发现某数据块失效，读操作涉及的用户、DataNode 和 NameNode 都会尝试来恢复数据块，恢复成功后会设置标签，防止其他角色重复恢复。下面以 DataNode 端的恢复为例说明恢复数据块的详细步骤，代码参见 DataNode 中的 recoverBlock 函数。

（1）检查已恢复标签

检查一致的数据块恢复标记，如果已经恢复，则直接跳过恢复阶段。

```
// 如果数据块已经被回复，则直接跳过恢复阶段
synchronized (ongoingRecovery) {
        Block tmp = new Block();
```

```
        tmp.set(block.getBlockId(), block.getNumBytes(), GenerationStamp.WILDCARD_STAMP);
        if (ongoingRecovery.get(tmp) != null) {
          String msg = "Block " + block + " is already being recovered, " + "
          ignoring this request to recover it.";
          LOG.info(msg);
          throw new IOException(msg);
        }
        ongoingRecovery.put(block, block);
      }
```

（2）统计各个备份数据块恢复状态

在这个阶段，DataNode 会检查所有出错数据块备份的 DataNode，查看这些节点上数据块的恢复信息，然后将所有版本正确的数据块信息、DataNode 信息作为一条记录保存在数据块记录表中。

```
// 检查每个数据块备份 DataNode
for(DataNodeID id : datanodeids) {
  try {
// 获取数据块信息
    BlockRecoveryInfo info = datanode.startBlockRecovery(block);
// 数据块已不存在
 if (info == null) {
            continue;
        }
// 数据块版本较晚
      if (info.getBlock().getGenerationStamp() < block.getGenerationStamp()) {
          continue;
        }
// 正确版本数据块的信息保存起来
      blockRecords.add(new BlockRecord(id, datanode, info));
if (info.wasRecoveredOnStartup()) {
          rwrCount++;    // 等待回复数
      } else {
          rbwCount++;    // 正在恢复数
      }
    } catch (IOException e) {
        ++errorCount;  // 出错数
    }
  }
```

（3）找出所有正确版本数据块中最小长度的版本

在这一步骤中，DataNode 会逐个扫描上一阶段中保存的数据块记录，首先判断当前副本是否正在恢复，如果正在恢复则跳过，如果不是正在恢复并且配置参数设置了恢复需要保持原副本长度，则将恢复长度相同的副本加入待恢复队列，否则将所有版本正确的副本加入待恢复队列。

```
for (BlockRecord record : blockRecords) {
  BlockRecoveryInfo info = record.info;
  if (!shouldRecoverRwrs && info.wasRecoveredOnStartup()) {
```

```
                continue;
        }
    if (keepLength) {
        if (info.getBlock().getNumBytes() == block.getNumBytes())
        {syncList.add(record);}
    } else {
            syncList.add(record);
            if (info.getBlock().getNumBytes() < minlength) {
                minlength = info.getBlock().getNumBytes();
            }
        }
    }
```

（4）副本同步

如果需要保持副本长度，那么直接同步长度相同的副本即可，否则以长度最小的副本同步其他副本。

```
if (!keepLength) {
        block.setNumBytes(minlength);
}
return syncBlock(block, syncList, targets, closeFile);
```

与读取本地文件的情况相同，用户也可以使用命令来禁用检验和检验（从前面的代码中也可以看出，通常在检查校验和之前都有 needChecksum 等选项）。有两种方法可以达到这个目的。

一个是在使用 open() 读取文件前，设置 FileSystem 中的 setVerifyChecksum 值为 false。

```
FileSystem fs = new FileSystem();
Fs.setVerifyChecksum(false);
```

另一个是使用 shell 命令，比如 get 命令和 copyToLocal 命令。

get 命令的使用方法如下所示：

```
hadoop fs -get [-ignoreCrc] [-crc] <src> <localdst>
```

举个例子：

```
hadoop fs -get -ignoreCrc input ~/Desktop/
```

get 命令会复制文件到本地文件系统。可用 -ignorecrc 选项复制 CRC 校验失败的文件，或者使用 -crc 选项复制文件，以及 CRC 信息。

copyToLocal 的使用方法如下所示：

```
hadoop fs -copyToLocal [-ignorecrc] [-crc] URI <localdst>
```

再举个例子：

```
hadoop fs -copyToLocal -ignoreCrc input ~/Desktop
```

除了要限定目标路径是一个本地文件外，其他和 get 命令类似。

禁用校验和检验的最主要目的并不是节约时间，用于检验校验和的开销一般情况都是可以接受的，禁用校验和检验的主要原因是，如果不禁用校验和检验，就无法下载那些已经损坏的文件来查看是否可以挽救，而有时候即使是只能挽救一小部分文件也是很值得的。

7.2　数据的压缩

对于任何大容量的分布式存储系统而言，文件压缩都是必须的，文件压缩带来了两个好处：

1）减少了文件所需的存储空间；

2）加快了文件在网络上或磁盘间的传输速度。

Hadoop 关于文件压缩的代码几乎都在 package org.apache.hadoop.io.compress 中。本节的内容将会主要围绕这一部分展开。

7.2.1　Hadoop 对压缩工具的选择

有许多压缩格式和压缩算法是可以应用到 Hadoop 中的，但是不同的算法都有各自的特点。表 7-1 是 Hadoop 中使用的一些压缩算法，表 7-2 是它们的压缩格式和特点。

表 7-1　压缩格式及编码解码器

压缩格式	Hadoop 压缩编码 / 解码器
DEFLATE	org.apache.hadoop.io.compress.DefaultCodec
Gzip	org.apache.hadoop.io.compress.GzipCodec
bzip2	org.apache.hadoop.io.compress.BZip2Codec
Zlib	org.apache.hadoop.io.compress.zlib

表 7-2　压缩格式和特点

压缩格式	工　具	算　法	文件扩展名	多文件	可分割性
DEFLATE*	无	DEFLATE	.deflate	否	否
Gzip	gzip	DEFLATE	.gz	否	否
bzip2	bzip2	bzip2-	.bz2	否	是
zlib	zlib	DEFLATE	.gz	否	否

压缩一般都是在时间和空间上的一种权衡。一般来说，更长的压缩时间会节省更多的空间。不同的压缩算法之间有一定的区别，而同样的压缩算法在压缩不同类型的文件时表现也不同。jeff 的试验比较报告中包含了面对不同文件在各种要求（最佳压缩、最快速度等）下的最佳压缩工具。如果大家感兴趣可以自行查阅，地址为 http://compression.ca/act/act-summary.html（这个地址是总体评价，此网站还有不同压缩工具面对不同类型文件时的具体表现）。

7.2.2　压缩分割和输入分割

压缩分割和输入分割是很重要的内容，比如，如果需要处理经 Gzip 压缩后的 5GB 大小的文件，按前面介绍过的分割方式，Hadoop 会将其分割为 80 块（每块 64MB，这是默认值，可以根据需要修改）。但是这是没有意义的，因为在这种情况下，Hadoop 不会分割存储 Gzip 压缩的文件，程序无法分开读取每块的内容，那么也就无法创建多个 Map 程序分别来处理每块内容。

而 bzip2 的情况就不一样了，它支持文件分割，用户可以分开读取每块内容并分别处理之，因此 bzip2 压缩的文件可分割存储。

7.2.3　在 MapReduce 程序中使用压缩

在 MapReduce 程序中使用压缩非常简单，只需在它进行 Job 配置时配置好 conf 就可以了。

设置 Map 处理后压缩数据的代码示例如下：

```
JobConf conf = new Jobconf();
conf.setBoolean("mapred.compress.map.output", true);
```

设置 output 输出压缩的代码示例如下：

```
JobConf conf = new Jobconf();
conf.setBoolean("mapred.output.compress", true);
conf.setClass("mapred.output.compression.codec",GzipCodec.class,CompressionCodec.class);
```

对一般情况而言，压缩总是好的，无论是对最终结果的压缩还是对 Map 处理后的中间数据进行压缩。对 Map 而言，它处理后的数据都要输出到硬盘上并经过网络传输，使用数据压缩一般都会加快这一过程。对最终结果的压缩不单会加快数据存储的速度，也会节省硬盘空间。

下面我们做一个实验来看看在 MapReduce 中使用压缩与不使用压缩的效率差别。

先来叙述一下我们的实验环境：这是由六台主机组成的一个小集群（一台 Master，三台 Salve）。输入文件为未压缩的大约为 300MB 的文件，它是由随机的英文字符串组成的，每个字符串都是 5 位的英文字母（大小写被认为是不同的），形如 "AdEfr"，以空格隔开，每 50 个一行，共 50 000 000 个字符串。对这个文件进行 WordCount。Map 的输出压缩采用默认的压缩算法，output 的输出采用 Gzip 压缩方法，我们关注的内容是程序执行的速度差别。

执行压缩操作的 WordCount 程序与基本的 WordCount 程序相似，只需在 conf 设置时写入以下几行代码：

```
conf.setBoolean("mapred.compress.map.output", true);
conf.setBoolean("mapred.output.compress", true);
conf.setIfUnset("mapred.output.compression.type","BLOCK");
conf.setClass("mapred.output.compression.codec", GzipCodec.class,
CompressionCodec.class);
```

下面分别执行编译打包两个程序，在运行时用 time 命令记录程序的执行时间，如下所示：

```
time bin/hadoop jar WordCount.jar WordCount XWTInput xwtOutput

real    12m41.308s

time bin/hadoop jar CompressionWordCount.jar CompressionWordCount XWTInput
xwtOutput2

real    8m9.714s
```

CompressionWordCount.jar 是带压缩的 WordCount 程序的打包，从上面可以看出执行压缩的程序要比不压缩的程序快 4 分钟，或者说，在这个实验环境下，使用压缩会使WordCount 效率提高大约三分之一。

7.3 数据的 I/O 中序列化操作

序列化是将对象转化为字节流的方法，或者说用字节流描述对象的方法。与序列化相对的是反序列化，反序列化是将字节流转化为对象的方法。序列化有两个目的：

1）进程间通信；

2）数据持久性存储。

Hadoop 采用 RPC 来实现进程间通信。一般而言，RPC 的序列化机制有以下特点：

1）紧凑：紧凑的格式可以充分利用带宽，加快传输速度；

2）快速：能减少序列化和反序列化的开销，这会有效地减少进程间通信的时间；

3）可扩展：可以逐步改变，是客户端与服务器端直接相关的，例如，可以随时加入一个新的参数方法调用；

4）互操作性：支持不同语言编写的客户端与服务器交换数据。

Hadoop 也希望数据持久性存储同样具有以上这些优点，因此它的数据序列化机制就是依照以上这些目的而设计的（或者说是希望设计成这样）。

在 Hadoop 中，序列化处于核心地位。因为无论是存储文件还是在计算中传输数据，都需要执行序列化的过程。序列化与反序列化的速度，序列化后的数据大小等都会影响数据传输的速度，以致影响计算的效率。正是因为这些原因，Hadoop 并没有采用 Java 提供的序列化机制（Java Object Serialization），而是自己重新写了一个序列化机制 Writeables。Writeables 具有紧凑、快速的优点（但不易扩展，也不利于不同语言的互操作），同时也允许对自己定义的类加入序列化与反序列化方法，而且很方便。

7.3.1 Writable 类

Writable 是 Hadoop 的核心，Hadoop 通过它定义了 Hadoop 中基本的数据类型及其操作。一般来说，无论是上传下载数据还是运行 Mapreduce 程序，你无时无刻不需要使用 Writable

类，因此 Hadoop 中具有庞大的一类 Writable 类（见图 7-2），不过 Writable 类本身却很简单。
Writable 类中只定义了两个方法：

```
// 序列化输出数据流
void write(DataOutput out) throws IOException
// 反序列化输入数据流
void readFields(DataInput in) throws IOException
```

Hadoop 还 有 很 多 其 他 的 Writable 类。 比 如 WritableComparable、ArrayWritable、Two-DArrayWritable 及 AbstractMapWritable， 它 们 直 接 继 承 自 Writable 类。 还 有 一 些 类，
如 BooleanWritale、ByteWritable 等， 它 们 不 是 直 接 继 承 于 Writable 类， 而 是 继 承 自
WritableComparable 类。Hadoop 的基本数据类型就是由这些类构成的。这些类构成了以下的
层次关系（如图 7-2 所示）。

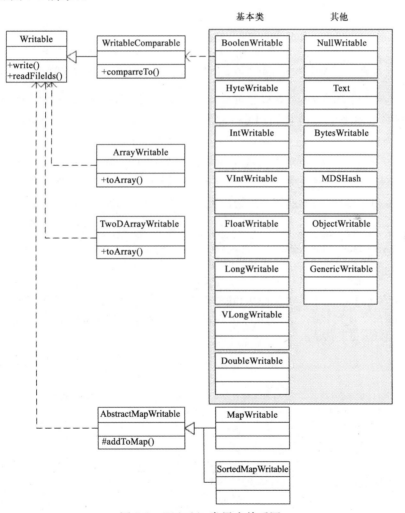

图 7-2　Writable 类层次关系图

1. Hadoop 的比较器

WritableComparable 是 Hadoop 中非常重要的接口类。它继承自 org.apache.hadoop. io.Writable 类和 java.lang.Comparable 类。WritableComparator 是 Writablecomparable 的比较器，它是 RawComparator 针对 WritableComparate 类的一个通用实现，而 RawComparator 则继承自 java.util.Comparator，它们之间的关系如图 7-3 所示。

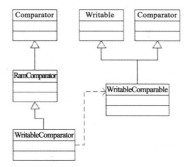

图 7-3　WritableComparable 和 WritableComparablor 类层次关系图

这两个类对 MapReduce 而言至关重要，大家都知道，MapReduce 执行时，Reducer（执行 Reduce 任务的机器）会搜集相同 key 值的 key/value 对，并且在 Reduce 之前会有一个排序过程，这些键值的比较都是对 WritableComparate 类型进行的。

Hadoop 在 RawComparator 中实现了对未反序列化对象的读取。这样做的好处是，可以不必创建对象就能比较想要比较的内容（多是 key 值），从而省去了创建对象的开销。例如，大家可以使用如下函数，对指定了开始位置（s1 和 s2）及固定长度（l1 和 l2）的数组进行比较：

```
public interface RawComparator<T> extends Comparator<T> {
  public int compare(byte[] b1, int s1, int l1, byte[] b2, int s2, int l2);
}
```

WritableComparator 是 RawComparator 的子类，在这里，添加了一个默认的对象进行反序列化，并调用了比较函数 compare() 进行比较。下面是 WritableComparator 中对固定字节反序列化的执行情况，以及比较的实现过程：

```
public int compare(byte[] b1, int s1, int l1, byte[] b2, int s2, int l2) {
    try {
        buffer.reset(b1, s1, l1);                    // parse key1
        key1.readFields(buffer);

        buffer.reset(b2, s2, l2);                    // parse key2
        key2.readFields(buffer);

    } catch (IOException e) {
        throw new RuntimeException(e);
    }
```

```
    return compare(key1, key2);                    // compare them
}
```

2. Writable 类中的数据类型

（1）基本类

Writable 中封装有很多 Java 的基本类，如表 7-3 所示。

表 7-3　Writable 中的 Java 基本类

Java 基本类型	Writable 中的类型	序列化后字节数
boolean	BooleanWritable	1
byte	ByteWritable	1
int	IntWritable	4
	VIntWritable	1 ~ 5
float	FloatWritable	4
long	LongWritable	8
	VlongWritable	1 ~ 9
double	DuobleWritable	8

其中最简单的要数 Hadoop 中对 Boolean 的实现，如下所示：

```
package cn.edn.ruc.cloudcomputing.book.chapter07;

import java.io.*;
public class BooleanWritable implements WritableComparable {
private boolean value;
public BooleanWritable() {};
public BooleanWritable(boolean value) {
    set(value);
}
public void set(boolean value) {
    this.value = value;
}
public boolean get() {
    return value;
}
public void readFields(DataInput in) throws IOException {
    value = in.readBoolean();
}
public void write(DataOutput out) throws IOException {
    out.writeBoolean(value);
}
 public boolean equals(Object o) {
    if (!(o instanceof BooleanWritable)) {
      return false;
    }
}
    BooleanWritable other = (BooleanWritable) o;
    return this.value == other.value;
```

```
}
 public int hashCode() {
    return value ? 0 : 1;
}
public int compareTo(Object o) {
    boolean a = this.value;
    boolean b = ((BooleanWritable) o).value;
    return ((a == b) ? 0 : (a == false) ? -1 : 1);
}
 public String toString() {
    return Boolean.toString(get());
}
    public static class Comparator extends WritableComparator {
    public Comparator() {
      super(BooleanWritable.class);
}
public int compare(byte[] b1, int s1, int l1,
                   byte[] b2, int s2, int l2) {
  boolean a = (readInt(b1, s1) == 1) ? true : false;
  boolean b = (readInt(b2, s2) == 1) ? true : false;
  return ((a == b) ? 0 : (a == false) ? -1 : 1);
}
}
static {
    WritableComparator.define(BooleanWritable.class, new Comparator());
}
}
```

可以看到 Hadoop 直接将 boolean 写入到字节流 (out.writeBoolean(value)) 中了，并没有采用 Java 的序列化机制。同时，除了构造函数、set() 函数、get() 函数等外，Hadoop 还定义了三个用于比较的函数：equals()、compareTo()、compare()。前两个很简单，第三个就是前文中重点介绍的比较器。Hadoop 中封装定义的其他 Java 基本数据类型（如 Boolean、byte、int、float、long、double）都是相似的。

如果大家对 Java 流处理比较了解的话可能会知道，Java 流处理中并没有 DataOutput. writeVInt()。实际上，这是 Hadoop 自己定义的变长类型（VInt，VLong），而且 VInt 和 VLong 的处理方式实际上是一样的。

```
public static void writeVInt(DataOutput stream, int i) throws IOException {
  writeVLong(stream, i);
}
```

Hadoop 对 VLong 类型的处理方法如下：

```
public static void writeVLong(DataOutput stream, long i) throws IOException {
    if (i >= -112 && i <= 127) {
      stream.writeByte((byte)i);
      return;
    }
    int len = -112;
```

```
    if (i < 0) {
      i ^= -1L; // take one's complement'
      len = -120;
    }
    long tmp = i;
    while (tmp != 0) {
      tmp = tmp >> 8;
      len--;
    }
    stream.writeByte((byte)len);
    len = (len < -120) ? -(len + 120) : -(len + 112);
    for (int idx = len; idx != 0; idx--) {
      int shiftbits = (idx - 1) * 8;
      long mask = 0xFFL << shiftbits;
      stream.writeByte((byte)((i & mask) >> shiftbits));
    }
  }
```

上面代码的意思是如果数值较小（在-112 和 127 之间），那么就直接将这个数值写入数据流内（stream.writeByte((byte)i)）。如果不是，则先用 len 表示字节长度与正负，并写入数据流中，然后在其后写入这个数值。

（2）其他类

下面将按照先易后难的顺序一一讲解。

1）NullWritable。这是一个占位符，它的序列化长度为零，没有数值从流中读出或是写入流中。

```
public void readFields(DataInput in) throws IOException {}
public void write(DataOutput out) throws IOException {}
```

在任何编程语言或编程框架时，占位符都是很有用的，这个类型不可以和其他类型比较，在 MapReduce，你可以将任何键或值设为空值。

2）BytesWritable 和 ByteWritable。ByteWritable 是一个二进制数据的封装。它的所有方法都是基于单个 Byte 来处理的。BytesWritable 是一个二进制数据数组的封装。它对输出流的处理如下所示：

```
public BytesWritable(byte[] bytes) {
    this.bytes = bytes;
    this.size = bytes.length;
}
public void write(DataOutput out) throws IOException {
    out.writeInt(size);
    out.write(bytes, 0, size);
}
```

可以看到，它首先会把这个二进制数据数组的长度写入输入流中，这个长度一般是在声明时所获得的二进制数据数组的实际长度。当然这个值也可以人为设定。如果要把长度为 3、位置为 129 的字节数组序列化，根据程序可知，结果应为：

```
Size=00000003 bytes[]={(01),(02),(09)}
```

数据流中的值就是：

```
00000003010209
```

3）Text。这可能是这几个自定义类型中相对复杂的一个了。实际上，这是 Hadoop 中对 string 类型的重写，但是又与其有一些不同。Text 使用标准的 UTF-8 编码，同时 Hadoop 使用变长类型 VInt 来存储字符串，其存储上限是 2GB。

Text 类型与 String 类型的主要差别如下：

- String 的长度定义为 String 包含的字符个数；Text 的长度定义为 UTF-8 编码的字节数。
- String 内的 indexOf() 方法返回的是 char 类型字符的索引，比如字符串（1234），字符 3 的位置就是 2（字符 1 的位置是 0）；而 Text 的 find() 方法返回的是字节偏移量。
- String 的 charAt() 方法返回的是指定位置的 char 字符；而 Text 的 charAT() 方法需要指定偏移量。

另外，Text 内定义了一个方法 toString()，它用于将 Text 类型转化为 String 类型。

看如下这个例子：

```java
package cn.edn.ruc.cloudcomputing.book.chapter07;


import java.io.*;
import org.apache.hadoop.io.*;

public class MyMapre {
    public static void strings(){
        String s="\u0041\u00DF\u6771\uD801\uDC00";
        System.out.println(s.length());
        System.out.println(s.indexOf("\u0041"));
        System.out.println(s.indexOf("\u00DF"));
        System.out.println(s.indexOf("\u6771"));
        System.out.println(s.indexOf("\uD801\uDC00"));
    }
    public static void texts(){
        Text t = new Text("\u0041\u00DF\u6771\uD801\uDC00");
        System.out.println(t.getLength());
        System.out.println(t.find("\u0041"));
        System.out.println(t.find("\u00DF"));
        System.out.println(t.find("\u6771"));
        System.out.println(t.find("\uD801\uDC00"));
    }
    public static void main(String args[]){
        strings();
        texts();
    }
}
```

输出结果为

```
5
0
1
2
3
10
0
1
3
6
```

上面例子可以验证前面所列的那些差别。

4）ObjectWritable。ObjectWritable 是一种多类型的封装。可以适用于 Java 的基本类型、字符串等。不过，这并不是一个好方法，因为 Java 在每次被序列化时，都要写入被封装类型的类名。但是如果类型过多，使用静态数组难以表示时，采用这个类仍是不错的做法。

5）ArrayWritable 和 TwoDArrayWritable。ArrayWritable 和 TwoDArrayWritable，顾名思义，是针对数组和二维数组构建的数据类型。这两个类型声明的变量需要在使用时指定类型，因为 ArrayWritable 和 TwoDArrayWritable 并没有空值的构造函数。

```
ArrayWritable a = new ArrayWritable(IntWritable.class)
```

同样，在声明它们的子类时，必须使用 super() 来指定 ArrayWritable 和 TwoDArrayWritable 的数据类型。

```
public class IntArrayWritable extends ArrayWritable{
    public IntArrayWritable(){
        super(IntWritable.class);
    }
}
```

一般情况下，ArrayWritable 和 TwoDArrayWritable 都有 set() 和 get() 函数，在将 Text 转化为 String 时，它们也都提供了一个转化函数 toArray()。但是它们没有提供比较器 comparator，这点需要注意。同时从 TwoDArrayWritable 的 write 和 readFields 可以看出是横向读写的，同时还会读写每一维的数据长度。

```
public void readFields(DataInput in) throws IOException {
  for (int i = 0; i < values.length; i++) {
     for (int j = 0; j < values[i].length; j++) {
        ……
        value.readFields(in);
        values[i][j] = value;                // 保存读取的数据
     }
   }
 }

  public void write(DataOutput out) throws IOException {
  for (int i = 0; i < values.length; i++) {
     out.writeInt(values[i].length);
```

```
      }
    for (int i = 0; i < values.length; i++) {
      for (int j = 0; j < values[i].length; j++) {
        values[i][j].write(out);
      }
    }
  }
```

6）MapWritable 和 SortedMapWritable。MapWritable 和 SortedMapWritable 分别是 java. util.Map() 和 java.util.SortedMap() 的实现。

这两个实例是按照如下格式声明的：

```
private Map<Writable, Writable> instance;
private SortedMap<WritableComparable, Writable> instance;
```

我们可以用 Hadoop 定义的 Writable 类型来填充 key 或 value，也可以使用自己定义的 Writable 类型来填充。

在 java.util.Map() 和 java.util.SortedMap() 中定义的功能，如 getKey()、getValue()、keySet() 等，在这两个类中均有实现。Map 的使用也很简单，见如下程序，需要注意的是，不同 key 值对应的 value 数据类型可以不同。

```
package cn.edn.rm.cloodcomputing.book.chapter07;

import java.io.*;
import java.util.*;
import org.apache.hadoop.io.*;

public class MyMapre {
    public static void main(String args[]) throws IOException{
        MapWritable a = new MapWritable();
        a.put(new IntWritable(1),new Text("Hello"));
        a.put(new IntWritable(2),new Text("World"));

        MapWritable b = new MapWritable();
        WritableUtils.cloneInto(b,a);
        System.out.println(b.get(new IntWritable(1)));
        System.out.println(b.get(new IntWritable(2)));
    }
}
```

显示结果为
```
Hello
World
```

7）CompressedWritable。CompressedWritable 是保存压缩数据的数据结构。跟之前介绍的数据结构不同，它实现 Writable 接口，主要面向在 Map 和 Reduce 阶段中的大数据对象操作，对这些大数据对象的压缩能够大大加快数据的传输速率。它的主要数据结构是一个 byte 数组，提供给用户必须实现的函数是 readFieldsCompressed 和 writeCompressed。CompressedWritable 在读取数据时先读取二进制字节流，然后调用 ensureInflated 函数进行解压，在写数据时，将输出的二进制字节流封装成压缩后的二进制字节流。

8）GenericWritable。这个数据类型是一个通用的数据封装类型。由于是通用的数据封装，它需要保存数据和数据的原始类型，其数据结构如下：

```
private static final byte NOT_SET = -1;
private byte type = NOT_SET;
private Writable instance;
private Configuration conf = null;
```

由于其特殊的数据结构，在读写时也需要读写对应的数据结构：实际数据和数据类型，并且要保证固定的顺序。

```
public void readFields(DataInput in) throws IOException {
// 先读取数据类型
 type = in.readByte();
 ......
// 再读取数据
instance.readFields(in);
}

public void write(DataOutput out) throws IOException {
  if (type == NOT_SET || instance == null)
    throw new IOException("The GenericWritable has NOT been set correctly. type="
    + type + ", instance=" + instance);
  // 先写出数据类型
  out.writeByte(type);
  // 在写出数据
  instance.write(out);
}
```

9）VersionedWritable。VersionedWritable 是一个抽象的版本检查类，它主要保证在一个类的发展过程中，使用旧类编写的程序仍然能由新类解析处理。在这个类的实现中只有简单的三个函数：

```
// 返回版本信息
 public abstract byte getVersion();
// 写出版本信息
 public void write(DataOutput out) throws IOException {
    out.writeByte(getVersion());
}
// 读入版本信息
 public void readFields(DataInput in) throws IOException {
    byte version = in.readByte();
    if (version != getVersion())
      throw new VersionMismatchException(getVersion(), version);
  }
```

7.3.2 实现自己的 Hadoop 数据类型

实现自定义的 Hadoop 数据类型具有非常重要的意义。虽然 Hadoop 已经定义了很多有用的数据类型，但在实际应用中，我们总是需要定义自己的数据类型以满足程序的需要。

我们定义一个简单的整数对 <LongWritable,LongWritable>，这个类可以用来记录文章中单词出现的位置，第一个 LongWritable 代表行数，第二个 LongWritable 代表它是该行的第几个单词。定义 NumPair，如下所示：

```java
package cn.edn.ruc.cloudcomputing.book.chapter07;

import java.io.*;
import org.apache.hadoop.io.*;

public class NumPair implements WritableComparable<NumPair> {
    private LongWritable line;
    private LongWritable location;
    public NumPair() {
        set(new LongWritable(0), new LongWritable(0));
    }
    public void set(LongWritable first, LongWritable second)
    {
        this.line=first;
        this.location=second;
    }
    public NumPair(LongWritable first,LongWritable second){
        set(first,second);
    }
    public NumPair(int first, int second){
    set(new LongWritable(first),new LongWritable(second));
    }
    public LongWritable getLine(){
        return line;
    }
    public LongWritable getLocation(){
        return location;
    }
    @Override
    public void readFields(DataInput in) throws IOException
    {
        line.readFields(in);
        location.readFields(in);
    }
    @Override
    public void write(DataOutput out) throws IOException {
        line.write(out);
        location.write(out);
    }
    public boolean equals(NumPair o){
        if((this.line==o.line)&&(this.location==o.location))
        return true;
        return false;
    }
```

```
@Override
public int hashCode(){
    return line.hashCode()*13+location.hashCode();
}
@Override
public int compareTo(NumPair o) {
if((this.line==o.line)&&(this.location==o.location))
    return 0;
    return -1;
}
}
```

7.4　针对 Mapreduce 的文件类

Hadoop 定义了一些文件数据结构以适应 Mapreduce 编程框架的需要，其中 SequenceFile 和 MapFile 两种类型非常重要，Map 输出的中间结果就是由它们表示的。其中，MapFile 是经过排序并带有索引的 SequenceFile。

7.4.1　SequenceFile 类

SequenceFile 记录的是 key/value 对的列表，是序列化之后的二进制文件，因此是不能直接查看的，我们可以通过如下命令来查看这个文件的内容。

hadoop fs -text MySequenceFile(你的 SequenceFile 文件)

Sequence 有三种不同类型的结构：

1）未压缩的 key/value 对；

2）记录压缩的 Key/value 对（这种情况下只有 value 被压缩）；

3）Block 压缩的 key/value 对（在这种情况下，key 与 value 被分别记录到块中并压缩）。

下面详细介绍它们的结构。

1. 未压缩和只压缩 value 的 SequenceFile 数据格式

未压缩和只压缩 value 的 SequenceFile 数据格式基本是相同的。

Header 是头，它记录的内容如图 7-4 所示，现在一一对其进行解释：

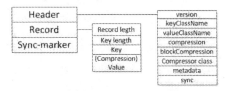

图 7-4　SequenceFile 数据格式（未压缩和 Record 压缩格式）

❑ version（版本号）：这是一个形如 SEQ4 或 SEQ5 的字节数组，一共占四个字节；

❑ keyClassName（key 类名）和 valueClassName（value 类名）：这两个都是 String 类型，记录的是 key 和 value 的数据类型；

- compression（压缩）：这是一个布尔类型，它记录的是在这个文件中压缩是否启用；
- blockCompression（Block 压缩）：布尔类型，记录 Block 压缩是否启用；
- compressor class（压缩类）：这是 Hadoop 内封装的用于压缩 key 和 value 的代码；
- metadata（元数据）：用于记录文件的元数据，文件的元数据是一个 < 属性名，值 > 对的列表；
- Record：它是数据内容，其内容简单明了，相信大家看图就很容易明白。
- Sync-marker：它是一个标记，可以允许程序快速找到文件中随机的一个点。它可以使 MapReduce 程序更有效率地分割大文件。

需要注意的是，Sync-marker 每隔几百个字节会出现一次，因此最后的 SequenceFile 会是形如图 7-5 所示的序列文件。

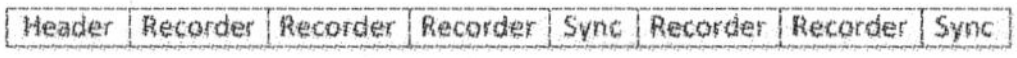

| Header | Recorder | Recorder | Recorder | Sync | Recorder | Recorder | Sync |

图 7-5　SequenceFile 数据存储示例

Sync 出现的位置取决于字节数，而不是间隔的 Recorder 的个数。

从上面的内容可以知道，未压缩与只压缩 value 的 SequenceFile 数据格式有两点不同，一是 compression（是否压缩）的值不同，二是 value 存储的数据是否经过了压缩不同。

2. Block 压缩的 SequenceFile 数据格式

Block 压缩的 SequenceFile 数据格式与上面两种也很相似，它们的头与上面是一样的，同时也会标记一个 Sync-marker。不过它们的 Recorder 格式是不同的，并且 Sync-marker 是标记在每个块前面的。下面是 Block 压缩的 SequenceFile 的 Recorder 格式。如图 7-6 所示。

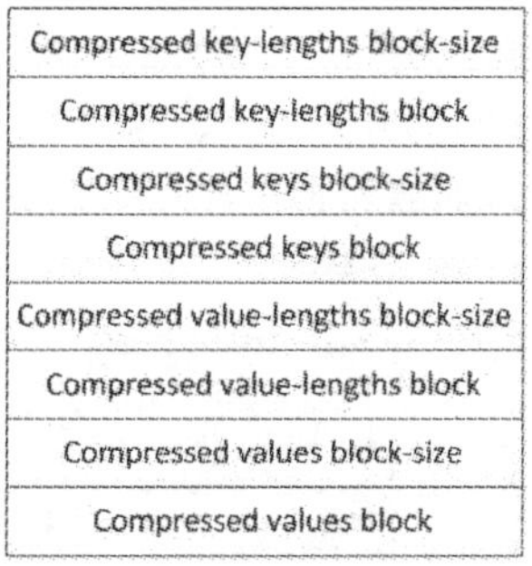

| Compressed key-lengths block-size |
| Compressed key-lengths block |
| Compressed keys block-size |
| Compressed keys block |
| Compressed value-lengths block-size |
| Compressed value-lengths block |
| Compressed values block-size |
| Compressed values block |

图 7-6　SequenceFile 数据格式 Recorder 部分（Block 压缩）

Block 压缩一次会压缩多个 Recorder，Recorder 在达到一个值时被记录，这个值是由 io.seqfile.compress.blocksize 定义的。Block 压缩的 SequenceFile 是形成图 7-7 所示的序列文件。

| Header | Sync | Recorder | Sync | Recorder | Sync | Recorder |

图 7-7　SequenceFile 数据存储示例（Block 压缩）

我们可以通过编写程序生成读取 SequenceFile 文件来实践一下。

程序如下（注意这个程序生成的数据大概会有 150MB，需要的话可以减少循环次数以缩短运行时间）：

```
package cn.edn.ruc.cloudcomputing.book.chapter07;

import java.io.IOException;
import java.net.URI;
import org.apache.hadoop.conf.Configuration;
import org.apache.hadoop.fs.*;
import org.apache.hadoop.io.*;

public class SequenceFileWriteDemo {
    private static String[] myValue = {
        "hello world",
        "bye world",
        "hello hadoop",
        "bye hadoop"
    };
    public static void main(String[] args) throws IOException {
    String uri = " 你想要生成的SequenceFile的位置 ";
    Configuration conf = new Configuration();
    FileSystem fs = FileSystem.get(URI.create(uri), conf);
    Path path = new Path(uri);
    IntWritable key = new IntWritable();
    Text value = new Text();
    SequenceFile.Writer writer = null;
    try {
        writer = SequenceFile.createWriter(fs, conf, path,key.getClass(), value.
        getClass());
        for (int i = 0; i < 5000000; i++) {
        key.set(5000000 - i);
        value.set(myValue[i%myValue.length]);
        writer.append(key, value);
        }
        } finally {
            IOUtils.closeStream(writer);
        }
    }
}
```

程序结果是生成了一个 SequenceFile 文件，你可以使用前文提到的命令：Hadoop fs-text 你的 SequenceFile 文件名，来查看这个文件。因为内容太多只展示一部分，其内容如下：

```
5000000    hello world
4999999    bye world
4999998    hello hadoop
4999997    bye hadoop
4999996    hello world
4999995    bye world
4999994    hello hadoop
4999993    bye hadoop
4999992    hello world
```

```
4999991    bye world
......
10 hello hadoop
9  bye hadoop
8  hello world
7  bye world
6  hello hadoop
5  bye hadoop
4  hello world
3  bye world
2  hello hadoop
1  bye hadoop
```

这个程序的关键是下面这段代码：

```
SequenceFile.Writer writer = null;
writer = SequenceFile.createWriter(fs, conf, path,key.getClass(), value.getClass());
writer.append(key, value);
```

我们需要声明 SequenceFile.Writer 类并使用函数 SequenceFile.createWriter() 来给它赋值。这个函数中至少要指定四个参数，即输出流（fs）、conf 对象（conf）、key 的类型、value 的类型，同时它还有很多重构函数，可以设置压缩等。然后我们就可以使用 writer. append() 来向流中写入 key/value 对了。

读取 SequenceFile 文件内容的程序也很简单，如下所示。

SequenceFileReadFile

```
package cn.edn.ruc.cloudcomputing.book.chapter07;

import java.io.IOException;
import java.net.URI;
import org.apache.hadoop.conf.Configuration;
import org.apache.hadoop.fs.FileSystem;
import org.apache.hadoop.fs.Path;
import org.apache.hadoop.io.IOUtils;
import org.apache.hadoop.io.SequenceFile;
import org.apache.hadoop.io.Writable;
import org.apache.hadoop.util.ReflectionUtils;

public class SequenceFileReadFile {
    public static void main(String[] args) throws IOException {
        String uri = "你想要读取的SequenceFile所在位置";
        Configuration conf = new Configuration();
        FileSystem fs = FileSystem.get(URI.create(uri), conf);
        Path path = new Path(uri);
        SequenceFile.Reader reader = null;
        try {
            reader = new SequenceFile.Reader(fs, path, conf);
            Writable key =(Writable)ReflectionUtils.newInsta
            nce(reader.getKeyClass(), conf);
            Writable value =(WritableReflectionUtils.newInsta
```

```
nce(reader.getValueClass(), conf);
long position = reader.getPosition();
while (reader.next(key, value)) {
String syncSeen = reader.syncSeen() ? "*" : "";
System.out.printf("[%s%s]\t%s\t%s\n", position, syncSeen, key, value);
position = reader.getPosition(); // beginning of next record
}
} finally {
IOUtils.closeStream(reader);
}
}
}
```

读取 SequenceFile 文件的程序关键是以下代码：

```
SequenceFile.Reader reader = null;
reader = new SequenceFile.Reader(fs, path, conf);
reader.next(key, value);
Writable key =(Writable)ReflectionUtils.newInstance(reader.
getKeyClass(), conf);
Writable value =(Writable)ReflectionUtils.newInstance(reader.
getValueClass(), conf);
```

很简单，声明 reader 并赋值之后，我们可以通过 getKeyClass() 和 getValueClass() 得到 key 和 value 的类型，并通过 ReflectionUtils 直接实例化对象，然后就可以通过 reader.next() 跳到下一个 key/value 值，以遍历文件中所有的 key/value 对。

根据前面所述，生成 SequenceFile 文件时是可以采用压缩方式的，下面就采用 Block 压缩方式生成 SequenceFile 文件。此程序与生成不压缩 SequenceFile 文件的程序基本相同，只是在 SequenceFile.createWrite() 时修改了一下设置，如下所示：

```
SequenceFile.createWriter(fs,conf, path, key.getClass(), value.
getClass(),CompressionType.BLOCK)
```

然后查看生成的两个文件的大小：

```
-rwxrwxrwx 1 u u  10214801 2011-01-14 16:31 MySequenceOutput
-rwxrwxrwx 1 u u 159062628 2011-01-14 16:25 MySequenceOutput2
```

文件大小是以 byte 显示的，可以看到，采用 Block 压缩的文件是不压缩的 1/16 左右。

我们可以将这个 Java 文件编译打包，在运行时使用 time 函数记录这两个 jar 包的执行时间，如下所示：

```
// 这是不使用压缩的程序
time hadoop jar UnComSequenceFileWriteFile.jar UnComSequence
FileWriteFile
real 0m47.668s
// 这是使用压缩的程序
time hadoop jar ComSequenceFileWriteFile.jar ComSequenceFile
WriteFile
real 0m7.539s
```

上面记录了程序具体运行的时间，以毫秒为单位。可以看出，使用压缩的程序其执行效率要远远高于不使用压缩的程序。我们推测这个时间的差距主要是受硬盘写入时间的影响，再加上传输 10MB 的数据所花的时间要远远少于传输 159MB 的数据的。这就能很好地解释为什么在 MapReduce 程序中采用压缩会提高效率了（因为一般而言，这是 Map 的输出文件）。

7.4.2　MapFile 类

MapFile 的使用与 SequenceFile 类似，建立 MapFile 文件的程序如下：

MapFileWriteFile.java

```
package cn.edn.ruc.cloudcomputing.book.chapter07;

import java.io.IOException;
import java.net.URI;
import org.apache.hadoop.conf.Configuration;
import org.apache.hadoop.fs.*;
import org.apache.hadoop.io.*;

public class MapFileWriteFile {
    private static final String[] myValue = {
        "hello world",
        "bye world",
        "hello hadoop",
        "bye hadoop"
    };
    public static void main(String[] args) throws IOException {
        String uri = " 你想要生成 SequenceFile 的位置 ";
        Configuration conf = new Configuration();
        FileSystem fs = FileSystem.get(URI.create(uri), conf);
        IntWritable key = new IntWritable();
        Text value = new Text();
        MapFile.Writer writer = null;
        try {
            writer = new MapFile.Writer(conf, fs, uri,key.get
            Class(), value.getClass());
            for (int i = 0; i < 500; i++) {
                key.set(i);
                value.set(myValue[i % myValue.length]);
                writer.append(key, value);
            }
        } finally {
            IOUtils.closeStream(writer);
        }
    }
}
```

这个程序与建立 SequenceFile 文件的程序极其类似，这里就不详述了。与 SequenceFile 只生成一个文件不同，这个程序生成的是一个文件夹。如下所示：

```
-rw-r--r-- * * supergroup 16018 * /user/root/MapFileOutput/data
-rw-r--r-- * * supergroup 227 * /user/root/MapFileOutput/index
```

其中 data 是存储的数据，即 MapFile 文件（经过排序 SequenceFile 文件），index 就是索引了，在这个程序中，其内容如下：

```
0       128
128     4200
256     8272
384     12344
```

可以看出，索引是按每 128 个键建立的，这个值可以通过修改 io.map.index.interval 的大小来修改。key 值后面是偏移量，用于记录 key 的位置。

读取 MapFile 文件的程序也很简单，其内容如下所示：

```java
package cn.edn.ruc.cloudcomputing.book.chapter07;

import java.io.IOException;
import java.net.URI;

import org.apache.hadoop.conf.Configuration;
import org.apache.hadoop.fs.FileSystem;
import org.apache.hadoop.io.IOUtils;
import org.apache.hadoop.io.IntWritable;
import org.apache.hadoop.io.MapFile;
import org.apache.hadoop.io.Writable;
import org.apache.hadoop.io.WritableComparable;
import org.apache.hadoop.util.ReflectionUtils;

public class MapFileReadFile {
    public static void main(String[] args) throws IOException {
        String uri = " 你想要读取的 MapFile 文件位置 ";
        Configuration conf = new Configuration();
        FileSystem fs = FileSystem.get(URI.create(uri), conf);
        MapFile.Reader reader = null;
        try {
            reader = new MapFile.Reader(fs, uri, conf);
            WritableComparable key = (WritableComparable)
            ReflectionUtils.newInstance(reader.getKeyClass(), conf);
            Writable value = (Writable)ReflectionUtils.
            newInstance(reader.getValueClass(), conf);
            while (reader.next(key, value)) {
                System.out.printf("%s\t%s\n", key, value);
            }
            reader.get(new IntWritable(7), value);
            System.out.printf("%s\n", value);
        } finally {
            IOUtils.closeStream(reader);
        }
    }
}
```

其特别之处是，MapFile 可以查找单个键所对应的 value 值，见下面这段话：

执行这个操作时，MapFile.Reader() 需要先把 index 读入内存中，然后执行一个简单的二叉搜索找到数据，MapFile.Reader() 在查找时，会先在索引文件中找到小于我们想要找的 key 值的索引 key 值，然后再到 data 文件中向后查找。

大型 MapFile 文件的索引通常会占用很大的内存，这时我们可以通过重设索引、增加索引间隔的方法降低索引文件的大小，但是重设索引是一个很麻烦的事情。Hadoop 提供了另一个非常有效的方法，就是读取索引文件时，可以每隔几个索引 key 再读取索引 key 值，这样就可以有效地降低读入内存的索引文件的大小。至于跳过 key 的个数是通过 io.map.index.skip 来设置的。

7.4.3 ArrayFile、SetFile 和 BloomMapFile

ArrayFile 继承自 MapFile，它保存的是从 Integer 到 value 的映射关系。这一点从它的代码实现上也可以看出：

```
public Writer(Configuration conf, FileSystem fs,
    String file, Class<? extends Writable> valClass)
throws IOException {
    super(conf, fs, file, LongWritable.class, valClass);
}
public static class Reader extends MapFile.Reader {
    private LongWritable key = new LongWritable();
    public Reader(FileSystem fs, String file, Configuration conf) throws IOException {
        super(fs, file, conf);
    }
}
```

从上面的代码中看出，在写出时，key 的数据类型是 LongWritable，而不是 MapFile 中的 WritableComparator.get(keyClass)，在读入的时候，可以直接定义成 LongWriable。ArrayFile 更加具体的定义缩小了其适用范围，但是也降低了使用的难度，提高了使用的准确性。

SetFile 同样继承自 MapFile，它同 Java 中的 set 类似，仅仅是一个 Key 的集合，而没有任何 value。

```
public Writer(Configuration conf, FileSystem fs, String dirName,
    Class<? extends WritableComparable> keyClass,
    SequenceFile.CompressionType compress)
    throws IOException {
    this(conf, fs, dirName, WritableComparator.get(keyClass), compress);
}
public void append(WritableComparable key) throws IOException{
    append(key, NullWritable.get());
}
public Reader(FileSystem fs, String dirName, WritableComparator comparator,
    Configuration conf)
    throws IOException {
    super(fs, dirName, comparator, conf);
}
    public boolean seek(WritableComparable key)
```

```
    throws IOException {
    return super.seek(key);
    }
  public boolean next(WritableComparable key)
    throws IOException {
    return next(key, NullWritable.get());
    }
```

从上面 SetFile 的实现代码（读、插入、写、查找、下一个 key）也可以看出，它仅仅是一个 key 的集合，而非映射。需要注意的是向 SetFile 中插入 key 时，必须保证此 key 比 set 中的 key 都大，即 SetFile 实际上是一个 key 的有序集合。

BloomMapFile 没有从 MapFile 继承，但是它的两个核心内部类 Writer/Reader 均继承自 MapFile 对应的两个内部类，其在实际使用中发挥的作用也和 MapFile 类似，只是增加了过滤的功能。它使用动态的 Bloom Filter（请参见本书第 5 章）来检查 key 是否包含在预定的 key 集合内。BloomMapFile 的数据结构有 key/value 的映射和一个 Bloom Filter，在写出数据时先根据配置初始化 Bloom Fliter，将 key 加入 Bloom Filter 中，然后写出 key/value 数据，最后在关闭输出流时写出 Bloom Filter，具体可见代码：

```
public Writer(Configuration conf, FileSystem fs, String dirName,
        WritableComparator comparator, Class valClass) throws IOException {
    super(conf, fs, dirName, comparator, valClass);
    this.fs = fs;
    this.dir = new Path(dirName);
    initBloomFilter(conf);
}
private synchronized void initBloomFilter(Configuration conf) {
    ……
    }

    @Override
    public synchronized void append(WritableComparable key, Writable val)
        throws IOException {
      ……
      bloomFilter.add(bloomKey);   // 向 BloomFilter 插入数据
    }

    @Override
    public synchronized void close() throws IOException {
      super.close();
      DataOutputStream out = fs.create(new Path(dir, BLOOM_FILE_NAME), true);
      bloomFilter.write(out);   // 写出 BloomFilter
      out.flush();
      out.close();
    }
```

在读入数据的时候，同样先是在初始化 Reader 时初始化 Bloom Filter，并立刻读入输入数据中的 Bloom Filter，接下来再读入 key/value 数据，具体代码如下：

```
public Reader(FileSystem fs, String dirName, WritableComparator comparator,
Configuration conf) throws IOException {
```

```
        super(fs, dirName, comparator, conf);
        initBloomFilter(fs, dirName, conf);
    }
    private void initBloomFilter(FileSystem fs, String dirName,
        Configuration conf) {
    DataInputStream in = fs.open(new Path(dirName, BLOOM_FILE_NAME));
        bloomFilter = new DynamicBloomFilter();
        bloomFilter.readFields(in);
        in.close();
    }
```

除了提供基本的读入和写出操作，BloomMapFile 类还提供了 Bloom Filter 的一些操作——probablyHasKey 和 get：第一个操作是检测某个 key 是否已存在于 BloomMapFile 中，第二个操作是如果 key 存在 BloomMapFile 中则返回其 value，具体代码实现如下：

```
public boolean probablyHasKey(WritableComparable key) throws IOException {
        if (bloomFilter == null) {
            return true;
        }
        buf.reset();
        key.write(buf);
        bloomKey.set(buf.getData(), 1.0);
        return bloomFilter.membershipTest(bloomKey);
}
@Override
    public synchronized Writable get(WritableComparable key, Writable val)
            throws IOException {
        if (!probablyHasKey(key)) {
            return null;
        }
        return super.get(key, val);
}
```

使用 BloomMapFile 可以利用 Bloom Filter 的特点减少 MapReduce 无用的 key 数据，加快数据传输和处理的速度。

7.5　本章小结

本章主要介绍了 Hadoop 的 I/O 操作，主要有以下几个内容：数据完整性、压缩、序列化和基于文件的数据结构。数据完整性方面主要介绍了 Hadoop 是如何通过校验和机制保证数据完整性的；关于压缩介绍了目前 Hadoop 开发的几种压缩算法及它们的优缺点，其中压缩分割和输入分割是我们编写 MapReduce 程序时经常要用到的，要理解清楚；序列化主要介绍了 Hadoop 自己的序列化机制，它非常简单直接，并不像 Java 的序列化机制那样面面俱到，但这样可以使数据更加紧凑，同时也可以加快序列化和反序列化的速度；最后介绍了 Hadoop 自己定义的几类数据结构（也可以看成一类），它们都是非常常用的基于文件数据结构，MapReduce 程序中 Map 程序生成的中间结果就是用这种基于文件的数据结构表示的，它也是本章中非常重要的一个内容。

第 8 章

下一代 MapReduce：YARN

本章内容

☐ MapReduce V2 设计需求

☐ MapReduce V2 主要思想和架构

☐ MapReduce V2 设计细节

☐ MapReduce V2 优势

☐ 本章小结

在第 7 章中我们为大家详细介绍了 MapReduce 在 Hadoop 中的实现细节。尽管 Hadoop MapReduce 在全球范围内广受欢迎，但是大部分人还是从 Hadoop MapReduce 的框架组成中意识到了 Hadoop MapReduce 框架的局限性。

1）JobTracker 单点瓶颈。在之前的介绍中可以看到，MapReduce 中的 JobTracker 负责作业的分发、管理和调度，同时还必须和集群中所有的节点保持 Heartbeat 通信，了解机器的运行状态和资源情况。很明显，MapReduce 中独一无二的 JobTracker 负责了太多的任务，如果集群的数量和提交 Job 的数量不断增加，那么 JobTracker 的任务量也会随之快速上涨，造成 JobTracker 内存和网络带宽的快速消耗。这样的最终结果就是 JobTracker 成为集群的单点瓶颈，成为集群作业的中心点和风险的核心。

2）TaskTracker 端，由于作业分配信息过于简单，有可能将多个资源消耗多或运行时间长的 Task 分配到同一个 Node 上，这样会造成作业的单点失败或等待时间过长。

3）作业延迟过高。在 MapReduce 运行作业之前，需要 TaskTracker 汇报自己的资源情况和运行情况，JobTracker 根据获取的信息分配作业，TaskTracker 获取任务之后再开始运行。这样的结果是通信的延迟造成作业启动时间过长。最显著的影响是小作业并不能及时完成。

4）编程框架不够灵活。虽然现在的 MapReduce 框架允许用户自己定义各个阶段的处理函数和对象，但是 MapReduce 框架还是限制了编程的模式及资源的分配。

针对这些问题，下面介绍 MapReduce 设计者提出的下一代 Hadoop MapReduce 框架（官方称为 MRv2/YARN，为了形成对比，本章将 YARN 称为 MapReduce V2，旧的 MapReduce 框架简称为 MapReduce V1）。

8.1　MapReduce V2 设计需求

Hadoop MapReduce 框架的设计者也意识到了 MapReduce V1 的缺陷，所以他们根据用户最迫切的需求设计了新一代 Hadoop MapReduce 框架。那么 MapReduce V2 需要满足用户哪些迫切需求呢？

- ❑ 可靠性（Reliability）。
- ❑ 可用性（Availability）。
- ❑ 扩展性（Scalability）。集群应支持扩展到 10 000 个节点和 200 000 个核心。
- ❑ 向后兼容（Backward Compatibility）。保证用户基于 MapReduce V1 编写的程序无须修改就能运行在 MapReduce V2 上。
- ❑ 演化。使用户能够控制集群中软件的升级。
- ❑ 可预测延迟（Predictable Latency）。提高小作业的反应和处理速度。
- ❑ 集群利用率。比如 Map Task 和 Reduce Task 的资源共享等。

MapReduce V2 的设计者还提出了一些其次需要满足的需求：

- ❑ 支持除 MapReduce 编程框架外的其他框架。这样能够扩大 MapReduce V2 的适用人群。
- ❑ 支持受限和短期的服务。

8.2　MapReduce V2 主要思想和架构

鉴于 MapReduce V2 的设计需求和 MapReduce V1 中凸显的问题，特别是 JobTracker 单点瓶颈问题（此问题影响着 Hadoop 集群的可靠性、可用性和扩展性），MapReduce V2 的主要设计思路是将 JobTracker 承担的两大块任务——集群资源管理和作业管理进行分离，（其中分离出来的集群资源管理由全局的资源管理器（ResourceManager）管理，分离出来的作业管理由针对每个作业的应用主体（ApplicationMaster）管理），然后 TaskTracker 演化成节点管理器（NodeManager）。这样全局的资源管理器和局部的节点管理器就组成了数据计算框架，其中资源管理器将成为整个集群中资源最终分配者。针对作业的应用主体就成为具体的框架库，负责两个任务：与资源管理器通信获取资源，与节点服务器配合完成节点的 Task 任务。图 8-1 是 MapReduce V2 的结构图。

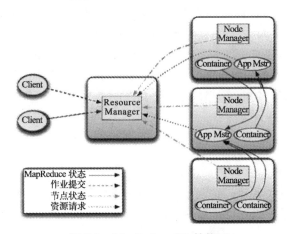

图 8-1　MapReduce V2 结构图

（1）资源管理器

根据功能不同将资源管理器分成两个组件：调度器（Scheduler）和应用管理器（ApplicationManager）。调度器根据集群中容量、队列和资源等限制，将资源分配给各个正在运行的应用。虽然被称为调度器，但是它仅负责资源的分配，而不负责监控各个应用的执行情况和任务失败、应用失败或硬件失败时的重启任务。调度器根据各个应用的资源需求和集群各个节点的资源容器（Resource Container，是集群节点将自身内存、CPU、磁盘等资源封装在一起的抽象概念）进行调度。应用管理器负责接收作业，协商获取第一个资源容器用于执行应用的任务主题并为重启失败的应用主题分配容器。

（2）节点管理器

节点管理器是每个结点的框架代理。它负责启动应用的容器，监控容器的资源使用（包括 CPU、内存、硬盘和网络带宽等），并把这些用信息汇报给调度器。应用对应的应用主体负责通过协商从调度器处获取资源容器，并跟踪这些容器的状态和应用执行的情况。

集群每个节点上都有一个节点管理器，它主要负责：

1）为应用启用调度器已分配给应用的容器；

2）保证已启用的容器不会使用超过分配的资源量；

3）为 task 构建容器环境，包括二进制可执行文件，jars 等；

4）为所在的节点提供一个管理本地存储资源的简单服务。

应用程序可以继续使用本地存储资源，即使它没有从资源管理器处申请。比如：MapReduce 可以利用这个服务存储 Map Task 的中间输出结果并将其 shuffle 给 Reduce Task。

（3）应用主体

应用主体和应用是一一对应的。它主要有以下职责：

1）与调度器协商资源；

2）与节点管理器合作，在合适的容器中运行对应的组件 task，并监控这些 task 执行；

3）如果 container 出现故障，应用主体会重新向调度器申请其他资源；

4）计算应用程序所需的资源量，并转化成调度器可识别的协议信息包；

5）在应用主体出现故障后，应用管理器会负责重启它，但由应用主体自己从之前保存的应用程序执行状态中恢复应用程序。

应用主体有以下组件（各个组件的功能可参考图 8-2）：

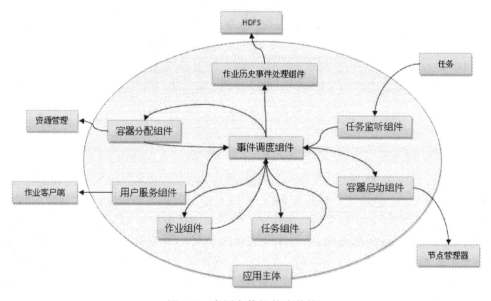

图 8-2　应用主体组件事件流

1）事件调度组件，是应用主体中各个组件的管理者，负责为其他组件生成事件。

2）容器分配组件，负责将 Task 的资源请求翻译成发送给调度器的应用主体的资源请求，并与资源管理器协商获取资源。

3）用户服务组件，将作业的状态、计数器、执行进度等信息反馈给 Hadoop MapReduce

的用户。

4）任务监听组件，负责接收 Map 或 Reduce Task 发送的心跳信息。

5）任务组件，负责接收 Map 和 Reduce Task 形成的心跳信息和状态更新信息。

6）容器启动组件，通过使节点管理器运行来负责容器的启动。

7）作业历史事件处理组件，将作业运行的历史事件写入 HDFS。

8）作业组件，维护作业和组件的状态。

（4）资源容器

在 MapReduce V2 中，系统资源的组织形式是将节点上的可用资源分割，每一份通过封装组织成系统的一个资源单元，即 Container（比如固定大小的内存分片、CPU 核心数、网络带宽量和硬盘空间块等。在现在提出的 MapReduce V2 中，所谓资源是指内存资源，每个节点由多个 512MB 或 1GB 大小的内存容器组成）。而不是像 MapReduce V1 中那样，将资源组织成 Map 池和 Reduce 池。应用主体可以申请任意多个该内存整数倍大小的容器。由于将每个节点上的内存资源分割成了大小固定、地位相同的容器，这些内存容器就可以在任务执行中进行互换，从而提高利用率，避免了在 MapReduce V1 中作业在 Reduce 池上的瓶颈问题和缺乏资源互换的问题。资源容器的主要职责就是运行、保存或传输应用主体提交的作业或需要存储和传输的数据。

8.3　MapReduce V2 设计细节

上面介绍了 MapReduce V2 的主体设计思想和架构及其各个部分的主要职责，下面将详细介绍 MapReduce V2 中的一些设计细节，让大家更加深入地理解 MapReduce V2。

1. 资源协商

应用主体通过适当的资源需求描述来申请资源容器，可以包括一些指定的机器节点。应用主体还可以请求同一台机器上的多个资源容器。所有的资源请求受应用程序容量和队列容量等的限制。所以为了高效地分配集群的资源容器，应用主体需要计算应用的资源需求，并且把这些需求封装到调度器能够识别的协议信息包中，比如 <priority, (host, rack, *), memory, #containers>。以 MapReduce 为例，应用主体分析 input-splits 并将其转化成以 host 为 key 的转置表发送给资源管理器，发送的信息中还包括在其执行期间随着执行的进度应用对资源容器需求的变化。调度器解析出应用主体的请求信息之后，会尽量分配请求的资源给应用主体。如果指定机器上的资源不可用，还可以将同一机器或者不同机器上的资源分配给应用主体。在有些情况下，由于整个集群非常忙碌，应用主体获取的资源可能不是最合适的，此时它可以拒绝这些资源并请求重新分配。从上面介绍的资源协商的过程可以看出，MapReduce V2 中的资源并不再是来自 map 池和 reduce 池，而是来自统一的资源容器，这样应用主体可以申请所需数量的资源，而不会因为资源并非所需类型而挂起。需要注意的是，调度器不允许应用主体无限制地申请资源，它会根据应用限制、用户限制、队列限制和资源限制等来控制应用主体申请到的资源规模，从而保证集群资源不被浪费。

2. 调度

调度器收集所有正在运行应用程序的资源请求并构建一个全局的资源分配计划。调度器会根据应用程序相关的约束（如合适的机器）和全局约束（如队列资源总量，队列限制，用户限制等）分配资源。调度器使用与容量调度类似的概念，采用容量保证作为基本的策略在多个竞争关系的应用程序间分配资源。调度器的调度步骤如下：

1）选择系统中"最低服务"的队列。这个队列可以是等待时间最长的队列，或者等待时间与已分配资源之比最大的队列等。

2）从队列中选择拥有最高优先级的作业。

3）满足被选出的作业的资源请求。

MapReduce V2 中只有一个接口用于应用主体向调度器请求资源。接口如下：

```
Response allocate (List<ResourceRequest> ask, List<Container> release)
```

应用主体使用这个接口中的 ResourceRequest 列表请求特定的资源，同时使用接口中的 Container 列表参数告诉调度器自己释放的资源容器。

调度器接收到应用主体的请求之后会根据自己的全局计划及各种限制返回对请求的回复。回复中主要包括三类信息：最新分配的资源容器列表、在应用主体和资源管理器上次交互之后完成任务的应用指定资源容器的状态、当前集群中应用程序可用的资源数量。应用主体可以收集完成容器的信息并对失败任务做出反应。可用资源量可以为应用主体接下来的资源申请提供参考，比如应用主体可以使用这些信息来合理分配 Map 和 Reduce 各自请求的资源数量，进而防止死锁（最明显的情况是 Reduce 请求占用所有的剩余可用资源）。

3. 资源监控

调度器定期从节点管理器处收集已分配资源的使用信息。同时，调度器还会将已完成任务容器的状态设置为可用，以便有需求的应用申请使用。

4. 应用提交

以下是应用提交的步骤。

1）用户提交作业到应用管理器。具体的步骤是在用户提交作业之后，MapReduce 框架为用户分配一个新的应用 ID，并将应用的定义打包上传到 HDFS 上用户的应用缓存目录中。最后提交此应用给应用管理器。

2）应用管理器接受应用提交。

3）应用管理器同调度器协商获取运行应用主体所需的第一个资源容器，并执行应用主体。

4）应用管理器将启动的应用主体细节信息发还给用户，以便其监督应用的进度。

5. 应用管理器组件

应用管理器负责启动系统中所有应用的应用主体并管理其生命周期。在启动应用主体之后，应用管理器通过应用主体定期发送的"心跳"来监督应用主体，保证其可用性，如果应用主体失败，就需要将其重启。

为了完成上述任务，应用管理器包含以下组件：

1）调度协商组件，负责与调度器协商应用主体所需的资源容器。

2）应用主体容器管理组件，负责通过与节点管理器通信来启动或停止应用主体容器。

3）应用主体监控组件，负责监控应用主体的状态，保证其可用，并且在必要的情况下重启应用主体。

6. MapReduce V2 作业执行流程

由于主要组件发生更改，MapReduce V2 中的作业执行流程也有所变化。作业的执行流程图如图 8-3 所示（仅说明主要流程，一些反馈流程和心跳通信并未标注）。

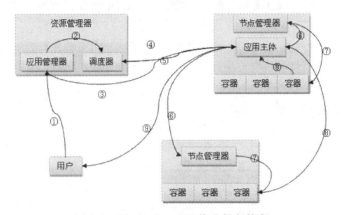

图 8-3　MapReduce V2 作业执行流程

步骤①：MapReduce 框架接收用户提交的作业，并为其分配一个新的应用 ID，并将应用的定义打包上传到 HDFS 上用户的应用缓存目录中，然后提交此应用给应用管理器。

步骤②：应用管理器同调度器协商获取运行应用主体所需的第一个资源容器。

步骤③：应用管理器在获取的资源容器上执行应用主体。

步骤④：应用主体计算应用所需资源，并发送资源请求到调度器。

步骤⑤：调度器根据自身统计的可用资源状态和应用主体的资源请求，分配合适的资源容器给应用主体。

步骤⑥：应用主体与所分配容器的节点管理器通信，提交作业情况和资源使用说明。

步骤⑦：节点管理器启用容器并运行任务。

步骤⑧：应用主体监控容器上任务的执行情况。

步骤⑨：应用主体反馈作业的执行状态信息和完成状态。

7. MapReduce V2 系统可用性保证

系统可用性主要指 MapReduce V2 中各个组件的可用性，即保证能使其在失败之后迅速恢复并提供服务，比如保证资源管理器、应用主体等的可用性。首先介绍 MapReduce V2 如何保证 MapReduce 应用和应用主体的可用性。在之前已有介绍，资源管理器中的应用管理器负责监控 MapReduce 应用主体的执行情况。在应用主体发生失败之后，应用管理器仅重启应用主体，再由应用主体恢复某个特定的 MapReduce 作业。应用主体在恢复 MapReduce 作业时，有三种方式可供选择：完成重启 MapReduce 作业；重启未完成的 Map 和 Reduce 任务；向应用主体标明失败时正在运行的 Map 和 Reudce 任务，然后恢复作业执行。第一种方式的代价比较大，会重复工作；第二种方式效果较好，但仍有可能重复 Reduce 任务的部分工作；第三种方式最为理想，从失败点直接重新开始，没有任何重复工作，但这种方式对系统的要求过高。在 MapReduce V2 中选择了第二种恢复方式，具体实现方式是：应用管理器在监督 MapReduce 任务执行的同时记录日志，标明已完成的 Map 和 Reduce 任务；在恢复作业时，分析日志后重启未完成的任务即可。

接下来介绍 MapReduce V2 如何保证资源管理器的可用性。资源管理器在运行服务过程中，使用 ZooKeeper 保存资源管理的状态，包括应用管理器进程情况、队列定义、资源分配情况、节点管理器情况等信息。在资源管理器失败之后，由资源管理器根据自己的状态进行自我恢复。

8.4　MapReduce V2 优势

1）分散了 JobTracker 的任务。资源管理任务由资源管理器负责，作业启动、运行和监测任务由分布在集群节点上的应用主体负责。这样大大减缓了 MapReduce V1 中 JobTracker 单点瓶颈和单点风险的问题，大大提高了集群的扩展性和可用性。

2）在 MapReduce V2 中应用主体（ApplicationMaster）是一个用户可自定制的部分，因此用户可以针对编程模型编写自己的应用主体程序。这样大大扩展了 MapReduce V2 的适用范围。

3）在资源管理器上使用 ZooKeeper 实现故障转移。当资源管理器故障时，备用资源管理器将根据保存在 ZooKeeper 中的集群状态快速启动。MapReduce V2 支持应用程序指定检查点。这就能保证应用主体在失败后能迅速地根据 HDFS 上保存的状态重启。这两个措施大大提高了 MapReduce V2 的可用性。

4）集群资源统一组织成资源容器，而不像在 MapReduce V1 中 Map 池和 Reduce 池有所差别。这样只要有任务请求资源，调度器就会将集群中的可用资源分配给请求任务，而无关资源类型。这大大提高了集群资源的利用率。

8.5　本章小结

本章结合 MapReduce V1 的缺陷为大家介绍了 MapReduce V2，包括设计需求、主要设计思想、设计细节和相对于 MapReduce V1 的优势。大家应深入理解其思想和架构，以适应 MapReduce 发展的新形势。

第 9 章

HDFS 详解

本章内容

- Hadoop 的文件系统
- HDFS 简介
- HDFS 体系结构
- HDFS 的基本操作
- HDFS 常用 Java API 详解
- HDFS 中的读写数据流
- HDFS 命令详解
- WebHDFS
- 本章小结

HDFS（Hadoop Distributed File System）是 Hadoop 项目的核心子项目，是 Hadoop 主要应用的一个分布式文件系统，本章将对它进行详细介绍。实际上，Hadoop 中有一个综合性的文件系统抽象，它提供了文件系统实现的各类接口，HDFS 只是这个抽象文件系统的一个实例。

在本章中，我们首先会对 Hadoop 的文件系统给予一个总体的介绍，然后对 HDFS 的相关内容给予重点地讲解，包括 HDFS 的特点、基本操作、常用 API 及读/写数据流等。

9.1 Hadoop 的文件系统

Hadoop 整合了众多文件系统，它首先提供了一个高层的文件系统抽象 org.apache.hadoop.fs.FileSystem，这个抽象类展示了一个分布式文件系统，并有几个具体实现，如表 9-1 所示。

表 9-1　Hadoop 的文件系统

文件系统	URI 方案	Java 实现（org.apache.hadoop）	定　　义
Local	file	fs.LocalFileSystem	支持有客户端校验和的本地文件系统。带有校验和的本地文件系统在 fs.RawLocalFileSystem 中实现
HDFS	hdfs	hdfs.DistributedFileSystem	Hadoop 的分布式文件系统
HFTP	hftp	hdfs.HftpFileSystem	支持通过 HTTP 方式以只读的方式访问 HDFS，distcp 经常用在不同的 HDFS 集群间复制数据
HSFTP	hsftp	hdfs.HsftpFileSystem	支持通过 HTTPS 方式以只读的方式访问 HDFS
HAR	har	fs.HarFileSystem	构建在其他文件系统上进行归档文件的文件系统。Hadoop 归档文件主要用来减少 NameNode 的内存使用
KFS	kfs	fs.kfs.KosmosFileSystem	Cloudstroe（其前身是 Kosmos 文件系统）文件系统是类似于 HDFS 和 Google 的 GFS 的文件系统，使用 C++ 编写
FTP	ftp	fs.ftp.FtpFileSystem	由 FTP 服务器支持的文件系统
S3（**本地**）	s3n	fs.s3native.NativeS3FileSystem	基于 Amazon S3 的文件系统
S3（（**基于块**）	s3	fs.s3.NativeS3FileSystem	基于 Amazon S3 的文件系统，以块格式存储解决了 S3 的 5GB 文件大小的限制

Hadoop 提供了许多文件系统的接口，用户可使用 URI 方案选取合适的文件系统来实现交互。比如，可以使用 9.4.1 节介绍的文件系统命令行接口进行 Hadoop 文件系统的操作。如果想列出本地文件系统的目录，那么执行以下 shell 命令即可：

```
hadoop fs –ls file:///
```

（1）接口

Hadoop 是使用 Java 编写的，而 Hadoop 中不同文件系统之间的交互是由 Java API 进行调节的。事实上，前面使用的文件系统的 shell 就是一个 Java 应用，它使用 Java 文件系统类来提供文件系统操作。即使其他文件系统比如 FTP、S3 都有自己的访问工具，这些接口在 HDFS 中还是被广泛使用，主要用来进行 Hadoop 文件系统之间的协作。

（2）Thrift

上面提到可以通过 Java API 与 Hadoop 的文件系统进行交互，而对于其他非 Java 应用访问 Hadoop 文件系统则比较麻烦。Thriftfs 分类单元中的 Thrift API 可通过将 Hadoop 文件系统展示为一个 Apache Thrift 服务来填补这个不足，让任何有 Thrift 绑定的语言都能轻松地与 Hadoop 文件系统进行交互。Thrift 是由 Facebook 公司开发的一种可伸缩的跨语言服务的发展软件框架。Thrift 解决了各系统间大数据量的传输通信，以及系统之间语言环境不同而需要跨平台的问题。在多种不同的语言之间通信时，Thrift 可以作为二进制的高性能的通信中间件，它支持数据（对象）序列化和多种类型的 RPC 服务。

下面来看如何使用 Thrift API。要使用 Thrift API，首先要运行提供 Thrift 服务的 Java 服务器，并以代理的方式访问 Hadoop 文件系统。Thrift API 包含很多其他语言生成的 stub，包括 C++、Perl、PHP、Python 等。Thrift 支持不同的版本，因此可以从同一个客户代码中访问不同版本的 Hadoop 文件系统，但要运行针对不同版本的代理。

关于安装与使用教程，可以参考 src/contrib/thriftfs 目录中关于 Hadoop 分布的参考文档。

（3）C 语言库

Hadoop 提供了映射 Java 文件系统接口的 C 语言库——libhdfs。libhdfs 可以编写为一个访问 HDFS 的 C 语言库，实际上，它可以访问任意的 Hadoop 文件系统，也可以使用 JNI（Java Native Interface）来调用 Java 文件系统的客户端。

这里的 C 语言的接口和 Java 的使用非常相似，只是稍滞后于 Java，目前还不支持一些新特性。相关资料可参见 libhdfs/docs/api 目录中关于 Hadoop 分布的 C API 文档。

（4）FUSE

FUSE（Filesystem in Userspace）允许文件系统整合为一个 Unix 文件系统并在用户空间中执行。通过使用 Hadoop Fuse-DFS 的 contirb 模块支持任意的 Hadoop 文件系统作为一个标准文件系统进行挂载，便可以使用 UNIX 的工具（像 ls、cat）和文件系统进行交互，还可以通过任意一种编程语言使用 POSIX 库来访问文件系统。

Fuse-DFS 是用 C 语言实现的，可使用 libhdfs 作为与 HDFS 的接口，关于如何编译和运行 Fuse-DFS，可以参见 src/contrib../fuse-dfs 中的相关文档。

（5）WebDAV

WebDAV 是一系列支持编辑和更新文件的 HTTP 的扩展。在大部分操作系统中，WebDAV 共享都可以作为文件系统进行挂载，因此，通过 WebDAV 向外提供 HDFS 或其他 Hadoop 文件系统，可以将 HDFS 作为一个标准的文件系统进行访问。

（6）其他 HDFS 接口

HDFS 接口还提供了以下其他两种特定的接口。

 ❑ HTTP。HDFS 定义了一个只读接口，用来在 HTTP 上检索目录列表和数据。NameNode 的嵌入式 Web 服务器运行在 50070 端口上，以 XML 格式提供服务，文件数据由

DataNode 通过它们的 Web 服务器 50075 端口向 NameNode 提供。这个协议并不拘泥于某个 HDFS 版本，所以用户可以自己编写使用 HTTP 从运行不同版本的 Hadoop 的 HDFS 中读取数据。HftpFileSystem 就是其中一种实现，它是一个通过 HTTP 和 HDFS 交流的 Hadoop 文件系统，是 HTTPS 的变体。

❑ FTP。Hadoop 接口中还有一个 HDFS 的 FTP 接口，它允许使用 FTP 协议和 HDFS 交互，即使用 FTP 客户端和 HDFS 进行交互。

9.2 HDFS 简介

HDFS 是基于流数据模式访问和处理超大文件的需求而开发的，它可以运行于廉价的商用服务器上。总的来说，可以将 HDFS 的主要特点概括为以下几点。

（1）处理超大文件

这里的超大文件通常是指数百 MB、甚至数百 TB 大小的文件。目前在实际应用中，HDFS 已经能用来存储管理 PB（PeteBytes）级的数据了。在雅虎，Hadoop 集群也已经扩展到了 4 000 个节点。

（2）流式地访问数据

HDFS 的设计建立在更多地响应"一次写入、多次读取"任务的基础之上。这意味着一个数据集一旦由数据源生成，就会被复制分发到不同的存储节点中，然后响应各种各样的数据分析任务请求。在大多数情况下，分析任务都会涉及数据集中的大部分数据，也就是说，对 HDFS 来说，请求读取整个数据集要比读取一条记录更加高效。

（3）运行于廉价的商用机器集群上

Hadoop 设计对硬件需求比较低，只需运行在廉价的商用硬件集群上，而无需昂贵的高可用性机器。廉价的商用机也就意味着大型集群中出现节点故障情况的概率非常高。这就要求在设计 HDFS 时要充分考虑数据的可靠性、安全性及高可用性。

正是由于以上的种种考虑，我们会发现，现在的 HDFS 在处理一些特定问题时不但没有优势，而且还有一定的局限性，主要表现在以下几方面。

（1）不适合低延迟数据访问

如果要处理一些用户要求时间比较短的低延迟应用请求，则 HDFS 不适合。HDFS 是为了处理大型数据集分析任务，主要是为达到高的数据吞吐量而设计的，这就要求可能以高延迟作为代价。目前有一些补充方案，比如使用 HBase，通过上层数据管理项目来尽可能地弥补这个不足。

（2）无法高效存储大量小文件

在 Hadoop 中需要用 NameNode（名称节点）来管理文件系统的元数据，以响应客户端请求返回文件位置等，因此文件数量大小的限制要由 NameNode 来决定。例如，每个文件、索引目录及块大约占 100 字节，如果有 100 万个文件，每个文件占一个块，那么至少要消耗 200MB 内存，这似乎还可以接受。但如果有更多文件，那么 NameNode 的工作压力更大，检索处理元数据所需的时间就不可接受了。

（3）不支持多用户写入及任意修改文件

在 HDFS 的一个文件中只有一个写入者，而且写操作只能在文件末尾完成，即只能执行追加操作。目前 HDFS 还不支持多个用户对同一文件的写操作以及在文件任意位置进行修改。

当然，以上几点都是当前的问题，相信随着研究者的努力，HDFS 会更加成熟，可以满足更多的应用需要。以下链接是 Hadoop 的一些热点研究方向，读者可以自行参考：

http://wiki.apache.org/ hadoop/ProjectSuggestions。

9.3　HDFS 体系结构

想要了解 HDFS 的体系结构，首先从 HDFS 的相关概念入手，下面将介绍 HDFS 中的几个重要概念。

9.3.1　HDFS 的相关概念

1. 块（Block）

我们知道，在操作系统中都有一个文件块的概念，文件以块的形式存储在磁盘中，此处块的大小代表系统读 / 写可操作的最小文件大小。也就是说，文件系统每次只能操作磁盘块大小的整数倍数据。通常来说，一个文件系统块大小为几千字节，而磁盘块大小为 512 字节。文件的操作都由系统完成，这些对用户来说都是透明的。

这里，我们所要介绍的 HDFS 中的块是一个抽象的概念，它比上面操作系统中所说的块要大得多。在配置 Hadoop 系统时会看到，它的默认块大小为 64MB。和单机上的文件系统相同，HDFS 分布式文件系统中的文件也被分成块进行存储，它是文件存储处理的逻辑单元（如果没有特别指出，后文中所描述的块都是指 HDFS 中的块）。

HDFS 作为一个分布式文件系统，设计是用来处理大文件的，使用抽象的块会带来很多好处。一个好处是可以存储任意大的文件而又不会受到网络中任一单个节点磁盘大小的限制。可以想象一下，单个节点存储 100TB 的数据是不可能的，但是由于逻辑块的设计，HDFS 可以将这个超大的文件分成众多块，分别存储在集群的各个机器上。另外一个好处是使用抽象块作为操作的单元可以简化存储子系统。这里之所以提到简化，是因为这是所有系统的追求，而对故障出现频繁、种类繁多的分布式系统来说，简化就显得尤为重要。在 HDFS 中块的大小固定，这样它就简化了存储系统的管理，特别是元数据信息可以和文件块内容分开存储。不仅如此，块更有利于分布式文件系统中复制容错的实现。在 HDFS 中，为了处理节点故障，默认将文件块副本数设定为 3 份，分别存储在集群的不同节点上。当一个块损坏时，系统会通过 NameNode 获取元数据信息，在另外的机器上读取一个副本并进行存储，这个过程对用户来说都是透明的。当然，这里的文件块副本冗余量可以通过文件进行配置，比如在有些应用中，可能会为操作频率较高的文件块设置较高的副本数量以提高集群的吞吐量。

在 HDFS 中，可以通过终端命令直接获得文件和块信息，比如以下命令可以列出文件系统中组成各个文件的块（有关 HDFS 的命令，将会在 9.4 节中详细讲解）：

```
hadoop fsck / -files -blocks
```

2. NameNode 和 DataNode

HDFS 体系结构中有两类节点，一类是 NameNode，另一类是 DataNode。这两类节点分别承担 Master 和 Worker 的任务。NameNode 就是 Master 管理集群中的执行调度，DataNode 就是 Worker 具体任务的执行节点。NameNode 管理文件系统的命名空间，维护整个文件系统的文件目录树及这些文件的索引目录。这些信息以两种形式存储在本地文件系统中，一种是命名空间镜像（Namespace image），一种是编辑日志（Edit log）。从 NameNode 中你可以获得每个文件的每个块所在的 DataNode。需要注意的是，这些信息不是永久保存的，NameNode 会在每次系统启动时动态地重建这些信息。当运行任务时，客户端通过 NameNode 获取元数据信息，和 DataNode 进行交互以访问整个文件系统。系统会提供一个类似于 POSIX 的文件接口，这样用户在编程时无须考虑 NameNode 和 DataNode 的具体功能。

DataNode 是文件系统 Worker 中的节点，用来执行具体的任务：存储文件块，被客户端和 NameNode 调用。同时，它会通过心跳（Heartbeat）定时向 NameNode 发送所存储的文件块信息。

9.3.2 HDFS 的体系结构

如图 9-1 所示，HDFS 采用 Master/Slave 架构对文件系统进行管理。一个 HDFS 集群是由一个 NameNode 和一定数目的 DataNode 组成的。NameNode 是一个中心服务器，负责管理文件系统的名字空间（Namespace）以及客户端对文件的访问。集群中的 DataNode 一般是一个节点运行一个 DataNode 进程，负责管理它所在节点上的存储。HDFS 展示了文件系统的名字空间，用户能够以文件的形式在上面存储数据。从内部看，一个文件其实被分成一个或多个数据块，这些块存储在一组 DataNode 上。NameNode 执行文件系统的名字空间操作，比如打开、关闭、重命名文件或目录。它也负责确定数据块到具体 DataNode 节点的映射。DataNode 负责处理文件系统客户端的读 / 写请求。在 NameNode 的统一调度下进行数据块的创建、删除和复制。

1. 副本存放与读取策略

副本的存放是 HDFS 可靠性和性能的关键，优化的副本存放策略也正是 HDFS 区分于其他大部分分布式文件系统的重要特性。HDFS 采用一种称为机架感知（rack-aware）的策略来改进数据的可靠性、可用性和网络带宽的利用率。大型 HDFS 实例一般运行在跨越多个机架的计算机组成的集群上，不同机架上的两台机器之间的通信需要经过交换机，这样会增加数据传输的成本。在大多数情况下，同一个机架内的两台机器间的带宽会比不同机架的两台机器间的带宽大。

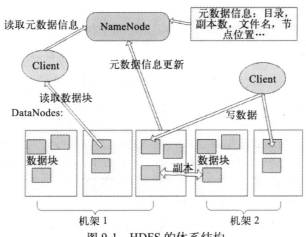

图 9-1　HDFS 的体系结构

一方面，通过一个机架感知的过程，NameNode 可以确定每个 DataNode 所属的机架 ID。目前 HDFS 采用的策略就是将副本存放在不同的机架上，这样可以有效防止整个机架失效时数据的丢失，并且允许读数据的时候充分利用多个机架的带宽。这种策略设置可以将副本均匀地分布在集群中，有利于在组件失效情况下的负载均衡。但是，因为这种策略的一个写操作需要传输数据块到多个机架，这增加了写操作的成本。

举例来看，在大多数情况下，副本系数是 3，HDFS 的存放策略是将一个副本存放在本地机架的节点上，另一个副本放在同一机架的另一个节点上，第三个副本放在不同机架的节点上。这种策略减少了机架间的数据传输，提高了写操作的效率。机架的错误远比节点的错误少，所以这个策略不会影响数据的可靠性和可用性。同时，因为数据块只放在两个不同的机架上，所以此策略减少了读取数据时需要的网络传输总带宽。这一策略在不损害数据可靠性和读取性能的情况下改进了写的性能。

另一方面，在读取数据时，为了减少整体的带宽消耗和降低整体的带宽延时，HDFS 会尽量让读取程序读取离客户端最近的副本。如果在读取程序的同一个机架上有一个副本，那么就读取该副本；如果一个 HDFS 集群跨越多个数据中心，那么客户端也将首先读取本地数据中心的副本。

2. 安全模式

NameNode 启动后会进入一个称为安全模式的特殊状态。处于安全模式的 NameNode 不会进行数据块的复制。NameNode 从所有的 DataNode 接收心跳信号和块状态报告。块状态报告包括了某个 DataNode 所有的数据块列表。每个数据块都有一个指定的最小副本数。当 NameNode 检测确认某个数据块的副本数目达到最小值时，该数据块就会被认为是副本安全的；在一定百分比（这个参数可配置）的数据块被 NameNode 检测确认是安全之后（加上一个额外的 30 秒等待时间），NameNode 将退出安全模式状态。接下来它会确定还有哪些数据块的副本没有达到指定数目，并将这些数据块复制到其他 DataNode 上。9.7 节中将详细介绍安全模式的相关命令。

3. 文件安全

NameNode 的重要性是显而易见的，没有它客户端将无法获得文件块的位置。在实际应用中，如果集群的 NameNode 出现故障，就意味着整个文件系统中全部的文件会丢失，因为我们无法再通过 DataNode 上的文件块来重构文件。下面简单介绍 Hadoop 是采用哪种机制来确保 NameNode 的安全的。

第一种方法是，备份 NameNode 上持久化存储的元数据文件，然后将其转储到其他文件系统中，这种转储是同步的、原子的操作。通常的实现方法是，将 NameNode 中的元数据转储到远程的 NFS 文件系统中。

第二种方法是，系统中同步运行一个 Secondary NameNode（二级 NameNode）。这个节点的主要作用就是周期性地合并编辑日志中的命名空间镜像，以避免编辑日志过大。Secondary NameNode 的运行通常需要大量的 CPU 和内存去做合并操作，这就要求其运行在一台单独的机器上。在这台机器上会存储合并过的命名空间镜像，这些镜像文件会在 NameNode 宕机后做替补使用，用以最大限度地减少文件的损失。但是，需要注意的是，Secondary NameNode 的同步备份总会滞后于 NameNode，所以损失是必然的。有关文件系统镜像和编辑日志的详细介绍请参见第 10 章。

9.4　HDFS 的基本操作

本节将对 HDFS 的命令行操作及其 Web 界面进行介绍。

9.4.1　HDFS 的命令行操作

可以通过命令行接口来和 HDFS 进行交互。当然，命令行接口只是 HDFS 的访问接口之一，它的特点是更加简单直观，便于使用，可以进行一些基本操作。在单机上运行 Hadoop、执行单机伪分布（笔者的环境为 Windows 下的单节点情况，与其他情况下命令行一样，大家可自行参考），具体的安装与配置可以参看本书第 2 章，随后我们会介绍如何运行在集群机器上，以支持可扩展性和容错。

在单机伪分布的配置中需要修改两个配置属性。第一个需要修改的配置文件属性为 fs.default.name，并将其设置为 hdfs://localhost/，用来设定一个默认的 Hadoop 文件系统，再使用一个 hdfsURI 来配置说明，Hadoop 默认使用 HDFS 文件系统。HDFS 的守护进程会通过这个属性来为 NameNode 定义 HDFS 中的主机和端口。这里在本机 localhost 运行 HDFS，其端口采用默认的 8020。HDFS 的客户端可以通过这个属性访问各个节点。

第二个需要修改的配置文件属性为 dfs.replication，因为采用单机伪分布，所以不支持副本，HDFS 不可能将副本存储到其他两个节点，因此要将配置文件中默认的副本数 3 改为 1。

下面就具体介绍如何通过命令行访问 HDFS 文件系统。本节主要讨论一些基本的文件操作，比如读文件、创建文件存储路径、转移文件、删除文件、列出文件列表等操作。在终端中我们可以通过输入 fs –help 获得 HDFS 操作的详细帮助信息。

首先，我们将本地的一个文件复制到 HDFS 中，操作命令如下：

```
hadoop fs -copyFromLocal testInput/hello.txt hdfs://localhost/user/ubuntu/In/hello.txt
```

这条命令调用了 Hadoop 的终端命令 fs。Fs 支持很多子命令，这里使用 -copyFromLocal 命令将本地的文件 hello.txt 复制到 HDFS 中的 /user/ ubuntu /In/hello.txt 下。事实上，使用 fs 命令可以省略 URI 中的访问协议和主机名，而直接使用配置文件 core-site.xml 中的默认属性值 hdfs://localhost，即命令改为如下形式即可：

```
hadoop fs -copyFromLocal testInput/hello.txt /user/ubuntu /In/hello.txt
```

其次，看如何将 HDFS 中的文件复制到本机，操作命令如下：

```
hadoop fs -copyToLocal /user/ubuntu /In/hello.txt testInput/hello.copy.txt
```

命令执行后，用户可查看根目录 testInput 文件夹下的 hello.copy.txt 文件以验证完成从 HDFS 到本机的文件复制。

下面查看创建文件夹的方法：

```
hadoop fs -mkdir testDir
```

最后，用命令行查看 HDFS 文件列表：

```
hadoop fs -lsr In
-rw-r--r-- 1 ubuntu supergroup 348624 2012-03-11 11:34 /user/ ubuntu/In/CHANGES.txt
-rw-r--r-- 1 ubuntu supergroup 13366 2012-03-11 11:34 /user/ ubuntu/In/LICENSE.txt
-rw-r--r-- 1 ubuntu supergroup 101 2012-03-11 11:34 /user/ ubuntu/In/NOTICE.txt
-rw-r--r-- 1 ubuntu supergroup 1366 2012-03-11 11:34 /user/ubuntu/In/README.txt
-rw-r--r-- 1 ubuntu supergroup 13 2012-03-17 15:14 /user/ ubuntu/In/hello.txt
```

从以上文件列表可以看到，命令返回的结果和 Linux 下 ls –l 命令返回的结果相似。返回结果第一列是文件属性，第二列是文件的副本因子，而这是传统的 Linux 系统没有的。为了方便，笔者配置环境中的副本因子设置为 1，所以这里显示为 1，我们也看到了从本地复制到 In 文件夹下的 hello.txt 文件。

9.4.2　HDFS 的 Web 界面

在部署好 Hadoop 集群之后，便可以直接通过 http://NameNodeIP:50070 访问 HDFS 的 Web 界面了。HDFS 的 Web 界面提供了基本的文件系统信息，其中包括集群启动时间、版本号、编译时间及是否又升级。

HDFS 的 Web 界面还提供了文件系统的基本功能：Browse the filesystem（浏览文件系统），点击链接即可看到，它将 HDFS 的文件结构通过目录的形式展现出来，增加了对文件系统的可读性。此外，可以直接通过 Web 界面访问文件内容。同时，HDFS 的 Web 界面还将该文件块所在的节点位置展现出来。可以通过设置 Chunk size to view 来设置一次读取并展示的文件块大小。

除了在本节中展示的信息之外，HDFS 的 Web 界面还提供了 NameNode 的日志列表、运行中的节点列表及宕机的节点列表等信息。

9.5 HDFS 常用 Java API 详解

9.1 中已经了解了 Java API 的重要性，本节深入介绍 Hadoop 的 Filesystem 类与 Hadoop 文件系统进行交互的 API。

9.5.1 使用 Hadoop URL 读取数据

如果想从 Hadoop 中读取数据，最简单的办法就是使用 java.net.URL 对象打开一个数据流，并从中读取数据，一般的调用格式如下：

```
InputStream in = null;
try {
in = new URL("hdfs://NameNodeIP/path").openStream();
// process in
} finally {
IOUtils.closeStream(in);
}
```

这里要进行的处理是，通过 FsUrlStreamHandlerFactory 实例来调用在 URL 中的 setURL-StreamHandlerFactory 方法。这种方法在一个 Java 虚拟机中只能调用一次，因此放在一个静态方法中执行。这意味着如果程序的其他部分也设置了一个 URLStreamHandlerFactory，那么会导致无法再从 Hadoop 中读取数据。

读取文件系统中的路径为 hdfs://NameNodeIP/user/ubuntu/In/ hello.txt 的文件 hello.txt，如例 9-1 所示。这里假设 hello.txt 的文件内容为"Hello Hadoop！"。

例 9-1：使用 URLStreamHandler 以标准输出显示 Hadoop 文件系统文件

```
package cn.edn.ruc.cloudcomputing.book.chapter09;

import java.io.*;
import java.net.URL;
import org.apache.hadoop.fs.FsUrlStreamHandlerFactory;
import org.apache.hadoop.fs.Path;
import org.apache.hadoop.filecache.DistributedCache;
import org.apache.hadoop.conf.*;
import org.apache.hadoop.io.*;

public class URLCat {
static {
    URL.setURLStreamHandlerFactory(new FsUrlStreamHandlerFactory());
}

public static void main(String[] args) throws Exception {
    InputStream in = null;
    try {
```

```
    in = new URL(args[0]).openStream();
    IOUtils.copyBytes(in, System.out, 4096, false);
    } finally {
        IOUtils.closeStream(in);
        }
    }
}
```

　　然后在 Eclipse 下设置程序运行参数为：hdfs://NameNodeIP/user/ubuntu/In/hello.txt，运行程序即可看到 hello.txt 中的文本内容。

　　需要说明的是，这里使用了 Hadoop 中简洁的 IOUtils 类来关闭 finally 子句中的数据流，同时复制输出流之间的字节（System.out）。例 9-1 中用到的 IOUtils.copyBytes() 方法，其中的两个参数，前者表示复制缓冲区的大小，后者表示复制后关闭数据流。

9.5.2　使用 FileSystem API 读取数据

　　9.5.1 节提到在应用中会出现不能使用 URLStreamHandlerFactory 的情况，这时就需要使用 FileSystem 的 API 打开一个文件的输入流了。

　　文件在 Hadoop 文件系统中被视为一个 Hadoop Path 对象。我们可以把一个路径视为 Hadoop 的文件系统 URI，比如上文中的 hdfs://localhost/user/ubuntu/In/hello.txt。

　　FileSystemAPI 是一个高层抽象的文件系统 API，所以，首先要找到这里的文件系统实例 HDFS。取得 FileSystem 实例有两种静态工厂方法：

```
public static FileSystem get(Configuration conf) throws IOException
public static FileSystem get(URI uri, Configuration conf) throws IOException
```

　　Configuration 对象封装了一个客户端或服务器的配置，这是用路径读取的配置文件设置的，一般为 conf/core-site.xml。第一个方法返回的是默认文件系统，如果没有设置，则为默认的本地文件系统。第二个方法使用指定的 URI 方案决定文件系统的权限，如果指定的 URI 中没有指定方案，则退回默认的文件系统。

　　有了 FileSystem 实例后，可通过 open() 方法得到一个文件的输入流：

```
public FSDataInputStream open(Path f) throws IOException
public abstract FSDataInputStream open(Path f, int bufferSize) throws IOException
```

　　第一个方法直接使用默认的 4KB 的缓冲区，如例 9-2 所示。

　　例 9-2：使用 FileSystem API 显示 Hadoop 文件系统中的文件

```
public class FileSystemCat {
public static void main(String[] args) throws Exception {
    String uri = args[0];
    Configuration conf = new Configuration();
    FileSystem fs = FileSystem.get(URI.create(uri), conf);
    InputStream in = null;
    try {
        in = fs.open(new Path(uri));
        IOUtils.copyBytes(in, System.out, 4096, false);
```

```
    } finally {
        IOUtils.closeStream(in);
    }
}
}
```

然后设置程序运行参数为 hdfs://localhost/user/ubuntu/In/hello.txt，运行程序即可看到 hello.txt 中的文本内容"Hello Hadoop！"。

下面对例 9-2 中的程序进行扩展，重点关注 FSDataInputStream。

FileSystem 中的 open 方法实际上返回的是一个 FSDataInputStream，而不是标准的 java.io 类。这个类是 java.io.DataInputStream 的一个子类，支持随机访问，并可以从流的任意位置读取，代码如下：

```
public class FSDataInputStream extends DataInputStream
implements Seekable, PositionedReadable {
    // implementation elided
}
```

Seekable 接口允许在文件中定位并提供一个查询方法用于查询当前位置相对于文件开始的偏移量（getPos()），代码如下：

```
public interface Seekable {
    void seek(long pos) throws IOException;
    long getPos() throws IOException;
    boolean seekToNewSource(long targetPos) throws IOException;
}
```

其中，调用 seek() 来定位大于文件长度的位置会导致 IOException 异常。开发人员并不常用 seekT- oNewSource() 方法，此方法倾向于切换到数据的另一个副本，并在新的副本中找寻 targetPos 制定的位置。HDFS 就采用这样的方法在数据节点出现故障时为客户端提供可靠的数据流访问的。如例 9-3 所示。

例 9-3：扩展例 9-2，通过使用 seek 读取一次后，重新定位到文件头第三位，再次显示 Hadoop 文件系统中的文件内容

```
package cn.edn.ruc.cloudcomputing.book.chapter09;

import java.io.*;
import java.net.URI;
import java.net.URL;
import java.util.*;
import org.apache.hadoop.fs.FSDataInputStream;
import org.apache.hadoop.fs.FsUrlStreamHandlerFactory;
import org.apache.hadoop.fs.Path;
import org.apache.hadoop.fs.FileSystem;
import org.apache.hadoop.filecache.DistributedCache;
import org.apache.hadoop.conf.*;
import org.apache.hadoop.io.*;
import org.apache.hadoop.mapred.*;
```

```
import org.apache.hadoop.util.*;

public class DoubleCat {
    public static void main(String[] args) throws Exception {
    String uri = args[0];
    Configuration conf = new Configuration();
    FileSystem fs = FileSystem.get(URI.create(uri), conf);
    FSDataInputStream in = null;
    try {
        in = fs.open(new Path(uri));
        IOUtils.copyBytes(in, System.out, 4096, false);
        in.seek(3); // go back to pos 3 of the file
        IOUtils.copyBytes(in, System.out, 4096, false);
    } finally {
        IOUtils.closeStream(in);
    }
  }
}
```

然后设置程序运行参数为 hdfs://localhost/user/ubuntu/In/hello.txt，运行程序即可看到 hello.txt 中的文本内容 "Hello Hadoop!lo Hadoop!"。

同时，FSDataInputStream 也实现了 PositionedReadable 接口，从一个制定位置读取一部分数据。这里不再详细介绍，大家可以参考以下源代码。

```
public interface PositionedReadable {
        public int read(long position, byte[] buffer, int offset, int length)
        throws IOException;
        public void readFully(long position, byte[] buffer, int offset, int length)
        throws IOException;
        public void readFully(long position, byte[] buffer) throws IOException;
}
```

需要注意的是，seek() 是一个高开销的操作，需要慎重使用。通常我们是依靠流数据 MapReduce 构建应用访问模式，而不是大量地执行 seek 操作。

9.5.3　创建目录

FileSystem 显然也提供了创建目录的方法，代码如下：

```
public boolean mkdirs(Path f) throws IOException
```

这个方法会按照客户端请求创建未存在的父目录，就像 java.io.File 的 mkdirs() 一样。如果目录包括所有父目录且创建成功，那么它会返回 true。事实上，一般不需要特别地创建一个目录，因为调用 creat() 时写入文件会自动生成所有的父目录。

9.5.4　写数据

FileSystem 还有一系列创建文件的方法，最简单的就是给拟创建的文件指定一个路径对象，然后返回一个写输出流，代码如下：

```
public FSDataOutputStream create(Path f) throws IOException
```

这个方法有很多重载方法，例如，可以设定是否强制覆盖原文件、设定文件副本数量、设置写入文件缓冲区大小、文件块大小及设置文件许可等。

还有一个用于传递回调接口的重载方法 Progressable，通过这个方法就可以获得数据节点写入进度，代码如下：

```
package org.apache.hadoop.util;
public interface Progressable {
        public void progress();
}
```

新建文件也可以使用 append() 在一个已有文件中追加内容，这个方法也有重载，代码如下：

```
public FSDataOutputStream append(Path f) throws IOException
```

这个方法对于写入日志文件很有用，比如在重启后可以在之前的日志中继续添加内容，但并不是所有的 Hadoop 文件系统都支持此方法，比如 HDFS 支持，但 S3 不支持。

例 9-4 展示了如何将本地文件复制到 Hadoop 的文件系统，当 Hadoop 调用 progress() 方法时，也就是在每 64KB 数据包写入数据节点管道之后，打印一个星号来展示整个过程。

例 9-4：将本地文件复制到 Hadoop 文件系统并显示进度

```
public class FileCopyWithProgress {
        public static void main(String[] args) throws Exception {
                String localSrc = args[0];
                String dst = args[1];
                InputStream in = new BufferedInputStream(new FileInputStream(localSrc));
                Configuration conf = new Configuration();
                FileSystem fs = FileSystem.get(URI.create(dst), conf);
                OutputStream out = fs.create(new Path(dst), new Progressable() {
                public void progress() {
                        System.out.print("*");
                }
                });
                IOUtils.copyBytes(in, out, 4096, true);
        }
}
```

然后配置应用参数，可以看到控制台输出"*******"，即上传显示进度，每写入 64KB 即输出一个 *。目前其他文件系统写入时都不会调用 progeress()。

9.5.3 节在介绍读数据时提到 FSDataInputStream，这里 FileSystem 中的 creat() 方法也返回一个 FSDataOutputStream，它也有一个查询文件当前位置的方法，代码如下：

```
package org.apache.hadoop.fs;
public class FSDataOutputStream extends DataOutputStream implements Syncable {
    public long getPos() throws IOException {
    // implementation elided
    }
```

```
// implementation elided
}
```

但是它与 FSDataInputStream 不同，FSDataOutputStream 不允许定位。这是因为 HDFS 只对一个打开的文件顺序写入，或者向一个已有的文件添加。换句话说，它不支持对除文件尾部以外的其他位置进行写入，这样，写入时的定位就没有意义了。

9.5.5　删除数据

使用 FileSystem 的 delete() 可以永久删除 Hadoop 中的文件或目录。

```
public boolean delete(Path f, boolean recursive) throws IOException
```

如果传入的 f 为空文件或空目录，那么 recursive 值会被忽略。只有当 recursive 的值为 true 时，非空的文件或目录才会被删除，否则抛出异常。

9.5.6　文件系统查询

同样，Java API 提供了文件系统的基本查询接口。通过这个接口，可以查询系统的元数据信息和文件目录结构，并可以进行更复杂的目录匹配等操作。下面将一一进行介绍。

1. 文件元数据：Filestatus

任何文件系统要具备的重要功能就是定位其目录结构及检索器存储的文件和目录信息。FileStatus 类封装了文件系统中文件和目录的元数据，其中包括文件长度、块大小、副本、修改时间、所有者和许可信息等。

FileSystem 的 getFileStatus() 方法提供了获取一个文件或目录的状态对象的方法，如例 9-5 所示。

例 9-5：获取文件状态信息

```
public class ShowFileStatusTest {
    private MiniDFSCluster cluster; // use an in-process HDFS cluster for testing
    private FileSystem fs;
    @Before
    public void setUp() throws IOException {
        Configuration conf = new Configuration();
        if (System.getProperty("test.build.data") == null) {
        System.setProperty("test.build.data", "/tmp");
    }
    cluster = new MiniDFSCluster(conf, 1, true, null);
    fs = cluster.getFileSystem();
    OutputStream out = fs.create(new Path("/dir/file"));
    out.write("content".getBytes("UTF-8"));
    out.close();
    }
    @After
    public void tearDown() throws IOException {
        if (fs != null) { fs.close(); }
```

```
        if (cluster != null) { cluster.shutdown(); }
    }
    @Test(expected = FileNotFoundException.class)
    public void throwsFileNotFoundForNonExistentFile() throws IOException {
        fs.getFileStatus(new Path("no-such-file"));
    }
    @Test
    public void fileStatusForFile() throws IOException {
        Path file = new Path("/dir/file");
        FileStatus stat = fs.getFileStatus(file);
        assertThat(stat.getPath().toUri().getPath(), is("/dir/file"));
        assertThat(stat.isDir(), is(false));
        assertThat(stat.getLen(), is(7L));
        assertThat(stat.getModificationTime(),
        is(lessThanOrEqualTo(System.currentTimeMillis())));
        assertThat(stat.getReplication(), is((short) 1));
        assertThat(stat.getBlockSize(), is(64 * 1024 * 1024L));
        assertThat(stat.getOwner(), is("tom"));
        assertThat(stat.getGroup(), is("supergroup"));
        assertThat(stat.getPermission().toString(), is("rw-r--r--"));
    }
    @Test
    public void fileStatusForDirectory() throws IOException {
        Path dir = new Path("/dir");
        FileStatus stat = fs.getFileStatus(dir);
        assertThat(stat.getPath().toUri().getPath(), is("/dir"));
        assertThat(stat.isDir(), is(true));
        assertThat(stat.getLen(), is(0L));
        assertThat(stat.getModificationTime(),
        is(lessThanOrEqualTo(System.currentTimeMillis())));
        assertThat(stat.getReplication(), is((short) 0));
        assertThat(stat.getBlockSize(), is(0L));
        assertThat(stat.getOwner(), is("tom"));
        assertThat(stat.getGroup(), is("supergroup"));
        assertThat(stat.getPermission().toString(), is("rwxr-xr-x"));
    }
}
```

如果文件或者目录不存在，就会抛出 FileNotFoundException 异常；如果只对文件或目录是否存在感兴趣，那么用 exists() 方法更方便：

```
public boolean exists(Path f) throws IOException
```

2. 列出目录文件信息

查找文件或者目录信息很有用，但是，有时需要列出目录的内容，这需要使用 listStatus() 方法，代码如下：

```
public FileStatus[] listStatus(Path f) throws IOException
public FileStatus[] listStatus(Path f, PathFilter filter) throws IOException
public FileStatus[] listStatus(Path[] files) throws IOException
public FileStatus[] listStatus(Path[] files, PathFilter filter) throws IOException
```

　　当传入参数是一个文件时，它会简单地返回长度为 1 的 FileStatus 对象的一个数组。当传入参数为一个目录时，它会返回 0 个或多个 FileStatus 对象，代表该目录所包含的文件和子目录。

　　我们看到 listStatus() 有很多重载方法，可以使用 PathFilter 来限制匹配的文件和目录。如果把路径数组作为参数来调用 listStatus() 方法，其结果与一次对多个目录进行查询、再将 FileStatus 对象数组收集到一个单一的数组的结果是相同的。当然我们可以感受到，前者更为方便。例 9-6 是一个简单的示范。

　　例 9-6：显示 Hadoop 文件系统中的一个目录的文件信息

```java
package cn.edn.ruc.cloudcomputing.book.chapter09;

import java.util.*;
import org.apache.hadoop.fs.FSDataInputStream;
import org.apache.hadoop.fs.FileStatus;
import org.apache.hadoop.fs.FileUtil;
import org.apache.hadoop.fs.Path;
import org.apache.hadoop.fs.FileSystem;
public class ListStatus {
    public static void main(String[] args) throws Exception {
        String uri = args[0];
        Configuration conf = new Configuration();
        FileSystem fs = FileSystem.get(URI.create(uri), conf);
        Path[] paths = new Path[args.length];
        for (int i = 0; i < paths.length; i++) {
            paths[i] = new Path(args[i]);
        }
    FileStatus[] status = fs.listStatus(paths);
    Path[] listedPaths = FileUtil.stat2Paths(status);
    for (Path p : listedPaths) {
        System.out.println(p);
        }
    }
}
```

　　配置应用参数可以查看文件系统的目录，可以查看 HDFS 中对应文件目录下的文件信息。

3. 通过通配符实现目录筛选

　　有时候我们需要批量处理文件，比如处理日志文件，这时可能要求 MapRedece 任务分析一个月的文件。这些文件包含在大量目录中，这就要求我们进行一个通配符操作，并使用通配符核对多个文件。Hadoop 为通配符提供了两个方法，可以在 FileSystem 中找到：

```java
public FileStatus[] globStatus(Path pathPattern) throws IOException
public FileStatus[] globStatus(Path pathPattern, PathFilter filter) throws IOException
```

　　globStatus() 返回了其路径匹配所提供的 FileStatus 对象数组，再按路径进行排序，其中可选的 PathFilter 命令可以进一步限定匹配。

表 9-2 是 Hadoop 支持的一系列通配符。

表 9-2　Hadoop 支持的通配符及其作用

通 配 符	名　　称	匹 配 功 能
*	星号	匹配 0 个或多个字符
?	问号	匹配一个字符
[ab]	字符类别	匹配 {a, b} 中的一个字符
[^ab]	非此字符类别	匹配不属于 {a, b} 中的一个字符
[a-b]	字符范围	匹配在 {a, b} 范围内的字符（包括 a, b），a 在字典顺序上要小于等于 b
[^a-b]	非此字符范围	匹配不在 {a, b} 范围内的字符（包括 a, b），a 在字典顺序上要小于等于 b
{a, b}	或选择	匹配包含 a 或 b 中的语句
\c	转义字符	匹配元字符 c

下面通过例子进行详细说明，假设一个日志文件的存储目录是分层组织的，其中目录格式为年 / 月 / 日：/2009/12/30、/2009/12/31、/2010/01/01、/2010/01/02。表 9-3 是通配符的部分样例。

表 9-3　通配符使用样例

通配符	匹 配 结 果
/*	/2009 /2010
/*/*	/2009/12 /2010/01
/*/12/*	/2009/12/30 /2009/12/31
/200*	/2009
/200[9-10]	/2009 /2010
/200[^012345678]	/2009
/*/*/{31,01}	/2009/12/31 /2010/01/01
/*/{12/31, 01/01}	/2009/12/31 /2010/01/01

4. PathFilter 对象

使用通配符有时也不一定能够精确地定位到要访问的文件集合，比如排除一个特定的文件，这时可以使用 FileSystem 中的 listStatus() 和 globStatus() 方法提供可选的 PathFileter 对象来通过编程的办法控制匹配结果，如下面的代码所示。

```
package org.apache.hadoop.fs;
public interface PathFilter {
    boolean accept(Path path);
}
```

下面来看一个 PathFilter 的应用，如例 9-7 所示。

例 9-7：使用 PathFilter 排除匹配正则表达式的目录

```
public class RegexExcludePathFilter implements PathFilter {
```

```
private final String regex;
public RegexExcludePathFilter(String regex) {
    this.regex = regex;
}
public boolean accept(Path path) {
return !path.toString().matches(regex);
}
}
```

这个过滤器将留下与正则表达式不匹配的文件。

9.6　HDFS 中的读写数据流

在本节中，我们将对 HDFS 的读 / 写数据流进行详细介绍，以帮助大家理解 HDFS 具体是如何工作的。

9.6.1　文件的读取

本节将详细介绍在执行读取操作时客户端和 HDFS 交互过程的实现，以及 NameNode 和各 DataNode 之间的数据流是什么。下面将围绕图 9-2 进行具体讲解。

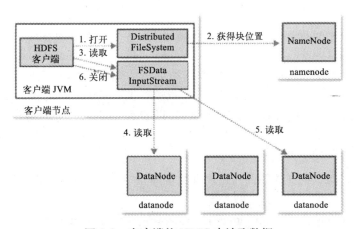

图 9-2　客户端从 HDFS 中读取数据

首先，客户端通过调用 FileSystem 对象中的 open() 函数来读取它需要的数据。FlieSystem 是 HDFS 中 DistributedFileSystem 的一个实例（参见图 9-2 第 1 步）。DistributedFileSystem 会通过 RPC 协议调用 NameNode 来确定请求文件块所在的位置。这里需要注意的是，NameNode 只会返回所调用文件中开始的几个块而不是全部返回（参见图 9-2 第 2 步）。对于每个返回的块，都包含块所在的 DataNode 地址。随后，这些返回的 DataNode 会按照 Hadoop 定义的集群拓扑结构得出客户端的距离，然后再进行排序。如果客户端本身就是一个 DataNode，那么它将从本地读取文件。

其次，DistributedFileSystem 会向客户端返回一个支持文件定位的输入流对象 FSDataInput-

Stream，用于给客户端读取数据。FSDataInputStream 包含一个 DFSInputStream 对象，这个对象用来管理 DataNode 和 NameNode 之间的 I/O。

当以上步骤完成时，客户端便会在这个输入流之上调用 read() 函数（参见图 9-2 第 3 步）。DFSInputStream 对象中包含文件开始部分数据块所在的 DataNode 地址，首先它会连接包含文件第一个块最近的 DataNode。随后，在数据流中重复调用 read() 函数，直到这个块全部读完为止（参见图 9-2 第 4 步）。当最后一个块读取完毕时，DFSInputStream 会关闭连接，并查找存储下一个数据块距离客户端最近的 DataNode（参见图 9-2 第 5 步）。以上这些步骤对客户端来说都是透明的。

客户端按照 DFSInpuStream 打开和 DataNode 连接返回的数据流的顺序读取该块，它也会调用 NameNode 来检索下一组块所在的 DataNode 的位置信息。当完成所有文件的读取时，客户端则会在 FSDataInputStream 中调用 close() 函数（参见图 9-2 第 6 步）。

当然，HDFS 会考虑在读取中节点出现故障的情况。目前 HDFS 是这样处理的：如果客户端和所连接的 DataNode 在读取时出现故障，那么它就会去尝试连接存储这个块的下一个最近的 DataNode，同时它会记录这个节点的故障，这样它就不会再去尝试连接和读取块。客户端还会验证从 DataNode 传送过来的数据校验和。如果发现一个损坏的块，那么客户端将会再尝试从别的 DataNode 读取数据块，向 NameNode 报告这个信息，NameNode 也会更新保存的文件信息。

这里要关注的一个设计要点是，客户端通过 NameNode 引导获取最合适的 DataNode 地址，然后直接连接 DataNode 读取数据。这种设计的好处在于，可以使 HDFS 扩展到更大规模的客户端并行处理，这是因为数据的流动是在所有 DataNode 之间分散进行的；同时 NameNode 的压力也变小了，使得 NameNode 只用提供请求块所在的位置信息就可以了，而不用通过它提供数据，这样就避免了 NameNode 随着客户端数量的增长而成为系统瓶颈。

9.6.2 文件的写入

本小节将对 HDFS 中文件的写入过程进行详细介绍。图 9-3 就是在 HDFS 中写入一个新文件的数据流图。

第一，客户端通过调用 DistributedFileSystem 对象中的 creat() 函数创建一个文件（参见图 9-3）。DistributedFileSystem 通过 RPC 调用在 NameNode 的文件系统命名空间中创建一个新文件，此时还没有相关的 DataNode 与之关联。

第二，NameNode 会通过多种验证保证新的文件不存在文件系统中，并且确保请求客户端拥有创建文件的权限。当所有验证通过时，NameNode 会创建一个新文件的记录，如果创建失败，则抛出一个 IOException 异常；如果成功，则 DistributedFileSystem 返回一个 FSDataOutputStream 给客户端用来写入数据。这里 FSDataOutputStream 和读取数据时的 FSDataInputStream 一样都包含一个数据流对象 DFSOutputStream，客户端将使用它来处理和 DataNode 及 NameNode 之间的通信。

第三，当客户端写入数据时，DFSOutputStream 会将文件分割成包，然后放入一个内部队列，我们称为"数据队列"。DataStreamer 会将这些小的文件包放入数据流中，DataStreamer 的作用是请求 NameNode 为新的文件包分配合适的 DataNode 存放副本。返回的 DataNode 列表形成一个"管道"，假设这里的副本数是 3，那么这个管道中就会有 3 个 DataNode。DataStreamer 将文件包以流的方式传送给队列中的第一个 DataNode。第一个 DataNode 会存储这个包，然后将它推送到第二个 DataNode 中，随后照这样进行，直到管道中的最后一个 DataNode。

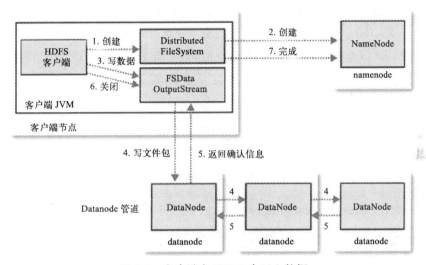

图 9-3　客户端在 HDFS 中写入数据

第四，DFSOutputStream 同时也会保存一个包的内部队列，用来等待管道中的 DataNode 返回确认信息，这个队列被称为确认队列（ack queue）。只有当所有管道中的 DataNode 都返回了写入成功的返回信息文件包，才会从确认队列中删除。

当然 HDFS 会考虑写入失败的情况，当数据写入节点失败时，HDFS 会做出以下反应。首先管道会被关闭，任何在确认通知队列中的文件包都会被添加到数据队列的前端，这样管道中失败的 DataNode 都不会丢失数据。当前存放于正常工作 DataNode 之上的文件块会被赋予一个新的身份，并且和 NameNode 进行关联，这样，如果失败的 DataNode 过段时间从故障中恢复出来，其中的部分数据块就会被删除。然后管道会把失败的 DataNode 删除，文件会继续被写到管道中的另外两个 DataNode 中。最后 NameNode 会注意到现在的文件块副本数没有达到配置属性要求，会在另外的 DataNode 上重新安排创建一个副本。随后的文件会正常执行写入操作。

当然，在文件块写入期间，多个 DataNode 同时出现故障的可能性存在，但是很小。只要 dfs.replication.min 的属性值（默认为 1）成功写入，这个文件块就会被异步复制到集群的其他 DataNode 中，直到满足 dfs.replication 属性值（默认为 3）。

客户端成功完成数据写入的操作后，就会调用 6 种 close() 函数关闭数据流（参见图 9-3 第 6 步）。这步操作会在连接 NameNode 确认文件写入完全之前将所有剩下的文件包放入 DataNode 管道，等待通知确认信息。NameNode 会知道哪些块组成一个文件（通过 DataStreamer 获得块位置信息），这样 NameNode 只要在返回成功标志前等待块被最小量（dfs.replication.min）复制即可。

9.6.3 一致性模型

文件系统的一致性模型描述了文件读 / 写的可见性。HDFS 牺牲了一些 POSIX 的需求来补偿性能，所以有些操作可能会和传统的文件系统不同。

当创建一个文件时，它在文件系统的命名空间中是可见的，代码如下：

```
Path p = new Path("p");
fs.create(p);
assertThat(fs.exists(p), is(true));
```

但是对这个文件的任何写操作不保证是可见的，即使在数据流已经刷新的情况下，文件的长度很长时间也会显示为 0：

```
Path p = new Path("p");
OutputStream out = fs.create(p);
out.write("content".getBytes("UTF-8"));
out.flush();
assertThat(fs.getFileStatus(p).getLen(), is(0L));
```

一旦一个数据块写入成功，大家提出新的请求就可以看到这个块，而对当前写入的块，大家是看不见的。HDFS 提供了所有缓存和 DataNode 之间的数据强制同步的方法，这个方法是 FSDataOutputStream 中的 sync() 函数。当 sync() 函数返回成功时，HDFS 就可以保证此时写入的文件数据是一致的并且对于所有新的用户都是可见的。即使 HDFS 客户端之间发生冲突，也不会发生数据丢失，代码如下：

```
Path p = new Path("p");
FSDataOutputStream out = fs.create(p);
out.write("content".getBytes("UTF-8"));
out.flush();
out.sync();
assertThat(fs.getFileStatus(p).getLen(), is(((long) "content".length())));
```

这个操作类似于 UNIX 系统中的 fsync 系统调用，为一个文件描述符提交缓存数据，利用 Java API 写入本地数据，这样就可以保证看到刷新流并且同步之后的数据，代码如下：

```
FileOutputStream out = new FileOutputStream(localFile);
out.write("content".getBytes("UTF-8"));
out.flush(); // flush to operating system
out.getFD().sync(); // sync to disk
assertThat(localFile.length(), is(((long) "content".length())));
```

在 HDFS 中关闭一个文件也隐式地执行了 sync() 函数，代码如下：

```
Path p = new Path("p");
OutputStream out = fs.create(p);
```

```
out.write("content".getBytes("UTF-8"));
out.close();
assertThat(fs.getFileStatus(p).getLen(), is(((long) "content".length())));
```

下面来了解一致性模型对应用设计的重要性。文件系统的一致性和设计应用程序的方法有关。如果不调用 sync()，那么需要做好因客户端或者系统发生故障而丢失部分数据的准备。对大多数应用程序来说，这是不可接受的，所以需要在合适的时刻调用 sync()，比如在写入一定量的数据之后。尽管 sync() 被设计用来最大限度地减少 HDFS 的负担，但是它仍然有不可忽视的开销，所以需要在数据健壮性和吞吐量之间做好权衡。其中一个好的参考平衡点就是：通过测试应用程序来选择不同 sync() 频率间性能的最佳平衡点。

9.7　HDFS 命令详解

Hadoop 提供了一组 shell 命令在命令行终端对 Hadoop 进行操作。这些操作包括诸如格式化文件系统、上传和下载文件、启动 DataNode、查看文件系统使用情况、运行 JAR 包等几乎所有和 Hadoop 相关的操作。本节将具体介绍 HDFS 的相关命令操作。

9.7.1　通过 distcp 进行并行复制

Java API 等多种接口对 HDFS 访问模型都集中于单线程的存取，如果要对一个文件集进行操作，就需要编写一个程序进行并行操作。HDFS 提供了一个非常实用的程序——distcp，用来在 Hadoop 文件系统中并行地复制大数据量文件。distcp 一般适用于在两个 HDFS 集群间传送数据的情况。如果两个集群都运行在同一个 Hadoop 版本上，那么可以使用 HDFS 模式：

```
hadoop distcp hdfs://NameNode1/foo hdfs://NameNode2/bar
```

这条命令会将第一个集群 /foo 文件夹以及文件夹下的文件复制到第二个集群 /bar 目录下，即在第二个集群中会以 /bar/foo 的目录结构出现。如果 /bar 目录不存在，则系统会新建一个。也可以指定多个数据源，并且所有的内容都会被复制到目标路径。需要注意的是，源路径必须是绝对路径。

默认情况下，虽然 distcp 会跳过在目标路径上已经存在的文件，但是通过 -overwirte 选项可以选择对这些文件进行覆盖重写，也可以使用 -update 选项仅对更新过的文件进行重写。

distcp 操作有很多选项可以设置，比如忽略失败、限制文件或者复制的数据量等。直接输入指令或者不附加选项可以查看此操作的使用说明。具体实现时，distcp 操作会被解析为一个 MapReduce 操作来执行，当没有 Reducer 操作时，复制被作为 Map 操作并行地在集群节点中运行。因此，每个文件都可以被当成一个 Map 操作来执行复制。而 distcp 会通过执行多个文件聚集捆绑操作，尽可能地保证每个 Map 操作执行相同数量的数据。那么执行 distcp 时，Map 操作如何确定呢？由于系统需要保证每个 Map 操作执行的数据量是合理的，来最大化地减少 Map 执行的开销，而按规定，每个 Map 最少要执行 256MB 的数据量（除非复制的全部数据量小于 256MB）。比如要复制 1GB 的数据，那么系统就会分配 4 个 Map 任务，当数据量非常大时，就需要限制执行的 Map 任务数，以限制网络带宽和集群的使用率。默认情况下，每个集群的一个节点最多执行 20 个 Map 任务。比如，要复制 1000GB 数据到 100 节点的集群中，那么系统就会分配 2000 个 Map 任务（每个节点 20 个），也就是说，每个节点会平均复制 512MB。还可以通过调整 distcp 的 -m 参数减少 Map 任务量，比如 -m 1000 就意味着分配 1000 个 Maps，每个节点分配 1GB 数据量。

如果尝试使用 distcp 进行 HDFS 集群间的复制，使用 HDFS 模式之后，HDFS 运行在不同的 Hadoop 版本之上，复制将会因为 RPC 系统的不匹配而失败。为了纠正这个错误，可以使用基于 HTTP 的 HFTP 进行访问。因为任务要在目标集群中执行，所以 HDFS 的 RPC 版本需要匹配，在 HFTP 模式下运行的代码如下：

```
hadoop distcp hftp://NameNode1:50070/foo hdfs://NameNode2/bar
```

需要注意的是，要定义访问源的 URI 中 NameNode 的网络接口，这个接口会通过 dfs.http.address 的属性值设定，默认值为 50070。

9.7.2 HDFS 的平衡

当复制大规模数据到 HDFS 时，要考虑的一个重要因素是文件系统的平衡。当系统中的文件块能够很好地均衡分布到集群各节点时，HDFS 才能够更好地工作，所以要保证 distcp 操作不会打破这个平衡。回到前面复制 1000GB 数据的例子，当设定 -m 为 1，就意味着 1 个 Map 操作可以完成 1000GB 的操作。这样不仅会让复制操作非常慢，而且不能充分利用集群的性能。最重要的是复制文件的第一个块都要存储在执行 Map 任务的那个节点上，直到这个节点的磁盘被写满，显然这个节点是不平衡的。通常我们通过设置更多的、超过集群节点的 Map 任务数来避免不平衡情况的发生，所以最好的选择是刚开始还是使用的默认属性值，每个节点分配 20 个 Map 任务。

当然，我们不能保证集群总能够保持平衡，有时可能会限制 Map 的数量以便节点可以被其他任务使用，这样 HDFS 还提供了一个工具 balancer（参见第 10 章）来改变集群中的文件块存储的平衡。

9.7.3 使用 Hadoop 归档文件

在 9.2 节中介绍过，每个文件 HDFS 采用块方式进行存储，在系统运行时，文件块的元数据信息会被存储在 NameNode 的内存中，因此，对 HDFS 来说，大规模存储小文件显然是低效的，很多小文件会耗尽 NameNode 的大部分内存。

Hadoop 归档文件和 HAR 文件可以将文件高效地放入 HDFS 块中的文件存档设备，在减少 NameNode 内存使用的同时，仍然允许对文件进行透明访问。具体来说，Hadoop 归档文件可以作为 MapReduce 的输入。这里需要注意的是，小文件并不会占用太多的磁盘空间，比如设定一个 128MB 的文件块来存储 1MB 的文件，实际上存储这个文件只需要 1MB 磁盘空间，而不是 128MB。

Hadoop 归档文件是通过 archive 命令工具根据文件集合创建的。因为这个工具需要运行一个 MapReduce 来并行处理输入文件，所以需要一个运行 MapReduce 的集群。而 HDFS 中有些文件是需要进行归档的，例如：

```
hadoop fs -lsr /user/ubuntu/In/
-rw-r--r-- 3 ubuntu\ubuntu supergroup 13 2012-03-18 20:15 /user/ubuntu/In/hello.c.txt
-rw-r--r-- 1 ubuntu\ubuntu supergroup 13 2012-03-17 15:13 /user/ubuntu/In/hello.txt
```

运行 archive 命令如下：

```
hadoop archive -archiveName files.har /user/ubuntu/In/ /user/ubuntu/

12/03/18 20:46:47 INFO mapred.JobClient: Running job: job_201010182044_0001
12/03/18 20:46:48 INFO mapred.JobClient: map 0% reduce 0%
12/03/18 20:47:21 INFO mapred.JobClient: map 100% reduce 0%
12/03/18 20:47:39 INFO mapred.JobClient: map 100% reduce 100%
12/03/18 20:47:41 INFO mapred.JobClient: Job complete: job_201010182044_0001
12/03/18 20:47:41 INFO mapred.JobClient: Counters: 17
12/03/18 20:47:41 INFO mapred.JobClient: Job Counters
12/03/18 20:47:41 INFO mapred.JobClient: Launched reduce tasks=1
12/03/18 20:47:41 INFO mapred.JobClient: Launched map tasks=1
12/03/18 20:47:41 INFO mapred.JobClient: FileSystemCounters
12/03/18 20:47:41 INFO mapred.JobClient: FILE_BYTES_READ=540
12/03/18 20:47:41 INFO mapred.JobClient: HDFS_BYTES_READ=531
12/03/18 20:47:41 INFO mapred.JobClient: FILE_BYTES_WRITTEN=870
12/03/18 20:47:41 INFO mapred.JobClient: HDFS_BYTES_WRITTEN=305
12/03/18 20:47:41 INFO mapred.JobClient: Map-Reduce Framework
12/03/18 20:47:41 INFO mapred.JobClient: Reduce input groups=6
12/03/18 20:47:41 INFO mapred.JobClient: Combine output records=0
12/03/18 20:47:41 INFO mapred.JobClient: Map input records=6
12/03/18 20:47:41 INFO mapred.JobClient: Reduce shuffle bytes=0
12/03/18 20:47:41 INFO mapred.JobClient: Reduce output records=0
12/03/18 20:47:41 INFO mapred.JobClient: Spilled Records=12
12/03/18 20:47:41 INFO mapred.JobClient: Map output bytes=280
12/03/18 20:47:41 INFO mapred.JobClient: Map input bytes=399
12/03/18 20:47:41 INFO mapred.JobClient: Combine input records=0
12/03/18 20:47:41 INFO mapred.JobClient: Map output records=6
12/03/18 20:47:41 INFO mapred.JobClient: Reduce input records=6
```

在命令行中，第一个参数是归档文件的名称，这里是 file.har 文件；第二个参数是要归档的文件源，这里我们只归档一个源文件夹，即 HDFS 下 /user/ubuntu/In/ 中的文件，但事实上，archive 命令可以接收多个文件源；最后一个参数，即本例中的 /user/ubuntu/ 是 HAR 文件的输出目录。可以看到这个命令的执行流程为一个 MapRedeuce 任务。

下面我们来看这个归档文件是怎么创建的：

```
hadoop fs -ls /user/ubuntu/In/ /user/ubuntu/
Found 2 items
-rw-r--r-- 3 ubuntu\ubuntu supergroup 13 2012-03-18 20:15 /user/ubuntu/In/hello.c.txt
-rw-r--r-- 1 ubuntu\ubuntu supergroup 13 2012-03-17 15:13 /user/ubuntu/In/hello.txt
```

```
Found 3 items
drwxr-xr-x - ubuntu\ubuntu supergroup 0 2012-03-18 20:15 /user/ubuntu/In
drwxr-xr-x - ubuntu\ubuntu supergroup 0 2012-03-18 18:53 /user/ubuntu/ubuntu
drwxr-xr-x - ubuntu\ubuntu supergroup 0 2012-03-18 20:47 /user/ubuntu/files.har
```

这个目录列表展示了一个 HAR 文件的组成：两个索引文件和部分文件（part file）的集合。这里的部分文件包含已经连接在一起的大量源文件的内容，同时索引文件可以检索部分文件中的归档文件，包括它的长度、起始位置等。但是，这些细节在使用 HAR URI 模式访问 HAR 文件时多数都是隐藏的。HAR 文件系统是建立在底层文件系统上的（此处是 HDFS），以下命令以递归的方式列出了归档文件中的文件：

```
hadoop fs -lsr har:///user/ubuntu/files.har

drw-r--r-- - ubuntu\ubuntu supergroup 0 2012-03-18 20:47 /user/ubuntu/files.har/user
drw-r--r-- - ubuntu\ubuntu supergroup 0 2012-03-18 20:47 /user/ubuntu/files.har/
user/ubuntu
drw-r--r-- - ubuntu\ubuntu supergroup 0 2012-03-18 20:47 /user/ubuntu/files.har/
user/ubuntu/In
-rw-r--r-- 10 ubuntu\ubuntu supergroup 13 2012-03-18 20:47 /user/ubuntu/files.
har/user/ubuntu/In/hello.c.txt
-rw-r--r-- 10 ubuntu\ubuntu supergroup 13 2012-03-18 20:47 /user/ubuntu/files.
har/user/ubuntu/In/hello.txt
```

如果 HAR 文件所在的文件系统是默认的文件系统，那么这里的内容就非常直观和易懂，但是，如果你想要在其他文件系统中使用 HAR 文件，就需要使用不同格式的 URI 路径。下面两个命令即具有相同的作用：

```
hadoop fs -lsr har:/// user/ubuntu/files.har/my/files/dir
hadoop fs -lsr har://hdfs-localhost:8020/ user/ubuntu/files.har/my/files/dir
```

第二个命令，它仍然使用 HAR 模式描述一个 HAR 文件系统，但是使用 HDFS 作为底层的文件系统模式，HAR 模式之后紧跟一个 HDFS 系统的主机和端口号。HAR 文件系统会将 HAR URI 转换为底层的文件系统访问 URI。在本例中即为 hdfs://localhost:8020/user/ubuntu/archive/files.har，文件的剩余部分路径即为文件归档部分的路径 /my/files/dir。

想要删除 HAR 文件，需要使用删除的递归格式，这是因为底层的文件系统 HAR 文件是一个目录，删除命令为 hadoop fs -rmr /user/ubuntu/files.har。

对于 HAR 文件我们还需要了解它的一些不足。当创建一个归档文件时，还会创建原始文件的一个副本，这样就需要额外的磁盘空间（尽管归档完成后会删除原始文件）。而且当前还没有针对归档文件的压缩方法，只能对写入归档文件的原始文件进行压缩。归档文件一旦创建就不能改变，要增加或者删除文件，就要重新创建。事实上，这对于那些写后不能更改的文件不构成问题，因为可以按日或者按周进行定期成批归档。

如前所述，HAR 文件可以作为 MapReduce 的一个输入文件，然而，没有一个基于归档的 InputFormat 可以将多个文件打包到一个单一的 MapReduce 中去。所以，即使是 HAR 文件，处理小的文件时效率仍然不高。

9.7.4　其他命令

其他相关命令还包括以下这些：

- ❏ NameNode –format：格式化 DFS 文件系统
- ❏ secondaryNameNode：运行 DFS 的 SecondaryNameNode 进程
- ❏ NameNode：运行 DFS 的 NameNode 进程
- ❏ DataNode：运行 DFS 的 DataNode 进程
- ❏ dfsadmin：运行 DFS 的管理客户端
- ❏ mradmin：运行 MapReduce 的管理客户端
- ❏ fsck：运行 HDFS 的检测进程
- ❏ fs：运行一个文件系统工具
- ❏ balancer：运行一个文件系统平衡进程
- ❏ jobtracker：运行一个 JobTracker 进程
- ❏ pipes：运行一个 Pipes 任务
- ❏ tasktracker：运行一个 TaskTracker 进程
- ❏ job：管理运行中的 MapReduce 任务
- ❏ queue：获得运行中的 MapReduce 队列的信息
- ❏ version：打印版本号
- ❏ jar <jar>：运行一个 JAR 文件
- ❏ daemonlog：读取 / 设置守护进程的日志记录级别

相信大家已经对这些命令中的一部分很熟悉了，比如在命令行终端中，jar 是用来运行 Java 程序的，version 命令可以查看 Hadoop 的当前版本，或者在安装时必须运行的 NameNode –format 命令。在这一小节，我们介绍的是与 HDFS 有关的命令。其中与 HDFS 相关的命令有如下几个：secondaryNameNode、NameNode、DataNode、dfsadmin、fsck、fs、balancer、distcp 和 archieves。

它们的统一格式如下：

```
bin/hadoop command [genericOptions] [commandOptions]
```

其中只有 dfsadmin、fsck、fs 具有选项 genericOptions 及 commandOptions，其余的命令只有 commandOptions。下面先介绍只有 commandOptions 选项的命令。

- ❏ distcp。Distcp 命令用于 DistCp（即 Dist 分布式，Cp 复制）分布式复制。用于在集群内部及集群之间复制数据。
- ❏ archives。archives 命令是 Hadoop 定义的档案格式。archive 对应一个文件系统，它的扩展名是 .har，包含元数据及数据文件。

这两个命令在前文中已有介绍，这里就不再赘述了。

- ❏ DataNode。DataNode 命令要简单一些。你可以使用如下命令将 Hadoop 回滚到前一个版本，它的用法如下：

```
hadoop DataNode  [-rollback]
```

❑ **NameNode**。nameNode 命令稍稍复杂一些，它的用法如下：

```
hadoop nameNode
[-format]   // 格式化 NameNode
[-upgrade]  // 在 Hadoop 升级后，应该使用这个命令启动 NameNode
[-rollback]// 使用 NameNode 回滚前一个版本
[-finalize]// 删除文件系统的前一个状态，这会导致系统不能回滚到前一个状态
[-importCheckpoint]// 复制备份 checkpoint 的状态到当前 checkpoint
```

❑ **SecondaryNameNode**。secondaryNameNode 的命令用法如下：

```
hadoop secondaryNameNode
[-checkpoint [force]]
```
// 当 editlog 超过规定大小（默认 64MB）时，启动检查 secondaryNameNode 的 checkpoint 过程；如果启用 force 选项，则强制执行 checkpoint 过程
```
[-geteditsize]
```
// 在终端上显示 editlog 文件的大小

❑ **balancer**。balancer 命令如解释中所说，用于分担负载。很多原因都会造成数据在集群内分布不均衡，一般来说，当集群中添加新的 DataNode 时，可以使用这个命令来进行负载均衡。其用法如下：

```
hadoop balancer
```

接下来的 dfsadmin、fsck、fs 这三个命令有一个共同的选项 genericOptions，这个选项一般与系统相关，其用法如下：

```
-conf <configuration file>          // 指定配置文件
-D <property=value>                 // 指定某属性的属性值
-fs <local|namenode:port>           // 指定 DataNode 及其端口
```

❑ **dfsadmin**。在 dfsadmi 命令中可以执行一些类似 Windows 中高级用户才能执行的命令，比如升级、回滚等。其用法如下：

```
hadoop dfsadmin [GENERIC_OPTIONS]
[-report] // 在终端上显示文件系统的基本信息
[-safemode enter | leave | get | wait]// Hadoop 的安全模式及相关维护；在安全模式中系统是
```
只读的，数据块也不可以删除或复制
```
[-refreshNodes] [-finalizeUpgrade]// 重新读取 hosts 和 exclude 文件，将新的被允许加入到集
```
群中的 DataNode 连入，同时断开与那些从集群出去的 DataNode 的连接
```
[-upgradeProgress status | details | force]// 获得当前系统的升级状态、细节，或者强制执行
```
升级过程
```
[-metasave filename]// 保存 NameNode 的主要数据结构到指定目录下
[-setQuota <quota> <dirname>...<dirname>]// 为每个目录设定配额
[-clrQuota <dirname>...<dirname>]// 清除这些目录的配额
[-setSpaceQuota <quota> <dirname>...<dirname>]// 为每个目录设置配额空间
[-clrSpaceQuota <dirname>...<dirname>]// 清除这些目录的配额空间
[-help [cmd]]// 显示命令的帮助信息
```

❑ **fsck**。fsck 在 HDFS 中被用来检查系统中的不一致情况。比如某文件只有目录，但数据块已经丢失或副本数目不足。与 Linux 不同，这个命令只用于检测，不能进行修

复。其使用方法如下：

```
hadoop fsck [GENERIC_OPTIONS] <path> [-move | -delete | -openforwrite] [-files
[-blocks [-locations | -racks]]]
//<path>     检查的起始目录
//-move      移动受损文件到 /lost+found
//-delete    删除受损文件
//-openforwrite 在终端上显示被写打开的文件
//-files     在终端上显示正被检查的文件
//-blocks    在终端上显示块信息
//-location 在终端上显示每个块的位置
//-rack      显示 DataNode 的网络拓扑结构图
```

❏ **fs**：fs 可以说是 HDFS 最常用的命令，这是一个高度类似 Linux 文件系统的命令集。你可以使用这些命令查看 HDFS 上的目录结构文件、上传和下载文件、创建文件夹、复制文件等。其使用方法如下：

```
hadoop fs [genericOptions]
[-ls <path>] // 显示目标路径当前目录下的所有文件
[-lsr <path>] // 递归显示目标路径下的所有目录及文件（深度优先）
    [-du <path>] // 以字节为单位显示目录中所有文件的大小，或该文件的大小（如果目标为文件）
    [-dus <path>] // 以字节为单位显示目标文件大小（用于查看文件夹大小）
    [-count[-q] <path>]// 将目录的大小、包含文件（包括文件）个数的信息输出到屏幕（标准 stdout）
    [-mv <src> <dst>]// 把文件或目录移动到目标路径，这个命令允许同时移动多个文件，但是只允许移
    动到一个目标路径中，参数中的最后一个文件夹即为目标路径
    [-cp <src> <dst>]// 复制文件或目录到目标路径，这个命令允许同时复制多个文件，如果复制多个文
    件，目标路径必须是文件夹
    [-rm [-skipTrash] <path>]// 删除文件，这个命令不能删除文件夹
    [-rmr [-skipTrash] <path>]// 删除文件夹及其下的所有文件
    [-expunge]
    [-put <localsrc> ... <dst>]// 从本地文件系统上传文件到 HDFS 中
    [-copyFromLocal <localsrc> ... <dst>]// 与 put 相同
    [-moveFromLocal <localsrc> ... <dst>]// 与 put 相同，但是文件上传之后会从本地文件系统
    中移除
    [-get [-ignoreCrc] [-crc] <src> <localdst>]// 复制文件到本地文件系统。这个命令可以选
    择是否忽视校验和，忽视校验和下载主要用于挽救那些已经发生错误的文件
    [-getmerge <src> <localdst> [addnl]]//  将源目录中的所有文件进行排序并写入目标文件中，
    文件之间以换行符分隔
    [-cat <src>]// 在终端显示（标准输出 stdout）文件中的内容，类似 Linux 系统中的 cat
    [-text <src>]
    [-copyToLocal [-ignoreCrc] [-crc] <src> <localdst>]// 与 get 相同
    [-moveToLocal [-crc] <src> <localdst>]
    [-mkdir <path>]// 创建文件夹
    [-setrep [-R] [-w] <rep> <path/file>]// 改变一个文件的副本个数。参数 -R 可以递归地对该
    目录下的所有文件做统一操作
    [-touchz <path>]// 类似 Linux 中的 touch，创建一个空文件
    [-test -[ezd] <path>]// 将源文件输出为文本格式显示到终端上，通过这个命令可以查看
    TextRecordInputStream（SequenceFile 等）或 zip 文件
    [-stat [format] <path>]// 以指定格式返回路径的信息
    [-tail [-f] <file>]// 在终端上显示（标注输出 stdout）文件的最后 1kb 内容。-f 选项的行为与
```

```
Linux 中一致，会持续检测新添加到文件中的内容，这在查看日志文件时会显得非常方便
[-chmod [-R] <MODE[,MODE]... | OCTALMODE> PATH...]// 改变文件的权限，只有文件的所
有者或是超级用户才能使用这个命令。-R 可以递归地改变文件夹内的所有文件的权限
[-chown [-R] [OWNER][:[GROUP]] PATH...]// 改变文件的拥有者，-R 可以递归地改变文件夹内
所有文件的拥有者。同样，这个命令只有超级用户才能使用
[-chgrp [-R] GROUP PATH...]// 改变文件所属的组，-R 可以递归地改变文件夹内所有文件所属的
组。这个命令必须是超级用户才能使用
[-help [cmd]]// 这是命令的帮助信息
```

在这些命令中，参数 <path> 的完整格式是 hdfs://NameNodeIP:port/，比如你的 NameNode 地址是 192.168.0.1，端口是 9000，那么，如果想访问 HDFS 上路径为 /user/root/hello 的文件，则需要输入的地址是 hdfs://192.168.0.1:9000/user/root/hello。在 Hadoop 中，如果参数 <path> 没有 NameNodeIP，那么会默认按照 core-site.xml 中属性 fs.default.name 的设置，附加 "/user/ 你的用户名" 作为路径，这是为了方便使用以及对不同用户进行区分。

9.8　WebHDFS

本章前面的部分讲解了 HDFS 相关的内容，重点集中在如何使用 shell 下 Hadoop 的命令和 HDFS 的 Java API 来管理 HDFS。这一小节将讲解 Hadoop 1.0 版本中新增加的 WebHDFS，即通过 Web 命令来管理 HDFS。

9.8.1　WebHDFS 的配置

WebHDFS 的原理是使用 curl 命令向指定的 Hadoop 集群对外接口发送页面请求，Hadoop 集群的网络接口接收到请求之后，会将命令中的 URL 解析成 HDFS 上的对应文件或者文件夹，URL 后面的参数解析成命令、用户、权限、缓存大小等参数。待完成相应的操作之后，将结果发还给执行 curl 命令的客户端，并显示执行信息或者错误信息。那么要使用 WebHDFS，首先就必须在期望使用 WebHDFS 的客户端安装 curl 软件包。在 Ubuntu 下执行简单的 apt-get install curl 命令，apt 包管理器就会自动从系统指定的源地址下载 curl 并安装。待安装结束之后，在终端输入 curl -V 可以查看是否安装成功。

在客户端安装好 curl 软件包之后，还需要修改 Hadoop 集群的配置，使其开放 WebHDFS 服务。具体操作是：停止 Hadoop 所有服务之后，配置 hdfs-site.xml 中的 dfs.webhdfs.enabled，dfs.web.authentication.kerberos.principal，dfs.web.authentication.kerberos.keytab 这三个属性为适当的值，其中第一个属性值应配置为 true，代表启动 webHDFS 服务，后面两个代表使用 webHDFS 时采用的用户认证方法，这里为了简单起见并没有设置，后面的命令也都采用 Hadoop 的启动用户 Ubuntu 来发送命令。配置结束之后再启动 Hadoop 所有的服务，这样就可以使用 WebHDFS 来管理 Hadoop 集群了。

9.8.2　WebHDFS 命令

上一小节讲了如何配置 WebHDFS，这一小节我们将详细介绍 WebHDFS 命令的组织方

式和具体的命令。

1. WebHDFS 命令一般形式

在这一部分的开始就讲了 WebHDFS 实际上是用 curl 命令来发送管理的命令，所以 WebHDFS 的命令组织和 curl 命令组织类似。一般为下面的格式：

```
curl [-i/-X/-u/-T] [PUT] "http://<HOST>:<PORT>/webhdfs/v1/<PATH>?[user.name=<user>&]&op=<operation>&[doas=<user>]..."
```

在这个命令里面，引号前面的部分是 curl 自己的参数，需要大家自行了解；后面网页形式的内容代表着操作的指令、参数和路径。其中 http://<HOST>:<PORT>。代表需要将命令发送的地址和端口，也就是 Hadoop 集群服务器的 IP 地址和 HDFS 端口（默认是 50070）。在这个地址之后的部分 /webhdfs/v1/<PATH> 代表着需要操作的远程 HDFS 集群上的路径，比如 /webhdfs/v1/user/ubuntu/input，就代表着 HDFS 上 /user/ubuntu/input 这个目录。引号中再往后的内容就是操作的指令和参数了，其中最重要的是 op 参数，代表着具体的操作指令，接下来的内容我们会详细讲解。

2. 文件和路径操作

创建文件并写入内容：

```
curl -i -X PUT "http://<HOST>:<PORT>/webhdfs/v1/<PATH>?op=CREATE
overwrite=<true|false>][&blocksize=<LONG>][&replication=<SHORT>]
[&permission=<OCTAL>][&buffersize=<INT>]"
```

使用上述命令之后，会返回一个 location，它包括了已创建文件所在的 DataNode 地址及创建路径。下面就可以将文件内容发送到所显示 DataNode 对应路径下的文件内，命令如下：

```
curl -i -X PUT -T <LOCAL_FILE> "http://<DAtANODE>:<PORT>/webhdfs/
v1/<PATH>?op=CREATE..."
```

文件追加内容，首先使用下面的命令获取待追加内容文件所在的地址：

```
curl -i -X POST "http://<HOST>:<PORT>/webhdfs/v1/<PATH>?op=APPEND[&buffersize=<INT>]"
```

再结合返回内容的 location 信息，追加内容，命令如下：

```
curl -i -X POST -T <LOCAL_FILE> "http://<DAtANODE>:<PORT>/webhdfs/
v1/<PATH>?op=APPEND..."
```

打开并读取文件内容，使用下面的命令打开远程 HDFS 上的文件并读取内容：

```
curl -i -L "http://<HOST>:<PORT>/webhdfs/v1/<PATH>?op=OPEN
            [&offset=<LONG>][&length=<LONG>][&buffersize=<INT>]"
```

需要注意的是，这个命令首先会返回文件所在的 location 信息，然后打印文件的具体内容。

创建文件夹：

```
curl -i -X PUT "http://<HOST>:<PORT>/<PATH>?op=MKDIRS[&permission=<OCTAL>]"
```

重命名文件夹或文件：

```
curl -i -X PUT "<HOST>:<PORT>/webhdfs/v1/<PATH>?op=RENAME&destination=<PATH>"
```

删除文件夹或者文件：

```
curl -i -X DELETE "http://<host>:<port>/webhdfs/v1/<path>?op=DELETE
                              [&recursive=<true|false>]"
```

查看文件夹或文件信息：

```
curl -i  "http://<HOST>:<PORT>/webhdfs/v1/<PATH>?op=GETFILESTATUS"
```

列举文件夹内容：

```
curl -i  "http://<HOST>:<PORT>/webhdfs/v1/<PATH>?op=LISTSTATUS"
```

3. 其他文件系统操作

获取文件夹统计信息：

```
curl -i "http://<HOST>:<PORT>/webhdfs/v1/<PATH>?op=GETCONTENTSUMMARY"
```

这个命令主要返回一下文件夹信息：文件夹个数、文件个数、总字长和总大小等。
获取文件校验和：

```
curl -i "http://<HOST>:<PORT>/webhdfs/v1/<PATH>?op=GETFILECHECKSUM"
```

主要返回校验算法、校验字符串和字符串长度。
获取当前 web 用户的主目录：

```
curl -i "http://<HOST>:<PORT>/webhdfs/v1/?op=GETHOMEDIRECTORY"
```

设置权限：

```
curl -i -X PUT "http://<HOST>:<PORT>/webhdfs/v1/<PATH>?op=SETPERMISSION
                              [&permission=<OCTAL>]"
```

设置文件夹或文件属主属性：

```
curl -i -X PUT "http://<HOST>:<PORT>/webhdfs/v1/<PATH>?op=SETOWNER
                              [&owner=<USER>][&group=<GROUP>]"
```

设置备份数量：

```
curl -i -X PUT "http://<HOST>:<PORT>/webhdfs/v1/<PATH>?op=SETREPLICATION
                              [&replication=<SHORT>]"
```

4. 常见错误

在使用 WebHDFS 时经常会抛出一些异常，但是从异常的信息大体都能分析出问题所在，下面介绍几种常见的异常和分析。

（1）Illegal Argument Exception

这种异常出现的返回信息如下：

```
HTTP/1.1 400 Bad Request
Content-Type: application/json
Transfer-Encoding: chunked
```

```
    {
    "RemoteException":
    {
        "exception"    : "IllegalArgumentException",
        "javaClassName": "java.lang.IllegalArgumentException",
        "message"      : "Invalid value for webhdfs parameter \"permission\": ..."
    }
}
```

从异常信息可以很明显看出是命令的参数不对，这就需要用户仔细检查自己的参数是否有输入错误或拼写错误。

（2）Security Exception

这种异常出现的返回信息如下：

```
HTTP/1.1 401 Unauthorized
Content-Type: application/json
Transfer-Encoding: chunked

{
    "RemoteException":
    {
        "exception"    : "SecurityException",
        "javaClassName": "java.lang.SecurityException",
        "message"      : "Failed to obtain user group information: ..."
    }
}
```

出现这种异常的原因是提交命令的用户应通过认证，这就需要用户先提交认证信息。

（3）File Not Found Exception

这种异常出现的返回信息如下：

```
HTTP/1.1 404 Not Found
Content-Type: application/json
Transfer-Encoding: chunked

{
    "RemoteException":
    {
        "exception"    : "FileNotFoundException",
        "javaClassName": "java.io.FileNotFoundException",
        "message"      : "File does not exist: /foo/a.patch"
    }
}
```

出现这种异常的原因是找不到指定的目录或者文件，这需要用户确认自己命令中的路径和文件。

9.9　本章小结

在本章中，深入介绍了 Hadoop 中一个关键的分布式文件系统 HDFS。HDFS 是 Hadoop 的一个核心子项目，是 Hadoop 进行大数据存储管理的基础，它支持 MapReduce 分布式计算。

首先，对 Hadoop 的文件系统进行了总体的概括，随后针对 HDFS 进行了简单介绍，分析了它的研究背景和设计基础。有了这样的背景知识，就可以在随后的章节中更好地理解 HDFS 的功能和实现。本章还从结构上对 HDFS 进行了描述，给出了 HDFS 的相关概念，包括块、NameNode、DataNode 等。通过对 HDFS 概念的学习，还可以了解 HDFS 的体系结构。

其次，在掌握基本概念的基础上，我们介绍了 HDFS 的基本操作接口。HDFS 为开发者提供了丰富的接口，包括命令行接口和各种方便使用的 Java 接口，可以通过 Java API 对 HDFS 中的文件执行常规的文件操作。不仅如此，在使用 API 对 HDFS 文件系统进行管理的基础上，还对 HDFS 中文件流的读 / 写进行了详细介绍。这对更深入地了解 HDFS 有很大帮助。

最后，本章对 HDFS 的命令进行了详细讲解，并对其中特有的 distcp 操作和归档文件进行了具体说明，理解了它们可以更好地帮助大家了解 Hadoop 的文件系统。

第 10 章

Hadoop 的管理

本章内容

☐ HDFS 文件结构

☐ Hadoop 的状态监视和管理工具

☐ Hadoop 集群的维护

☐ 本章小结

在第 2 章我们已经详细介绍了如何安装和部署 Hadoop 集群，本章我们将具体介绍如何维护集群以保证其正常运行。毋庸置疑，维护一个大型集群稳定运行是必要的，手段也是多样的。为了更清晰地了解 Hadoop 集群管理的相关内容，本章主要从 HDFS 本身的文件结构，Hadoop 的监控管理工具以及集群常用的维护功能三方面进行讲解。

10.1 HDFS 文件结构

作为一名合格的系统运维人员，首先要全面掌握系统的文件组织目录。对于 Hadoop 系统的运维人员来说，就是要掌握 HDFS 中的 NameNode、DataNode、Secondery NameNode 是如何在磁盘上组织和存储持久化数据的。只有这样，当遇到问题时，管理人员才能借助系统本身的文件存储机制来快速诊断和分析问题。下面从 HDFS 的几个方面来分别介绍。

1. NameNode 的文件结构

最新格式化的 NameNode 会创建以下目录结构：

```
${dfs.name.dir}/current/VERSION
                       /edits
                       /fsimage
                       /fstime
```

其中，dfs.name.dir 属性是一个目录列表，是每个目录的镜像。VERSION 文件是 Java 属性文件，其中包含运行 HDFS 的版本信息。下面是一个典型的 VERSION 文件包含的内容：

```
#Wed Mar 23 16:03:27 CST 2011
namespaceID=1064465394
cTime=0
storageType=NAME_NODE
layoutVersion=-18
```

其中，namespaceID 是文件系统的唯一标识符。在文件系统第一次被格式化时便会创建 namespaceID。这个标识符也要求各 DataNode 节点和 NameNode 保持一致。NameNode 会使用此标识符识别新的 DataNode。DataNode 只有在向 NameNode 注册后才会获得此 namespaceID。cTime 属性标记了 NameNode 存储空间创建的时间。对于新格式化的存储空间，虽然这里的 cTime 属性值为 0，但是只要文件系统被更新，它就会更新到一个新的时间戳。storageType 用于指出此存储目录包含一个 NameNode 的数据结构，在 DataNode 中它的属性值为 DATA_NODE。

layoutVersion 是一个负的整数，定义了 HDFS 持久数据结构的版本。注意，该版本号和 Hadoop 的发行版本号无关。每次 HDFS 的布局发生改变，该版本号就会递减（比如 -18 版本号之后是 -19），在这种情况下，HDFS 就需要更新升级，因为如果一个新的 NameNode 或 DataNode 还处在旧版本上，那么系统就无法正常运行，各节点的版本号要保持一致。

NameNode 的存储目录包含 edits、fsimage、fstime 三个文件。它们都是二进制的文件，可以通过 HadoopWritable 对象进行序列化。下面将深入介绍 NameNode 的工作原理，以便使大家更清晰地理解这三个文件的作用。

2. 编辑日志（edit log）及文件系统映像（filesystem image）

当客户端执行写操作时，NameNode 会先在编辑日志中写下记录，并在内存中保存一个文件系统元数据，元数据会在编辑日志有所改动后进行更新。内存中的元数据用来提供读数据请求服务。

编辑日志会在每次成功操作之后、成功代码尚未返回给客户端之前进行刷新和同步。对于要写入多个目录的操作，写入流要刷新和同步到所有的副本，这就保证了操作不会因故障而丢失数据。

fsimage 文件是文件系统元数据的持久性检查点。和编辑日志不同，它不会在每个文件系统的写操作后都进行更新，因为写出 fsimage 文件会非常慢（fsimage 可能增长到 GB 大小）。这种设计并不会影响系统的恢复力，因为如果 NameNode 失败，那么元数据的最新状态可以通过将从磁盘中读出的 fsimage 文件加载到内存中来进行重建恢复，然后重新执行编辑日志中的操作。事实上，这也正是 NameNode 启动时要做的事情。一个 fsimage 文件包含以序列化格式存储的文件系统目录和文件 inodes。每个 inodes 表示一个文件或目录的元数据信息，以及文件的副本数、修改和访问时间等信息。

正如上面所描述的，Hadoop 文件系统会出现编辑日志不断增长的情况。尽管在 NameNode 运行期间不会对系统造成影响，但是，如果 NameNode 重新启动，它将会花费很长时间来运行编辑日志中的每个操作。在此期间（即安全模式时间），文件系统还是不可用的，通常来说这是不符合应用需求的。

为了解决这个问题，Hadoop 在 NameNode 之外的节点上运行一个 Secondary NameNode 进程，它的任务就是为原 NameNode 内存中的文件系统元数据产生检查点。其实 Secondary NameNode 是一个辅助 NameNode 处理 fsimage 和编辑日志的节点，它从 NameNode 中复制 fsimage 和编辑日志到临时目录并定期合并生成一个新的 fsimage，随后它会将新的 fsimage 上传到 NameNode，这样，NameNode 便可更新 fsimage 并删除原来的编辑日志。下面我们参照图 10-1 对检查点处理过程进行描述。

下面介绍检查点处理过程的具体步骤。

1）Secondary NameNode 首先请求原 NameNode 进行 edits 的滚动，这样新的编辑操作就能够进入一个新的文件中了。

2）Secondary NameNode 通过 HTTP 方式读取原 NameNode 中的 fsimage 及 edits。

3）Secondary NameNode 读取 fsimage 到内存中，然后执行 edits 中的每个操作，并创建一个新的统一的 fsimage 文件。

4）Secondary NameNode（通过 HTTP 方式）将新的 fsimage 发送到原 NameNode。

5）原 NameNode 用新的 fsimage 替换旧的 fsimage，旧的 edits 文件通过步骤 1）中的 edits 进行替换。同时系统会更新 fsimage 文件到记录检查点记录的时间。

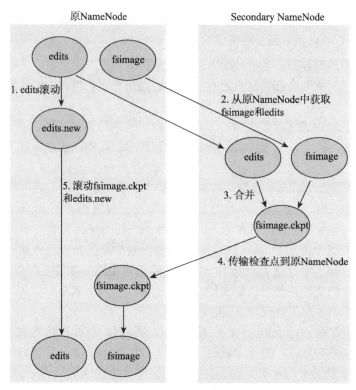

图 10-1　检查点处理过程

在这个过程结束后，NameNode 就有了最新的 fsimage 文件和更小的 edits 文件。事实上，对于 NameNode 在安全模式下的这种情况，管理员可以通过以下命令运行这个过程：

```
hadoop dfsadmin -saveNamespace
```

这个过程清晰地表明了 Secondary NameNode 要有和原 NameNode 一样的内存需求的原因——要把 fsimage 加载到内存中，因此 Secondary NameNode 在集群中也需要有专用机器。

有关检查点的时间表由两个配置参数决定。Secondary NameNode 每小时会插入一个检查点（fs.chec- kpoint.period，以秒为单位），如果编辑日志达到 64MB（fs.checkpoint.size，以字节为单位），则间隔时间更短，每隔 5 分钟会检查一次。

3. Secondary NameNode 的目录结构

Secondary NameNode 在每次处理过程结束后都有一个检查点。这个检查点可以在一个子目录 /previous.checkpoint 中找到，可以作为 NameNode 的元数据备份源，目录如下：

```
${fs.checkpoint.dir}/current/VERSION
                            /edits
                            /fsimage
                            /fstime
              /previous.checkpoint/VERSION
```

```
/edits
/fsimage
/fstime
```

以上这个目录和 Secondary NameNode 的 /current 目录结构是完全相同的。这样设计的目的是：万一整个 NameNode 发生故障，并且没有用于恢复的备份，甚至 NFS 中也没有备份，就可以直接从 Secondary NameNode 恢复。具体方式有两种，第一种是直接复制相关的目录到新的 NameNode 中。第二种是在启动 NameNode 守护进程时，Secondary NameNode 可以使用 -importCheckpoint 选项，并作为新的 NameNode 继续运行任务。-importCheckpoint 选项将加载 fs.checkpoint.dir 属性定义的目录中的最新检查点的 NameNode 数据，但这种操作只有在 dfs.name.dir 所指定的目录下没有元数据的情况下才进行，这样就避免了重写之前元数据的风险。

4. DataNode 的目录结构

DataNode 不需要进行格式化，它会在启动时自己创建存储目录，其中关键的文件和目录如下：

```
${dfs.data.dir}/current/VERSION
                       /blk_<id_1>
                       /blk_<id_1>.meta
                       /blk_<id_2>
                       /blk_<id_2>.meta
                       /...

                       /subdir0/
                       /subdir1/
                       /...
                       /subdir63/
```

DataNode 的 VERSION 文件和 NameNode 的非常类似，内容如下：

```
#Tue Mar 10 21:32:31 GMT 2010
namespaceID=134368441
storageID=DS-547717739-172.16.85.1-50010-1236720751627
cTime=0
storageType=DATA_NODE
layoutVersion=-18
```

其中，namespaceID、cTime 和 layoutVersion 值与 NameNode 中的值都是一样的，namaspaceID 在第一次连接 NameNode 时就会从中获取。stroageID 相对于 DataNode 来说是唯一的，用于在 NameNode 处标识 DataNode。storageType 将这个目录标志为 DataNode 数据存储目录。

DataNode 中 current 目录下的其他文件都有 blk_refix 前缀，它有两种类型：

1）HDFS 中的文件块本身，存储的是原始文件内容；

2）块的元数据信息（使用 .meta 后缀标识）。一个文件块由存储的原始文件字节组成，元数据文件由一个包含版本和类型信息的头文件和一系列块的区域校验和组成。

当目录中存储的块数量增加到一定规模时，DataNode 会创建一个新的目录，用于保存新的块及元数据。当目录中的块数量达到 64（可由 dfs.DataNode.numblocks 属性值确定）时，便会新建一个子目录，这样就会形成一个更宽的文件树结构，避免了由于存储大量数据块而导致目录很深，使检索性能免受影响。通过这样的措施，数据节点可以确保每个目录中的文件块数是可控的，也避免了一个目录中存在过多文件。

10.2 Hadoop 的状态监视和管理工具

对一个系统运维的管理员来说，进行系统监控是必须的。监控的目的是了解系统何时出现问题，并找到问题出在哪里，从而做出相应的处理。管理守护进程对监控 NameNode、DataNode 和 JobTracker 是非常重要的。在实际运行中，因为 DataNode 及 TaskTracker 的故障可能随时出现，所以集群需要提供额外的功能以应对少部分节点出现的故障。管理员也要隔一段时间执行一些监测任务，以获知当前集群的运行状态。本节将详细介绍 Hadoop 如何实现系统监控。

10.2.1 审计日志

HDFS 通过审计日志可以实现记录文件系统所有文件访问请求的功能，其审计日志功能通过 log4j 实现，但是在默认配置下这个功能是关闭的：log 的记录等级在 log4j.properties 中被设置为 WARN：

```
log4j.logger.org.apache.hadoop.fs.FSNamesystem.audit=WARN
```

在此处将 WARN 修改为 INFO，便可打开审计日志功能。这样在每个 HDFS 事件之后，系统都会在 NameNode 的 log 文件中写入一行记录。下面是一个请求 /usr/hadoop 文件的例子：

```
2010-03-13 07:11:22,982 INFO org.apache.hadoop.hdfs.server.namenode.FSNamesystem.audit:
ugi=admin,staff,admin ip=/127.0.0.1 cmd=listStatus src=/user/admin=null
perm=null
```

关于 log4j 还有很多其他配置可改，比如可以将审计日志从 NameNode 的日志文件中分离出来等。具体操作可查看 Hadoop 的 Wiki：http://wiki.apache.org/hadoop/HowToConfigure。

10.2.2 监控日志

所有 Hadoop 守护进程都会产生一个日志文件，这对管理员来说非常重要。下面我们就介绍如何使用这些日志文件。

1. 设置日志级别

当进行故障调试排除时，很有必要临时调整日志的级别，以获得系统不同类型的信息。log4j 日志一般包含这样几个级别：OFF、FATAL、ERROR、WARN、INFO、DEBUG、ALL 或用户自定义的级别。

Hadoop 守护进程有一个网络页面可以用来调整任何 log4j 日志的级别，在守护进程的网络 UI 后附后缀 /logLevel 即可访问该网络页面。按照规定，日志的名称和它所对应的执行日志记录的类名是一样的，可以通过查找源代码找到日志名称。例如，为了调试 JobTracker 类的日志，可以访问 JobTracker 的网络 UI：http://jobtracker-host:50030/logLevel，同时设置日志名称 org.apache.hadoop.mapred.JobTracker 到层级 DEBUG。当然也可以通过命令行进行调整，代码如下：

```
hadoop daemonlog -setlevel jobtracker-host:50030 \
org.apache.hadoop.mapred.JobTracker DEBUG
```

通过命令行修改的日志级别会在守护进程重启时被重置，如果想要持久化地改变日志级别，那么只要改变 log4j.properties 文件内容即可。我们可以在文件中加入以下行：

```
log4j.logger.org.apache.hadoop.mapred.JobTracker=DEBUG
```

2. 获取堆栈信息

有关系统的堆栈信息，Hadoop 守护进程提供了一个网络页面（在网络 UI 后附后缀 /stacks 才可以访问），该网络页面可以为管理员提供所有守护进程 JVM 中运行的线程信息。可以通过以下链接访问该网络页面：http://jobtracker -host:50030/stacks。

10.2.3　Metrics

事实上，除了 Hadoop 自带的日志功能以外，还有很多其他可以扩展的 Hadoop 监控程序供管理员使用。在介绍这些监控工具之前，先对系统的可度量信息（Metrics）进行简单讲解。

HDFS 及 MapReduce 的守护进程会按照一定的规则来收集系统的度量信息。我们将这种度量规则称为 Metrics。例如，DataNode 会收集如下度量信息：写入的字节数、被复制的文件块数及来自客户端的请求数等。

Metrics 属于一个上下文，当前 Hadoop 拥有 dfs、mapred、rpc、jvm 等上下文。Hadoop 守护进程会收集多个上下文的度量信息。所谓上下文即应用程序进入系统执行时，系统为用户提供的一个完整的运行时环境。进程的运行时环境是由它的程序代码和程序运行所需要的数据结构以及硬件环境组成的。

这里我们认为，一个上下文定义了一个单元，比如，可以选择获取 dfs 上下文或 jvm 上下文。我们可以通过配置 conf/hadoopmetrics.properties 文件设定 Metrics。在默认情况下，会将所有上下文都配置为 NullContext 类，这代表它们不会发布任何 Metrics。下面是配置文件的默认配置情况：

```
dfs.class=org.apache.hadoop.metrics.spi.NullContext
mapred.class=org.apache.hadoop.metrics.spi.NullContext
jvm.class=org.apache.hadoop.metrics.spi.NullContext
rpc.class=org.apache.hadoop.metrics.spi.NullContext
```

其中每一行都针对一个不同的上下文单元，同时每一行定义了处理此上下文 Metrics 的类。这里的类必须是 MetricsContext 接口的一个实现；在上面的例子中，这些 NullContext 类正如其名，什么都不做，既不发布也不更新它们的 Metrics。

下面我们来介绍 MetricsContext 接口的实现。

1. FileContext

利用 FileContext 可将 Metrics 写入本地文件。FileContext 拥有两个属性：fileName——定义文件的名称，period——指定文件更新的间隔。这两个属性都是可选的，如果不进行设置，那么 Metrics 每隔 5 秒就会写入标准输出。

配置属性将应用于指定的上下文中，并通过在上下文名称后附加点"."及属性名进行标示。比如，为了将 jvm 导出一个文件，我们会通过以下方法调整它的配置：

```
jvm.class=org.apache.hadoop.metrics.file.FileContext
jvm.fileName=/tmp/jvm_metrics.log
```

其中，第一行使用 FileContex 来改变 jvm 的上下文，第二行将 jvm 上下文导出临时文件。

需要注意的是，FileContext 非常适合于本地系统的调试，但是它并不适合在大型集群中使用，因为它的输出文件会被分散到集群中，使分析的时间成本变得很高。

2. GangliaContext

Ganglia（http://ganglia.info/）是一个开源的分布式监控系统，主要应用于大型分布式集群的监控。通过它可以更好地监控和调整集群中每个机器节点的资源分配。Ganglia 本身会收集一些监控信息，包括 CPU 和内存使用率等。通过使用 GangliaContext 我们可以非常方便地将 Hadoop 的一些测量内容注入 Ganglia 中。此外，GangliaContext 有一个必须的属性——servers，它的属性值是通过空格或逗号分隔的 Ganglia 服务器主机地址：端口。我们将在 10.2.5 节中进行详细讲解。

3. NullContextWithUpdateThread

通过前面的介绍，我们会发现 FileContext 和 GangliaContext 都将 Metrics 推广到外部系统。而 Hadoop 内部度量信息的获取需要另外的工具，比如著名的 Java 管理扩展（Java Management Extensions，JMX），JMX 中的 NullContextWithUpdateThread 就是用来解决这个问题的（我们将在后面进行详细讲解）。和 NullContext 相似，它不会发布任何 Mertics，但是它会运行一个定时器周期性地更新内存中的 Metrics，以保证另外的系统可以获得最新的 Metrics。

除 NullContextWithUpdateThread 外，所有 MetricsContext 都会执行这种在内存中定时更新的方法，所以只有当不使用其他输出进行 Metrics 收集时，才需要使用 NullContext-WithUpdateThread。举例来说，如果之前正在使用 GangliaContext，那么随后只要确认 Metrics 是否被更新，而且只需要使用 JMX，不用进一步对 Metrics 系统进行配置。

4. CompositeContext

CompositeContext 允许我们输出多个上下文中的相同的 Metrics，比如下面的这个例子：

```
jvm.class=org.apache.hadoop.metrics.spi.CompositeContext
jvm.arity=2
jvm.sub1.class=org.apache.hadoop.metrics.file.FileContext
```

```
jvm.fileName=/tmp/jvm_metrics.log
jvm.sub2.class=org.apache.hadoop.metrics.ganglia.GangliaContext
jvm.servers=ip-10-70-20-111.ec2.internal:8699
```

其中 arity 属性用来定义子上下文数量，在这里它的值为 2。所有子上下文的属性名称都可以使用下面的句子设置：jvm.sub1.class=org.apache.hadoop.metrics.file.FileContext。

10.2.4　Java 管理扩展

Java 管理扩展（JMX）是一个为应用程序、设备、系统等植入管理功能的框架。JMX 可以跨越一系列异构操作系统平台、系统体系结构和网络传输协议，灵活地开发无缝集成的系统、网络和服务管理应用。Hadoop 包含多个 MBean（Managed Bean，管理服务，它描述一个可管理的资源），它可以将 Hadoop 的 Metrics 应用到基于 JMX 的应用程序中。当前 MBeans 可以将 Metrics 展示到 dfs 和 rpc 上中文中，但不能在 mapred 及 jvm 上下文中实现。表 10-1 是 MBeans 的列表。

表 10-1　Hadoop 的 MBeans

MBean 类	后 台 进 程	说　　明
NameNodeActivityMBean	名称节点	名称节点活动的度量，比如创建文件操作的数量
FsaNamesystemMbean	名称节点	名称节点状态的度量，比如已连接的数据节点数量
DataNodeActivityMbean	数据节点	数据节点活动度量，比如读入的字节数
FSdatasetMbean	数据节点	数据节点储存度量，比如容量、空闲存储空间
RpcActivityMbean	所有使用 RPC 的守护进程：名称节点、数据节点、JobTracker 和 TaskTracker	RPC 统计数据，比如平均处理时间

JDK 中的 Jconsole 工具可以帮助我们查看 JVM 中运行的 MBeans 信息，使我们很方便地浏览 Hadoop 中的监控信息。很多第三方监控和调整系统（Nagios 和 Hyperic 等）可用于查询 MBeans，这样 JMX 自然就成为我们监控 Hadoop 系统的最好工具。但是，需要设置支持远程访问的 JMX，并且设置一定的安全级别，包括密码权限、SSL 链接及 SSL 客户端权限设置等。为了使系统支持远程访问，JMX 要求对一些选项进行更改，其中包括设置 Java 系统的属性（可以通过编辑 Hadoop 的 conf/hadoop-env.sh 文件实现）。下面的例子展示了如何通过密码远程访问 NameNode 中的 JMX（在 SSL 不可用的条件下）：

```
export HADOOP_NameNode_OPTS="-Dcom.sun.management.jmxremote
-Dcom.sun.management.jmxremote.ssl=false
-Dcom.sun.management.jmxremote.password.file=$HADOOP_CONF_DIR/jmxremote.password
-Dcom.sun.management.jmxremote.port=8004 $HADOOP_NameNode_OPTS"
```

jmxremote.password 文件以纯文本的格式列出了所有的用户名和密码。JMX 文档有关于 jmxremote.password 文件的更进一步的格式信息。

通过以上的配置，我们可以使用 JConsole 工具浏览远程 NameNode 中的 MBean 监控信息。事实上，我们还有很多其他方法实现这个功能，比如通过 jmxquery（一个命令行工具，具体信息可查看 http://code.google.com/p/jmxquery/）来检索低于副本要求的块：

```
./check_jmx -U service:jmx:rmi:///jndi/rmi://NameNode-host:8004/jmxrmi -O \
hadoop:service=NameNode,name=FSNamesystemState -A UnderReplicatedBlocks \
-w 100 -c 1000 -username monitorRole -password secret
JMX OK - UnderReplicatedBlocks is 0
```

通过 jmxquery 命令创建一个 JMX RMI 链接，链接到 NameNode 主机地址上，端口号为 8004。它会读取对象名为 hadoop:service=NameNode，name=FSNamesystemState 的 UnderReplicatedBlocks 属性，并将读出的值写入终端。-w、-c 选项定义了警告和数值的临界值，这个临界值的选定要在我们运行和维护集群一段时间以后才能选出比较合适的经验值。

需要注意的是，尽管我们可以通过 JMX 的默认配置看到 Hadoop 的监控信息，但是它们不会自动更新，除非更改 MetricContext 的具体实现。如果 JMX 是我们使用的监控系统信息的唯一方法，那么就可以把 MetricContext 的实现更改为 NullContextWithUpdateThread。

通常大多数人会使用 Ganglia 和另外一个可选的系统（比如 Nagios）来进行 Hadoop 集群的检测工作。Ganglia 可以很好地完成大数据量监控信息的收集和图形化工作，而 Nagios 及类似的系统则更擅长处理小规模的监控数据，并且在监控信息超出设定的监控阈值时发出警告。管理者可以根据需求选择合适的工具。下一节我们就对 Ganglia 的使用配置进行详细讲解。

10.2.5　Ganglia

Ganglia 是 UC Berkeley 发起的一个开源集群监视项目，用于测量数以千计的节点集群。Ganglia 的核心包含两个 Daemon（分别是客户端 Ganglia Monitoring Daemon（gmond）和服务端 Ganglia Meta Daemon（gmetad），以及一个 Web 前端。Daemon 主要是用来监控系统性能，如 CPU、memory、硬盘利用率、I/O 负载、网络流量情况等；Web 前端页面主要用于获得各个节点工作状态的曲线描述。Ganglia 可以帮助我们合理调整、分配系统资源，为提高系统整体性能起到了重要作用。

处于监控状态下的每台位于节点上的计算机都需要运行一个收集和发送度量数据的名为 gmond 的守护进程。接收所有度量数据的主机可以显示这些数据，并且可以将这些数据传递到监控主机中。gmond 带来的系统负载非常少，它的运行不会影响用户应用进程的性能。多次收集这些数据则会影响节点性能。网络中的"抖动"发生在大量小消息同时出现时，可以通过将节点时钟保持一致来避免这个问题。

gmetad 可以部署在集群内任一台位于节点上的或通过网络连接到集群的独立主机中，它通过单播路由的方式与 gmond 通信，收集区域内节点的状态信息，并以 XML 数据的形式保存在数据库中。最终由 RRDTool 工具处理数据，并生成相应的图形显示，以 Web 方式直观地提供给客户端。这个服务器可以被看做是一个信息收集的装置，可以同时监控多个客户端的系统状况，并把信息显示在 Web 界面上。通过 Web 端连接这个服务器，就可以看到它所监控的所有机器状态。

1. 服务器端的安装与配置

首先需要在服务器端安装下列包：ganglia-gmetad-3.0.3-1.fc4.i386.rpm（从各个网段获取汇总监控信息），rrdtool-1.2.18-1.el4.rf.i386.rpm（显示图像的工具），rrdtool-devel- 1.2.18-1.el4.rf.i386.rpm，ganglia-web-3.0.3-1.noarch.rpm（Ganglia 的 Web 程序），perl-rrdtool-1.2.18- 1.el4.rf.i386.rpm。使用 #rpm –ivh 软件包 .rpm 可以安装这些包。

安装完成之后，找到 Ganlia 服务端的配置文档：/etc/gmetad.conf，可以根据不同的需求进行配置。在这里只简单介绍一下如何添加或修改要监控的系统。先通过 #vi /etc/gmetad.conf 命令（进入编辑），找到 data_source "Login FARM" 10.77.20.111:8651 10.77.20.111:8699（后面的这些 IP 地址就是要监控的主机，冒号后跟的是要监听的端口号，这个端口号将在介绍客户端的配置时提到）。其他属性保持默认配置即可。

配置完成后要重启 gmetad 服务：#service gmetad restart。下面我们来配置虚拟主机，设置路径 DocumentRoot 为 "/var/www/html/ganglia"：

```
# 配置虚拟主机
<Directory "/var/www/html/ganglia">
    Options Indexes FollowSymLinks
    AllowOverride None
    Order allow,deny
    Allow from all
</Directory>
```

然后重启 httpd 服务：service httpd restart，即完成服务器端的安装和配置。

2. 客户端的安装与配置

在客户端安装 Ganglia，是为了收集本机的信息，并通过设置好的端口把信息传给服务器端，因此我们需要在所有节点上进行相应的安装和配置。下面我们来讲解如何进行客户端的安装。

首先在客户端安装软件包：ganglia-gmond-3.0.3-1.fc4.i386.rpm。安装完成后，找到它的配置文档 /etc/gmond.conf 并打开编辑（#vi /etc/gmond.conf）。接着找到配置文件中如下部分并按照所给出的例子进行配置。

```
/* You can specify as many tcp_accept_channels as you like to share
    an xml description of the state of the cluster */
tcp_accept_channel {
    port = 8699   /* 注释：这个是端口，通过它来传送系统信息。注意要和服务器端监听的端口一致 */
acl {
default = "deny"
access {
ip =10.77.20.111    /* 注释：这里是服务器的 IP 地址 */
mask = 32
action = "allow"
```

```
    }    }         }
```

完成配置后，重启 gmond 服务（#service gmond restart）即可。至此 Ganglia 在服务器端和客户端的安装完成，我们可以查看它的运行状态，如图 10-2 所示。

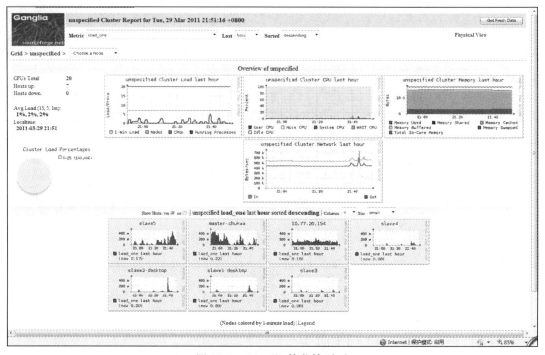

图 10-2　Ganglia 的监控页面

事实上，有很多其他可以扩展 Hadoop 监控能力的工具比如本书第 17 章介绍的 Chukwa，它是一个数据收集和监控系统，构建于 HDFS 和 MapReduce 之上，也是可供管理员选择的监控工具。Chukwa 可以统计分析日志文件，从而提供给管理员想要的信息。

10.2.6　Hadoop 管理命令

在了解扩展的监控管理工具的同时，也不能忘记 Hadoop 本身为我们提供了相应的系统管理工具，本节我们就对相关的工具进行介绍。

1. dfsadmin

dfsadmin 是一个多任务的工具，我们可以使用它来获取 HDFS 的状态信息，以及在 HDFS 上执行的管理操作。管理员可以在终端中通过 Hadoop dfsadmin 命令调用它，这里需要使用超级用户权限。dfsadmin 相关的命令如表 10-2 所示。

表 10-2　dfsadmin 命令解析

命令选项	描　　述
-report	报告文件系统的基本信息和统计信息
-safemode enter | leave | get | wait	安全模式维护命令。安全模式是 NameNode 的一种状态，在这种状态下，NameNode 不接受对名字空间的更改（只读）；不复制或删除块 　　NameNode 会在启动时自动进入安全模式，当配置块的最小百分数满足最小副本数的条件时，会自动离开安全模式。可以手动进入安全模式，但是也必须手动关闭它
-refreshNodes	重新读取 hosts 和 exclude 文件，使新的节点或需要退出集群的节点能够被 NameNode 重新识别。
-finalizeUpgrade	终结 HDFS 的升级操作。DataNode 删除前一个版本的工作目录，之后 NameNode 也这样做
-upgradeProgress status | details | force	请求当前系统的升级状态、升级状态的细节，或者进行强制升级操作
-metasave filename	保存 NameNode 的主要数据结构到 hadoop.log.dir 属性指定的目录下的 <filename> 文件中。对于下面的每一项，<filename> 中都有一行内容与之对应： 1）NameNode 收到的 DataNode 的心跳信号 2）等待被复制的块 3）正在被复制的块 4）等待被删除的块
-setQuota <quota> <dirname>...<dirname>	为每个目录 <dirname> 设定配额 <quota>。目录配额是一个长整型整数，强制限定目录树下的名字个数。以下情况会报错： 1）N 不是一个正整数 2）用户不是管理员 3）这个目录不存在或为文件 4）目录会马上超出新设定的配额
-clrQuota <dirname>...<dirname>	为每个目录 <dirname> 清除配额设定。以下情况会报错： 1）该目录不存在或为文件 2）用户不是管理员 如果目录原来没有配额，则不会报错
-help [cmd]	显示给定命令的帮助信息，如果没有给定命令，则显示所有命令的帮助信息

2. 文件系统验证（fsck）

Hadoop 提供了 fsck 工具来验证 HDFS 中的文件是否正常可用。这个工具可以检测文件块是否在 DataNode 中丢失，是否低于或高于文件副本要求。下面给出使用的例子：

```
hadoop fsck /
......................Status: HEALTHY
Total size: 511799225 B
Total dirs: 10
Total files: 22
Total blocks (validated): 22 (avg. block size 23263601 B)
Minimally replicated blocks: 22 (100.0 %)
Over-replicated blocks: 0 (0.0 %)
Under-replicated blocks: 0 (0.0 %)
Mis-replicated blocks: 0 (0.0 %)
Default replication factor: 3
```

```
Average block replication: 3.0
Corrupt blocks: 0
Missing replicas: 0 (0.0 %)
Number of data-nodes: 4
Number of racks: 1
The filesystem under path '/' is HEALTHY
```

fsck 会递归遍历文件系统的 Namespace，从文件系统的根目录开始检测它所找到的全部文件，并在它验证过的文件上标记一个点。要检查一个文件，fsck 首先会检索元数据中文件的块，然后查看是否有问题或是否一致。这里需要注意的是，fsck 验证只和 NameNode 通信而不和 DataNode 通信。

以下是几种 fsck 的输出情况。

（1）Over-replicated blocks

Over-replicated blocks 用来指明一些文件块副本数超出了它所属文件的限定。通常来说，过量的副本数存在并不是问题，HDFS 会自动删除多余的副本。

（2）Under-replicated blocks

Under-replicated blocks 用来指明文件块数未达到所属文件要求的副本数量。HDFS 也会自动创建新的块直到该块的副本数能够达到要求。可以通过 hadoop dfsadmin –metasave 命令获得正在被复制的块信息。

（3）Misreplicated blocks

Misreplicated blocks 用来指明不满足块副本存储位置策略的块。例如，假设副本因子为 3，如果一个块的所有副本都存在于一个机器中，那么这个块就是 Misreplicated blocks。针对这个问题，HDFS 不会自动调整。我们只能通过手动设置来提高该文件的副本数，然后再将它的副本数设置为正常值来解决这个问题。

（4）Corrupt blocks

Corrupt blocks 用来指明所有的块副本全部出现问题。只要块存在的副本可用，它就不会被报告为 Corrupt blocks。NameNode 会使用没有出现问题的块进行复制操作，直到达到目标值。

（5）Missing replicas

Missing replicas 用来表明集群中不存在副本的文件块。

Missing replicas 及 Corrupt blocks 被关注得最多，因为出现这两种情况意味着数据的丢失。fsck 默认不去处理那些丢失或出现问题的文件块，但是可以通过命令使其执行以下操作：

❑ 通过 -move，将出现问题的文件放入 HDFS 的 /lost+found 文件夹下。

❑ 通过 -delete 选项将出现问题的文件删除，删除后即不可恢复。

3. 找到某个文件的所有块

fsck 提供一种简单的方法用于查找属于某个文件的所有块，代码如下：

```
hadoop fsck /user/admin/In/hello.txt -files -blocks -racks
/user/admin/In/hello.txt 13 bytes, 1 block(s):  OK
0. blk_-8114668855310504639_1056 len=13 repl=1 [/default-rack/127.0.0.1:50010]

Status: HEALTHY
 Total size:     13 B
 Total dirs:     0
 Total files:    1
 Total blocks (validated):       1 (avg. block size 13 B)
 Minimally replicated blocks:    1 (100.0 %)
 Over-replicated blocks:         0 (0.0 %)
 Under-replicated blocks:        0 (0.0 %)
 Mis-replicated blocks:          0 (0.0 %)
 Default replication factor:     1
 Average block replication:      1.0
 Corrupt blocks:                 0
 Missing replicas:               0 (0.0 %)
 Number of data-nodes:           1
 Number of racks:                1
The filesystem under path '/user/admin/In/hello.txt' is HEALTHY
```

从以上输出中可以看到：文件 hello.txt 由一个块组成，并且命令也返回了它所在的 DataNode。fsck 的选项如下：

❑ -files，显示文件的文件名称、大小、块数量及是否可用（是否存在丢失的块）；

❑ -blocks，显示每个块在文件中的信息，一个块用一行显示；

❑ -racks，展示了每个块所处的机架位置及 DataNode 的位置。

运行 fsck 命令，如果不加选项，则执行以上所有指令。

4. DataNode 块扫描任务

每个 DataNode 都会执行一个块扫描任务，它会周期性地验证它所存储的块，这就允许有问题的块能够在客户端读取时被删除或修整。DataBlockScanner 可维护一个块列表，它会一个一个地扫描这些块，并进行校验和验证。

进行块验证的周期可以通过 dfs.DataNode.scan.period.hours 属性值来设定，默认为 504 小时，即 3 周。出现问题的块将会被报告给 NameNode 进行处理。

也可以通过访问 DataNode 的 Web 接口获得块验证的信息：http://datanodeIP:50075/block ScannerReport。下面是一个报告的样本。

```
Total Blocks              :     32
Verified in last hour     :     1
Verified in last day      :     1
Verified in last week     :     12
Verified in last four weeks :   31
Verified in SCAN_PERIOD    :    31

Not yet verified          :     1
Verified since restart    :     2
```

```
Scans since restart              :      2
Scan errors since restart        :      0
Transient scan errors            :      0
Current scan rate limit KBps :   1024

Progress this period             :      8%
Time left in cur period          :  99.96%
```

通过附加后缀 listblocks（http://datanodeIP:50075/blockScannerReport?listblocks），报告会在前面这个 DataNode 中加入所有块的最新验证状态信息。

5. 均衡器（balancer）

由于 HDFS 不间断地运行，隔一段时间可能就会出现文件在集群中分布不均匀的情况。一个不平衡的集群会影响系统资源的充分利用，所以我们要想办法避免这种情况。

balancer 程序是 Hadoop 的守护进程，它会通过将文件块从高负载的 DataNode 转移到低使用率的 DataNode 上，即进行文件块的重新分布，以达到集群的平衡。同时还要考虑 HDFS 的块副本分配策略。balancer 的目的是使集群达到相对平衡，这里的相对平衡是指每个 DataNode 的磁盘使用率和整个集群的资源使用率的差值小于给定的阈值。我们可以通过这样的命令运行 balancer 程序：start- balancer.sh。-threshold 参数设定了多个可以接受的集群平衡点。超过这个平衡预置就要进行平衡调整，对文件块进行重分布。这个参数值在大多数情况下为 10%，当然也可通过命令行设置。balancer 被设计为运行于集群后台中，不会增加集群运行负担。我们可以通过参数设置来限制 balancer 在执行 DataNode 之间的数据转移时占用的带宽资源。这个属性值可以通过 hdfs-site.xml 配置文件中的 dfs.balance.bandwidthPerSec 属性进行修改，默认为 1MB。

10.3 Hadoop 集群的维护

10.3.1 安全模式

当 NameNode 启动时，要做的第一件事情就是将映像文件 fsimage 加载到内存，并应用 edits 文件记录编辑日志。一旦成功重构和之前文件系统一致且居于内存的文件系统元数据，NameNode 就会创建一个新的 fsimage 文件（这样就可以更高效地记录检查点，而不用依赖于 Secondary NameNode）和一个空的编辑日志文件。只有全部完成了这些工作，NameNode 才会监听 RPC 和 HTTP 请求。然而，如果 NameNode 运行于安全模式下，那么文件系统只能对客户端提供只读模式的视图。

文件块的位置信息并没有持久化地存储在 NameNode 中，这些信息都存储在各 DataNode 中。在文件系统的常规操作期间，NameNode 会在内存中存储一个块位置的映射。在安全模式下，需要留给 DataNode 一定的时间向 NameNode 上传它们存储块的列表，这样 NameNode 才能获得充足的块位置信息，才会使文件系统更加高效。如果 NameNode

没有足够的时间来等待获取这些信息，那么它就会认为该块没有足够的副本，进而安排其他 DataNode 复制。这在很多情况下显然是没有必要的，还浪费系统资源。在安全模式下，NameNode 不会处理任何块复制和删除指令。

当最小副本条件达到要求时，系统就会退出安全模式，这需要延期 30 秒（这个时间由 dfs.safe- mode.extension 属性值确定，默认为 30，一些小的集群（比如只有 10 个节点），可以设置该属性值为 0）。这里所说的最小副本条件是指系统中 99.9%（这个值由 dfs.safemode.threshold.pct 属性确定，默认为 0.999）的文件块达到 dfs.replication.min 属性值所设置的副本数（默认为 1）。

当格式化一个新的 HDFS 时，NameNode 不会进入安全模式，因为此时系统中还没有任何文件块。

使用以下命令可以查看 NameNode 是否已进入安全模式：

```
hadoop dfsadmin -safemode get
Safe mode is ON
```

在有些情况下，需要在等待 NameNode 退出安全模式时执行一些命令，这时我们可以使用以下命令：

```
hadoop dfsadmin -safemode wait
# command to read or write a file
```

作为管理员，也应掌握使 NameNode 进入或退出安全模式的方法，这些操作有时也是必需的，比如在升级完集群后需要确认数据是否仍然可读等。这时我们可以使用以下命令：

```
hadoop dfsadmin -safemode enter
Safe mode is ON
```

当 NameNode 仍处于安全模式时，也可以使用以上命令以保证 NameNode 没有退出安全模式。要使系统退出安全模式可执行以下命令：

```
hadoop dfsadmin -safemode leave
Safe mode is OFF
```

10.3.2　Hadoop 的备份

1. 元数据的备份

如果 NameNode 中存储的持久化元数据信息丢失或遭到破坏，那么整个文件系统就不可用了。因此元数据的备份至关重要，需要备份不同时期的元数据信息（1 小时、1 天、1 周……）以避免突然宕机带来的破坏。

备份的一个最直接的办法就是编写一个脚本程序，然后周期性地将 Secondary NameNode 中 previous.checkpoint 子目录（该目录由 fs.checkpoint.dir 属性值确定）下的文件归档到另外的机器上。该脚本需要额外验证所复制的备份文件的完整性。这个验证可以通过在 NameNode 的守护进程中运行一个验证程序来实现，验证其是否成功地从内存中读取了

fsimage 及 edits 文件。

2. 数据的备份

HDFS 的设计目标之一就是能够可靠地在分布式集群中储存数据。HDFS 允许数据丢失的发生，所以数据的备份就显得至关重要了。由于 Hadoop 可以存储大规模的数据，备份哪些数据、备份到哪里就成为一个关键。在备份过程中，最优先备份的应该是那些不能再生的数据和对商业应用最关键的数据。而对于那些可以通过其他手段再生的数据或对于商业应用价值不是很大的数据，可以考虑不进行备份。

这里需要强调的是，不要认为 HDFS 的副本机制可以代替数据的备份。HDFS 中的 Bug 也会导致副本丢失，同样硬件也会出现故障。尽管 Hadoop 可以承受集群中廉价商用机器故障，但是有些极端情况不能排除在外，特别是系统有时还会出现软件 Bug 和人为失误的情况。

通常 Hadoop 会设置用户目录的策略，比如，每个用户都有一个空间配额，每天晚上都可进行备份工作。但是不管设置什么样的策略，都需要通知用户，以避免客户反映问题。

前面介绍的 distcp 工具（参见第 9 章 HDFS 详解）是在不同 HDFS 之间或不同 Hadoop 文件系统之间转存和备份数据的好工具，因为 distcp 可以并行运行数据复制。

10.3.3　Hadoop 的节点管理

作为 Hadoop 集群的管理员，可能随时都要处理增加和撤销机器节点的任务。例如，要增加集群的存储容量，就要增加新的节点。相反，要缩小集群的规模，就需要撤销已存在的节点。如果一个节点频繁地发生故障或运行缓慢，那么也要考虑撤销已存在的节点。节点一般承担 DataNode 和 TaskTracker 的任务，Hadoop 支持对它们的添加和撤销。

1. 添加新的节点

在第 2 章，我们介绍了如何部署 Hadoop 集群，可以看到添加一个新的节点虽然只用配置 hdfs-site.xml 文件和 mapred-site.xml 文件，但最好还是配置一个授权节点列表。

如果允许任何机器都可以连接到 NameNode 上并充当 DataNode，这是存在安全隐患的，因为这样的机器可能能够获得未授权文件的访问权限。此外这样的机器并不是真正的 DataNode，但它可以存储数据，却又不在集群的控制之下，并且任何时候都有可能停止运行，从而造成数据丢失。由于配置简单或存在配置错误，即使在防火墙内这样的处理也可能存在风险，因此在集群中也要对 DataNode 进行明确的管理。

在 dfs.hosts 文件中指定可以连接到 NameNode 的 DataNode 列表。dfs.hosts 文件存储在 NameNode 的本地文件系统上，包含每个 DataNode 的网络地址，一行表示一个 DataNode。要为一个 DataNode 设置多个网络地址，把它们写到一行中，中间用空格分开。类似的，TaskTracker 是在 mapred.hosts 中设置的。一般来说，DataNode 和 TaskTracker 列表都存在一个共享文件，名为 include file。该文件被 dfs.hosts 及 mapred.hosts 两者引用，因为在大多数情况下，集群中的机器会同时运行 DataNode 及 TaskTracker 守护进程。

需要注意的是，dfs.hosts 和 mapred.hosts 这两个文件与 slaves 文件不同，slaves 文件被

Hadoop 的执行脚本用于执行集群范围的操作，例如集群的重启等，但它从来不会被 Hadoop 的守护进程使用。

要向集群添加新的节点，需要执行以下步骤：

1）向 include 文件中添加新节点的网络地址；

2）使用以下命令更新 NameNode 中具有连接权限的 DataNode 集合：

```
hadoop dfsadmin -refreshNodes
```

3）更新带有新节点的 slaves 文件，以便 Hadoop 控制脚本在执行后续操作时可以使用更新后的 slaves 文件中的所有节点；

4）启动新的数据节点；

5）重新启动 MapReduce 集群；

6）检查网页用户界面是否有新的 DataNode 和 TaskTracker。

需要注意的是，HDFS 不会自动将旧 DataNode 上的数据转移到新的 DataNode 中，但我们可以运行平衡器命令进行集群均衡。

2. 撤销节点

撤销数据节点时要避免数据的丢失。在撤销前，需先通知 NameNode 要撤销的节点，然后在撤销此节点前将上面的数据块转移出去。而如果关闭了正在运行的 TaskTracker，那么 JobTracker 会意识到错误并将任务分配到其他 TaskTracker 中去。

撤销节点过程由 exclude 文件控制：对于 HDFS 来说，可以通过 dfs.hosts.exclude 属性来控制；对于 MapReduce 来说，可以由 mapred.hosts.exclude 来设置。

TaskTracker 是否可以连接到 JobTracker，其规则很简单，只要 include 文件中包含且 exclude 中不包含这个 TaskTracker，这样 TaskTracker 就可以连接到 JobTracker 来执行任务。没有定义的或空的 include 文件意味着所有节点都在 include 文件中。

对于 HDFS 来说规则有些许不同，表 10-3 总结了 include 和 exclude 存放节点的情况。对于 TaskTracker 来说，一个未定义的或空的 include 文件意味着所有的节点都包含其中。

表 10-3　HDFS 的 include 和 exclude 的文件优先级

include 文件中包含	exclude 文件中包含	解　释
否	否	节点可以连接
否	是	节点不可以连接
是	否	节点可以连接
是	是	节点可以连接和撤销

要想从集群中撤销节点，需要执行以下步骤：

1）将需要撤销的节点的网络地址增加到 exculde 文件中，注意，不要在此时更新 include 文件；

2）重新启动 MapReduce 集群来终止已撤销节点的 TaskTracker；

3）用以下命令更新具有新的许可 DataNode 节点集的 NameNode：

```
hadoop dfsadmin -refreshNodes
```

4）进入网络用户界面，先检查已撤销的 DataNode 的管理状态是否变为 "DecommissionIn Progress"，然后把数据块复制到集群的其他 DataNode 中；

5）当所有 DataNode 报告其状态为 "Decommissioned" 时，所有数据块也都会被复制，此时可以关闭已撤销的节点；

6）从 include 中删除节点网络地址，然后再次运行命令：

```
hadoop dfsadmin -refreshNodes
```

7）从 slaves 文件中删除节点。

10.3.4　系统升级

升级 HDFS 和 MapReduce 集群需要一个合理的操作步骤，这里我们主要讲解 HDFS 的升级。如果文件系统升级后文件格局发生了变化，那么升级时会将文件系统的数据和元数据迁移到与新版本一致的格式上。由于任何涉及数据迁移的操作都会导致数据的丢失，所以必须保证数据和元数据都有备份（具体操作参看 10.3.2 节）。在进行升级时，可以先在小型集群中进行测试，以便正式运行时可以解决所有问题。

Hadoop 对自身的兼容性要求非常高，所有 Hadoop 1.0 之前版本的兼容性要求最严格，只有来自相同发布版本的组件才能保证相互的兼容性，这就意味着整个系统从守护进程到客户端都要同时更新，还需要集群停机一段时间。后期发布的版本支持回滚升级，允许集群守护进程分阶段升级，以便在更新期间可以运行客户端。

如果文件系统的布局不改变，那么集群升级就非常简单了。首先在集群中安装新的 HDFS 和 MapRedude（同时在客户端也要安装），然后关闭旧的守护进程，升级配置文件，启动新的守护进程和客户端更新库。这个过程是可逆的，因此升级后的版本回滚到之前版本也很简单。

每次成功升级后都要执行一系列的清除步骤：

1）从集群上删除旧的安装和配置文件；

2）修复代码和配置中的每个错误警告。

以上讲解的系统升级非常简单，但是如果需要升级文件系统，就需要更进一步的操作。

如果使用以上讲解方法进行升级，并且 HDFS 是一个不同的布局版本，那么 NameNode 就不会正常运行。NameNode 的日志会产生以下信息：

```
File system image contains an old layout version -15.
An upgrade to version -18 is required.
Please restart NameNode with -upgrade option.
```

要想确定是否需要升级文件系统，最好的办法就是在一个小集群上进行测试。

HDFS 升级将复制以前版本的元数据和数据。升级并不需要两倍的集群存储空间，因为 DataNode 使用硬链接来保留对同一个数据块的两个引用，这样就可以在需要的时候轻松实现回滚到以前版本的文件系统。

　　需要注意的是，升级后只能保留前一个版本的文件系统，而不能回滚到多个文件系统，因此执行另一个对 HDFS 的升级需要删除以前的版本，这个过程被称为确定更新（finalizing the upgrade）。一旦更新被确定，那 HDFS 就不会回滚到以前的版本了。

　　需要说明的是，只有可以正常运作的健康的系统才能被正确升级。在进行升级之前，必须进行一个全面的 fsck 操作。为防止意外，可以将系统中的所有文件及块的列表（fsck 的输出）进行备份。这样就可以在升级后将运行的输出与之对比，检测是否全部正确升级，有没有数据丢失。

　　还需要注意，在升级之前要删除临时文件，包括 HDFS 上 MapReduce 系统目录中的文件和本地临时文件。

　　完成以上这些工作后就可以进行集群的升级和文件系统的迁移了，具体步骤如下：

　　1）确保之前的升级操作全部完成，不会影响此次升级；

　　2）关闭 MapReduce，终止 TaskTracker 上的所有任务进程；

　　3）关闭 HDFS 并备份 NameNode 目录；

　　4）在集群和客户端上安装新版本的 Hadoop HDFS 和同步的 MapReduce；

　　5）使用 -upgrade 选项启动 HDFS；

　　6）等待操作完成；

　　7）在 HDFS 上进行健康检查；

　　8）启动 MapReduce；

　　9）回滚或确定升级。

　　在运行升级程序时，最好能从 PATH 环境变量中删除 Hadoop 脚本，这样可以避免运行不确定版本的脚本程序。在安装目录定义两个环境变量是很方便的，在以下指令中已经定义了 OLD_HADOOP_INSTALL 和 NEW_HADOOP_INSTALL。在以上步骤 5）中我们要运行以下指令：

```
$NEW_HADOOP_INSTALL/bin/start-dfs.sh -upgrade
```

NameNode 升级它的元数据，并将以前的版本放入新建的目录 previous 中：

```
${dfs.name.dir}/current/VERSION
                /edits
                /fsimage
                /fstime
                        /previous/VERSION
                /edits
                /fsimage
                /fstime
```

采用类似的方式，DataNode 升级它的存储目录，将旧的目录复制到 previous 目录中去。

　　升级过程需要一段时间才能完成。可以使用 dfsadmin 命令来检查升级的进度。升级的事件同样会记录在守护进程的日志文件中。在步骤 6）中执行以下命令：

```
$NEW_HADOOP_INSTALL/bin/hadoop dfsadmin -upgradeProgress status
Upgrade for version -18 has been completed.
Upgrade is not finalized.
```

以上代码表明升级已经完成。在这个阶段必须在文件系统上进行一些健康检查（即步骤 7），比如使用 fsck 进行文件和块的检查）。当进行检查（只读模式）时，可以让 HDFS 进入安全模式，以防止其他检查对文件进行更改。

步骤 9）是可选操作，如果在升级后发现问题，则可以回滚到之前版本。

首先，关闭新的守护进程：

```
$NEW_HADOOP_INSTALL/bin/stop-dfs.sh
```

然后，用 -rollback 选项启动旧版本的 HDFS：

```
$OLD_HADOOP_INSTALL/bin/start-dfs.sh -rollback
```

这个命令会使用 NameNode 和 DataNode 以前的副本替换它们当前存储目录下的内容，文件系统立即返回原始状态。

如果对新升级的版本感到满意，那么可以执行确定升级（即步骤 9），可选），并删除以前的存储目录。需要注意的是在升级确定后，就不能回滚到之前的版本了。

需要执行以下步骤，才能进行另一次升级：

```
$NEW_HADOOP_INSTALL/bin/hadoop dfsadmin -finalizeUpgrade
$NEW_HADOOP_INSTALL/bin/hadoop dfsadmin  upgradeProgress status
There are no upgrades in progress.
```

至此，HDFS 升级到了最新版本。

10.4　本章小结

本章重点介绍了 Hadoop 监控和管理方面的相关内容。

首先，从 HDFS 文件结构开始进行相关介绍。HDFS 作为 Hadoop 的核心分布式文件系统，其许多应用都构建在其核心分布式文件系统上。对于作为基础架构的核心分布式文件系统，管理员要给予更多的关注。

其次，本章从整体上对 Hadoop 的监控机制和相关的监控工具进行了分析，着重分析了 Hadoop 监控的支持基础、日志和度量，同时提出了诸多系统监控的解决方案，并着重介绍了 Ganglia 监控软件。

最后，本章对实际应用中经常遇到的维护要求，比如增删节点、数据备份、系统升级等进行了介绍。

第 11 章

Hive 详解

本章内容

- ❏ Hive 简介
- ❏ Hive 的基本操作
- ❏ Hive QL 详解
- ❏ Hive 网络（Web UI）接口
- ❏ Hive 的 JDBC 接口
- ❏ Hive 的优化
- ❏ 本章小结

Hive 是 Hadoop 中的一个重要子项目，它利用的是 MapReduce 编程技术，实现了部分 SQL 语句，提供了类 SQL 的编程接口。Hive 的出现极大地推进了 Hadoop 在数据仓库方面的发展。事实上，目前业界仍在对何谓大规模数据分析最佳方法进行着辩论。由于传统应用的惯性，业界保守派依然青睐于关系型数据库和 SQL 语言。而在学术界，互联网阵营则更集中于支持 MapReduce 的开发模式。本章我们将对基于 Hive 的数据仓库解决方案进行介绍。

11.1 Hive 简介

Hive 是一个基于 Hadoop 文件系统之上的数据仓库架构。它为数据仓库的管理提供了许多功能：数据 ETL（抽取、转换和加载）工具、数据存储管理和大型数据集的查询和分析能力。同时 Hive 定义了类 SQL 的语言——Hive QL。Hive QL 允许用户进行和 SQL 相似的操作，还允许开发人员方便地使用 Mapper 和 Reducer 操作，这对 MapReduce 框架是一个强有力的支持。

由于 Hadoop 是批量处理系统，任务是高延迟性的，在任务提交和处理过程中会消耗一些时间成本。同样，即使 Hive 处理的数据集非常小（比如几百 MB），在执行时也会出现延迟现象。这样，Hive 的性能就不可能很好地和传统的 Oracle 数据库进行比较了。Hive 不提供数据排序和查询 cache 功能，不提供在线事务处理，也不提供实时的查询和记录级的更新，但 Hive 能更好地处理不变的大规模数据集（例如网络日志）上的批量任务。所以，Hive 最大的价值是可扩展性（基于 Hadoop 平台，可以自动适应机器数目和数据量的动态变化）、可延展性（结合 MapReduce 和用户定义的函数库）、良好的容错性和低约束的数据输入格式。

Hive 本身建立在 Hadoop 的体系架构上，提供了一个 SQL 的解析过程，并从外部接口中获取命令，以对用户指令进行解析。Hive 可将外部命令解析成一个 Map-Reduce 可执行计划，并按照该计划生成 MapReduce 任务后交给 Hadoop 集群进行处理，Hive 的体系结构如图 11-1 所示。

11.1.1 Hive 的数据存储

Hive 的存储是建立在 Hadoop 文件系统之上的。Hive 本身没有专门的数据存储格式，也不能为数据建立索引，因此用户可以非常自由地组织 Hive 中的表，只需要在创建表的时候告诉 Hive 数据中的列分隔符和行分隔符就可以解析数据了。

Hive 中主要包含四类数据模型：表（Table）、外部表（External Table）、分区（Partition）和桶（Bucket）。

Hive 中的表和数据库中的表在概念上是类似的，在 Hive 中每个表都有一个对应的存储目录。例如，一个表 htable 在 HDFS 中的路径为 /datawarehouse/htable，其中，/datawarehouse 是在 hive-site.xml 配置文件中由 ${hive.metastore.warehouse.dir} 指定的数据仓库的目录，所有的表数据（除了外部表）都保存在这个目录中。

Hive 中的每个分区都对应数据库中相应分区列的一个索引，但是其分区的组织方式和传统关系型数据库不同。在 Hive 中，表中的一个分区对应表下的一个目录，所有分区的数据都存储在对应的目录中。例如，htable 表中包含的 ds 和 city 两个分区，分别对应两个目录：对 应 ds =20100301，city =Beijing 的 HDFS 子 目 录 为 /datawarehouse/htable/ds=20100301/city=Beijing ；对应 ds =20100301， city = Shanghai 的 HDFS 子目录为 /datawarehouse/htable/ds=20100301/city=Shanghai。

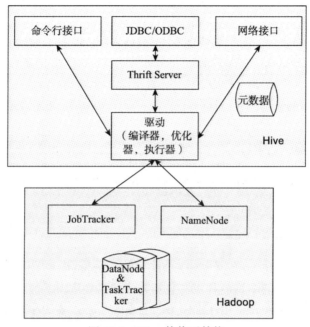

图 11-1　Hive 的体系结构

桶在对指定列进行哈希（Hash）计算时，会根据哈希值切分数据，使每个桶对应一个文件。例如，将属性列 user 列分散到 32 个桶中，先要对 user 列的值进行 hash 计算，对应哈希值为 0 的桶写入 HDFS 的目录为 /datawarehouse/htable/ds=20100301/city=Beijing/part-00000 ；对应哈希值为 10 的 HDFS 目录为 /datawarehouse/htable/ds=20100301/city=Beijing/part-00010，依此类推。

外部表指向已经在 HDFS 中存在的数据，也可以创建分区。它和表在元数据的组织上是相同的，而实际数据的存储则存在较大差异，主要表现在以下两点上。

1）创建表的操作包含两个步骤：表创建过程和数据加载步骤（这两个过程可以在同一语句中完成）。在数据加载过程中，实际数据会移动到数据仓库目录中，之后的数据访问将会直接在数据仓库目录中完成。在删除表时，表中的数据和元数据将会被同时删除。

2）外部表的创建只有一个步骤，加载数据和创建表同时完成，实际数据存储在创建语句 LOCATION 指定的 HDFS 路径中，并不会移动到数据仓库目录中。如果删除一个外部表，仅删除元数据，表中的数据不会被删除。

11.1.2 Hive 的元数据存储

由于 Hive 的元数据可能要面临不断地更新、修改和读取操作，所以它显然不适合使用 Hadoop 文件系统进行存储。目前 Hive 将元数据存储在 RDBMS 中，比如存储在 MySQL、Derby 中。Hive 有三种模式可以连接到 Derby 数据库：

1）Single User Mode，利用此模式连接到一个 In-memory（内存）数据库 Derby，一般用于单元测试；

2）Multi User Mode，通过网络连接到一个数据库中，是最常使用的模式；

3）Remote Server Mode，用于非 Java 客户端访问元数据库，在服务器端启动一个 MetaStoreServer，在客户端利用 Thrift 协议通过 MetaStoreServer 访问元数据库。

关于 Hive 元数据的使用配置，我们将在 11.5 节 "Hive 的 JDBC 接口" 中进行详细介绍。

11.2 Hive 的基本操作

本节中我们将介绍 Hive 的基本操作，包括 Hive 在集群上的安装配置及 Hive 的 Web UI 的使用。

11.2.1 在集群上安装 Hive

从图 11-1 中可以看出，Hive 可以理解为在 Hadoop 和 HDFS 之上为用户封装一层便于用户使用的接口，该接口有丰富的样式，包括命令终端、Web UI 及 JDBC/ODBC 等。因此 Hive 的安装需要依赖 Hadoop。下面我们具体介绍如何下载、安装和配置 Hive。

（1）先决条件

要求必须已经安装完成 Hadoop，当前最新版本为 1.0.1。Hadoop 的安装我们已经在前面章节中详细讲过（参见第 2 章 "Hadoop 的安装与配置"），这里不再赘述。

（2）下载 Hive 安装包

当前 Hive 的最新版本为 0.8.1，读者可通过以下命令下载 Hive 安装包：

```
wget http://labs.renren.com/apache-mirror/hive/hive-0.8.1/hive-0.8.1.tar.gz
tar xzf hive-0.8.1.tar.gz
cd hive-0.8.1
```

或者到 Hive 官方网站选择一个服务器镜像（http://www.apache.org/dyn/closer.cgi/hive）及相应的版本进行下载。

（3）配置系统环境变量 /etc/profile 或 ~/.bashrc

该步骤只是为了便于大家操作，对于 Hive 的安装并不是必须的。

如下所示，在 PATH 中加入 Hive 的 bin 及 conf 路径：

```
#Config Hive
export HIVE_HOME=/home/hadoop/hadoop-1.0.1/hive-0.8.1
export PATH=$HIVE_HOME/bin:$HIVE_HOME/conf:$PATH
```

在当前终端输入"source /etc/profile"使环境变量对当前终端有效。

（4）修改 Hive 配置文档

若不进行修改，Hive 将使用默认的配置文档。一些高级用户希望对其进行配置。$HIVE_HOME/conf 对应的是 Hive 的配置文档路径。该路径下的 $HIVE_HOME/conf/hive-site.xml 对应的是 Hive 工程的配置文档，默认该配置文档并不存在，需要我们手动创建。如下所示：

```
cd $HIVE_HOME/conf
cp hive-default.xml.template hive-site.xml
```

hive-default.xml.template 为系统提供给的配置文档模板，其中填写的是默认的配置参数。Hive 的主要配置项如下：

- ❑ hive.metastore.warehouse.dir，该参数指定的是 Hive 的数据存储目录，指定的是 HDFS 上的位置，默认值为 /user/hive/warehouse。
- ❑ hive.exec.scratchdir，该参数指定的是 Hive 的数据临时文件目录，默认位置为 /tmp/hive-${user.name}。
- ❑ 连接数据库配置。

在 11.1.2 节中已经讲过，Hive 需要将元数据存储在 RDBMS 中，这对于 Hive 的运行是非常重要的。在默认情况下，Hive 已经为我们配置好了 Derby 数据库的连接参数，并且集成了 Derby 数据库及连接驱动 jar 包。下面为连接 Derby 数据库的关键配置：

```xml
<?xml version="1.0"?>
<?xml-stylesheet type="text/xsl" href="configuration.xsl"?>
<configuration>
...
<property>
  <name>javax.jdo.option.ConnectionURL</name>
<value>jdbc:derby:;databaseName=metastore_db;create=true</value>
  <description>JDBC connect string for a JDBC metastore</description>
</property>
<property>
  <name>javax.jdo.option.ConnectionDriverName</name>
  <value>org.apache.derby.jdbc.EmbeddedDriver</value>
  <description>Driver class name for a JDBC metastore</description>
</property>
<property>
  <name>javax.jdo.option.ConnectionUserName</name>
  <value>APP</value>
  <description>username to use against metastore database</description>
</property>
<property>
  <name>javax.jdo.option.ConnectionPassword</name>
  <value>mine</value>
  <description>password to use against metastore database</description>
</property>
```

```
...
</configuration>
```

其中"javax.jdo.option.ConnectionURL"参数指定的是 Hive 连接数据库的连接字符串，"javax.jdo.option.ConnectionDriverName"参数指定的是驱动的类入口名称，"javax.jdo.option.ConnectionUserName"参数和"javax.jdo.option.ConnectionPassword"参数指定的是数据库的用户名和密码。使用 Derby 数据库需要确定在 $HIVE_HOME/lib/ 目录下有 Derby 的数据库驱动。Hive0.8.1 在默认情况下为我们提供了该驱动包：derby-10.4.2.0.jar。

（5）运行 Hive

在上述配置完成后，直接运行 $HIVE_HOME/bin/hive 即可启动连接 Hive，如下所示：

```
./bin/hive
Logging initialized using configuration in jar:file:/home/hadoop/hadoop-1.0.1/
hive-0.8.1/lib/hive-common-0.8.1.jar!/hive-log4j.properties
Hive history file=/tmp/hadoop/hive_job_log_hadoop_201205151824_37118280.txt
hive>
```

该方式使用的是命令行的方式（command line，cli）连接 Hive 进行操作。

另外，Hive 还提供了丰富的 Wiki 文档，读者可以参考以下链接中的内容。

❑ Hive 的 Wiki 页面：http://wiki.apache.org/hadoop/Hive。

❑ Hive 入门指南：http://wiki.apache.org/hadoop/Hive/GettingStarted。

❑ HQL 查询语言指南：http://wiki.apache.org/hadoop/Hive/HiveQL。

❑ 演示文稿：http://wiki.apache.org/hadoop/Hive/Presentations。

由于 Hive 本身还处在不断的发展中，很多时候文档更新的速度还赶不上 Hive 本身的更新速度，因此，如果大家想了解 Hive 最新的发展动态或想与研究者进行交流，那么可以加入 Hive 的邮件列表，用户：hive-user@hadoop.apache.org，开发者：hive-dev@hadoop.apache.org。

11.2.2　配置 MySQL 存储 Hive 元数据

Hive 提供了多种 RDBMS 来存储 Hive 的元数据，包括 Derby、MySQL 等。相信有很多用户对 MySQL 还是比较熟悉的。因此，本节我们将 Hive 默认的元数据存储容器由 Derby 修改为 MySQL。该过程包括两个步骤：Hive 的配置及 MySQL 的配置。下面介绍具体操作。

（1）Hive 的配置

首先需要对 Hive 的配置文档进行修改，即 $HIVE_HOME/conf/hive-site.xml。与 Derby 类似，首先需要对连接字符串、驱动、数据库用户名及密码参数进行配置，如下所示：

```
<?xml version="1.0"?>
<?xml-stylesheet type="text/xsl" href="configuration.xsl"?>
 ...
<configuration>
<property>
  <name>hive.metastore.local</name>
```

```
            <value>true</value>
        </property>
        <property>
        <name>javax.jdo.option.ConnectionURL</name>
        <value>jdbc:mysql://localhost:3306/hive?createDatabaseIfNotExist=true</value>
        </property>
        <property>
            <name>javax.jdo.option.ConnectionDriverName</name>
            <value>com.mysql.jdbc.Driver</value>
        </property>
        <property>
            <name>javax.jdo.option.ConnectionUserName</name>
            <value>hive</value>
        </property>
        <property>
            <name>javax.jdo.option.ConnectionPassword</name>
            <value>hive</value>
        </property>
        ...
    </configuration>
```

另外，需要下载 MySQL 的 JDBC 驱动包，这里使用的是 "mysql-connector-java-5.1.11-bin.jar"，将其复制到 \$HIVE_HOME/lib 目录下即可。

（2）MySQL 的配置

首先需要安装 MySQL，使用如下命令：

```
sudo apt-get install mysql-server
```

执行该命令将自动下载并安装 MySQL [⊖]。此外，还可以下载 MySQL 安装包进行安装，此部分内容不是本书的重点，大家可以自行查阅相关资料。

MySQL 安装完成后，只拥有 root 用户。下面我们创建 Hive 系统的用户权限，步骤如下所示：

```
//1. 创建用户
CREATE USER 'hive'@'%' IDENTIFIED BY 'hive';
//2. 赋予权限
GRANT ALL PRIVILEGES ON *.* TO 'hive'@'%' WITH GRANT OPTION;

//3. 强制写出
flush privileges;
```

此外，为了使远程用户可以访问 MySQL，需要修改 "/etc/mysql/my.cnf" 文件，将 bind-address 一行注释掉，该参数绑定本地用户访问。

如下所示：

```
# Instead of skip-networking the default is now to listen only on
# localhost which is more compatible and is not less secure.
```

⊖ 在不同版本的 Linux 中该命令有一定的区别，要视具体的 Linux 版本而定。

```
#bind-address              = 127.0.0.1
```

配置完成后，使用如下命令重启 MySQL 数据库：

```
sudo /etc/ini.d/mysql restart
```

上述配置完成后便可以像之前一样运行 Hive 了。

11.2.3 配置 Hive

安装好 Hive 后，就可以进行简单的数据操作了。在实际应用中，不可避免地要进行参数的配置和调优，本节我们将对 Hive 参数的设置进行介绍。

首先，在进行操作前要确保目录权限配置正确：将 /tmp 目录配置成所有用户都有 write 权限，表所对应目录的 owner 必须是 Hive 启动用户。

其次，可以通过调整 Hive 的参数来调优 HQL 代码的执行效率或帮助管理员进行定位。参数设置可以通过配置文件、命令行参数或参数声明的方式进行。下面具体进行介绍。

1. 配置文件

Hive 的配置文件包括：

❑ 用户自定义配置文件，即 $HIVE_CONF_DIR/hive-site.xml；

❑ 默认配置文件，即 $HIVE_CONF_DIR/hive-default.xml。

要注意的是，用户自定义配置会覆盖默认配置。另外，Hive 也会读入 Hadoop 的配置，因为 Hive 是作为 Hadoop 的客户端启动的。

2. 运行时配置

当运行 Hive QL 时可以进行参数声明。Hive 的查询可通过执行 MapReduce 任务来实现，而有些查询可以通过控制 Hadoop 的配置参数来实现。在命令行接口（CLI）中可以通过 SET 命令来设置参数，例如：

```
hive> SET mapred.job.tracker=myhost.mycompany.com:50030
hive> set mapred.reduce.tasks=100;
hive> SET -v
```

通过 SET −v 命令可以查看当前设定的所有信息。需要指出的是，通过 CLI 的 SET 命令设定的作用域是 Session 级的，只对本次操作有作用。此外，SerDe 参数必须写在建表语句中。例如：

```
create table if not exists t_Student (
name    string
)
ROW FORMAT SERDE
'org.apache.hadoop.hive.serde2.lazy.LazySimpleSerDe'
WITH SERDEPROPERTIES (
'field.delim'='\t',
'escape.delim'='\\',
'serialization.null.format'=' '
) STORED AS TEXTFILE;
```

类似 serialization.null.format 这样的参数，必须和某个表或分区关联。在 DDL 外部声明不起作用。

3. 设置本地模式

对于大多数查询 Query，Hive 编译器会产生 MapReduce 任务，这些任务会被提交到 MapReduce 集群，这些集群可以用参数 mapred.job.tracker 指明。

需要说明的是，Hadoop 支持在本地或集群中运行 Hive 提交的查询，这对小数据集查询的运行是非常有用的，可以避免将任务分布到大型集群中而降低效率。在将 MapReduce 任务提交给 Hadoop 之后，HDFS 中的文件访问对用户来说是透明的。相反，如果是大数据集的查询，那么需要设定将 Hive 的查询交给集群运行，这样就可以利用集群的并行性来提高效率。我们可以通过以下参数设定 Hive 查询在本地运行：

```
hive> SET mapred.job.tracker=local;
```

最新的 Hive 版本都支持在本地自动运行 MapReduce 任务：

```
hive> SET hive.exec.mode.local.auto=false;
```

可以看到该属性默认是关闭的。如果设定为开启（enable），Hive 就会先分析查询中的每个 MapReduce 任务，当任务的输入数据规模低于 Hive.exec.mode.local.auto.inputb- ytes.max 属性值（默认为 128MB），并且全部的 Map 数少于 hive.exec.mode.local.auto.tasks.max 的属性值（默认为 4），全部的 Reduce 任务数为 1 或 0 时，任务会自动选择在本地模式下运行。

4. Error Logs 错误日志

Hive 使用 log4j 记录日志。在默认情况下，日志文件的记录等级是 WARN（即存储紧急程度为 WARN 及以上的错误信息），存储在 /tmp/{user.n- ame}/hive.log 文件夹下。如果用户想要在终端看到日志内容，则可以通过设置以下参数达到目的：

```
bin/hive -hiveconf hive.root.logger=INFO,console
```

同样，用户也可以改变日志记录等级：

```
bin/hive -hiveconf hive.root.logger=INFO,DRFA
```

Hive 在 Hadoop 执行阶段的日志由 Hadoop 配置文件配置。通常来说，Hadoop 会对每个 Map 和 Reduce 任务对应的执行节点生成一个日志文件。这个日志文件可以通过 JobTracker 的 Web UI 获得。错误日志对调试错误非常有用，当运行过程中遇到 Bug 时可以向 hive-d-ev@hadoop.apache.org 提交。

11.3　Hive QL 详解

11.3.1　数据定义（DDL）操作

1. 创建表

下面是在 Hive 中创建表（CREATE）的语法：

```
CREATE [EXTERNAL] TABLE [IF NOT EXISTS] table_name
[(col_name data_type [COMMENT col_comment], ...)]
[COMMENT table_comment]
[PARTITIONED BY (col_name data_type [col_comment], col_name data_type [COMMENT
col_comment], ...)]
[CLUSTERED BY (col_name, col_name, ...) [SORTED BY (col_name, ...)] INTO num_
buckets BUCKETS]
[ROW FORMAT row_format]
[STORED AS file_format]
[LOCATION hdfs_path]
[AS select_statement] (Note: this feature is only available on the latest trunk
or versions higher than 0.4.0.)
CREATE [EXTERNAL] TABLE [IF NOT EXISTS] table_name
LIKE existing_table_name
[LOCATION hdfs_path]
data_type
: primitive_type
| array_type
| map_type
primitive_type
: TINYINT
| SMALLINT
| INT
| BIGINT
| BOOLEAN
| FLOAT
| DOUBLE
| STRING
array_type
: ARRAY < primitive_type >
map_type
: MAP < primitive_type, primitive_type >
row_format
: DELIMITED [FIELDS TERMINATED BY char] [COLLECTION ITEMS TERMINATED BY char]
[MAP KEYS TERMINATED BY char]
| SERDE serde_name [WITH SERDEPROPERTIES property_name=property_value, property_
name=property_value, ...]
file_format:
: SEQUENCEFILE
| TEXTFILE
| INPUTFORMAT input_format_classname OUTPUTFORMAT output_format_classname
```

下面进行相关的说明。

- CREATE TABLE，创建一个指定名字的表。如果相同名字的表已经存在，则抛出异常，用户可以用 IF NOT EXIST 选项来忽略这个异常。

- EXTERNAL 关键字，创建一个外部表，在创建表的同时指定一个指向实际数据的路径（LOCATION）。在 Hive 中创建内部表时，会将数据移动到数据仓库指向的路径；在创建外部表时，仅记录数据所在的路径，不对数据的位置做任何改变。当删除表时，内部表的元数据和数据会一起被删除，而在删除外部表时只删除元数据，不删除数据。

- □ LIKE 格式修饰的 CREATE TABLE 命令允许复制一个已存在表的定义，而不复制它的数据内容。

这里还需要说明的是，用户可以使用自定制的 SerDe 或自带的 SerDe 创建表。SerDe 是 Serialize/ Deserilize 的简称，用于序列化和反序列化。在 Hive 中，序列化和反序列化即在 key/value 和 hive table 的每个列值之间的转化。如果没有指定 ROW FORMAT 或 ROW FORMAT DELIMITE- D，创建表就使用自带的 SerDe。如果使用自带的 SerDe，则必须指定字段列表。关于字段类型，可参考用户指南的类型部分。定制的 SerDe 字段列表可以是指定的，但是 Hive 将通过查询 SerDe 决定实际的字段列表。

如果需要将数据存储为纯文本文件，那么要使用 STORED AS TEXTFILE。如果数据需要压缩，则要使用 STORED AS SEQUENCEFILE。INPUTFORMAT 和 OUTPUTFORMAT 定义一个与 InputFormat 和 OutputFormat 类相对应的名字作为一个字符串，例如，将 "org. apache.hadoop.hive.contrib.fileformat. base64" 定义为 "Base64TextInputFormat"。

Hive 还支持建立带有分区（Partition）的表。有分区的表可以在创建的时候使用 PARTITIONED BY 语句。一个表可以拥有一个或多个分区，每个分区单独存在于一个目录下。而且，表和分区都可以对某个列进行 CLUSTERED BY 操作，将若干个列放入一个桶（Bucket）中。也可以利用 SORT BY 列来存储数据，以提高查询性能。

表名和列名不区分大小写，但 SerDe 和属性名是区分大小写的。表和列的注释分别是以单引号表示的字符串。

下面通过一组例子来对 CREATE 命令进行介绍，以加深用户的理解。

例 1：创建普通表

下面代码将创建 page_view 表，该表包括 viewTime、userid、page_url、referrer_url 和 ip 列。

```
CREATE TABLE page_view(viewTime INT, userid BIGINT,
page_url STRING, referrer_url STRING,
ip STRING COMMENT 'IP Address of the User')
COMMENT 'This is the page view table';
```

例 2：添加表分区

下面代码将创建 page_view 表，该表所包含字段与例 1 中 page_view 表相同。此外，通过 Partition 语句为该表建立分区，并用制表符来区分同一行中的不同字段。

```
CREATE TABLE page_view(viewTime INT, userid BIGINT,
page_url STRING, referrer_url STRING,
ip STRING COMMENT 'IP Address of the User')
COMMENT 'This is the page view table'
PARTITIONED BY(dt STRING, country STRING)
ROW FORMAT DELIMITED
FIELDS TERMINATED BY '\001'
STORED AS SEQUENCEFILE;
```

例 3：添加聚类存储

下面代码将创建 page_view 表，该表所包含字段与例 1 中 page_view 表相同。在 page_view 表分区的基础上增加了聚类存储：将列按照 userid 进行分区并划分到不同的桶中，按照 viewTime 值的大小进行排序存储。这样的组织结构允许用户通过 userid 属性高效地对集群列进行采样。

```
CREATE TABLE page_view(viewTime INT, userid BIGINT,
page_url STRING, referrer_url STRING,
ip STRING COMMENT 'IP Address of the User')
COMMENT 'This is the page view table'
PARTITIONED BY(dt STRING, country STRING)
CLUSTERED BY(userid) SORTED BY(viewTime) INTO 32 BUCKETS
ROW FORMAT DELIMITED
FIELDS TERMINATED BY '\001'
COLLECTION ITEMS TERMINATED BY '\002'
MAP KEYS TERMINATED BY '\003'
STORED AS SEQUENCEFILE;
```

例 4：指定存储路径

到目前为止，在所有例子中，数据都默认存储在 HDFS 的 \<hive.metastore.warehouse.dir\> / \<table\> 目录中，它在 Hive 配置的文件 hive-site.xml 中设定。我们可以通过 Location 为表指定新的存储位置，如下所示：

```
CREATE EXTERNAL TABLE page_view(viewTime INT, userid BIGINT,
page_url STRING, referrer_url STRING,
ip STRING COMMENT 'IP Address of the User',
country STRING COMMENT 'country of origination')
COMMENT 'This is the staging page view table'
ROW FORMAT DELIMITED FIELDS TERMINATED BY '\054'
STORED AS TEXTFILE
LOCATION '<hdfs_location>';
```

2. 修改表语句

ALTER TABLE 语句用于改变一个已经存在的表的结构，比如增加列或分区，改变 SerDe、添加表和 SerDe 的属性或重命名表。

（1）重命名表

```
ALTER TABLE table_name RENAME TO new_table_name
```

这个命令可以让用户为表更名。数据所在的位置和分区名并不改变。换而言之，旧的表名并未"释放"，对旧表的更改会改变新表的数据。

（2）改变列名字 / 类型 / 位置 / 注释

```
ALTER TABLE table_name CHANGE [COLUMN]
col_old_name col_new_name column_type
[COMMENT col_comment]
[FIRST|AFTER column_name]
```

这个命令允许用户修改列的名称、数据类型、注释或位置，例如：

```
CREATE TABLE test_change (a int, b int, c int);
ALTER TABLE test_change CHANGE a a1 INT; // 将 a 列的名字改为 a1
ALTER TABLE test_change CHANGE a a1 STRING AFTER b;
// 将 a 列的名字改为 a1，a 列的数据类型改为 string，并将它放置在列 b 之后
```

修改后，新的表结构为：b int, a1 string, c int。

```
ALTER TABLE test_change CHANGE b b1 INT FIRST;
// 会将 b 列的名字修改为 b1，并将它放在第一列
```

修改后，新表的结构为：b1 int, a string, c int。

注意　列的改变只会修改 Hive 的元数据，而不会改变实际数据。用户应该确保元数据定义和实际数据结构的一致性。

（3）增加/更新列

```
ALTER TABLE table_name ADD|REPLACE
  COLUMNS (col_name data_type [COMMENT col_comment], ...)
```

ADD COLUMNS，允许用户在当前列的末尾、分区列之前增加新的列。REPLACE COLUMNS，删除当前的列，加入新的列。只有在使用 native 的 SerDe（DynamicSerDe 或 MetadataTypeColumnsetSerDe）时才可以这么做。

（4）增加表属性

```
ALTER TABLE table_name SET TBLPROPERTIES table_properties
table_properties:
  : (property_name = property_value, property_name = property_value, ... )
```

用户可以用这个命令向表中增加元数据，目前 last_modified_user、last_modified_time 属性都是由 Hive 自动管理的。用户可以向列表中增加自己的属性，可以使用 DESCRIBE EXTENDED TABLE 来获得这些信息。

（5）增加 SerDe 属性

```
ALTER TABLE table_name
    SET SERDE serde_class_name
    [WITH SERDEPROPERTIES serde_properties]

ALTER TABLE table_name
    SET SERDEPROPERTIES serde_properties

serde_properties:
  : (property_name = property_value,
    property_name = property_value, ... )
```

这个命令允许用户向 SerDe 对象增加用户定义的元数据。Hive 为了序列化和反序列化数据，将会初始化 SerDe 属性，并将属性传给表的 SerDe。这样，用户可以为自定义的 SerDe 存储属性。

（6）改变表文件格式和组织

```
ALTER TABLE table_name SET FILEFORMAT file_format
ALTER TABLE table_name CLUSTERED BY (col_name, col_name, ...)
  [SORTED BY (col_name, ...)] INTO num_buckets BUCKETS
```

这个命令修改了表的物理存储属性。

注意 这些命令只能修改 Hive 的元数据，不能重组或格式化现有的数据。用户应该确定实际数据的分布符合元数据的定义。

---

3. 表分区操作语句

Hive 在进行数据查询的时候一般会对整个表进行扫描，当表很大时将会消耗很多时间。有时候只需要对表中比较关心的一部分数据进行扫描，因此 Hive 引入了分区（Partition）的概念。

Hive 表分区不同于一般分布式系统中常见的范围分区、哈希分区、一致性分区等概念。Hive 的分区相对比较简单，是在 Hive 的表结构下根据分区的字段设置将数据按目录进行存放。相当于简单的索引功能。

Hive 表分区需要在表创建的时候指定模式才能使用。它的字段指定的是虚拟的列，在实际的表中并不存在。在 Hive 表分区的模式下可以指定多级的结构，相当于对目录进行了嵌套。表模式在创建完成之后使用之前还需要通过 ALTER TABLE 语句添加具体的分区目录才能使用。

Hive 表分区的命令主要包括创建分区、增加分区和删除分区。其中创建分区已经在 CREATE 语句中进行介绍，下面介绍一下为 Hive 表增加分区和删除分区命令。

（1）增加分区

```
ALTER TABLE table_name ADD partition_spec [ LOCATION 'location1' ] partition_spec [
LOCATION 'location2' ] ...
partition_spec:
: PARTITION (partition_col = partition_col_value, partition_col = partiton_col_
value, ...)
```

用户可以用 ALTER TABLE ADD PARTITION 来对表增加分区。当分区名是字符串时加引号，例如：

```
ALTER TABLE page_view ADD
  PARTITION (dt='2010-08-08', country='us')
    location '/path/to/us/part080808'
  PARTITION (dt='2010-08-09', country='us')
    location '/path/to/us/part080809';
```

（2）删除分区

```
ALTER TABLE table_name DROP
    partition_spec, partition_spec,...
```

用户可以用 ALTER TABLE DROP PARTITION 来删除分区，分区的元数据和数据将被一并删除，例如：

```
ALTER TABLE page_view
 DROP PARTITION (dt='2010-08-08', country='us');
```

下面我们通过一组例子对分区命令及相关知识进行讲解。

假设我们有一组电影评分数据⊖，该数据包含以下字段：用户 ID、电影 ID、电影评分、影片放映城市、影片观看时间。首先，我们使用 Hive 命令行创建电影评分表，如代码清单 11-1 所示。

代码清单 11-1　创建电影评分表 u1_data

```
create table u1_data(
userid int,
movieid int,
rating int,
city string,
viewTime string)
row format delimited
fields terminated by '\t'
stored as textfile;
```

该表为普通用户表，字段之间通过制表符 "\t" 进行分割。通过 Hadoop 命令可以查看该表的目录结构如下所示：

```
hadoop fs -ls /user/hive/warehouse/u1_data;
Found 1 items
-rw-r--r--   1 hadoop supergroup   2609206 2012-05-17 01:27 /user/hive/warehouse/
u1_data/u.data.new
```

可以看到 u1_data 标下并没有分区。

下面我们创建带有一个分区的用户观影数据表，如代码清单 11-2 所示。

代码清单 11-2　创建电影评分表 u2_data：

```
create table u2_data(
userid int,
movieid int,
rating int,
city string,
viewTime string)
PARTITIONED BY(dt string)
row format delimited
fields terminated by '\t'
stored as textfile;
```

⊖ http://www.grouplens.org/node/73。

在该表中指定了单个表分区模式，即 "dt string"，在表刚刚创建的时候我们可以查看该表的目录结构，发现其并没有通过 dt 对表结构进行分区，如下所示：

```
hadoop fs -ls /user/hive/warehouse/u2_data;
Found 1 items
drwxr-xr-x - hadoop supergroup 0 2012-05-17 01:33 /user/hive/warehouse/u2_data/
```

下面我们使用该模式对表指定具体分区，如下所示：

```
alter table u2_data add partition(dt='20110801');
```

此时，无论是否加载数据，该表根目录下将存在 dt=20110801 分区，如下所示：

```
hadoop fs -ls /user/hive/warehouse/u2_data;
Found 1 items
drwxr-xr-x - hadoop supergroup 0 2012-05-17 01:33 /user/hive/warehouse/u2_data/dt=20110801
```

这里有两点需要注意：

1）当没有声明表模式的时候不能为表指定具体的分区。若为表 u2_data 指定 city 分区，将提示以下错误：

```
hive> alter table u2_data add partition(dt='20110901',city=' 北京 ');
FAILED: Error in metadata: table is partitioned but partition spec is not
specified or does not fully match table partitioning: {dt=20110901, city= 北京 }
FAILED: Execution Error, return code 1 from org.apache.hadoop.hive.ql.exec.DDLTask
```

2）分区名不能与表属性名重复，如下所示：

```
create table u2_data(
userid int,
movieid int,
rating int,
city string,
viewTime string)
PARTITIONED BY(city string)
row format delimited
fields terminated by '\t'
stored as textfile;
FAILED: Error in semantic analysis: Column repeated in partitioning columns
```

另外，还可以为表创建多个分区，相当于多级索引的功能。以电影评分表为例，我们创建 dt string 和 city string 两级分区，如代码清单 11-3 所示。

代码清单 11-3　创建电影评分表 u3_data：

```
create table u3_data(
userid int,
movieid int,
rating int)
PARTITIONED BY(dt string,city string)
row format delimited
fields terminated by '\t'
stored as textfile;
```

下面，我们使用模式指定一个具体的分区并查看 HDFS 目录，如下所示：

```
alter table u3_data add partition(dt='20110801',city=' 北京 ');

hadoop fs -ls /user/hive/warehouse/u3_data/dt=20110801;
Found 1 items
drwxr-xr-x   - hadoop supergroup          0 2012-05-17 19:27 /user/hive/warehouse/
u3_data/dt=20110801/city= 北京
```

对于数据加载操作我们将在 11.3.2 节数据操作（DML）中进行详细介绍，这里不再赘述。

4. 删除表

```
DROP TABLE table_name
```

DROP TABLE 用于删除表的元数据和数据。如果配置了 Trash，那么会将数据删除到 Trash/Current 目录，元数据将完全丢失。当删除 EXTERNAL 定义的表时，表中的数据不会从文件系统中删除。

5. 创建 / 删除视图

目前，只有 Hive 0.6 之后的版本才支持视图。

（1）创建表视图

```
CREATE VIEW [IF NOT EXISTS] view_name [ (column_name [COMMENT column_comment], ...) ]
[COMMENT view_comment]
AS SELECT ...
```

CREATE VIEW，以指定的名称创建一个表视图。如果表或视图的名字已经存在，则报错，也可以使用 IF NOT EXISTS 忽略这个错误。

如果没有提供表名，则视图列的名字将由定义的 SELECT 表达式自动生成；如果 SELECT 包括像 x+y 这样的无标量的表达式，则视图列的名字将生成 _C0，_C1 等形式。当重命名列时，可有选择地提供列注释。注释不会从底层列自动继承。如果定义 SELECT 表达式的视图是无效的，那么 CREATE VIEW 语句将失败。

注意　没有关联存储的视图是纯粹的逻辑对象。目前在 Hive 中不支持物化视图。当一个查询引用一个视图时，可以评估视图的定义并为下一步查询提供记录集合。这是一种概念的描述，实际上，作为查询优化的一部分，Hive 可以将视图的定义与查询的定义结合起来，例如从查询到视图使用的过滤器。

在创建视图的同时确定视图的架构，随后再改变基本表（如添加一列）将不会在视图的架构中体现。如果基本表被删除或以不兼容的方式被修改，则该无效视图的查询失败。

视图是只读的，不能用于 LOAD/INSERT/ALTER 的目标。

视图可能包含 ORDER BY 和 LIMIT 子句。如果一个引用了视图的查询也包含了这些子句，那么在执行这些子句时首先要查看视图语句，然后返回结果按视图中语句执行。例如，一个视图 v 指定返回记录 LIMIT 为 5，执行查询语句：select * from v LIMIT 10，这个查询最多返回 5 行记录。

以下是创建视图的例子：

```
CREATE VIEW onion_referrers(url COMMENT 'URL of Referring page')
COMMENT 'Referrers to The Onion website'
AS
SELECT DISTINCT referrer_url
FROM page_view
WHERE page_url='http://www.theonion.com';
```

（2）删除表视图

```
DROP VIEW view_name
```

DROP VIEW，删除指定视图的元数据。在视图中使用 DROP TABLE 是错误的，例如：

```
DROP VIEW onion_referrers;
```

6. 创建 / 删除函数

（1）创建函数

```
CREATE TEMPORARY FUNCTION function_name AS class_name
```

该语句创建了一个由类名实现的函数。在 Hive 中可以持续使用该函数查询，也可以使用 Hive 类路径中的任何类。用户可以通过执行 ADD FILES 语句将函数类添加到类路径，可参阅用户指南 CLI 部分了解有关在 IIive 中添加 / 删除函数的更多信息。使用该语句注册用户定义函数。

（2）删除函数

注销用户定义函数的格式如下：

```
DROP TEMPORARY FUNCTION function_name
```

7. 展示描述语句

在 Hive 中，该语句提供一种方法对现有的数据和元数据进行查询。

（1）显示表

```
SHOW TABLES identifier_with_wildcards
```

SHOW TABLES 列出了所有基表及与给定正则表达式名字相匹配的视图。在正则表达式中，可以使用 "*" 来匹配任意字符，并使用 "[]" 或 "|" 来表示选择关系。例如 'page_view'、'page_v *'、'*view|page*'，所有这些将匹配 'page_view' 表。匹配表按字母顺序排列。在元存储中，如果没有找到匹配的表，则不提示错误。

（2）显示分区

```
SHOW PARTITIONS table_name
```

SHOW PARTITIONS 列出了给定基表中的所有现有分区，分区按字母顺序排列。

（3）显示表 / 分区扩展

```
SHOW TABLE EXTENDED [IN|FROM database_name] LIKE identifier_with_wildcards
```

```
[PARTITION(partition_desc)]
```

SHOW TABLE EXTENDED 为列出所有给定的匹配正规表达式的表信息。如果分区规范存在，那么用户不能使用正规表达式作为表名。该命令的输出包括基本表信息和文件系统信息，例如，文件总数、文件总大小、最大文件大小、最小文件大小、最新存储时间和最新更新时间。如果分区存在，则它会输出给定分区的文件系统信息，而不是表中的文件系统信息。

作为视图，SHOW TABLE EXTENDED 用于检索视图的定义。

（4）显示函数

```
SHOW FUNCTIONS "a.*"
```

SHOW FUNCTIONS 为列出用户定义和建立所有匹配给定正规表达式的函数。可以为所有函数提供 ".*"。

（5）描述表 / 列

```
DESCRIBE [EXTENDED] table_name[DOT col_name]
DESCRIBE [EXTENDED] table_name[DOT col_name ( [DOT field_name] | [DOT '$elem$'] |
[DOT '$key$'] | [DOT '$value$'] )* ]
```

DESCRIBE TABLE 为显示列信息，包括给定表的分区。如果指定 EXTENDED 关键字，则将在序列化形式中显示表的所有元数据。DESCRIBE TABLE 通常只用于调试，而不用在平常的使用中。

如果表有复杂的列，可以通过指定数组元素 table_name.complex_col_name（和 '$ elem $' 作为数组元素，'$key$' 为图的主键，'$value$' 为图的属性）来检查该列的属性。对于复杂的列类型，可以使用这些定义进行递归查询。

（6）描述分区

```
DESCRIBE [EXTENDED] table_name partition_spec
```

该语句列出了给定分区的元数据，其输出和 DESCRIBE TABLE 类似。目前，在查询计划准备阶段不能使用这些列信息。

11.3.2 数据操作（DML）

下面我们将详细介绍 DML，它是数据操作类语言，其中包括向数据表加载文件、写查询结果等操作。

1. 向数据表中加载文件

当数据被加载至表中时，不会对数据进行任何转换。Load 操作只是将数据复制 / 移动至 Hive 表对应的位置，代码如下：

```
LOAD DATA [LOCAL] INPATH 'filepath' [OVERWRITE]
    INTO TABLE tablename
    [PARTITION (partcol1=val1, partcol2=val2 ...)]
```

其中，filepath 可以是相对路径（例如，project/data1），可以是绝对路径（例如，/user/admin/project/data1），也可以是完整的 URI（例如，hdfs://NameNodeIP:9000/user/admin/project/data1）。加载的目标可以是一个表或分区。如果表包含分区，则必须指定每个分区的分区名。filepath 可以引用一个文件（在这种情况下，Hive 会将文件移动到表所对应的目录中）或一个目录（在这种情况下，Hive 会将目录中的所有文件移动至表所对应的目录中）。如果指定 LOCAL，那么 load 命令会去查找本地文件系统中的 filepath。如果发现是相对路径，则路径会被解释为相对于当前用户的当前路径。用户也可以为本地文件指定一个完整的 URI，比如 file:///user/hive/project/data。此时 load 命令会将 filepath 中的文件复制到目标文件系统中，目标文件系统由表的位置属性决定，被复制的数据文件移动到表的数据对应的位置。如果没有指定 LOCAL 关键字，filepath 指向一个完整的 URI，那么 Hive 会直接使用这个 URI。如果没有指定 schema 或 authority，则 Hive 会使用在 Hadoop 配置文件中定义的 schema 和 authority，fs.default.name 属性指定 NameNode 的 URI。如果路径不是绝对的，那么 Hive 会相对于 /user/ 进行解释。Hive 还会将 filepath 中指定的文件内容移动到 table（或 partition）所指定的路径中。如果使用 OVERWRITE 关键字，那么目标表（或分区）中的内容（如果有）会被删除，并且将 filepath 指向的文件 / 目录中的内容添加到表 / 分区中。如果目标表（或分区）中已经有文件，并且文件名和 filepath 中的文件名冲突，那么现有的文件会被新文件所替代。

2. 将查询结果插入 Hive 表中

查询的结果通过 insert 语法加入到表中，代码如下：

```
INSERT OVERWRITE TABLE tablename1 [PARTITION (partcol1=val1, partcol2=val2 ...)]
select_statement1 FROM from_statement
Hive extension (multiple inserts):
FROM from_statement
INSERT OVERWRITE TABLE tablename1 [PARTITION (partcol1=val1, partcol2=val2 ...)]
select_statement1
[INSERT OVERWRITE TABLE tablename2 [PARTITION ...] select_statement2] ...
Hive extension (dynamic partition inserts):
INSERT OVERWRITE TABLE tablename PARTITION (partcol1[=val1], partcol2[=val2] ...)
select_statement FROM from_statement
```

这里需要注意的是，插入可以针对一个表或一个分区进行操作。如果对一个表进行了划分，那么在插入时就要指定划分列的属性值以确定分区。每个 Select 语句的结果会被写入选择的表或分区中，OVERWRITE 关键字会强制将输出结果写入。其中输出格式和序列化方式由表的元数据决定。在 Hive 中进行多表插入，可以减少数据扫描的次数，因为 Hive 可以只扫描输入数据一次，而对输入数据进行多个操作命令。

3. 将查询的结果写入文件系统

查询结果可以通过如下命令插入文件系统目录：

```
INSERT OVERWRITE [LOCAL] DIRECTORY directory1 SELECT ... FROM ...
```

```
Hive extension (multiple inserts):
FROM from_statement
INSERT OVERWRITE [LOCAL] DIRECTORY directory1 select_statement1
[INSERT OVERWRITE [LOCAL] DIRECTORY directory2 select_statement2] ...
```

这里需要注意的是，目录可以是完整的 URI。如果 scheme 或 authority 没有定义，那么
Hive 会使用 Hadoop 的配置参数 fs.default.name 中的 scheme 和 authority 来定义 NameNode
的 URI。如果使用 LOCAL 关键字，那么 Hive 会将数据写入本地文件系统中。

在将数据写入文件系统时会进行文本序列化，并且每列用 ^A 区分，换行表示一行数据
结束。如果任何一列不是原始类型，那么这些列将会被序列化为 JSON 格式。

11.3.3 SQL 操作

下面是一个标准的 Select 语句语法定义：

```
SELECT [ALL | DISTINCT] select_expr, select_expr, ...
FROM table_reference
[WHERE where_condition]
[GROUP BY col_list]
[    CLUSTER BY col_list
  | [DISTRIBUTE BY col_list] [SORT BY col_list]
]
[LIMIT number]
```

下面对其中重要的定义进行说明。

（1）table_reference

table_reference 指明查询的输入，它可以是一个表、一个视图或一个子查询。下面是一
个简单的查询，检索所有表 t1 中的列和行：

```
SELECT * FROM t1
```

（2）WHERE

where_condition 是一个布尔表达式。比如下面的查询只输出 sales 表中 amount>10 且
region 属性值为 US 的记录：

```
SELECT * FROM sales WHERE amount > 10 AND region = "US"
```

（3）ALL 和 DISTINCT

ALL 和 DISTINCT 选项可以定义重复的行是否要返回。如果没有定义，那么默认为
ALL，即输出所有的匹配记录而不删除重复的记录，代码如下：

```
hive> SELECT col1, col2 FROM t1
    1 3
    1 3
    1 4
    2 5
hive> SELECT DISTINCT col1, col2 FROM t1
    1 3
    1 4
```

```
    2 5
hive> SELECT DISTINCT col1 FROM t1
    1
    2
```

（4）LIMIT

LIMIT 可以控制输出的记录数，随机选取检索结果中的相应数目输出：

```
SELECT * FROM t1 LIMIT 5
```

下面代码为输出 Top-k，k=5 的查询结果：

```
SET mapred.reduce.tasks = 1
SELECT * FROM sales SORT BY amount DESC LIMIT 5
```

（5）使用正则表达式

SELECT 声明可以匹配使用一个正则表达式的列。下面的例子会对 sales 表中除了 ds 和 hr 的所有列进行扫描：

```
SELECT `(ds|hr)?+.+` FROM sales
```

（6）基于分区的查询

通常来说，SELECT 查询要扫描全部的表。如果一个表是使用 PARTITIONED BY 语句产生的，那么查询可以对输入进行"剪枝"，只对表的相关部分进行扫描。Hive 现在只对在 WHERE 中指定的分区断言进行"剪枝"式的扫描。举例来说，如果一个表 page_view 按照 date 列的值进行了分区，那么下面的查询可以检索出日期为 2010-03-01 的行记录：

```
SELECT page_views.*
  FROM page_views
  WHERE page_views.date >= '2010-03-01' AND page_views.date <= '2010-03-31'
```

（7）HAVING

Hive 目前不支持 HAVING 语义，但是可以使用子查询实现，示例如下：

```
SELECT col1 FROM t1 GROUP BY col1 HAVING SUM(col2) > 10
```

可以表示为：

```
SELECT col1 FROM (SELECT col1, SUM(col2) AS col2sum FROM t1 GROUP BY col1) t2
WHERE t2.col2sum > 10
```

我们可以将查询的结果写入到目录中：

```
hive> INSERT OVERWRITE DIRECTORY '/tmp/hdfs_out' SELECT a.* FROM invites a WHERE
a.ds='2009-09-01';
```

上面的例子将查询结果写入 /tmp/hdfs_out 目录中。也可以将查询结果写入本地文件路径，如下所示：

```
hive> INSERT OVERWRITE LOCAL DIRECTORY '/tmp/local_out' SELECT a.* FROM pokes a;
```

其他（例如 GROUP BY 和 JOIN）的作用和 SQL 相同，就不再赘述，下面是使用的例子，详细信息可以查看 http://wiki.apache.org/hadoop/Hive/LanguageManual。

（8）GROUP BY

```
hive> FROM invites a INSERT OVERWRITE TABLE events SELECT a.bar, count(*) WHERE
a.foo > 0 GROUP BY a.bar;
hive> INSERT OVERWRITE TABLE events SELECT a.bar, count(*) FROM invites a WHERE
a.foo > 0 GROUP BY a.bar;
```

（9）JOIN

```
hive> FROM pokes t1 JOIN invites t2 ON (t1.bar = t2.bar) INSERT OVERWRITE TABLE
events SELECT t1.bar, t1.foo, t2.foo;
```

（10）多表 INSERT

```
FROM src
INSERT OVERWRITE TABLE dest1 SELECT src.* WHERE src.key < 100
INSERT OVERWRITE TABLE dest2 SELECT src.key, src.value WHERE src.key >= 100 and
src.key < 200
INSERT OVERWRITE TABLE dest3 PARTITION(ds='2010-04-08', hr='12') SELECT src.key
WHERE src.key >= 200 and src.key < 300
INSERT OVERWRITE LOCAL DIRECTORY '/tmp/dest4.out' SELECT src.value WHERE src.key
>= 300;
```

（11）STREAMING

```
hive> FROM invites a INSERT OVERWRITE TABLE events SELECT TRANSFORM(a.foo, a.bar)
AS (oof, rab) USING '/bin/cat' WHERE a.ds > '2010-08-09';
```

这个命令会将数据输入给 Map 操作（通过 /bin/cat 命令），同样也可以将数据流式输入给 Reduce 操作。

11.3.4　Hive QL 使用实例

下面我们通过两个例子对 Hive QL 的使用方法进行介绍，从中可以看到它与传统 SQL 语句的异同点。

1. 电影评分

首先创建表，并且使用 tab 空格定义文本格式：

```
CREATE TABLE u_data (
  userid INT,
  movieid INT,
  rating INT,
  unixtime STRING)
ROW FORMAT DELIMITED
FIELDS TERMINATED BY '\t'
STORED AS TEXTFILE;
```

然后下载数据文本文件并解压，代码如下：

```
wget http://www.grouplens.org/node/73
tar xvzf ml-data.tar__0.gz
```

将文件加载到表中，代码如下：

```
LOAD DATA LOCAL INPATH 'ml-data/u.data'
OVERWRITE INTO TABLE u_data;
Count the number of rows in table u_data:
SELECT COUNT(*) FROM u_data;// 由于版本问题，如果此处出现错误，你可能需要使用 COUNT(1) 替换
COUNT(*)
```

下面可以基于该表进行一些复杂的数据分析操作，此处我们使用 Python 语言，首先创建 Python 脚本，如代码清单 11-4 所示。

代码清单 11-4　weekday_mapper.py 脚本文件

```
import sys
import datetime
for line in sys.stdin:
  line = line.strip()
  userid, movieid, rating, unixtime = line.split('\t')
  weekday = datetime.datetime.fromtimestamp(float(unixtime)).isoweekday()
  print '\t'.join([userid, movieid, rating, str(weekday)])
```

使用如下 mapper 脚本调用 weekday_mapper.py 脚本进行操作。

```
CREATE TABLE u_data_new (
  userid INT,
  movieid INT,
  rating INT,
  weekday INT)
ROW FORMAT DELIMITED
FIELDS TERMINATED BY '\t';

add FILE weekday_mapper.py;

INSERT OVERWRITE TABLE u_data_new
SELECT
  TRANSFORM (userid, movieid, rating, unixtime)
  USING 'python weekday_mapper.py'
  AS (userid, movieid, rating, weekday)
FROM u_data;
SELECT weekday, COUNT(*)
FROM u_data_new
GROUP BY weekday;
```

2. Apache 网络日志数据（Weblog）

可以定制 Apache 网络日志数据格式，不过一般管理者都使用默认的格式。对于默认设置的 Apache Weblog 可以使用以下命令创建表：

```
add jar ../build/contrib/hive_contrib.jar;
CREATE TABLE apachelog (
  host STRING,
```

```
         identity STRING,
         user STRING,
         time STRING,
         request STRING,
         status STRING,
         size STRING,
         referer STRING,
         agent STRING)
ROW FORMAT SERDE 'org.apache.hadoop.hive.contrib.serde2.RegexSerDe'
WITH SERDEPROPERTIES (
    "input.regex" = "([^ ]*) ([^ ]*) ([^ ]*) (-|\\[[^\\]]*\\]) ([^ \"]*|\"[^\"]*\")
    (-|[0-9]*) (-|[0-9]*)(?: ([^ \"]*|\"[^\"]*\") ([^ \"]*|\"[^\"]*\"))?",
    "output.format.string" = "%1$s %2$s %3$s %4$s %5$s %6$s %7$s %8$s %9$s"
)
STORED AS TEXTFILE;
```

更多内容可以查看 http://issues.apache.org/jira/browse/HIVE-662。

11.4　Hive 网络（Web UI）接口

通过 Hive 的网络接口可以更方便、更直观地操作，特别是对刚接触 Hive 的用户。下面看看网络接口具有的特性。

（1）分离查询的执行

在命令行（CLI）下，要执行多个查询就要打开多个终端，而通过网络接口，可以同时执行多个查询，网络接口可以在网络服务器上管理会话（session）。

（2）不用本地安装 Hive

用户不需要本地安装 Hive 就可以通过网络浏览器访问 Hive 并进行操作。如果想通过 Web 与 Hadoop 及 Hive 交互，那么需要访问多个端口。而一个远程或 VPN 的用户只需要访问 Hive 网络接口所使用的 0.0.0.0 tcp/9999。

11.4.1　Hive 网络接口配置

使用 Hive 的网络接口需要修改配置文件 hive-site.xml。通常不需要额外地编辑默认的配置文件，如果需要编辑，可参照以下代码进行：

```
<property>
  <name>hive.hwi.listen.host</name>
  <value>0.0.0.0</value>
  <description>This is the host address the Hive Web Interface will listen on</
  description>
</property>
<property>
  <name>hive.hwi.listen.port</name>
  <value>9999</value>
  <description>This is the port the Hive Web Interface will listen on</
  description>
```

```
</property>
<property>
  <name>hive.hwi.war.file</name>
  <value>${HIVE_HOME}/lib/hive_hwi.war</value>
  <description>This is the WAR file with the jsp content for Hive Web Interface</
  description>
</property>
```

在配置文件中，监听端口默认是 9999，也可以通过 hive 配置文件对端口进行修改。当配置完成后，我们可以通过 hive --service hwi 命令开启服务。具体操作如下所示：

```
hive --service hwi
12/05/17 20:02:26 INFO hwi.HWIServer: HWI is starting up
12/05/17 20:02:27 INFO mortbay.log: Logging to org.slf4j.impl.
Log4jLoggerAdapter(org.mortbay.log) via org.mortbay.log.Slf4jLog
12/05/17 20:02:27 INFO mortbay.log: jetty-6.1.26
12/05/17 20:02:28 INFO mortbay.log: Extract /home/hadoop/hadoop-1.0.1/hive-0.8.1/
lib/hive-hwi-0.8.1.war to /tmp/Jetty_0_0_0_0_9999_hive.hwi.0.8.1.war__hwi__.
m9wzki/webapp
12/05/17 20:02:29 INFO mortbay.log: Started SocketConnector@0.0.0.0:9999
```

这样我们通过浏览器访问网络接口的地址：http:/masterIP: 9999/hwi 即可，如图 11-2 所示。

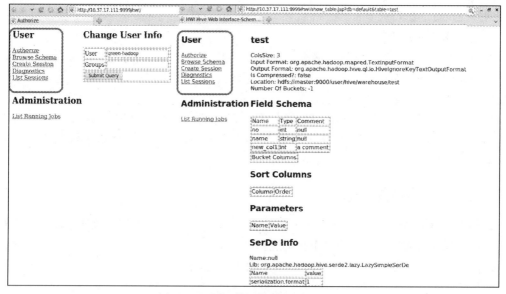

图 11-2　Hive 的网络接口（WebUI）

可以看到 Hive 的网络接口拉近了用户和系统的距离。我们可以通过网络直接创建会话，并进行查询。用户界面和功能展示非常直观，适合刚接触到 Hive 的用户。

11.4.2　Hive 网络接口操作实例

下面我们使用 Hive 的网络接口进行简单的操作。

从图 11-2 中可以看出，Hive 的网络操作接口包含数据库及表信息查询、Hive 查询、系统诊断等功能，下面分别对其进行介绍。

1. 数据库及表信息查询

单击 Browse Schema 可以查看当前 Hive 中的数据库，界面中显示的是当前可以使用的数据库信息，只包含一个数据库（default）；再单击 default，就可以看到 default 数据库中包含的所有表的信息了，如图 11-3 所示。

图 11-3　Hive 数据库表

在图 11-3 中，选择某一个具体的数据库就可以直接浏览该数据库的模式信息了。以代码清单 11-3 所创建的影片评分表表为例，图 11-4 为该表的模式信息。

```
User       u3_data

Authorize       ColsSize: 3
Browse Schema   Input Format: org.apache.hadoop.mapred.TextInputFormat
Create Session  Output Format: org.apache.hadoop.hive.ql.io.HiveIgnoreKeyTextOutputFormat
Diagnostics     Is Compressed?: false
List Sessions   Location: hdfs://master:9000/user/hive/warehouse/u3_data
                Number Of Buckets: -1

        Field Schema

        Name    Type  Comment
        userid  int   null
        movieid int   null
        rating  int   null
        Bucket Columns

        Sort Columns

        Column  Order

        Parameters

        Name    Value

        SerDe Info

        Name:null
        Lib: org.apache.hadoop.hive.serde2.lazy.LazySimpleSerDe
        Name              value
        serialization.format
        field.delim

        Partition Information

        Name  Type    Comment
        dt    string  null
        city  string  null
```

图 11-4　u3_data 表模式

2. Hive 查询

在进行 Hive 查询之前首选创建一个会话（Session）。在创建完会话之后，我们可以通过 List Session 链接列出所有的 Session。当 Hive 重启后，Session 信息将全部丢失。会话与认证（Authorize）是相互关联的。在创建一组会话之后，我们可以通过 Authorize 链接创建该组的认证信息。认证信息包括用户和组。某组会话的用户和组被指定后将不能改变。可以通过认证来启用不同的会话组。

下面通过图 11-5 具体介绍如何使用创建的会话进行 Hive 数据查询操作。

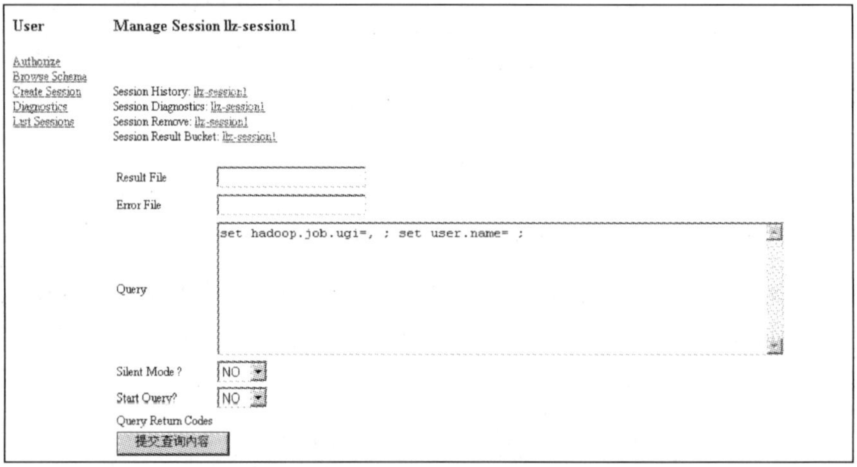

图 11-5　会话管理界面

如图 11-5 所示，用户可以在 Query 窗口中输入查询语句。我们在用户框中输入如下代码来查看操作结果。此时需要指定 Result File（结果文件）并将 Start Query（开始查询）选项置为 YES。

```
select * from u1_data limit 5 ;
```

单击 View File（查看文件），操作结果如图 11-6 所示。

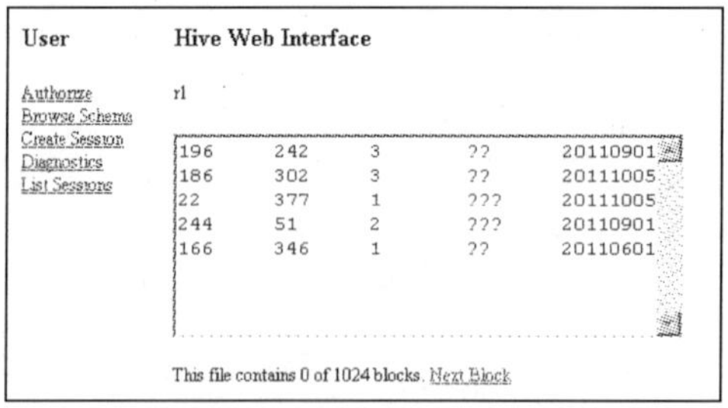

图 11-6　操作结果

通过 WebUI 也可以执行复杂的查询，但是这样做的缺点是用户不了解查询的状态，交互能力较差。当查询所需时间较长的时候用户需要一直等待操作的结果。

11.5　Hive 的 JDBC 接口

通过上面的介绍我们知道，用户可以使用命令行接口（CLI）和 Hive 进行交互，也可以使用网络接口（Web UI）和 Hive 进行交互。本节我们将具体介绍 JDBC 接口。如果是以集群中的节点作为客户端来访问 Hive，则可以直接使用 jdbc:hive://。对于一个非集群节点的客户端来说，可以使用 jdbc:hive://host:port/dbname 来进行访问。

为了方便用户的使用，下面我们介绍如何使用 Eclipse 进行程序的开发。

11.5.1　Eclipse 环境配置

首先在 Eclipse 中创建一个 Java 工程，例如 HiveTest。创建完 Java 工程后需要修改工程的库文件，添加编译 Hive 程序所必需的 JAR 包。

Hive 工程依赖于 Hive JAR 包、日志 JAR 包。由于 Hive 的很多操作依赖于 MapReduce 程序，因此 Hive 工程中还需要引入 Hadoop 包。在创建完 Hive 工程后，我们通过引入外部包添加 Hive 依赖包。在 Hive 工程上点击右键，选择："Properties" → "Java Build Path" → "Libraries" → "Add External Jars"，然后选择所需的 Jar 文件。如图 11-7 所示为添加好的 Jar 包。

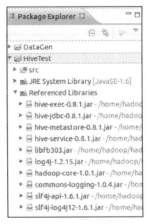

图 11-7　Hive 工程依赖包

在完成上述操作后便可以使用 Eclipse 编写 Hive 程序了。完成之后，选择 Run as Java Application 即可。

11.5.2　程序实例

在使用 JDBC 链接 Hive 之前，首先需要开启 Hive 监听用户的链接。开启 Hive 服务的方法如下所示：

```
hive --service hiveservice
Service hiveservice not found
```

```
Available Services: cli help hiveserver hwi jar lineage metastore rcfilecat
hadoop@master:~/hadoop-1.0.1/hive-0.8.1/bin/ext$ hive --service hiveserver
Starting Hive Thrift Server
Hive history file=/tmp/hadoop/hive_job_log_hadoop_201205150632_559026727.txt
```

下面是一个使用 Java 编写的 JDBC 客户端访问的代码样例：

```java
package cn.edu.rnc.cloudcomputing.book.chapter11;

import java.sql.SQLException;
import java.sql.Connection;
import java.sql.ResultSet;
import java.sql.Statement;
import java.sql.DriverManager;

public class HiveJdbcClient {
    /**
     * @param args
     * @throws SQLException
     */
    public static void main(String[] args) throws SQLException {
        // 注册 JDBC 驱动
        try {
            Class.forName("org.apache.hadoop.hive.jdbc.HiveDriver");
        } catch (ClassNotFoundException e) {
            // TODO Auto-generated catch block
            e.printStackTrace();
            System.exit(1);
        }

        // 创建连接
        Connection con = DriverManager.getConnection("jdbc:hive://
master:10000/default", "", "");

        //statement 用来执行 SQL 语句
        Statement stmt = con.createStatement();

        // 下面为 Hive 测试语句
        String tableName = "u1_data";
        stmt.executeQuery("drop table " + tableName);
        ResultSet res = stmt.executeQuery("create table " + tableName + "
(userid int, " +
                "movieid int," +
                "rating int," +
                "city string,"+
                "viewTime string)" +
                "row format delimited " +
                "fields terminated by '\t' " +
                "stored as textfile");  // 创建表
        // show tables 语句
        String sql = "show tables";
```

```
        System.out.println("Running: " + sql+ ":");
        res = stmt.executeQuery(sql);
        if (res.next()) {
                System.out.println(res.getString(1));
        }
        // describe table 语句
        sql = "describe " + tableName;
        System.out.println("Running: " + sql);
        res = stmt.executeQuery(sql);
        while (res.next()) {
            System.out.println(res.getString(1) + "\t" + res.getString(2));
        }

        // load data 语句
        String filepath = "/home/hadoop/Downloads/u.data.new";
        sql = "load data local inpath '" + filepath + "' overwrite into table
        " + tableName;
        System.out.println("Running: " + sql);
        res = stmt.executeQuery(sql);

        // select query: 选取前 5 条记录
        sql = "select * from " + tableName +" limit 5";
        System.out.println("Running: " + sql);
        res = stmt.executeQuery(sql);
        while (res.next()) {
                System.out.println(String.valueOf(res.getString(3) + "\t" +
                res.getString(4)));
        }

        // hive query: 统计记录个数
        sql = "select count(*) from " + tableName;
        System.out.println("Running: " + sql);
        res = stmt.executeQuery(sql);
        while (res.next()) {
                System.out.println(res.getString(1));
        }
    }
}
```

从上述代码可以看出，在进行查询操作之前需要做如下工作：

1）通过 Class.forName("org.apache.hadoop.hive.jdbc.HiveDriver"); 语句注册 Hive 驱动；

2）通过 Connection con = DriverManager.getConnection("jdbc:hive://master:10000/default", "", ""); 语句建立与 Hive 数据库的连接。

在上述操作完成之后便可以正常进行操作了。上述操作结果为：

```
Running: show tables:
page_view
testhivedrivertable
u1_data
u2_data
```

```
u3_data
Running: describe u1_data
userid      int
movieid     int
rating      int
city        string
viewtime    string
Running: load data local inpath '/home/hadoop/Downloads/u.data.new' overwrite into
    table u1_data
Running: select * from u1_data limit 10
3          北京
3          北京
1          石家庄
2          石家庄
1          苏州
Running: select count(*) from u1_data
100000
```

当前的 JDBC 接口只支持查询的执行及结果的获取，并且支持部分元数据的读取。Hive
支持的接口除了 JDBC 外，还有 Python、PHP、ODBC 等。读者可以访问 http://wiki.apache.
org/hadoop/Hive/ HiveClient#JDBC 查看相关信息。

11.6　Hive 的优化

Hive 针对不同的查询进行优化，其优化过程可以通过配置进行控制。本节我们将介绍部
分优化策略及优化控制选项。

1. 列裁剪（Column Pruning）

在读取数据时，只读取查询中需要用到的列，而忽略其他列，例如如下查询：

```
SELECT a,b FROM t WHERE e < 10;
```

其中，对于表 t 包含的 5 个列 (a,b,c,d,e)，经过列裁剪，列 c 和 d 将会被忽略，执行中只
会读取 a, b, e 列。要实现列裁剪，需要设置参数 hive.optimize.cp = true。

2. 分区裁剪（Partition Pruning）

在查询过程中减少不必要的分区，例如如下查询：

```
SELECT * FROM (SELECT c1, COUNT(1)
  FROM T GROUP BY c1) subq
  WHERE subq.prtn = 100;
SELECT * FROM T1 JOIN
  (SELECT * FROM T2) subq ON (T1.c1=subq.c2)
  WHERE subq.prtn = 100;
```

经过分区裁剪优化的查询，会在子查询中就考虑 subq.prtn = 100 条件，从而减少读入的
分区数目。要实现分区裁剪，须设置 hive.optimize.pruner=true。

3. Join 操作

当使用有 Join 操作的查询语句时，有一条原则：应该将条目少的表 / 子查询放在 Join 操作符的左边。原因是在 Join 操作的 Reduce 阶段，Join 操作符左边表中的内容会被加载到内存中，将条目少的表放在左边可以有效减少发生内存溢出（OOM：Out of Memory）的几率。

对于一条语句中有多个 Join 的情况，如果 Join 的条件相同可以进行优化，比如如下查询：

```
INSERT OVERWRITE TABLE pv_users
  SELECT pv.pageid, u.age FROM page_view p
  JOIN user u ON (pv.userid = u.userid)
  JOIN newuser x ON (u.userid = x.userid);
```

我们可以进行的优化是，如果 Join 的 key 相同，那么不管有多少个表，都会合并为一个 MapReduce。如果 Join 的条件不相同，比如：

```
INSERT OVERWRITE TABLE pv_users
  SELECT pv.pageid, u.age FROM page_view p
  JOIN user u ON (pv.userid = u.userid)
  JOIN newuser x on (u.age = x.age);
```

如果 MapReduce 的任务数目和 Join 操作的数目是对应的，那么上述查询和以下查询是等价的：

```
INSERT OVERWRITE TABLE tmptable
  SELECT * FROM page_view p JOIN user u
  ON (pv.userid = u.userid);

INSERT OVERWRITE TABLE pv_users
  SELECT x.pageid, x.age FROM tmptable x
  JOIN newuser y ON (x.age = y.age);
```

4. Map Join 操作

Map Join 操作无须 Reduce 操作就可以在 Map 阶段全部完成，前提是在 Map 过程中可以访问到全部需要的数据。比如如下查询：

```
INSERT OVERWRITE TABLE pv_users
  SELECT /*+ MAPJOIN(pv) */ pv.pageid, u.age
  FROM page_view pv
    JOIN user u ON (pv.userid = u.userid);
```

这个查询便可以在 Map 阶段全部完成 Join。此时还须设置的相关属性为：hive.join.emit. inter- 1 = 1000、hive.mapjoin.size.key = 10000、hive.map- join.cache.numrows = 10000。hive. join.emit.inter- 1 = 1000 属性定义了在输出 Join 的结果前，还要判断右侧进行 Join 的操作数最多可以加载多少行到缓存中。

5. Group By 操作

进行 Group BY 操作时需要注意以下两点。

❑ Map 端部分聚合。事实上，并不是所有的聚合操作都需要在 Reduce 部分进行，很多聚合操作都可以先在 Map 端进行部分聚合，然后在 Reduce 端得出最终结果。

这里需要修改的参数包括：hive.map.aggr = true，用于设定是否在 Map 端进行聚合，默认为 True。hive.groupby.mapaggr.checkinterval = 100000，用于设定在 Map 端进行聚合操作的条目数。

❑ 有数据倾斜（数据分布不均匀）时进行负载均衡。此处需要设定 hive.groupby. skewindata，当选项为 true 时，生成的查询计划会有两个 MapRreduce 任务。在第一个 MapReduce 中，Map 的输出结果集合会随机分布到 Reduce 中，对每个 Reduce 做部分聚合操作并输出结果。这样处理的结果是，相同的 Group By Key 有可能被分发到不同的 Reduce 中，从而达到负载均衡的目的；第二个 MapReduce 任务再根据预处理的数据结果按照 Group By Key 分布到 Reduce 中（这个过程可以保证相同的 Group By Key 分布到同一个 Reduce 中），最后完成最终的聚合操作。

6. 合并小文件

在第 9 章 "HDFS 详解" 中我们知道，文件数目过多会给 HDFS 带来很大的压力，并且会影响处理的效率。因此，我们可以通过合并 Map 和 Reduce 的结果文件来消除这样的影响。需要进行的设定有以下三个：hive.merge.mapfiles = true，设定是否合并 Map 输出文件，默认为 True；hive.merge.mapredfiles = false，设定是否合并 Reduce 输出文件，默认为 False；hive.merge.size.per.task = 256*1000*1000，设定合并文件的大小，默认值为 256 000 000。

11.7　本章小结

本章我们主要对建立在 Hadoop 之上的数据仓库架构 Hive 进行了详细介绍。

首先，介绍了 Hive 的安装和配置。由于 Hadoop 的最新版本都集成了 Hive，所以安装很简单，只需要简单修改配置文件即可。

其次，着重介绍了 Hive 的类 SQL 语言 Hive QL，通过学习 Hive QL，用户可以进行类似传统数据库的操作。我们可以看到 Hive QL 有别于传统的 SQL 实现，但是它们也有很多相似之处，Hive QL 既继承了传统 SQL 的优势，又结合了 Hadoop 文件系统的特性。

最后，对 Hive 的几个重要接口进行了介绍，这有助于大家更快地掌握和使用 Hive，并且还介绍了如何配置 Eelidse 环境编写 Hive 程序。对管理员来说，本章还给出了 Hive 的优化策略，可以为 Hive 的使用助一臂之力。

第 12 章

HBase 详解

本章内容

12.1 HBase 简介

HBase 是 Apache Hadoop 的数据库,能够对大数据提供随机、实时的读写访问功能,具有开源、分布式、可扩展及面向列存储的特点。HBase 是由 Chang 等人基于 Google 的 Bigtable [⊖] 开发而成的。HBase 的目标是存储并处理大型的数据,更具体来说是只需使用普通的硬件配置即可处理由成千上万的行和列所组成的大数据。

HBase 是一个开源的、分布式的、多版本的、面向列的存储模型。它可以直接使用本地文件系统,也可以使用 Hadoop 的 HDFS 文件存储系统。不过,为了提高数据的可靠性和系统的健壮性,并且发挥 HBase 处理大数据的能力,使用 HDFS 作为文件存储系统才更为稳妥。

另外,HBase 存储的是松散型数据。具体来说,HBase 存储的数据介于映射(key/value)和关系型数据之间。HBase 存储的数据可以理解为一种 key 和 value 的映射关系,但又不是简简单单的映射关系。除此之外它还具有许多其他的特性,我们将在本章后面详细讲述。HBase 存储的数据从逻辑上来看就像一张很大的表,并且它的数据列可以根据需要动态地增加。除此之外,每个单元(cell,由行和列所确定的位置)中的数据又可以具有多个版本(通过时间戳来区别)。从图 12-1 所示可以看出,HBase 还具有这样的特点:它向下提供了存储,向上提供了运算。另外,在 HBase 之上还可以使用 Hadoop 的 MapReduce 计算模型来并行处理大规模数据,这也是它具有强大性能的核心所在。它将数据存储与并行计算完美地结合在一起。

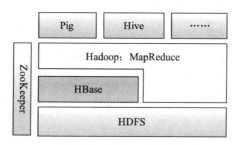

图 12-1　HBase 关系图

下面列举一下 HBase 所具有的特性:

❑ 线性及模块可扩展性;

❑ 严格一致性读写;

❑ 可配置的表自动分割策略;

❑ RegionServer 自动故障恢复;

❑ 便利地备份 MapReduce 作业的基类;

❑ 便于客户端访问的 Java API;

❑ 为实时查询提供了块缓存和 Bloom Filter;

⊖ Google 论文:*Bigtable: A Distributed Storage System for Structured Data*

❑ 可通过服务器端的过滤器进行查询下推预测；

❑ 提供了支持 XML、Protobuf 及二进制编码的 Thrift 网管和 REST-ful 网络服务；

❑ 可扩展的 JIRB（jruby-based）shell；

❑ 支持通过 Hadoop 或 JMX 将度量标准倒出到文件或 Ganglia 中。

下面我们将具体介绍 HBase 的特性及其安装、配置、使用的方法。

12.2　HBase 的基本操作

在介绍完 HBase 的基本特性之后，本节将首先介绍如何安装 HBase。由于它有单机、伪分布、全分布三种运行模式，因此我们将分别进行讲解。在安装成功之后，再介绍如何对 HBase 进行详细的设置，以提高系统的可靠性和执行速度。

12.2.1　HBase 的安装

HBase 有三种运行模式，其中单机模式的配置非常简单，几乎不用对安装文件做任何修改就可以使用。如果要运行分布式模式，Hadoop 是必不可少的。另外在对 HBase 的某些文件进行配置之前，还需要具备以下先决条件：

1）Java：需要安装 Java 1.6.x 以上的版本，推荐从 SUN 官网下载，下载地址为：http://www.java.com/download/。在 Ubuntu 下可以使用下面命令安装 Java：

```
sudo apt-get install sun-java6-jdk
```

具体的安装过程前述章节已经详细讲过，这里不再赘述。

2）Hadoop：由于 HBase 架构是基于其他文件存储系统的，因此在分布式模式下安装 Hadoop 是必须的。但是，如果运行在单机模式下，此条件可以省略。

注意　安装 Hadoop 的时候，要注意 HBase 的版本。也就是说，需要注意 Hadoop 和 HBase 之间的版本关系，如果不匹配，很可能会影响 HBase 系统的稳定性。在 HBase 的 lib 目录下可以看到对应的 Hadoop 的 JAR 文件。默认情况下，HBase 的 lib 文件夹下对应的 Hadoop 版本相对稳定。如果用户想要使用其他的 Hadoop 版本，那么需要将 Hadoop 系统安装目录 hadoop-*.*.*-core.jar 文件和 hadoop-*.*.*-test.jar 文件复制到 HBase 的 lib 文件夹下，以替换其他版本的 Hadoop 文件。

另外，如果读者想要对 HBase 的数据存储有更好的了解，建议查看关于 HDFS 的更多详细资料。此部分不是本章所关注的内容，故不再赘述。

3）SSH：需要注意的是，SSH 是必须安装的，并且要保证用户可以 SSH 到系统的其他节点（包括本地节点）。因为，我们需要使用 Hadoop 来管理远程 Hadoop 和 HBase 守护进程。

关于其他外部条件，我们可以在使用的过程中再具体配置，详细内容见 12.2.2 节。下面我们将具体介绍 HBase 在三种模式下的安装过程。

1. 单机模式安装

HBase 安装文件默认情况下是支持单机模式的，也就是说将 HBase 安装文件解压后就可以直接运行。在单机模式下，HBase 并不使用 HDFS。用户可以通过下面的命令将其解压：

```
tar xfz hbase-0.92.1.tar.gz
cd hbase-0.92.1
```

在运行之前，建议用户修改 ${HBase-Dir}/conf/hbase-site.xml 文件。此文件是 HBase 的配置文件，通过它可以更改 HBase 的基本配置。另外还有一个文件为 hbase-default.xml，它是 HBase 的默认配置文件。我们可以通过这两个文件中的任意一个来修改 HBase 的配置参数，并且它们二者的配置方法也完全相同。但是同样一个参数如果在 hbase-site.xml 中配置了，那么它就会覆盖掉 hbase-default.xml 中的同一个配置。也就是说，同样一个配置参数，hbase-site.xml 中的配置将发挥作用。建议用户修改 hbase-site.xml 中的配置，而 hbase-default.xml 中的配置默认保持不变，这样当 hbase-site.xml 中配置错误时，其默认配置可以保证用户能够快速地对 Hbase 配置进行恢复。例如，需要修改的内容如下所示：

```
<configuration>
  <property>
    <name>hbase.rootdir</name>
    <value>file:///tmp/hbase-${user.name}/hbase</value>
  </property>
</configuration>
```

从上面可以看到，默认情况下 HBase 的数据是存储在根目录的 tmp 文件夹下的。熟悉 Linux 的用户知道，此文件夹为临时文件夹。也就是说，当系统重启的时候，此文件夹中的内容将被清空。这样用户保存在 HBase 中的数据也会丢失，这当然是用户不想看到的事情。因此，用户需要将 HBase 数据的存储位置修改为自己希望的存储位置。

2. 伪分布模式安装

伪分布模式是一个运行在单个节点（单台机器）上的分布式模式，此种模式下 HBase 所有的守护进程将运行在同一个节点之上。由于分布式模式的运行需要依赖于分布式文件系统，因此此时必须确保 HDFS 已经成功运行。用户可以在 HDFS 系统上执行 Put 和 Get 操作来验证 HDFS 是否安装成功。关于 HDFS 集群的安装，请读者参看其他章节的介绍。

一切准备就绪后，我们开始配置 HBase 的参数（即配置 hbase-site.xml 文档）。通过设定 hbase.rootdir 参数来指定 HBase 的数据存放位置，进而让 HBase 运行在 Hadoop 之上，如图 12-1 所示。具体配置如下所示：

```
<configuration>
  ...
  <property>
    <name>hbase.rootdir</name>
    <value>hdfs://localhost:9000/hbase</value>
```

```
      <description>此参数指定了 HReion 服务器的位置，即数据存放位置。
      </description>
    </property>
    <property>
      <name>dfs.replication</name>
      <value>1</value>
      <description>此参数指定了 Hlog 和 Hfile 的副本个数，此参数的设置不能大于 HDFS 的节点数。伪
分布模式下 DataNode 只有一台，因此此参数应设置为 1。
      </description>
    </property>
    ...
</configuration>
```

注意　hbase.rootdir 指定的目录需要 Hadoop 自己创建，否则可能出现警告提示。由于目录为空，HBase 在检查目录时可能会报所需要的文件不存在的错误。

---

3. 完全分布模式安装

对于完全分布式 HBase 的安装，我们需要通过 hbase-site.xml 文档来配置本机的 HBase 特性，通过 hbase-env.sh 来配置全局 HBase 集群系统的特性，也就是说每一台机器都可以通过 hbase-env.sh 来了解全局的 HBase 的某些特性。另外，各个 HBase 实例之间需要通过 ZooKeeper 来进行通信，因此我们还需要维护一个（一组）ZooKeeper 系统。

下面我们将以 3 台机器为例，介绍如何进行配置。3 台机器的 hosts 配置如下所示：

```
10.77.20.100       master
10.77.20.101       slave1
10.77.20.102       slave2
```

假设我们已经配置完成 Hadoop/HDFS 和 ZooKeeper ⊖，下面介绍 HBase 的配置。

（1）conf/hbase-site.xml 文件的配置

hbase.rootdir 和 hbase.cluster.distributed 两个参数的配置对于 HBase 来说是必需的。我们通过 hbase.roodir 来指定本台机器 HBase 的存储目录；通过 hbase.cluster.distributed 来说明其运行模式（true 为全分布模式，false 为单机模式或伪分布模式）；另外 hbase.master 指定的是 HBase 的 master 的位置，hbase.zookeeper.quorum 指定的是 ZooKeeper 集群的位置。如下所示为示例配置文档：

```
<configuration>
    ...
<property>
    <name>hbase.rootdir</name>
    <value>hdfs://master:9000/hbase</value>
    <description>HBase 数据存储目录 .</description>
</property>
<property>
```

⊖　Hadoop 和 ZooKeeper 的配置请参看本书相关章节。

```
       <name>hbase.cluster.distributed</name>
       <value>true</value>
       <description> 指定 HBase 运行的模式:
false: 单机模式或伪分布模式
true: 完全分布模式
       </description>
     </property>
     <property>
       <name>hbase.master</name>
       <value>hdfs://master:60000</value>
       <description> 指定 Master 位置 </description>
     </property>
     <property>
       <name>hbase.zookeeper.quorum</name>
       <value>master,slave1,slave2</value>
       <description> 指定 ZooKeeper 集群 </description>
     </property>
     ...
</configuration>
```

（2）conf/regionservers 的配置

regionservers 文件列出了所有运行 HBase RegionServer CHRegion Server 的机器。此文件的配置和 Hadoop 的 slaves 文件十分类似，每一行指定一台机器。当 HBase 启动的时候，会将此文件中列出的所有机器启动；同样，当 HBase 关闭的时候，也会同时自动读取文件并将所有机器关闭。

在我们的配置中，HBase Master 及 HDFS NameNode 运行在 hostname 为 Master 的机器上，HBase RegionServers 运行在 master、slave1 和 slave2 上。根据上述配置，我们只需将每台机器上 HBase 安装目录下的 conf/regionservers 文件的内容设置为：

```
master
slave1
slave2
```

另外，我们可以将 HBase 的 Master 和 HRegionServer 服务器分开。这样只需在上述配置文件中删除 master 一行即可。

（3）ZooKeeper 的配置

完全分布式的 HBase 集群需要 ZooKeeper 实例运行，并且需要所有的 HBase 节点能够与 ZooKeeper 实例通信。默认情况下 HBase 自身维护着一组默认的 ZooKeeper 实例。不过，用户可以配置独立的 ZooKeeper 实例，这样能够使 HBase 系统更加健壮。

conf/hbase-env.sh 配置文档中 HBASE_MANAGES_ZK 的默认值为 true，它表示 HBase 使用自身所带的 ZooKeeper 实例。但是，该实例只能为单机或伪分布模式下的 HBase 提供服务。当安装全分布模式时需要配置自己的 ZooKeeper 实例。在 HBase-site.xml 文档中配置了 hbase.zookeeper.quorum 属性后，系统将有限使用该属性所指定的 ZooKeeper 列表。此时，若 HBASE_MANAGES_ZK 变量值为 true，那么在启动 HBase 时，Hbase 将把 ZooKeeper 作为自身的一部分运行，其对应进程为 "HQuorumPeer"；若该变量值为 false，那么在启动

HBase 之前必须首先手动运行 hbase.zookeeper.quorum 属性所指定的 ZooKeeper 集群，其对应的进程将显示为 QuorumPeerMain。

关于 Zookeeper 的安装与配置详见第 15 章。

若将 ZooKeeper 作为 HBase 的一部分来运行，那么当关闭 HBase 时 Zookeeper 将被自动关闭，否则需要手动停止 ZooKeeper 服务。

12.2.2　运行 HBase

前面说了，HBase 有三种运行模式，不同模式下启动或停止 HBase 服务的步骤稍有不同，另外还有一些需要注意的事项。下面，我们将分情况具体讲解如何在三种模式下启动 / 停止 HBase 服务。

1. 单机模式

单机模式下直接运行下面的命令即可：

```
start-hbase.sh
```

启动成功后用户可以看到如图 12-2 所示的界面。

图 12-2　启动 HBase

从图中可以看出，HBase 首先启动成功后，通过 jps 命令可以查看到 HMaster 的进程。

要停止 HBase 服务，直接在终端中输入下面的命令即可：

```
stop-hbase.sh
```

在停止过程中用户会看到如图 12-3 所示的界面。

图 12-3　停止 HBase

下面我们查看 HBase 的存储目录，可以看到关于 HBase 的数据如图 12-4 所示：

图 12-4　HBase 数据存储目录

2. 伪分布模式

由于伪分布模式的运行基于 HDFS，因此在运行 HBase 之前首先需要启动 HDFS。启动 HDFS 可以使用如下命令：

```
start-dfs.sh
```

详细信息参见第 9 章的内容。

这之后的其他步骤与单机模式相同，HBase 启动成功后，可以通过 jps 查看此时系统 java 进程，如下图 12-5 所示。

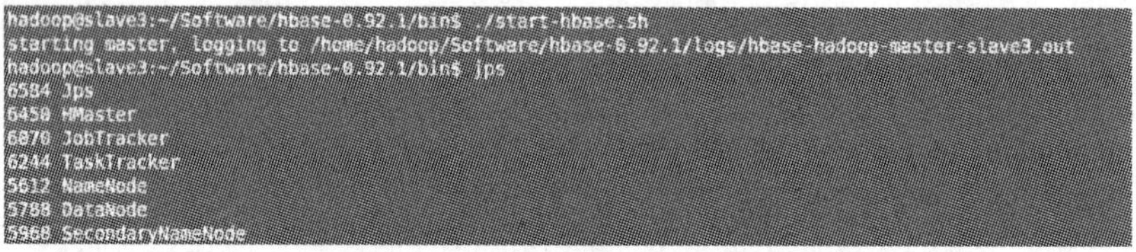

图 12-5　伪分布模式 HBase 的启动

3. 完全分布模式

完全分布模式与伪分布模式相同，在运行 HBase 之前需要保证 HDFS 已经成功启动。此时，只需要在 NameNode（即 HBase Master）上运行 start-hbase.sh 即可。HBase 的启动顺序为：HDFS->ZooKeeper->HBase。因此我们首先在运行 ZooKeeper 的机器上启动 ZooKeeper 服务。运行如下命令：

```
zkServer.sh start
```

ZooKeeper 运行成功后，机器上会出现 QuorumPeerMain 进程。图 12-6 所示为全分布模式 HBase 的启动过程，启动成功后通过 JPS 命令可以查看运行的 QuorumPeerMain 进程。

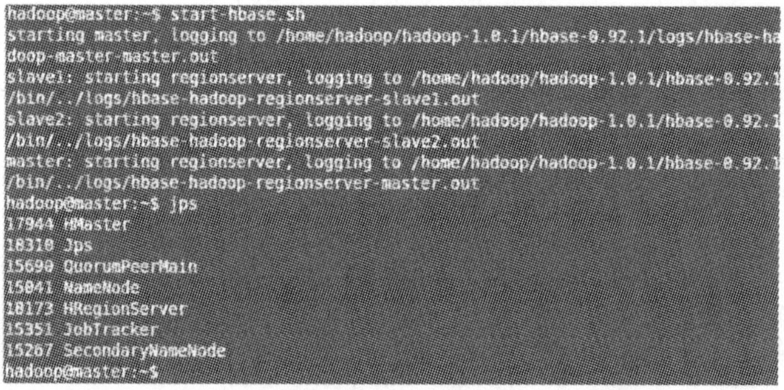

图 12-6　完全分布模式 HBase 的启动

进入 HBase Shell，输入 status 命令，若看到如下结果，证明 HBase 安装成功。

```
hbase(main):001:0> status
3 servers, 0 dead, 0.6667 average load
```

另外，当 HBase 运行后，通过 jps 命令可以查看系统进程：在 Hbase 配置文件——regionservers 对应的机器上将会出现 HRegionServer 进程；在 HBase 配置文件——hbase-site.xml 对应的 Hbase.master 对应的机器将出现 HMaster 进程；在 HBase 配置文件——hbase-site.xml 对应的 hbase.zookeeper.quorum 机器列表将出现 QuorumPeerMain /HQuorumPeer 进程。

12.2.3　HBase Shell

HBase 为用户提供了一个非常方便的使用方式，我们称之为 HBase Shell。

HBase Shell 提供了大多数的 HBase 命令，通过 HBase Shell 用户可以方便地创建、删除及修改表，还可以向表中添加数据、列出表中的相关信息等。

在启动 HBase 之后，用户可以通过下面的命令进入 HBase Shell 之中：

```
hbase shell
```

成功进入之后，用户会看到图 12-7 所示的界面。

图 12-7　HBase Shell

进入 HBase Shell，输入 help 之后，可以获取 HBase Shell 所支持的命令，如表 12-1 所示。

表 12-1　HBase Shell 命令

HBase Shell 命令	描　　述
alter	修改列族（Column Family）模式
count	统计表中行的数量
create	创建表
describe	显示表相关的详细信息
delete	删除指定对象的值（可以为表、行、列对应的值，另外也可以指定时间戳的值）
deleteall	删除指定行的所有元素值
disable	使表无效
drop	删除表
enable	使表有效
exists	测试表是否存在
exit	退出 HBase Shell
get	获取行或单元（cell）的值
incr	增加指定表、行或列的值
list	列出 HBase 中存在的所有表
put	向指定的表单元添加值
tools	列出 HBase 所支持的工具
scan	通过对表的扫描来获取对应的值
status	返回 HBase 集群的状态信息
shutdown	关闭 HBase 集群（与 exit 不同）
truncate	重新创建指定表
version	返回 HBase 版本信息

需要注意 shutdown 操作与 exit 操作之间的不同：shutdown 表示关闭 HBase 服务，必须

重新启动 HBase 才可以恢复；exit 只是退出 HBase shell，退出之后完全可以重新进入。

下面，我们将详细介绍常用的 HBase 命令及其使用方法。

（1）create

create 用于通过表名及用逗号分隔开的列族信息来创建表，操作如下：

1）形式一：

```
hbase> create 't1', {NAME => 'f1', VERSIONS => 5}
```

2）形式二：

```
hbase> create 't1', {NAME => 'f1'}, {NAME => 'f2'}, {NAME => 'f3'}
hbase> #
```

上面的命令可以简写为下面所示的格式：

```
hbase> create 't1', 'f1', 'f2', 'f3'
```

3）形式三：

```
hbase> create 't1', {NAME => 'f1', VERSIONS => 1, TTL => 2592000,
BLOCKCACHE => true}
```

下面以 "NAME => 'f1'" 为例具体说明，其中，列族参数的格式是：箭头左侧为参数变量，右侧为参数对应的值，并用 "=>" 分开。

（2）list

通过 list 命令列出所有 HBase 中包含的表的名称，操作如下：

```
hbase(main):011:0> list
hbase_tb
test
2 row(s) in 0.0160 secondshbase> list
```

（3）put

put 用于向指定的 HBase 表单元添加值，例如，向表 t1 的行 r1、列 c1:1 添加值 v1，并指定时间戳为 ts 的操作如下：

```
hbase> put 't1', 'r1', 'c1:1', 'v1', ts
```

（4）scan

scan 用于获取指定表的相关信息，与 create 命令类似，可以通过逗号分隔的命令来指定扫描参数。

例如，获取表 test 的所有值的操作如下：

```
hbase(main):001:0> scan 'test'
ROW                    COLUMN+CELL
 r1                    column=c1:1, timestamp=1295692753859, value=value1-1/1
 r1                    column=c1:2, timestamp=1295692662360, value=value1-1/2
 r1                    column=c1:3, timestamp=1297476019872, value=value1-1/3
 r1                    column=c2:1, timestamp=1297475967537, value=value1-2/1
...
```

获取表 test 的 c1 列的所有值的操作如下：

```
hbase(main):002:0> scan 'test',{COLUMNS=>'c1'}
ROW                 COLUMN+CELL
 r1                 column=c1:1, timestamp=1295692753859, value=value1-1/1
 r1                 column=c1:2, timestamp=1295692662360, value=value1-1/2
 r1                 column=c1:3, timestamp=1297476019872, value=value1-1/3
 r2                 column=c1:1, timestamp=1297476064414, value=value2-1/1
2 row(s) in 0.0100 seconds
```

获取表 test 的 c1 列的前一行的所有值的操作如下：

```
hbase(main):012:0> scan 'test',{COLUMNS=>'c1',LIMIT=>1}
ROW                 COLUMN+CELL
 r1                 column=c1:1, timestamp=1295692753859, value=value1-1/1
 r1                 column=c1:2, timestamp=1295692662360, value=value1-1/2
 r1                 column=c1:3, timestamp=1297476019872, value=value1-1/3
1 row(s) in 0.0120 seconds
```

（5）get

get 用于获取行或单元的值。此命令可以指定表名、行值，以及可选的列值和时间戳。

获取表 test 行 r1 的值的操作如下：

```
hbase(main):002:0> get 'test','r1'
COLUMN              CELL
 c1:1               timestamp=1295692753859, value=value1-1/1
 c1:2               timestamp=1295692662360, value=value1-1/2
 c1:3               timestamp=1297476019872, value=value1-1/3
 c2:1               timestamp=1297475967537, value=value1-2/1
 c2:2               timestamp=1297476039968, value=value1-2/2
5 row(s) in 0.0450 seconds
```

获取表 test 行 r1 列 c1:1 的值的操作如下：

```
hbase(main):005:0> get 'test','r1',{COLUMN=>'c1:1'}
COLUMN              CELL
 c1:1               timestamp=1295692753859, value=value1-1/1
1 row(s) in 0.0050 seconds
```

需要注意的是，COLUMN 和 COLUMNS 是不同的，scan 操作中的 COLUMNS 指定的是表的列族，get 操作中的 COLUMN 指定的是特定的列，COLUMN 的值实质上为"列族＋："＋列修饰符"。

另外，在 shell 中，常量不需要用引号括起来，但二进制的值需要用双引号括起来，而其他值则用单引号括起来。HBase Shell 的常量可以通过在 shell 中输入"Object.constants"命令来查看。

代码清单 12-1 所示是一个使用 HBase Shell 操作的具体例子。

代码清单 12-1　HBase Shell 操作

```
hbase(main):004:0> create 'test','c1','c2'
```

```
0 row(s) in 1.0620 seconds
hbase(main):005:0> list
test
1 row(s) in 0.0090 seconds
hbase(main):006:0> put 'test','r1','c1:1','value1-1/1'
0 row(s) in 0.0050 seconds
hbase(main):007:0> put 'test','r1','c1:2','value1-1/2'
0 row(s) in 0.0060 seconds
hbase(main):008:0> put 'test','r1','c1:3','value1-1/3'
0 row(s) in 0.0110 seconds
hbase(main):009:0> put 'test','r1','c2:1','value1-2/1'
0 row(s) in 0.0040 seconds
hbase(main):010:0> put 'test','r1','c2:2','value1-2/2'
0 row(s) in 0.0030 seconds
hbase(main):011:0> put 'test','r2','c1:1','value2-1/1'
0 row(s) in 0.0030 seconds
hbase(main):012:0> put 'test','r2','c2:1','value2-2/1'
0 row(s) in 0.0040 seconds
hbase(main):013:0> scan 'test'
ROW                     COLUMN+CELL
 r1                     column=c1:1, timestamp=1297513518032, value=value1-1/1
 r1                     column=c1:2, timestamp=1297513531036, value=value1-1/2
 r1                     column=c1:3, timestamp=1297513538344, value=value1-1/3
 r1                     column=c2:1, timestamp=1297513553055, value=value1-2/1
 r1                     column=c2:2, timestamp=1297513560121, value=value1-2/2
 r2                     column=c1:1, timestamp=1297513580833, value=value2-1/1
 r2                     column=c2:1, timestamp=1297513594789, value=value2-2/1
2 row(s) in 0.0260 seconds
hbase(main):014:0> get 'test','r1',{COLUMN=>'c2:2'}
COLUMN                  CELL
 c2:2                   timestamp=1297513560121, value=value1-2/2
1 row(s) in 0.0140 seconds
hbase(main):015:0> disable 'test'
0 row(s) in 0.0930 seconds
hbase(main):016:0> drop 'test'
0 row(s) in 0.0770 seconds
hbase(main):017:0> exit
```

12.2.4　HBase 配置

关于 HBase 的所有配置参数，用户可以通过查看 conf/hbase-default.xml 文件获知。每个
参数通过 property 节点来区分，其配置方式与 Hadoop 的相同：name 字段表示参数名，value
字段表示对应参数的值，description 字段表示参数的描述信息，相当于注释的作用。

配置参数的格式如下所示：

```
<configuration>
……
  <property>
```

```
    <name> 配置参数 </name>
    <value> 配置参数对应取值 </value>
    <description> 描述信息 </description>
  </property>
......
</configuration>
```

因此，如果要对 HBase 进行配置，修改 conf/hbase-default.xml 文件或 conf/hbase-site.xml 文件中的 property 节点即可（被 <property></peoperty> 所包含的部分）。

限于篇幅，下面我们只针对比较重要的几个参数做简单的介绍。

（1）hbase.client.write.buffer

通过此参数设置写入缓冲区的数据大小，以字节为单位，默认写入缓冲区的数据大小为 2MB。服务器通过此缓冲区可以加快处理的速度，但是此值如果设置得过大势必加重服务器的负担，因此一定要根据实际情况进行设置。

（2）hbase.master.meta.thread.rescanfrequency

Haster 会扫描 ROOT 和 META 表的时间间隔，以毫秒为单位，默认值为 60 000 毫秒。此值不宜设置得过小，尤其当存储数据较多的时候，否则频繁地扫描 ROOT 和 META 表将严重影响系统的性能。

（3）hbase.regionserver.handler.count

客户端向服务器请求服务时，服务器先将客户端的请求连接放入一个队列中，然后服务器通过轮询的方式对其进行处理。这样每一个请求就会产生一个线程。此值要根据实际情况设置，建议设置得大一些。该值指出 RegionServer 上等待处理请求的实例数目，默认为 10。在服务器端写数据缓存所消耗的内存大小为：hbase.client.write.buffer * hbase.regionserver.handler.count。

（4）hbase.hregion.max.filesize

通过此参数可以设置 Hregion 中 Stove 文件的最大值，以字节为单位。当表中的列族超过此值时，文件将被分割。其默认大小为 256MB。

（5）hfile.block.cache.size

该参数表示 HFile/StoreFile 缓存所占 Java 虚拟机堆大小的百分比，默认值为 0.2，即 20%。将其值设置为 0 表示禁用此选项。

（6）hbase.regionserver.global.memstore.upperLimit

该参数表示在 Region 服务器中所有的 memstore 所占用的 Java 虚拟机比例的最大值，默认值为 0.4，即 40%。当 memstore 所占用的空间超过此值时，更新操作将被阻塞，并且所有的内容将被强制写出。

（7）hbase.hregion.memstore.flush.size

如果 memstore 缓存的内容大小超过此参数所设置的值，那么它将被写到磁盘上。该参数的默认值为 64MB。

另外，在配置文档中还有很多关于 ZooKeeper 配置的参数，如 zookeeper.session.

timeoout、以 hbase.zookeeper 开头的参数以及以 hbase.zookeeper.property 开头的一些参数。限于篇幅这里不再赘述，关于 ZooKeeper 更详细的配置见第 15 章。

12.3　HBase 体系结构

　　HBase 的服务器体系结构遵从简单的主从服务器架构，它由 HRegion 服务器（HRegion Server）群和 HBase Master 服务器（Hbase Master Server）构成。HBase Master 服务器负责管理所有的 HRegion 服务器，而 HBase 中所有的服务器都是通过 ZooKeeper 来进行协调并处理 HBase 服务器运行期间可能遇到的错误。HBase Master 服务器本身并不存储 HBase 中的任何数据，HBase 逻辑上的表可能会被划分成多个 HRegion，然后存储到 HRegion 服务器群中。HBase Maste 服务器中存储的是从数据到 HRegion 服务器的映射。因此，HBase 体系结构如图 12-8 所示。

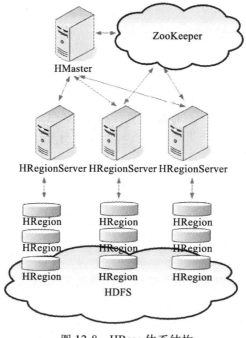

图 12-8　HBase 体系结构

12.3.1　HRegion

　　当表的大小超过设置值的时候，HBase 会自动将表划分为不同的区域，每个区域包含所有行的一个子集。对用户来说，每个表是一堆数据的集合，靠主键来区分。从物理上来说，一张表是被拆分成了多块，每一块就是一个 HRegion。我们用表名＋开始／结束主键来区分每一个 HRegion。一个 HRegion 会保存一个表里面某段连续的数据，从开始主键到结束主键，一张完整的表格是保存在多个 HRegion 上面的。

12.3.2　HRegion 服务器

所有的数据库数据一般是保存在 Hadoop 分布式文件系统上面的，用户通过一系列 HRegion 服务器获取这些数据。一台机器上一般只运行一个 HRegion 服务器，而且每一个区段的 HRegion 也只会被一个 HRegion 服务器维护。

图 12-9 所示为 HRegion 服务器体系结构。

HRegion 服务器包含两大部分：HLOG 部分和 HRegion 部分。其中 HLOG 用来存储数据日志，采用的是先写日志的方式（Write-ahead log）。HRegion 部分由很多的 HRegion 组成，存储的是实际的数据。每一个 HRegion 又由很多的 Stroe 组成，每一个 Store 存储的实际上是一个列族（ColumnFamily）下的数据。此外，在每一个 HStore 中有包含一块 MemStore。MemStore 驻留在内存中，数据到来时首先更新到 MemStore 中，当到达阈值之后再更新到对应的 StoreFile（又名 HFile）中。每一个 Store 包含了多个 StoreFile，StoreFile 负责的是实际数据存储，为 HBase 中最小的存储单元。

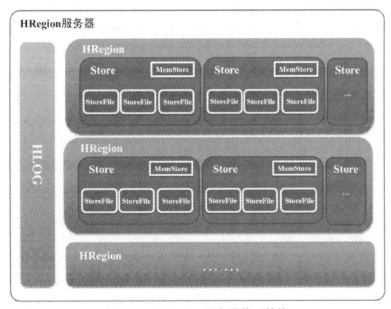

图 12-9　HRegion 服务器体系结构

HBase 中不涉及数据的直接删除和更新操作，所有的数据均通过追加的方式进行更新。数据的删除和更新在 HBase 合并（compact）的时候进行。当 Store 中 StoreFile 的数量超过设定的阈值时将触发合并操作，该操作会把多个 StoreFile 文件合并成一个 StoreFile。

当用户需要更新数据的时候，数据会被分配到对应的 HRegion 服务器上提交修改。数据首先被提交到 HLog 文件里面，在操作写入 HLog 之后，commit() 调用才会将其返回给客户端。HLog 文件用于故障恢复。例如某一台 HRegionServer 发生故障,那么它所维护的 HRegion 会被重新分配到新的机器上。这时 HLog 会按照 HRegion 进行划分。新的机器在加载 HRegion 的时候可以通过 HLog 对数据进行恢复。

当一个 HRegion 变得太过巨大、超过了设定的阈值时,HRegion 服务器会调用 HRegion.closeAndSplit(),将此 HRegion 拆分为两个,并且报告给主服务器让它决定由哪台 HRegion 服务器来存放新的 HRegion。这个拆分过程十分迅速,因为两个新的 HRegion 最初只是保留原来 HRegionFile 文件的引用。这时旧的 HRegion 会处于停止服务的状态,当新的 HRegion 拆分完成并且把引用删除了以后,旧的 HRegion 才会删除。另外,两个 HRegion 可以通过调用 HRegion.closeAndMerge() 合并成一个新的 HRegion,当前版本下进行此操作需要两台 HRegion 服务器都停机。

12.3.3 HBase Master 服务器

每台 HRegion 服务器都会和 HMaster 服务器通信,HMaster 的主要任务就是告诉每个 HRegion 服务器它要维护哪些 HRegion。

当一台新的 HRegion 服务器登录到 HMaster 服务器时,HMaster 会告诉它先等待分配数据。而当一台 HRegion 死机时,HMaster 会把它负责的 HRegion 标记为未分配,然后再把它们分配到其他 HRegion 服务器中。

如果当前 HBase 已经解决了之前存在的 SPFO(单点故障),并且 HBase 中可以启动多个 HMaster,那么它就能够通过 ZooKeeper 来保证系统中总有一个 Master 在运行。HMaster 在功能上主要负责 Table 和 HRegion 的管理工作,具体包括:

❑ 管理用户对 Table 的增、删、改、查操作;
❑ 管理 HRegion 服务器的负载均衡,调整 HRegion 分布;
❑ 在 HRegion 分裂后,负责新 HRegion 的分配;
❑ 在 HRegion 服务器停机后,负责失效 HRegion 服务器上的 HRegion 迁移。

12.3.4 ROOT 表和 META 表

在开始这部分内容之前,我们先来看一下 HBase 中相关的机制是怎样的。之前我们说过 HRegion 是按照表名和主键范围来区分的,由于主键范围是连续的,所以一般用开始主键就可以表示相应的 HRegion 了。

不过,因为我们有合并和分割操作,如果正好在执行这些操作的过程中出现死机,那么就可能存在多份表名和开始主键相同的数据,这样的话只有开始主键就不够了,这就要通过 HBase 的元数据信息来区分哪一份才是正确的数据文件,为了区分这样的情况,每个 HRegion 都有一个 'regionId' 来标识它的唯一性。

所以一个 HRegion 的表达符最后是:表名 + 开始主键 + 唯一 ID(tablename + startkey + regionId)。我们可以用这个识别符来区分不同的 HRegion,这些数据就是元数据(META),而元数据本身也是被保存在 HRegion 里面的,所以我们称这个表为元数据表(META

Table），里面保存的就是 HRegion 标识符和实际 HRegion 服务器的映射关系。

元数据表也会增长，并且可能被分割为几个 HRegion，为了定位这些 HRegion，我们采用一个根数据表（ROOT table），它保存了所有元数据表的位置，而根数据表是不能被分割的，永远只存在一个 HRegion。

在 HBase 启动的时候，主服务器先去扫描根数据表，因为这个表只会有一个 HRegion，所以这个 HRegion 的名字是被写死的。当然要把根数据表分配到一个 HRegion 服务器中需要一定的时间。

当根数据表被分配好之后，主服务器就会扫描根数据表，获取元数据表的名字和位置，然后把元数据表分配到不同的 HRegion 服务器中。最后就是扫描元数据表，找到所有 HRegion 区域的信息，把它们分配给不同的 HRegion 服务器。

主服务器在内存中保存着当前活跃的 HRegion 服务器的数据，因此如果主服务器死机，整个系统也就无法访问了，这时服务器的信息也就没有必要保存到文件里面了。

元数据表和根数据表的每一行都包含一个列族（info 列族）：

❑ info:regioninfo 包含了一个串行化的 HRegionInfo 对象。

❑ info:server 保存了一个字符串，是服务器的地址 HServerAddress.toString()。

❑ info:startcode 是一个长整型的数字字符串，它是在 HRegion 服务器启动的时候传给主服务器的，让主服务器确定这个 HRegion 服务器的信息有没有更改。

因此，当一个客户端拿到根数据表地址以后，就没有必要再连接主服务器了，主服务器的负载相对就小了很多。它只会处理超时的 HRegion 服务器，并在启动的时候扫描根数据表和元数据表，以及返回根数据表的 HRegion 服务器地址。

注意　ROOT 表包含 META 表所在的区域列表，META 表包含所有的用户空间区域列表，以及 Region 服务器地址。客户端能够缓存所有已知的 ROOT 表和 META 表，从而提高访问的效率。

12.3.5　ZooKeeper

ZooKeeper 存储的是 HBase 中 ROOT 表和 META 表的位置。此外，ZooKeeper 还负责监控各个机器的状态（每台机器到 ZooKeeper 中注册一个实例）。当某台机器发生故障的时候，ZooKeeper 会第一时间感知到，并通知 HBase Master 进行相应的处理。同时，当 HBase Master 发生故障的时候，ZooKeeper 还负责 HBase Master 的恢复工作，能够保证在同一时刻系统中只有一台 HBase Master 提供服务。

12.4　HBase 数据模型

12.4.1　数据模型

HBase 是一个类似 Bigtable 的分布式数据库，它是一个稀疏的长期存储的（存在硬盘上）、多维度的、排序的映射表。这张表的索引是行关键字、列关键字和时间戳。HBase 中的数据都是字符串，没有类型。

用户在表格中存储数据，每一行都有一个可排序的主键和任意多的列。由于是稀疏存储，同一张表里面的每一行数据都可以有截然不同的列。

列名字的格式是 "<family>:<qualifier>"，都是由字符串组成的。每一张表有一个列族集合，这个集合是固定不变的，只能通过改变表结构来改变。但是 qualifier 值相对于每一行来说都是可以改变的。

HBase 把同一个列族里面的数据存储在同一个目录下，并且 HBase 的写操作是锁行的，每一行都是一个原子元素，都可以加锁。

HBase 所有数据库的更新都有一个时间戳标记，每个更新都是一个新的版本，HBase 会保留一定数量的版本，这个值是可以设定的。客户端可以选择获取距离某个时间点最近的版本单元的值，或者一次获取所有版本单元的值。

12.4.2　概念视图

我们可以将一个表想象成一个大的映射关系，通过行键、行键 + 时间戳或行键 + 列（列族:列修饰符），就可以定位特定数据。HBase 是稀疏存储数据的，因此某些列可以是空白的，表 12-2 是对应 12.2 节中创建的 test 表的数据概念视图。

表 12-2　HBase 数据的概念视图

Row Key	Time Stamp	Column Family:c1		Column Family:c2	
		列	·值	列	值
r1	t7	c1:1	value1-1/1		
	t6	c1:2	value1-1/2		
	t5	c1:3	value1-1/3		
	t4			c2:1	value1-2/1
	t3			c2:2	value1-2/2
r2	t2	c1:1	value2-1/1		
	t1			c2:1	value2-1/1

从上表中可以看出，test 表有 r1 和 r2 两行数据，并且有 c1 和 c2 两个列族。在 r1 中，列族 c1 有三条数据，列族 c2 有两条数据；在 r2 中，列族 c1 有一条数据，列族 c2 有一条数据。每一条数据对应的时间戳都用数字来表示，编号越大表示数据越旧，反之表示数据越新。

12.4.3　物理视图

虽然从概念视图来看每个表格是由很多行组成的，但是在物理存储上面，它是按照列来保存的，这一点在进行数据设计和程序开发的时候必须牢记。

上面的概念视图在物理存储的时候应该表现成表 12-3 和表 12-4 所示的样子。

表 12-3　HBase 数据的物理视图（1）

Row Key	Time Stamp	Column Family:c1	
		列	值
r1	t7	c1:1	value1-1/1
	t6	c1:2	value1-1/2
	t5	c1:3	value1-1/3

表 12-4　HBase 数据的物理视图（2）

Row Key	Time Stamp	Column Family:c2	
		列	值
r1	t4	c2:1	value1-2/1
	t3	c2:2	value1-2/1

需要注意的是，在概念视图上面有些列是空白的，这样的列实际上并不会被存储，当请求这些空白的单元格时，会返回 null 值。

如果在查询的时候不提供时间戳，那么会返回距离现在最近的那一个版本的数据。因为在存储的时候，数据会按照时间戳来排序。

12.5　HBase 与 RDBMS

HBase 就是这样一个基于列模式的映射数据库，它只能表示很简单的键 - 数据的映射关系，这大大简化了传统的关系数据库。与关系数据库相比，它有如下特点：

❑ 数据类型：HBase 只有简单的字符串类型，所有的类型都是交由用户自己处理的，它只保存字符串。而关系数据库有丰富的类型选择和存储方式。

❑ 数据操作：HBase 只有很简单的插入、查询、删除、清空等操作，表和表之间是分离的，没有复杂的表和表之间的关系，所以不能、也没有必要实现表和表之间的关联等操作。而传统的关系数据通常有各种各样的函数、连接操作。

❑ 存储模式：HBase 是基于列存储的，每个列族都由几个文件保存，不同列族的文件是分离的。传统的关系数据库是基于表格结构和行模式保存的。

❑ 数据维护：确切地说，HBase 的更新操作不应该叫做更新，虽然一个主键或列对应新的版本，但它的旧版本仍然会保留，所以它实际上是插入了新的数据，而不是传统关系数据库里面的替换修改。

❑ 可伸缩性：HBases 这类分布式数据库就是为了这个目的而开发出来的，所以它能够轻松地增加或减少（在硬件错误的时候）硬件数量，并且对错误的兼容性比较高。而传统的关系数据库通常需要增加中间层才能实现类似的功能。

当前的关系数据库基本都是从 20 世纪 70 年代发展而来的，它们都具有 ACID 特性，并且拥有丰富的 SQL 语言，除此之外它们基本都有以下的特点：面向磁盘存储、带有索引结构、多线程访问、基于锁的同步访问机制、基于 log 记录的恢复机制等。

而 Bigtable 和 HBase 这些基于列模式的分布式数据库，更适应海量存储和互联网应用的需求，灵活的分布式架构可以使其利用廉价的硬件设备组建一个大的数据仓库。互联网应用是以字符为基础的，而 Bigtable 和 HBase 就是针对这些应用而开发出来的数据库。

由于 HBase 具有时间戳特性，所以它生来就特别适合开发 wiki、archiveorg 之类的服务，并且它原本就是作为搜索引擎的一部分开发出来的。

12.6　HBase 与 HDFS

伪分布模式和完全分布模式下的 HBase 运行基于 HDFS 文件系统。使用 HDFS 文件系统需要设置 conf/hbase-site.xml 文件，修改 hbase.rootdir 的值，并将其指向 HDFS 文件系统的位置。此外，HBase 也可以使用其他的文件系统，不过此时需要重新设置 hbase.rootdir 参数的值。

12.7　HBase 客户端

HBase 客户端可以选择多种方式与 HBase 集群进行交互，最常用的方式为 Java，除此之外还有 Rest 和 Thrift 接口。

1. Java

HBase 是由 Java 编写的。在后面的章节中，我们将详细地向大家介绍 HBase 的 Java API。用户可以通过丰富的 Java API 接口与 HBase 进行互操作，并执行各种相关操作。详细内容请见 12.8 节。

2. Rest 和 Thrift 接口

HBase 的 Rest 和 Thrift 接口支持 XML、Protobuf 和二进制数据编码等操作。

（1）Rest

用户可以通过下面的命令运行 Rest：

```
hbase-daemon.sh start rest
```

运行成功后将显示如图 12-10 所示的画面：

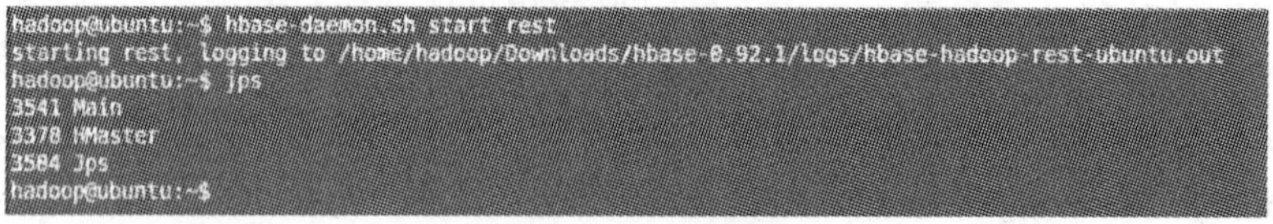

```
hadoop@ubuntu:~$ hbase-daemon.sh start rest
starting rest, logging to /home/hadoop/Downloads/hbase-0.92.1/logs/hbase-hadoop-rest-ubuntu.out
hadoop@ubuntu:~$ jps
3541 Main
3378 HMaster
3584 Jps
hadoop@ubuntu:~$
```

图 12-10　启动 HBase Rest

用户可以通过下面的命令停止 Rest 服务：

```
hbase-daemon.sh stop rest
```

停止过程如图 12-11 所示。

```
hadoop@ubuntu:~$ hbase-daemon.sh stop rest
stopping rest..
hadoop@ubuntu:~$ jps
3623 Jps
3378 HMaster
hadoop@ubuntu:~$
```

图 12-11　停止 HBase Rest

（2）Thrift

用户可以通过下面命令启动 Thrift 客户端，并与 HBase 进行通信：

```
hbase-daemon.sh start thrift
```

运行成功后将显示如图 12-12 所示的画面：

```
hadoop@ubuntu:~$ hbase-daemon.sh start thrift
starting thrift, logging to /home/hadoop/Downloads/hbase-0.92.1/logs/hbase-hadoop-thrift-ubuntu.out
hadoop@ubuntu:~$ jps
3695 Jps
3378 HMaster
3652 ThriftServer
hadoop@ubuntu:~$
```

图 12-12　启动 HBase Thrift

用户可以通过下面命令停止 Thrift 服务：

```
hbase-daemon.sh stop thrift
```

停止过程如图 12-13 所示：

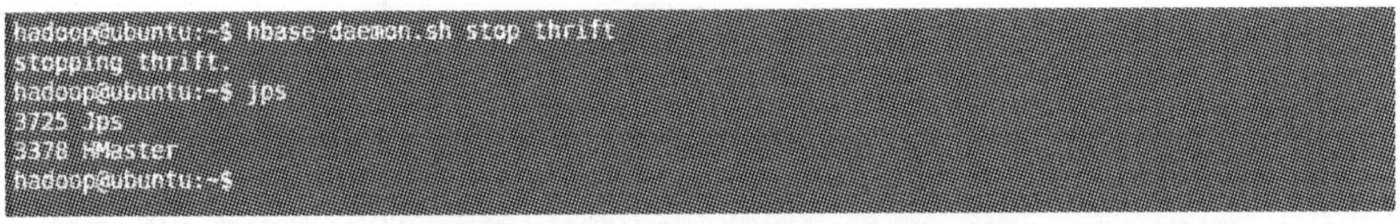

```
hadoop@ubuntu:~$ hbase-daemon.sh stop thrift
stopping thrift..
hadoop@ubuntu:~$ jps
3725 Jps
3378 HMaster
hadoop@ubuntu:~$
```

图 12-13　停止 HBase Thrift

12.8　Java API

通过前面的内容读者已经了解到，HBase 作为云环境中的数据库，与传统数据库相比拥有不同的特点。当前 HBase 的 Java API 已经比较完善了，从其涉及的内容来讲，大体包括：HBase 自身的配置管理部分、Avro 部分、HBase 客户端部分、MapReduce 部分、Rest 部分、Thrift 部分，ZooKeeper 等。其中 HBase 自身的配置管理部分又包括：HBase 配置、日志、IO、Master、Regionserver、replication，以及安全性。

限于篇幅我们重点介绍与 HBase 数据存储管理相关的内容，其涉及的主要类包括：HBaseAdmin、HBaseConfiguration、HTable、HTableDescriptor、HColumnDescriptor、Put、Get 和 Scanner。关于 Java API 的详细内容，大家可以查看 HBase 官方网站的相关资料：http://hbase.apache.org/apidocs/index.html。

表 12-5 给我们描述了这几个相关类与对应的 HBase 数据模型之间的关系。

表 12-5 Java API 与 HBase 数据模型之间的关系

Java 类	HBase 数据模型
HBaseAdmin	数据库（database）
HBaseConfiguration	
HTable	表（table）
HTableDescriptor	
HColumnDescriptor	列族（Column Family）
Put	行列操作
Get	
Scanner	

下面我们将详细讲述这些类的功能，以及它们之间的相互关系。

1. HBaseConfiguration

关系：org.apache.hadoop.hbase.HBaseConfiguration

作用：通过此类可以对 HBase 进行配置。

包含的主要方法如表 12-6 所示。

表 12-6 HBaseConfiguration 类包含的主要方法

回传值	函　　数	描　　述
org.apache.hadoop.conf.Configuration	create()	使用默认的 HBase 配置文件来创建 Configuration
void	merge(org.apache.hadoop.conf. Configuration destConf, org.apache. hadoop.conf.Configuration srcConf)	合并两个 Configuration

用法示例：

```
Configuration config = HBaseConfiguration.create();
```

此方法使用默认的 HBase 资源来创建 Configuration。程序默认会从 classpath 中查找 hbase-site.xml 的位置从而初始化 Configuration。

2. HBaseAdmin

关系：org.apache.hadoop.hbase.client.HBaseAdmin

作用：提供了一个接口来管理 HBase 数据库的表信息。它提供的方法包括创建表、删除表、列出表项、使表有效或无效，以及添加或删除表列族成员等。

包含的主要方法如表 12-7 所示。

表 12-7　HbaseAdmin 类包含的主要方法

回传值	函　数	描　述
void	addColumn（String tableName, HColumnDescriptor column）	向一个已存在的表添加列
	checkHBaseAvailable（HBaseConfiguration conf）	静态函数，查看 HBase 是否处于运行状态
	createTable（HTableDescriptor desc）	创建一个新表，同步操作
	deleteTable（byte[] tableName）	删除一个已存在的表
	enableTable（byte[] tableName）	使表处于有效状态
	disableTable（String tableName）	使表处于无效状态
HtableDescriptor[]	listTables（）	列出所有用户空间表项
void	modifyTable（byte[] tableName, HTableDescriptor htd）	修改表的模式，是异步的操作，可能需要花费一定时间
boolean	tableExists（String tableName）	检查表是否存在，存在则返回 true

用法示例：

```
HbaseAdmin admin=new HbaseAdmin(config);
admin.disableTable("tablename");
```

上述例子通过一个 HBaseAdmin 实例 admin 调用 disableTable 方法来使表处于无效状态。

3. HTableDescriptor

关系：org.apache.hadoop.hbase.HTableDescriptor

作用：HtableDescriptor 类包含了表的名字及其对应表的列族。

包含的主要方法如表 12-8 所示。

表 12-8　HtableDescriptor 类包含的主要方法

回传值	函　数	描　述
void	addFamily（HcolumnDescriptor）	添加一个列族
HcolumnDescriptor	removeFamily（byte[] column）	移除一个列族
byte[]	getName（）	获取表的名字
byte[]	getValue（byte[] key）	获取属性的值
void	setValue（String key, String value）	设置属性的值

用法示例：

```
HtableDescriptor htd=new HtableDescriptor(tablename);
htd.addFamily(new HcolumnDescriptor("Family"));
```

在上述例子中，通过一个 HColumnDescriptor 实例，为 HTableDescriptor 添加了一个列族：Family。

4. HColumnDescriptor

关系：org.apache.hadoop.hbase.HColumnDescriptor

作用：HColumnDescriptor 维护着关于列族的信息，例如版本号、压缩设置等。它通常在创建表或为表添加列族的时候使用。列族被创建后不能直接修改，只能通过删除然后重建的方式来"修改"。并且，当列族被删除的时候，对应列族中所保存的数据也将被同时删除。

包含的主要方法如表 12-9 所示。

表 12-9　HcolumnDescriptor 类包含的主要方法

回传值	函　数	描　述
byte[]	getName（）	获取列族的名字
byte[]	getValue（byte[] key）	获取对应属性的值
void	setValue（String key，String value）	设置对应属性的值

用法示例：

```
HtableDescriptor htd=new HtableDescriptor(tablename);
HcolumnDescriptor col=new HcolumnDescriptor("content");
htd.addFamily(col);
```

此示例添加了一个名为 content 的列族。

5. HTable

关系：org.apache.hadoop.hbase.client.HTable

作用：此表可以用来与 HBase 表进行通信。这个方法对于更新操作来说是非线程安全的，也就是说，如果有过多的线程尝试与单个 HTable 实例进行通信，那么写缓冲器可能会崩溃。这时，建议使用 HTablePool 类进行操作。

该类所包含的主要方法如表 12-10 所示。

表 12-10　HTable 类包含的主要方法

回传值	函　数	描　述
void	checkAndPut（byte[] row，byte[] family，byte[] qualifier，byte[] value，Put put）	自动检查 row/family/qualifier 是否与给定的值匹配
void	close（）	释放线程拥有的资源或挂起内部缓冲区中的更新
Boolean	exists（Get ⊖ get）	检查 Get 实例所指定的值是否存在于 HTable 的列中
Result	get（Get get）	取出指定行的某些单元格对应的值
byte[][]	getEndKeys（）	获取当前已打开的表每个区域的结束键值
ResultScanner	getScanner（byte[] family）	获取当前表的给定列族的 scanner 实例
HTableDescriptor	getTableDescriptor（）	获取当前表的 HtableDescriptor 实例
byte[]	getTableName（）	获取表名
void	put（Put ⊖ put）	向表中添加值

⊖　org.apache.hadoop.hbase.client.Get 类。

⊖　org.apache.hadoop.hbase.client.Put 类。

用法示例：

```
Htable table=new Htable(conf, Bytes.toBytes(tablename));
ResultScanner scanner=table.getScanner(Bytes.toBytes("cf"));
```

上述函数将获取表内所有列族为"cf"的记录。

6. Put

关系：org.apache.hadoop.hbase.client.Put

作用：用来对单个行执行添加操作。

包含的主要方法如表 12-11 所示。

表 12-11　Put 类包含的主要方法

回传值	函　　数	描　　述
Put	add（byte[] family，byte[] qualifier，byte[] value）	将指定的列和对应的值添加到 Put 实例中
Put	add（byte[] family，byte[] qualifier，long ts，byte[] value）	将指定的列和对应的值及时间戳（版本号）添加到 Put 实例中
List<KeyValue>	get（byte[] family，byte[] qualifier）	返回与指定的"列族：列"匹配的项
boolean	has（byte[] family，byte[] qualifier）	检查是否包含指定的"列族：列"

用法示例：

```
HTable table = new HTable(conf,Bytes.toBytes(tablename));
Put p = new Put(row);        // 为指定行（row）创建一个 Put 操作
p.add(family,qualifier,value);
table.put(p);
```

上述函数将向表"tablename"添加"family,qualifier,value"指定的值。

7. Get

关系：org.apache.hadoop.hbase.client.Get

作用：用来获取单个行的相关信息。

包含的主要方法如表 12-12 所示。

表 12-12　Get 类包含的主要方法

回传值	函　　数	描　　述
Get	addColumn（byte[] family，byte[] qualifier）	获取指定列族和列修饰符对应的列
Get	addFamily（byte[] family）	通过指定的列族获取其对应的所有列
Get	setTimeRange（long minStamp，long maxStamp）	获取指定区间的列的版本号
Get	setFilter（Filter filter）	当执行 Get 操作时设置服务器端的过滤器

用法示例：

```
Htable table=new Htable(conf,Bytes.toBytes(tablename));
Get g=new Get(Bytes.toBytes(row));
```

```
Result result=table.get(g);
```
上述函数将获取"tablename"表中"row"行对应的记录。

8. Result

关系：org.apache.hadoop.hbase.client.Result

作用：存储 Get 或 Scan 操作后获取的表的单行值。使用此类提供的方法能够直接方便地获取值或获取各种 Map 结构（<key，value> 对）。

包含的主要方法如表 12-13 所示。

表 12-13　Result 类包含的主要方法

回传值	函　数	描　述
Boolean	containsColumn（byte[] family，byte[] qualifier）	检查指定的列是否存在
NavigableMap<byte[],byte[]>	getFamilyMap（byte[] family）	返回值格式为：Map<qualifier,value>，获取对应列族所包含的修饰符与值的键值对
byte[]	getValue（byte[] family，byte[] qualifier）	获取对应列的最新值

用法示例：

```
HTable table = new HTable(conf, Bytes.toBytes(tablename));
Get g = new Get(Bytes.toBytes(row));
Result rowResult = table.get(g);
Bytes[] value = rowResult.getValue( (family + ":"+ column ) );
```

9. ResultScanner

关系：Interface

作用：客户端获取值的接口。

包含的主要方法如表 12-14 所示。

表 12-14　ResultScanner 类包含的主要方法

回传值	函　数	描　述
Void	close（）	关闭 scanner 并释放分配给它的所有资源
Result	next（）	获取下一行的值

用法示例：

```
ResultScanner scanner = table.getScanner (Bytes.toBytes(family));
for (Result rowResult : scanner) {
    Bytes[] str = rowResult.getValue ( family , column );
}
```

如果大家想要对 HBase 的原理、运行机制以及编程有更深入的了解，建议阅读 HBase 的源码。通过对 HBase 源码的深入探究，相信大家一定能够对 HBase 有更深层次的理解。

12.9　HBase 编程

本节我们将介绍如何使用 IDE 对 HBase 进行编程，并介绍如何使用 HBase 编写 MapReduce 程序。首先，我们介绍如何配置 Eclipse，并用其开发 HBase 应用程序。

12.9.1　使用 Eclipse 开发 HBase 应用程序

当第三方访问 HBase 的时候，首选需要访问 ZooKeeper，因为 HBase 的重要信息保存在 ZooKeeper 当中。我们知道，ZooKeeper 集群的信息由 $HBASE_HOME/conf/hbase-site.xml 文件指定。因此需要通过 classpath 来指定 HBase 配置文件的位置，即 $HBASE_HOME/conf/ 的位置。

使用 HBase 客户端进行编程的时候，hbase、hadoop、log4j、commons-logging、commons-lang、ZooKeeper 等 JAR 包对于程序来说是必需的。除此之外，commons-configuration、slf4j 等 JAR 包也经常被用到。下面列出对于 HBase-0.92.1 版本来说所需的 JAR 包：

```
hbase-0.92.1.jar
hbase-0.92.1-test.jar
hadoop-1.0.1.jar
zookeeper-3.4.3.jar
log4j-1.2.16.jar
commons-logging-1.1.1.jar
commons-lang-2.5.jar
```

此外程序可能包含一些间接引用，可以通过错误提示进行相应修改。

下面我们通过一个实例来演示具体的配置。

（1）添加 JAR 包

添加 JAR 包有两种方法，比较简单的是，在 HBase 工程上，右击 Propertie 在弹出的快捷菜单中选择 Java Build Path 对话框，在该对话框中单击 Libraries 选项卡，在该选项卡下单击 Add External JARs 按钮，定位到 $HBASE/lib 目录下，并选取上述 JAR 包，如图 12-14 所示。

上述操作可以通过在工程根目录（即与 src 文件夹平行目录）下创建 lib 文件夹，并添加相关 JAR 包来代替。

（2）添加 hbase-site.xml 配置文件

在工程根目录下创建 Conf 文件夹，将 $HBASE_HOME/conf/ 目录中的 hbase-site.xml 文件复制到该文件夹中。通过右键选择 Propertie -> Java Build Path -> Libraries->Add Class Folder，然后勾选 Conf 文件夹进行添加，如图 12-15 所示。

接下来便可以与普通 Java 程序一般调用 HBase API 编写程序了。还可以通过运行 HBase Shell 与程序操作进行交互。

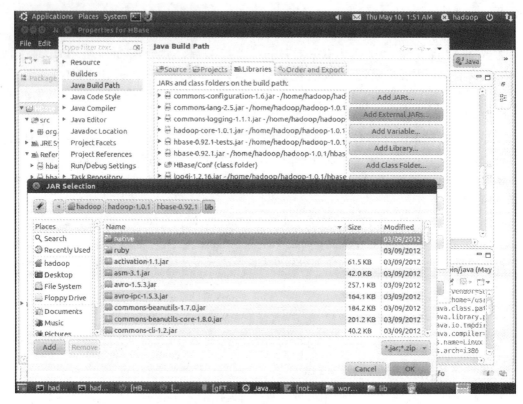

图 12-14　添加相关 JAR 包

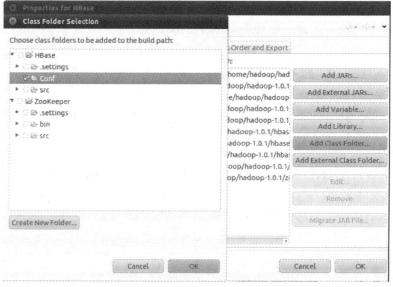

图 12-15　添加 HBase 配置文件

如果不设置 hbase-site.xml 配置文件的位置，程序将自动读取 HBase-0.92.1.jar 文件中默认的配置文件，这样可能与自己的预期有一定的差距。大家还可以通过程序来进行 HBase 的配置，例如若要设置 ZooKeeper 集群的位置，可在 HBase 的 Configuration 中做如下配置：

```
Configuration config = HBaseConfiguration.create();
config.set("hbase.zookeeper.quorum", "master,slave1,slave2");
```

上述代码设置 HBase 所运行的 ZooKeeper 集群的位置为 master、slave1 和 slave2。

12.9.2 HBase 编程

在 12.8 节中，我们已经对常用的 HBase API 进行了简单的介绍。下面我们给出一个简单的例子，希望大家通过学习这个例子能对 HBase 的使用方法及特点有一个更深入的认识。示例代码如代码清单 12-2 所示。

代码清单 12-2　HBase Java API 简单用例

```
1  package cn.edn.ruc.clodcomputing.book.chapter12;
2
3  import java.io.IOException;
4
5  import org.apache.hadoop.conf.Configuration;
6  import org.apache.hadoop.hbase.HBaseConfiguration;
7  import org.apache.hadoop.hbase.HColumnDescriptor;
8  import org.apache.hadoop.hbase.HTableDescriptor;
9  import org.apache.hadoop.hbase.client.Get;
10 import org.apache.hadoop.hbase.client.HBaseAdmin;
11 import org.apache.hadoop.hbase.client.HTable;
12 import org.apache.hadoop.hbase.client.Put;
13 import org.apache.hadoop.hbase.client.Result;
14 import org.apache.hadoop.hbase.client.ResultScanner;
15 import org.apache.hadoop.hbase.client.Scan;
16 import org.apache.hadoop.hbase.util.Bytes;
17
18
19 public class HBaseTestCase {
20     // 声明静态配置 HBaseConfiguration
21     static Configuration cfg=HBaseConfiguration.create();
22
23     // 创建一张表，通过 HBaseAdmin HTableDescriptor 来创建
24     public static void creat(String tablename,String columnFamily) throws
         Exception {
25         HBaseAdmin admin = new HBaseAdmin(cfg);
26         if (admin.tableExists(tablename)) {
27             System.out.println("table Exists!");
28             System.exit(0);
29         }
30         else{
31             HTableDescriptor tableDesc = new HTableDescriptor(tablename);
```

```
32              tableDesc.addFamily(new HColumnDescriptor(columnFamily));
33              admin.createTable(tableDesc);
34              System.out.println("create table success!");
35          }
36      }
37
38      // 添加一条数据，通过 HTable Put 为已经存在的表来添加数据
39      public static void put(String tablename,String row, String columnFamily,
        String column,String data) throws Exception {
40          HTable table = new HTable(cfg, tablename);
41          Put p1=new Put(Bytes.toBytes(row));
42          p1.add(Bytes.toBytes(columnFamily), Bytes.toBytes(column),
            Bytes.toBytes(data));
43          table.put(p1);
44          System.out.println("put '"+row+"','"+columnFamily+":"+column+"',
            '"+data+"'");
45      }
46
47      public static void get(String tablename,String row) throws IOException{
48          HTable table=new HTable(cfg,tablename);
49          Get g=new Get(Bytes.toBytes(row));
50          Result result=table.get(g);
51          System.out.println("Get: "+result);
52      }
53      // 显示所有数据，通过 HTable Scan 来获取已有表的信息
54      public static void scan(String tablename) throws Exception{
55          HTable table = new HTable(cfg, tablename);
56          Scan s = new Scan();
57          ResultScanner rs = table.getScanner(s);
58          for(Result r:rs){
59              System.out.println("Scan: "+r);
60          }
61      }
62
63      public static boolean delete(String tablename) throws IOException{
64
65          HBaseAdmin admin=new HBaseAdmin(cfg);
66          if(admin.tableExists(tablename)){
67              try
68              {
69              admin.disableTable(tablename);
70              admin.deleteTable(tablename);
71              }catch(Exception ex){
72                  ex.printStackTrace();
73                  return false;
74              }
75
76          }
77      return true;
78  }
```

```
79
80     public static void  main (String [] agrs) {
81          String tablename="hbase_tb";
82          String columnFamily="cf";
83
84          try {
85             HBaseTestCase.creat(tablename, columnFamily);
86             HBaseTestCase.put(tablename, "row1", columnFamily, "cl1", "data");
87             HBaseTestCase.get(tablename, "row1");
88             HBaseTestCase.scan(tablename);
89             if(true==HBaseTestCase.delete(tablename))
90                  System.out.println("Delete table:"+tablename+"success!");
91
92          }
93          catch (Exception e) {
94             e.printStackTrace();
95          }
96     }
97 }
```

在该类中，实现了类似 HBase Shell 的表创建（creat(String tablename,String columnFamily)）操作，以及 Put、Get、Scan 和 delete 操作。

在代码清单 12-2 中，首先，通过第 21 行加载 HBase 的默认配置 cfg；然后，通过 HbaseAdmin 接口来管理现有数据库，见第 25 行；第 26~36 行通过 HTableDescriptor（指定表相关信息）和 HColumnDescriptor（指定表内列族相关信息）来创建一个 HBase 数据库，并设置其拥有的列族成员；put 函数通过 HTable 和 Put 类为该表添加值，见第 38~44 行；get 函数通过 HTable 和 Get 读取刚刚添加的值，见第 47~52 行；Scan 函数通过 HTable 和 Scan 类读取表中的所有记录，见第 54~61 行；delete 函数，通过 HBaseAdmin 首先将表置为无效（第 69 行），然后将其删除（第 70 行）。

该程序在 Eclipse 中的运行结果如下所示：

```
...
create table success!
put 'row1','cf:cl1','data'
Get: keyvalues={row1/cf:cl1/1336632861769/Put/vlen=4}
Scan: keyvalues={row1/cf:cl1/1336632861769/Put/vlen=4}

...

12/05/09 23:54:21 INFO client.HBaseAdmin: Started disable of hbase_tb
12/05/09 23:54:23 INFO client.HBaseAdmin: Disabled hbase_tb
12/05/09 23:54:24 INFO client.HBaseAdmin: Deleted hbase_tb
Delete table:hbase_tb success!
```

12.9.3　HBase 与 MapReduce

从图 12-1 中可以看出，在伪分布模式和完全分布模式下 HBase 是架构在 HDFS 之上的。
因此完全可以将 MapReduce 编程框架和 HBase 结合起来使用。也就是说，将 HBase 作为底
层"存储结构"，MapReduce 调用 HBase 进行特殊的处理，这样能够充分结合 HBase 分布式
大型数据库和 MapReduce 并行计算的优点。

下面我们给出了一个 WordCount 将 MapReduce 与 HBase 结合起来使用的例子，如代
码清单 12-3 所示。在这个例子中，输入文件为 user/hadoop/input/file01（它包含内容 hello
world bye world）和文件 user/hadoop/input/file02（它包含内容 hello hadoop bye hadoop）。

程序首先从文件中收集数据，在 shuffle 完成之后进行统计并计算，最后将计算结果存
储到 HBase 中。

代码清单 12-3　HBase 与 WordCount 的结合使用

```
 1  package cn.edn.ruc.cloudcomputing.book.chapter12;
 2
 3  import java.io.IOException;
 4
 5  import org.apache.hadoop.conf.Configuration;
 6  import org.apache.hadoop.fs.Path;
 7  import org.apache.hadoop.hbase.HBaseConfiguration;
 8  import org.apache.hadoop.hbase.HColumnDescriptor;
 9  import org.apache.hadoop.hbase.HTableDescriptor;
10  import org.apache.hadoop.hbase.client.HBaseAdmin;
11  import org.apache.hadoop.hbase.client.Put;
12  import org.apache.hadoop.hbase.mapreduce.TableOutputFormat;
13  import org.apache.hadoop.hbase.mapreduce.TableReducer;
14  import org.apache.hadoop.hbase.util.Bytes;
15  import org.apache.hadoop.io.IntWritable;
16  import org.apache.hadoop.io.LongWritable;
17  import org.apache.hadoop.io.NullWritable;
18  import org.apache.hadoop.io.Text;
19  import org.apache.hadoop.mapreduce.Job;
20  import org.apache.hadoop.mapreduce.Mapper;
21  import org.apache.hadoop.mapreduce.lib.input.FileInputFormat;
22  import org.apache.hadoop.mapreduce.lib.input.TextInputFormat;
23
24  public class WordCountHBase
25  {
26  public static class Map extends Mapper<LongWritable,Text,Text,IntWritable>{
27          private IntWritable i = new IntWritable(1);
28          public void map(LongWritable key,Text value,Context context) throws
            IOException, InterruptedException{
29                  String s[] =value.toString().trim().split(" ");      // 将输入的每
                    行输入以空格分开
30                  for( String m : s){
31                          context.write(new Text(m), i);
```

```
32                      }
33              }
34  }
35
36  public static class Reduce extends     TableReducer<Text, IntWritable,
    NullWritable>{
37          public void reduce(Text key, Iterable<IntWritable> values, Context
            context) throws IOException,  InterruptedException{
38                  int sum = 0;
39                  for(IntWritable i : values){
40                          sum += i.get();
41                  }
42                  Put put = new Put(Bytes.toBytes(key.toString()));     //Put 实例
                    化，每一个词存一行
43                  put.add(Bytes.toBytes("content"),Bytes.toBytes("count"),Bytes.
                    toBytes(String.valueOf(sum)));// 列族为 content，列修饰符为 count，列
                    值为数目
44                  context.write(NullWritable.get(), put);
45          }
46  }
47
48  public static void createHBaseTable(String tablename)throws IOException{
49          HTableDescriptor htd = new     HTableDescriptor(tablename);
50          HColumnDescriptor col = new     HColumnDescriptor("content:");
51          htd.addFamily(col);
52          HBaseConfiguration config = new HBaseConfiguration();
53          HBaseAdmin admin = new HBaseAdmin(config);
54          if(admin.tableExists(tablename)){
55                  System.out.println("table exists, trying recreate table! ");
56                  admin.disableTable(tablename);
57                  admin.deleteTable(tablename);
58          }
59          System.out.println("create new table: " + tablename);
60          admin.createTable(htd);
61  }
62
63  public static void main(String args[]) throws Exception{
64          String tablename = "wordcount";
65          Configuration conf = new Configuration();
66          conf.set(TableOutputFormat.OUTPUT_TABLE, tablename);
67          createHBaseTable(tablename);
68          String input = args[0];         // 设置输入值
69          Job job = new Job(conf, "WordCount table with " + input);
70          job.setJarByClass(WordCountHBase.class);
71          job.setNumReduceTasks(3);
72          job.setMapperClass(Map.class);
73          job.setReducerClass(Reduce.class);
74          job.setMapOutputKeyClass(Text.class);
75          job.setMapOutputValueClass(IntWritable.class);
76          job.setInputFormatClass(TextInputFormat.class);
```

```
77              job.setOutputFormatClass(TableOutputFormat.class);
78              FileInputFormat.addInputPath(job, new Path(input));
79              System.exit(job.waitForCompletion(true)?0:1);
80      }
81 }
```

在上述程序中，第 26~34 行代码负责设置 Map 作业；第 36~46 行代码负责设置 Reduce 作业；第 48~61 行代码为 createHBaseTable 函数，负责在 HBase 中创建存储 WordCount 输出结果的表。在 Reduce 作业中，第 42~44 行代码负责将结果存储到 HBase 表中。

程序运行成功后，现在通过 HBase Shell 检查输出结果，如图 12-16 所示。

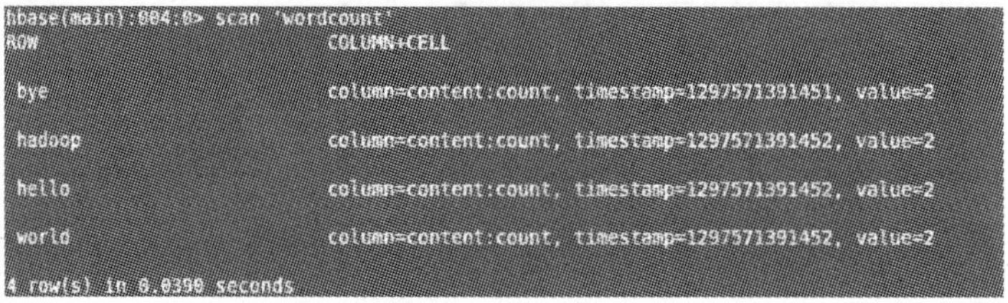

图 12-16　HBase WordCount 的运行结果

从输出结果中可以看出，bye、hadoop、hello、world 四个单词均出现了两次。

关于 HBase 与 MapReduce 实际应用的更多详细信息请参阅 http://wiki.apache.org/hadoop/Hbase/MapReduce。

12.10　模式设计

通过 HBase 与 RDBMS 的比较，可以了解到二者无论是在物理视图、逻辑视图还是具体操作上都存在很大的区别。例如，HBase 中没有 Join 的概念。但是，大表的结构可以使其不需要 Join 操作就能解决 Join 操作所解决的问题。比如，在一条行记录加上一个特定的行关键字，便可以实现把所有关于 Join 的数据合并在一起。另外，Row Key 的设计也非常关键。以天气数据存储为例。假如将监测站的值作为 Row Key 的前缀，那么天气数据将以监测站聚簇存放。同时将倒序的时间作为监测站的后缀，那么同一监测站的数据将从新到旧进行排列。这样的特定存储功能可以满足用户特殊的需要。

一般来说 HBase 的使用是为了解决或优化某一问题，恰当的模式设计可以使其具有 HBase 本身所不具有的功能，并且使其执行效率得到成百上千倍的提高。

12.10.1　模式设计应遵循的原则

在进行 HBase 数据库模式设计的时候，不当的设置可能对系统的性能产生不良的影响。当数据量比较小的时候，表现可能并不明显，但随着数据量的增加这些微小的差别将有可能对系统的性能产生很大的影响。有下面几点需要特别注意。

1. 列族的数量及列族的势

我们建议将 HBase 列族的数量设置得越少越好。当前，对于两个或两个以上的列族 HBase 并不能处理得很好。这是由于 HBase 的 Flushing（冲洗，即将内存中的数据写入磁盘）和压缩是基于 Region 的。当一个列族所存储的数据达到 Flushing 的阈值时，该表中的所有列族将同时进行 Flshing 操作。这将带来不必要的 I/O 开销，列族越多，该特性带来的影响越大。对于压缩也是同样的道理。

此外，还要考虑到同一个表中不同列族所存储的记录数量的差别，即列族的势（Cardinality）。当两个列族数量差别过大时将会使包含记录数量较少列族的数据分散在多个 Region 之上，而 Region 有可能存储在不同的 Regionserver 之上。这样，当进行查询或 scan 操作的时候，系统的效率会受到一定的影响。该影响的大小要视具体的情况而定。

2. 行键（Row Key）的设计

首先，应该避免使用时序或单调（递增 / 递减）行键。因为当数据到来的时候，HBase 首先需要根据记录的行键来确定存储的位置，即 Region 的位置。如果使用时序或单调行键，那么连续到来的数据将会被分配到同一个 Region 当中，而此时系统中的其他 Region/ Regionserver 将处于空闲状态，这是分布式系统最不希望看到的情况。如果必须存储这种类型的数据，例如时序值，那么该怎么办呢？在 OpenTSB 中，行键的设计如下所示：

```
[metric_type][event_timestamp]
```

上述方法将时序（event_timestamp）作为行键的第二个"字段"，并为行键添加一个前缀。但是，具体选择什么样的规则来创建行键也需要视情况而定，没有万能的规则。

3. 尽量最小化行键和列族的大小

在 HBase 中，一个具体的值由存储该值的行键、对应的列（列族：列）以及该值的时间戳决定。HBase 中的索引是为了加速随机访问的速度。该索引的创建是基于"行键 + 列族：列 + 时间戳 + 值"的，如果行键和列族的大小过大，甚至超过值本身的大小，那么将会增加索引的大小。并且，在 HBase 中数据记录往往非常之多，重复的行键、列将不但使得索引的大小过大，也将加重系统存储的负担。

4. 版本的数量

HBase 在进行数据存储的时候，新的数据并不会直接覆盖旧的数据，而是进行追加操作，不同的数据通过时间戳进行区分。默认情况下，每行数据存储三个版本，该值可以通过 HColumnDescriptor 进行设置，建议不要将其设置得过大。

下面我们通过两个例子，让读者对 HBase 的模式设计有一个初步的认识。

12.10.2　学生表

这里我们以学习数据库过程中常用的一个学生表为例来讲解模式设计。众所周知，在关系型数据库（RDBMS）中学生表的表结构如表 12-15 ～表 12-17 所示。

表 12-15　学生表（Student）

字段	S_No	S_Name	S_Sex	S_Age
描述	学号	姓名	性别	年龄

表 12-16　课程表（Course）

字段	C_No	C_Name	C_Credit
描述	课程号	课程名	学分

表 12-17　选课表（SC）

字段	SC_Sno	SC_Cno	SC_Score
描述	学号	课程号	成绩

那么在 HBase 中，数据存储的模式将如表 12-18 和表 12-19 所示。

表 12-18　HBase 中的 Student 表

Row Key	Column Family		Column Family	
	info	value	course	value
\<S_No\>	info:S_Name info:S_Sex info:S_Age	the name the sex the age	course:\<C_No\> ……	\<SC_Score\> ……

表 12-19　HBase 中的 Course 表

Row Key	Column Family		Column Family	
	info	value	student	value
\<C_No\>	info:C_Name info:C_Credit	the name the credit	student:\<S_No\> ……	\<SC_Score\> ……

从上面的 5 个表中可以看出，在 RDBMS 中可以完成的操作，在 HBase 中不但可以完成，还可以有更好的执行效率。在 HBase 中 Row Key 是索引，因此在 HBase 中对数据进行查询，能够比 RDBMS 有更大的速度优势。

12.10.3　事件表

首先我们给出时间表在 RDBMS 中的表结构，如表 12-20 所示。

表 12-20　事件表（Action）

字段	A_Id	A_UserId	A_Name	A_Time
描述	事件 ID	用户 ID	事件名称	事件发生时间

上述事件表存储了所有用户所发生的事件信息，包括事件名称和事件发生的时间。HBase 一般针对某一特殊的应用存储数据，因此我们需要首先确定用户的需求。假如用户的需求描述如下：查询某一用户最近发生的 10 个事件。那么，RDBMS 的 SQL 查询语句如下：

```
SELECT A_Id,A_UserId,A_Name,A_Time From Action WHERE A_UserId=*** ORDER BY A_Time
DESC LIMIT 10
```

在 HBase 中为了加快数据的查询速度，现在需要将数据以用户聚簇的方式存放，并且按照事件发生的时间倒序排列。那么在 HBase 中将有下面的存储模式，如表 12-21 所示。

表 12-21　HBase 中 Action 表

Row Key	Column Family	
	A_Name	value
<A_UserId><Long.Max_Value-System.currentTimeMills()><A_Id>	A_Name	the name

从上表中可以看出，数据已经按照要求聚簇存放，查询速度必然要优于 RDBMS。

12.11　本章小结

本章向大家介绍了 HBase，包括 HBase 的特点、基本操作、体系结构、数据模型、它与其他相关产品的关系，以及如何使用 HBase 编程、设计表等内容。

通过本章，大家可以了解到，HBase 是一个开源的、分布式的、多版本的、面向列的存储模型。它与传统的关系型数据库有着本质的不同，并且在某些场合中，HBase 拥有其他数据库所不具有的优势。它为大型数据的存储和某些特殊应用提供了很好的解决方案。

另外，HBase 具有三种运行模式。其中，伪分布模式和完全分布模式需要以 HDFS 作为其文件存储系统。因此 HBase 可以有效地与 MapReduce 结合起来使用，充分发挥二者的优势。本章为大家介绍了如何配置 IDE 进行 HBase 编程，同时给出了几个简单的编程实例，除此之外，还为大家简单比较了 HBase 的模式与传统 RDBMS 模式设计的异同之处。

希望通过对本章的学习，能够让大家对 HBase 有一个全面、综合的了解。限于篇幅，未能深入地讲解 HBase 相关的知识，更多的内容，大家可以到 HBase 官方网站查阅，网址为：http://hbase.apache.org/。另外，我们还希望读者能够阅读 HBase 的源码，这样会对 HBase 的深层机制有更深入的理解。

第 13 章

Mahout 详解

本章内容

- Mahout 简介
- Mahout 的安装和配置
- Mahout API 简介
- Mahout 中的频繁模式挖掘
- Mahout 中的聚类和分类
- Mahout 应用：建立一个推荐引擎
- 本章小结

13.1　Mahout 简介

Apache Mahout 起源于 2008 年，当时它是 Apache Lucene 的子项目。使用 Apache Hadoop 库，可以将其功能有效地扩展到 Apache Hadoop 云平台中。Apache Lucene 是一个著名的开源搜索引擎，它实现了先进的信息检索、文本挖掘功能。在计算机科学领域中，这些概念与机器学习技术相近。正是由于这种原因，一些 Apache Lucene 的开发者最终转入开发机器学习算法中来。进而，这些机器学习算法形成了最初的 Apache Mahout。不久以后，Apache Mahout 吸收了一个名为 Taste 的开源协同过滤算法的项目，经过两年的发展，2010 年 4 月 Apache Mahout 最终成为了 Apache 的顶级项目。

Apache Mahout 的主要目标是建立可伸缩的机器学习算法。这种可伸缩性是针对大规模的数据集而言的。Apache Mahout 的算法运行在 Apache Hadoop 平台下，它通过 MapReduce 模式实现。但是，Apache Mahout 并不严格要求算法的实现要基于 Hadoop 平台，单个节点或非 Hadoop 平台也可以。Apache Mahout 核心库的非分布式算法也具有良好的性能。

Apache Mahout 是 Apache Software Foundation（ASF）旗下的一个开源项目，提供了一些经典的机器学习算法，旨在帮助开发人员更加方便快捷地创建智能应用程序。该项目已经发展到了它的第三个年头，有了三个公共发行版本。Apache Mahout 项目包含聚类、分类、推荐引擎、频繁子项挖掘。Apache Mahout 虽已经实现了很多技术和算法，但是仍然还有一些算法正在开发和测试阶段。目前 Apache Mahout 项目主要包括以下五个部分。

- ❑ 频繁模式挖掘：挖掘数据中频繁出现的项集。
- ❑ 聚类：将诸如文本、文档之类的数据分成局部相关的组。
- ❑ 分类：利用已经存在的分类文档训练分类器，对未分类的文档进行分类。
- ❑ 推荐引擎（协同过滤）：获得用户的行为并从中发现用户可能喜欢的事物。
- ❑ 频繁子项挖掘：利用一个项集（查询记录或购物目录）去识别经常一起出现的项目。

13.2　Mahout 的安装和配置

Mahout 是一个开源软件，因此它有两种安装方式：一种是下载已经编译好的二进制文件进行安装（快速安装）；一种是先下载源代码，然后再对源代码进行编译，最后再安装（编译安装）。下面我们分别对其进行介绍。

1. 快速安装

下面为该方式的具体安装步骤：

（1）下载 Mahout

从下面链接中下载编译好的二进制文件：

`http://mirror.bjtu.edu.cn/apache/mahout/`

选择最新的版本目录，即 0.6，下载 mahout-distribution-0.6.tar.gz。

（2）解压下载的文件

使用下面的命令将下载的二进制文件解压到指定的文件夹中。

```
tar -zxvf mahout-distribution-0.6.tar.gz -C $HADOOP_HOME/
```

参数 -C 的后面是指定的文件夹，这里是 $HADOOP_HOME/。

（3）配置环境变量

由于 Mahout 不仅可以在本地模式下运行，还可以利用 Hadoop 的 MapReduce 运行作业。若要使用 Hadoop 则必须正确安装 Hadoop，并配置 HADOOP_HOME 和 HADOOP_CONF_DIR 环境变量，具体参见本书第 2 章 "Hadoop 的安装与配置"。

使用下面的命令配置 Mahout 所需要的 Hadoop 环境变量：

```
export HADOOP_HOME=/home/hadoop/hadoop-1.0.1
export HADOOP_CONF_DIR=/home/hadoop/hadoop-1.0.1/conf
```

此外，为了 Mahout 操作方便，可以将 Mahout 安装位置加入到环境变量中，如下所示：

```
#Config Mahout
export MAHOUT_HOME=/home/hadoop/hadoop-1.0.1/mahout-distribution-0.6
export MAHOUT_CONF_DIR=$MAHOUT_HOME/conf
export PATH=$MAHOUT_HOME/conf:$MAHOUT_HOME/bin:$PATH
```

2. 编译安装

首先需要确保系统中已经安装了 JDK 1.6 以上版本及 Maven 2.0 以上版本。JDK 的安装前面章节已经详细介绍，这里不再赘述。大家可以使用下面命令来安装 Maven：

```
sudo apt-get install maven2
```

安装完成后，可以对 maven 的参数进行配置，设置其使用的 Java 堆空间：

```
sudo gedit $MAVEN_HOME/bin/mvn
```

在 mvn 文件中找到 exec "$JAVACMD"\，在它之后加上 -Xmx256m \ 即可，如下所示：

```
exec "$JAVACMD" \
  -Xmx256m \
  $MAVEN_OPTS \
  -classpath "${M2_HOME}"/boot/classworlds.jar \
  "-Dclassworlds.conf=${M2_HOME}/bin/m2.conf" \
  "-Dmaven.home=${M2_HOME}"  \
  ${CLASSWORLDS_LAUNCHER} $QUOTED_ARGS
```

其中参数 -Xmx256m 指定的是 Java 的空间大小，读者可以根据具体情况进行设置。下面为具体的操作步骤：

（1）下载最新源码

通过 Mahout 的 svn 库来下载当前 Mahout 的最新版本，Mahout 将被下载到当前目录中：

```
svn co http://svn.apache.org/repos/asf/mahout/trunk
```

（2）执行安装

进入 Mahout 的根目录，输入命令安装：

```
cd trunk
mvn install
```

看到如下结果，则表明安装成功。

```
[INFO] ------------------------------------------------------------------------
[INFO] Reactor Summary:
[INFO] ------------------------------------------------------------------------
[INFO] Apache Mahout ..................................... SUCCESS [8.871s]
[INFO] Mahout Build Tools ............................... SUCCESS [2.696s]
[INFO] Mahout Math ...................................... SUCCESS [39.651s]
[INFO] Mahout Core ...................................... SUCCESS [54:46.562s]
[INFO] Mahout Integration ............................... SUCCESS [3:47.980s]
[INFO] Mahout Examples .................................. SUCCESS [27.877s]
[INFO] Mahout Release Package ........................... SUCCESS [0.152s]
[INFO] ------------------------------------------------------------------------
[INFO] ------------------------------------------------------------------------
[INFO] BUILD SUCCESSFUL
[INFO] ------------------------------------------------------------------------
[INFO] Total time: 59 minutes 55 seconds
[INFO] Finished at: Tue Jun 05 00:07:53 PDT 2012
[INFO] Final Memory: 67M/142M
[INFO] ------------------------------------------------------------------------
```

该命令将会自动编译 core 和 example 目录并将其打包。从上面可以看到 Mahout 的安装花费时间较长，这主要是由于执行 testing 部分的操作，使用下面命令可以略过此测试部分：

```
mvn -DskipTests install
```

注意　采用 svn 下载的 Mahout 最新源码有诸多好处，例如可以在 $MAHOUT_HOME/examples/src 目录下查看 Mahout 许多算法实现的源码。另外，此版本中还保留了很多 Mahout 测试使用的数据，例如 $MAHOUT_HOME/core/src/test/resources/ 目录下 FPGrowth 算法使用的零售商数据。

（3）配置环境变量

环境变量的配置与快速安装相同，这里不再赘述。

3. 验证是否安装成功

我们可以使用如下命令来检查 Mahout 是否安装成功：

```
bin/mahout -help
```

如果安装成功，系统会自动列出 Mahout 已经实现的所有命令，如图 13-1 所示。

至此 Mahout 安装完毕。

Mahout 自带了一些示例程序，执行下面的 Hadoop 命令，可以运行 Canopy 算法示例：

```
bin/hadoop jar $MAHOUT_HOME/mahout-examples-0.6.job org.apache.mahout.clustering.
syntheticcontrol.canopy.Job
```

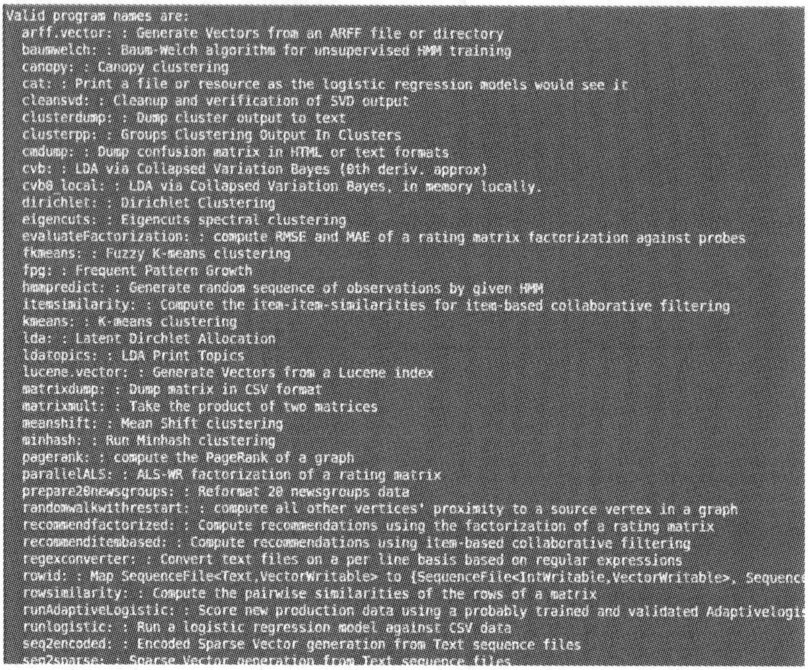

```
Valid program names are:
  arff.vector: : Generate Vectors from an ARFF file or directory
  baumwelch: : Baum-Welch algorithm for unsupervised HMM training
  canopy: : Canopy clustering
  cat: : Print a file or resource as the logistic regression models would see it
  cleansvd: : Cleanup and verification of SVD output
  clusterdump: : Dump cluster output to text
  clusterpp: : Groups Clustering Output In Clusters
  cmdump: : Dump confusion matrix in HTML or text formats
  cvb: : LDA via Collapsed Variation Bayes (0th deriv. approx)
  cvb0_local: : LDA via Collapsed Variation Bayes, in memory locally.
  dirichlet: : Dirichlet Clustering
  eigencuts: : Eigencuts spectral clustering
  evaluateFactorization: : compute RMSE and MAE of a rating matrix factorization against probes
  fkmeans: : Fuzzy K-means clustering
  fpg: : Frequent Pattern Growth
  hmmpredict: : Generate random sequence of observations by given HMM
  itemsimilarity: : Compute the item-item-similarities for item-based collaborative filtering
  kmeans: : K-means clustering
  lda: : Latent Dirichlet Allocation
  ldatopics: : LDA Print Topics
  lucene.vector: : Generate Vectors from a Lucene index
  matrixdump: : Dump matrix in CSV format
  matrixmult: : Take the product of two matrices
  meanshift: : Mean Shift clustering
  minhash: : Run Minhash clustering
  pagerank: : compute the PageRank of a graph
  parallelALS: : ALS-WR factorization of a rating matrix
  prepare20newsgroups: : Reformat 20 newsgroups data
  randomwalkwithrestart: : compute all other vertices' proximity to a source vertex in a graph
  recommendfactorized: : Compute recommendations using the factorization of a rating matrix
  recommenditembased: : Compute recommendations using item-based collaborative filtering
  regexconverter: : Convert text files on a per line basis based on regular expressions
  rowid: : Map SequenceFile<Text,VectorWritable> to {SequenceFile<IntWritable,VectorWritable>, Sequence
  rowsimilarity: : Compute the pairwise similarities of the rows of a matrix
  runAdaptiveLogistic: : Score new production data using a probably trained and validated Adaptivelogis
  runlogistic: : Run a logistic regression model against CSV data
  seq2encoded: : Encoded Sparse Vector generation from Text sequence files
  seq2sparse: : Sparse Vector generation from Text sequence files
```

图 13-1　Mahout 实现命令图

转到 Mahout 安装目录下，运行以下命令可以将结果直接显示在控制台上：

```
bin/mahout vectordump --seqFile /user/hadoop/output/data/part-00000
```

13.3　Mahout API 简介

当前 Mahout 最新版本的 API 为 Mahout Core 0.7-SNAPSHOT API [⊖]，它主要可以分为以下几部分：

- ❑ 基于协同过滤的 Taste 相关的 API，包名以 org.apache.mahout.cf.taste 开始；
- ❑ 聚类算法相关的 API，包名以 org.apache.mahout.clustering 开始；
- ❑ 分类算法，包名以 org.apache.mahout.classifier 开始；
- ❑ 频繁模式算法，包名以 org.apache.mahout.fpm 开始；
- ❑ 数学计算相关算法，包名以 org.apache.mahout.math 开始；
- ❑ 向量计算相关算法，包名以 org.apache.mahout.vectorizer 开始。

在新的版本中，Mahout 已经实现了数据挖掘中较常见算法，包括：频繁模式挖掘、聚类、分类以及推荐引擎，另外，还实现了数据挖掘中常用的预处理算法。

Apache Mahout 已经实现的聚类算法有：Canopy 聚类算法、K-Means 聚类算法、模

⊖　https://builds.apache.org/hudson/job/Mahout-Quality/javadoc。

糊 K-Means 聚类算法、Mean Shift 聚类算法、Dirichlet 过程聚类算法和 Latent Dirichlet Allocation 聚类算法。这些算法相关的 API 都可以在 org.apache.mahout.clustering 包中找到。

下面以 K-Means 算法为例进行介绍。K-Means 算法的 API 在 org.apache.mahout. clustering.kmeans 包中，一共包含 1 个接口和 3 个类 ⊖。它们分别是 KMeansConfigKeys、KCluster、KMeansDriver 和 RandomSeedGenerator。

1. KMeansConfigKeys 接口

接口 KMeansConfigKeys 一共有三个参数：DISTANCE_MEASURE_KEY、CLUSTER_CONVERGENCE_KEY、CLUSTER_PATH_KEY，每个参数的具体意义如表 13-1 所示。

表 13-1　接口 K-MeansConfigKeys 参数表

参　　数	功　　能
DISTANCE_MEASURE_KEY	K-Means 聚类算法使用的距离测量方法
CLUSTER_CONVERGENCE_KEY	K-Means 聚类算法的收敛值
CLUSTER_PATH_KEY	K-Means 聚类算法的路径

2. KCluster 类

该类通常被主函数调用，通过给定的新聚类中心和距离函数来计算新的聚类，并判断聚类是否收敛。如表 13-2 所示为类 KCluster 的主要函数列表：

表 13-2　类 KCluster 的主要函数列表

方　　法	描　　述
Kluster(Vector center, int clusterId, DistanceMeasure measure)	初始化 K-Means 聚类算法的构造方法，使用输入的点作为聚类的中心来创建一个新的聚类。参数 measure 用于比较点之间的距离，center 为新的聚类中心，clusterId 为新聚类的 ID
public static String formatCluster(Kluster cluster)	格式化输出
public boolean computeConvergence(DistanceMeasure measure, double convergenceDelta)	计算该聚类是否收敛

3. KMeansDriver 类

该类为执行聚类操作的入口函数，包括 buildClusters、clusterData、run 及 main 等函数，如表 13-3 所示为类 KMeansDriver 的主要函数列表：

对于详细的类介绍，请大家自行查阅 Mahout API 文档。

⊖　在 Mahout Core 0.3 API 中，该包一共包含 1 个接口和 8 个类，在 0.7 版本中，对其进行了简化。

表 13-3　类 KMeansDriver 的主要函数列表

方　　法	描　　述
main(java.lang.String[] args) throws java.lang.Exception	传入的参数按照 runJob 方法中的参数顺序执行
public static void run(org.apache.hadoop.conf.Configuration conf, org.apache.hadoop.fs.Path input, org.apache.hadoop. fs.Path clustersIn, org.apache.hadoop.fs.Path output, DistanceMeasure measure, double convergenceDelta, int maxIterations, boolean runClustering, double clusterClassificationThreshold, boolean runSequential) throws IOException, InterruptedException, ClassNotFoundException	参数的意义依次如下： conf，输入点的目录路径名 input，初始待计算的输入点所在路径名 clustersIn，初始化及计算聚类的路径 output，输出聚类点的路径名 measure，距离测算法的类名 convergenceDelta，收敛值 maxIterations，最大迭代次数 runClustering，迭代完成之后是否继续聚类 clusterClassificationThreshold，低于该值的点将不会参与聚类 runSequential，是否执行 sequential 算法

13.4　Mahout 中的频繁模式挖掘

13.4.1　什么是频繁模式挖掘

提到关联规则人们头脑中首先闪过的便是"尿布与啤酒的故事"。首先我们先来介绍一下什么是"尿布与啤酒的故事"。该故事是美国沃尔玛超市的真实案例。沃尔玛超市为了了解顾客在超市的消费习惯，从而对消费者的购物数据进行分析。他们将消费者的一次购物消费假设成为一个购物篮，通过对购物篮的分析他们发现，尿布与啤酒竟然经常同时出现。该现象看似非常奇怪，然而它却揭示了美国人背后的消费习惯：很多男子经常要帮妻子为婴儿购买尿布，而同时，他们中的大多数又会顺便购买自己喜爱的啤酒。

在上述例子中，尿布与啤酒的经常性一同出现便可以认为是一组频繁模式。频繁模式挖掘是数据挖掘研究中的一个重要课题，它是关联规则、相关性分析、序列模式、因果关系等许多重要数据挖掘任务的基础。因此，频繁模式挖掘有着广泛的应用，例如购物篮数据分析、交叉购物、DNA 序列分析、预测分析等。

比较经典的频繁模式挖掘包括 Apriori 算法、FPGrowth 算法、AGM 算法、PrefixSpan 算法等。

13.4.2　Mahout 中的频繁模式挖掘

Mahout 中实现了 FPGrowth 算法，FPGrowth 算法英文全称为 "Frequent Pattern Growth Algorithm"，即 "频繁模式增长算法"。关于算法具体内容可参看 Mining frequent patterns without candidate generation 论文[⊖]。该算法包括如下两个主要步骤：

1）构建一棵频繁模式树，即 FP 树；

⊖　http://citeseerx.ist.psu.edu/viewdoc/download?doi=10.1.1.40.4436&rep=rep1&type=pdf。

2）挖掘 FP 树，找出频繁项。

我们可以通过 Mahout Shell 的 "$MAHOUT_HOME/bin/mahout fpg" 命令来使用 FPGrowth 进行频繁模式挖掘，首先我们对该命令的可选参数进行简要介绍，如表 13-4 所示。

表 13-4　Mahout fpg 参数简介

参　数	说　明
--input (-i)	数据输入路径
--output (-o)	数据输出路径
--minSupport (-s)	最小支持度，默认值为 3
--splitterPattern (-regex)	记录通过行来表示，该参数通过正则表达式指定行中项之间的分隔符，默认为 [,\t]*[,|\t][,\t]*
--method (-method)	算法运行模式，可选参数为 sequential| mapreduce
--encoding (-e)	编码方式，默认为 UTF-8

更多参数大家可以通过输入 "mahout fgp -h" 来查看。下面我们来介绍具体的操作。

1. 数据获取

在执行算法之前我们首先需要获取算法操作的数据[⊖]。在 "$MAHOUT_HOME/core/src/test/resources/retail.dat" 位置，Mahout 为我们提供了一组零售商销售记录数据，该数据记录的项之间通过空格进行划分。该数据较小，共包含 88162 条记录，用于测试使用。如果想要使用更大的数据大家可以从下面的链接中下载：http://fimi.cs.helsinki.fi/data/。

2. 执行算法

通过 "-method" 参数可以指定算法运行的模式，下面我们在不同模式下运行处理数据集来比较算法的效率。

首先，我们在 sequential 模式下执行算法，如下所示：

```
bin/mahout fpg \
    -i core/src/test/resources/retail.dat \
    -o patterns \
    -k 50 \
    -method sequential \
    -regex '[\ ]' \
    -s 2
```

可以看到该算法的执行时间为：

```
12/06/07 11:04:11 INFO driver.MahoutDriver: Program took 2193567 ms (Minutes:
36.55945)
```

然后，我们在 MapReduce 模式下执行该算法。在执行算法之前我们首先需要将数据复制到 HDFS 中，然后运行算法。如下所示：

```
bin/mahout fpg \
```

⊖ 以 svn 方式下载的 Mahout 版本中该示例数据。

```
-i /user/hadoop/retail.dat \
-o patterns2 \
-k 50 \
-method mapreduce \
-regex '[\ ]' \
-s 2
```

可以看到该算法的执行时间为:

```
12/06/07 20:19:05 INFO driver.MahoutDriver: Program took 358158 ms (Minutes:
5.9693)
```

相比于 sequential 模式,算法执行效率提高了数倍,这恰恰是分布式的优势。在数据量更大的情况下,该优势将更加明显。

3. 查看结果

FPGrowth 算法的执行结果会以 SequenceFile 的形式存储在 frequentpatterns 目录下,我们可以通过下面命令来查看运行的结果:

```
bin/mahout seqdumper \
    -s patterns2/frequentpatterns/part-r-00000 \
    -c
```

上述命令中,-s 指定的是输入文件路径,-c 用于统计结果记录的个数,输出结果如下所示:

```
mahout seqdumper -s patterns2/frequentpatterns/part-r-00000 -c
Input Path: patterns2/frequentpatterns/part-r-00000
Key class: class org.apache.hadoop.io.Text Value Class: class org.apache.mahout.
fpm.pfpgrowth.convertors.string.TopKStringPatterns
Count: 14246
12/06/07 19:38:44 INFO driver.MahoutDriver: Program took 2576 ms (Minutes:
0.04293333333333333)
```

该结果与 sequential 模式下输出结果相同,大家可以对其进行验证。

13.5　Mahout 中的聚类和分类

13.5.1　什么是聚类和分类

在日常生活中经常会有重复的事情发生,人们会把自己遇到的事情和记忆中的事情关联起来。例如,糖果使人们想起是甜味,因此,人们会把具有甜味的食物归类为甜食。即使人们没有甜食的概念,人们也能把甜的食物进行归类。潜意识里,人们能够自然地将甜与苦进行分类。生活中与此类似的现象还有很多,这些现象就是分类。

下面将用一个实际的例子来介绍到底什么是分类。假设在一个两岁的宝宝面前摆放一些水果,并告诉他红色圆的是苹果,橘黄色圆的是橘子。然后,拿一个又红又大的苹果问宝宝是不是苹果,宝宝回答是,这就是一个简单的分类过程。在这个过程中主要涉及两个阶段:第一个是建立模型阶段,第二个是使用模型阶段。建立模型就是告诉两岁的宝宝具有何种特征的水果是苹果，具有何种特征的水果是橘子；使用模型就是问宝宝又红又大的是不是苹果。

在日常的生活中除了前面介绍的分类外，还有很多种不同类型的聚类。下面同样用一个实际的例子来介绍聚类。假设你是一个藏书众多的图书馆馆长，但图书馆中的书是混乱的，没有任何顺序。来到图书馆的读者不得不找遍所有的书籍才能发现自己想要看的书。这个寻找书的过程非常缓慢。对于任何一个读者来说，这都是一个很头痛的问题。如果图书按照书名的首字母进行排列，那么在知道书名的情况下寻找一本书将会变得非常容易。如果图书按照主题进行摆放，图书查询也会变得简单易行。将众多的图书按照主题进行排列就是一个聚类的过程。在刚刚接触这个工作的时候，你不知道这些书会有多少种主题，比如哲学、文学等，也许还会有一些你从未听说过的主题。要完成这些任务，你首先要把它们排成一列，逐本查阅。当遇到与之前的书主题相似，就回到前面将它们放在一起，归为一类。当读完所有的书时，一遍聚类便完成了，众多的书籍也被分成了一些类。如果你觉得第一遍聚类的结果不够精细，你可以进行第二遍聚类，直到自己满意为止。

这就是聚类，在下面的章节中，我们将会详细地介绍 Mahout 中的分类和聚类。

13.5.2　Mahout 中的数据表示

生活中的数据会以各种各样的形式存储，Mahout 中的数据也会以其固定的形式表示。在 Mahout 中，数据将会以向量的形式进行存储。

多数人对向量这个词并不陌生。在不同的领域，向量具有不同的实际意义。在物理中，向量用来表示力的大小和方向，或者一个移动物体的速度。在数学中，一个向量表示空间中的一个点。虽然它们代表的意义不同，但它们表示的形式是相同的。在二维空间中，所有的向量都表示成诸如（5，6）的形式，每一维中有一个数字。当计算这个二维向量时，人们常称第一个维度为 X，第二个维度为 Y。但是在现实生活中，一个向量可以是多维度的。按照顺序，向量的每一个维度依次被称为 0 维、1 维、2 维……

如上所述，向量是按照维度排列的一系列有序的值。因此，你可能已经想到在程序设计语言中用一维数组来表示向量。使用这种方式表示向量，数组的第 i 项刚好是向量的第 i 个维度的值。这是一种很好的表示向量的方法，称为密集向量表示法。

在现实生活中，一个具有很高维度的向量经常会在很多维度上没有值。这里的没有值就是程序设计当中空的概念，在向量中它会表示为 0。在物理和数学领域，无论是高维度向量还是包含很多 0 的向量都是很少见的。但在分类算法中这种情况很常见。

使用数组表示这种向量效率太差。数组将会包含很多个 0，偶尔会有一个非 0 值。舍弃众多的 0 值，单独表示非 0 值是一种很合理的想法。当处理数百万维度带有很多 0 值的向量时，密集向量表示法的弊端变得很明显。

在这种情况下，Mahout 引入了稀疏向量，将非 0 值所在的维度与该维度的值做映射。这可以通过 Java 中的 Map 实现。当非 0 值比较少时，这种存储方式比使用基于数组的稠密存储更具优越性。但使用这种方式，程序需要更多的内存空间。

在 Mahout 中，有关向量表示的类有三个。它们分别是稠密向量（DenseVector）、随机访问稀疏向量（RandomAccessSparseVector）和序列访问稀疏向量（SequentialAccessSparseVector）。

稠密向量由一个 double 型的数组实现。当向量具有很少的非 0 值时，这种向量表示法的效率很高。它允许快速访问向量所在任何维度的值，并且能够快速按序遍历向量的所有维度。

在随机访问向量类中，向量的值存储在类似于 HashMap 的结构中，键是 int 型、值是 double 型的。只有维度上的值非 0，该维度值才会被存储。当一个向量的一些维度值非 0 时，用随机访问向量方式表示向量比用稠密向量表示法具有更高的内存使用效率。但是访问维度值的速度和按序遍历所有维度值的速度比较慢。

序列访问向量使用 int 和 double 的并行数组表示向量。因此，使用它按序遍历整个向量的各个维度是很快的。但是随机插入和查询某一维度的值时速度要慢于随机访问向量。

这三种表示向量的方式使得 Mahout 的算法能够按照数据特性、数据访问方式实现。具体使用哪种表示方法是按照算法的特性进行选择的。如果算法具有很多对向量值的随机插入和更新，就应该选择稠密向量或随机访问向量来表示向量。因为这两个向量具有快速随机访问的特性。而对于需要重复计算向量大小的 K-Means 聚类算法，选择序列访问向量比选择随机访问向量好。

13.5.3　将文本转化成向量

讨论完如何存储向量，下面我们开始讨论如何将文本转化成向量。在信息时代，文本文件的数量呈爆炸式增长。仅 Google 搜索引擎的索引就有 200 亿的 Web 文档。文本数据是海量的，这些海量数据中蕴含着大量的知识。公司或机构可以使用诸如聚类、分类的机器学习算法去发现这些知识。学习用向量表示文本是从海量数据中发现知识的第一步。

向量空间模型（VSM，Vector space model）是最常用的相似度计算模型。Mahout 中对文本的聚类使用了这种技术。什么是向量空间模型？下面做一个简单的介绍。

假设共有 10 个词 w_1，w_2，…，w_{10}，5 篇文章 d_1、d_2、d_3、d_4 和 d_5。统计所得的词频表如表 13-5 所示。

表 13-5　空间向量模型表

	w_1	w_2	w_3	w_4	w_5	w_6	w_7	w_8	w_9	w_{10}
d_1	1	2		5		7		9		
d_2		3		4		6	8			
d_3	10		11		12			13	14	15
d_4		5		7				4		9
d_5			2		2	3	7			

这个词频表就是空间向量模型。对于任意的两篇文档，当要计算它们的相似度时，可以选择计算两个向量的余弦值。如果余弦值为 1，则说明两篇文档完全相同；如果余弦值为 0，则说明两篇文档完全不同。总之，在 [0,1] 内余弦值越大，两篇文章相似度越大。除了计算

余弦值以外，还有其他的方法测量两篇文章的相似度，这里不作介绍。

在 Mahout 下处理的数据必然是海量数据。待处理的文本包含的所有单词就是例子中的单词 w，待处理的文本文件就是相应的 d。可以想象，待处理文本所包含的单词量是巨大的，因此，文本向量的维度也是巨大的。示例中的具体数值是某个单词在特定文章中出现的次数，称为词频（term frequency）。例如，表中的 1 代表单词 w_1 在 d_1 文档中出现一次，其词频为 1。

在一些简单的处理方法中，可以只通过词频来计算文本间的相似度，不过当某个关键词在两篇长度相差很大的文本中出现的频率相近时，会降低结果的准确性。因此通常会把词频数据正规化，以防止词频数据偏向于关键词较多、即较长的文本。如某个词在文档 d_1 中出现了 100 次，在 d_2 中出现了 100 次，仅从词频看来，这个词在这两个文档中的重要性相同，然而，再考虑另一个因素，就是 d_1 的关键词总数是 1000，而 d_2 的关键词总数是 100000，所以从总体上看，这个词在 d_1 和 d_2 中的重要性是不同的。正规化处理的方法是用词频除以所有文档的关键词总数。

当仅使用词频来区分文档时，还会遇到这样一个问题。众所周知，一篇文章会包含很多诸如一、二、你、我、他等的单词，并且这些词语会多次出现。很明显，无论使用何种距离来测算两篇文章的相似度，这些经常出现的词汇都会对结果起到很大的负面影响。但这些词语并不能区分两份文档，相似性判断也因此变得不再准确。把文档按照相似性进行合理的聚类就更不可能了。为了解决这个问题，人们使用了 TF-IDF（Term Frequency-Inverse Document Frequency）技术。

TF-IDF 是一种统计方法，用以评估一个字词对于一个文件集或一个语料库中一份文件的重要程度。字词的重要性随着它在文件中出现的次数成正比增加，但同时会随着它在语料库中出现的频率成反比下降。TF-IDF 的主要思想是，如果某个词或短语在一篇文章中出现的频率 TF 高，并且在其他文章中很少出现，则认为此词或短语具有很好的类别区分能力，适合用来分类。TF-IDF 实际上是 TF * IDF，TF 代表词频（Term Frequency），表示词条在文档中出现的频率；IDF 代表反文档频率（Inverse Document Frequency），IDF 的主要思想是，如果包含词语 w 的文档越少，IDF 越大，则说明词语 w 具有很好的类别区分能力。

13.5.4　Mahout 中的聚类、分类算法

Mahout 目前已经实现了 Canopy 聚类算法、K-Means 聚类算法、Fuzzy K-Means 聚类算法、Dirichlet 过程聚类算法等众多聚类算法。除此之外，Mahout 还实现了贝叶斯（Bayes）分类算法。这里主要介绍简单且应用广泛的 K-Means 聚类算法和贝叶斯分类算法。

K-Means 聚类算法能轻松地对几乎所有的问题进行建模。K-Means 聚类算法容易理解，并且能在并行计算机上很好地运行。学习 K-Means 聚类算法，能更容易理解聚类算法的缺点，以及其他算法对于特定数据的高效性。

K-Means 聚类算法的 K 是聚类的数目，在算法中会强制要求用户输入。对于将新闻聚类成诸如政治、经济、文化等大类，可以选择 10 到 20 之间的数字作为 K。因为这种顶级的类

别数量是很小的。如果要对这些新闻详细分类，选择 50 到 100 之间的数字也是没有问题的。假设数据库中有一百万条新闻，如果想把这一百万条新闻按照新闻谈论的内容进行聚类，则这个聚类数目远远大于之前的聚类数目。因为每个聚类中的新闻数量不会太大。这就要求选择一个诸如 10 000 的聚类数值。聚类数值 K 的取值范围不定，它既可以小至几个，也可以大至几万个。这就对算法的伸缩性提出了很高的要求，而 Mahout 下实现的 K-Means 聚类算法就具有很好的伸缩性。

K-Means 聚类算法主要可以分为三步。第一步是为待聚类的点寻找聚类中心；第二步是计算每个点到聚类中心的距离，将每个点聚类到离该点最近的聚类中去；第三步是计算聚类中所有点的坐标平均值，并将这个平均值作为新的聚类中心点。反复执行第二步，直到聚类中心不再进行大范围移动，或者聚类次数达到要求为止。

假设有 n 个点，需要将它们聚类成 K 个组。K-Means 算法会以 K 个随机的中心点开始。算法反复执行上文中提到的第二步和第三步，直至终止条件得到满足。接下来以 9 个点为例，配以相应图示介绍 K-Means 算法。

在聚类前，首先在二维平面中随机选择 9 个点，坐标分别为 (7, 8)、(12, 1)、(13, 6)、(13, 13)、(13, 19)、(14, 5)、(17, 16)、(19, 20)、(20, 7)。

1. 第一次聚类

1）系统首先选取前 3 个点 (7, 8)、(12, 1)、(13, 6) 作为聚类中心，然后计算每个点到聚类中心的距离，该点距离哪个聚类中心的距离最小就归属于哪个聚类中心。经过计算，点 (7, 8)、(13, 19) 为 1 个聚类，点 (12, 1) 为 1 个聚类，点 (13, 6)、(13, 13)、(14, 5)、(17, 16)、(19, 20)、(20, 7) 为 1 个聚类，如图 13-2 所示。

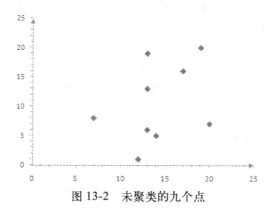

图 13-2　未聚类的九个点

2）更新聚类的聚类中心，新的聚类中心的值为聚类中所有成员的平均值。聚类 (7, 8)、(13, 19) 的新聚类中心为 (10.0, 13.5)，聚类 (12, 1) 的新聚类中心仍为 (12.0, 1.0)，聚类 (13, 6)、(13, 13)、(14, 5)、(17, 16)、(19, 20)、(20, 7) 的新聚类中心为 (16.0, 11.2)，如图 13-3 所示。

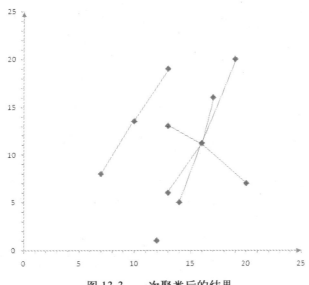

图 13-3　一次聚类后的结果

2. 第二次聚类

1）根据前面生成的聚类中心 (10.0，13.5)、(12.0，1.0)、(16.0，11.2) 重新计算每个点和聚类中心点之间的距离，根据计算出的距离对该点进行聚类。结果点 (7，8)、(13，13)、(13，19) 为 1 个聚类，点 (12，1)、(13，6)、(14，5) 为 1 个聚类，点 (17，16)、(19，20)、(20，7) 为 1 个聚类。

2）更新聚类的聚类中心，聚类 (7，8)、(13，13)、(13，19) 的新聚类中心为 (11.0，13.3)，聚类 (12，1)、(13，6)、(14，5) 的新聚类中心仍为 (13.0，4.0)，聚类 (17，16)、(19，20)、(20，7) 的新聚类中心为 (18.7，14.3)，如图 13-4 所示。

3. 第三次聚类

根据上一步来看，聚类结果没有发生变化，满足收敛条件，K-Means 聚类结束，如图 13-5 所示。

介绍完 K-Means 聚类算法，下面开始介绍贝叶斯（Bayes）分类算法。贝叶斯（Bayes) 分类算法是一种基于统计的分类方法，用来预测某个样本属于某个分类的概率有多大。贝叶斯（Bayes）分类算法是基于贝叶斯定理的分类算法。

贝叶斯分类算法有很多变种。在这里主要介绍朴素贝叶斯分类算法。何谓朴素？所谓朴素就是假设各属性之间是相互独立的。经过研究发现，大多数情况下，朴素贝叶斯分类算法（Naïve Bayes Classifier）在性能上和决策树（Decision Tree）、神经网络（Netural Network）相当。当针对大数据集的应用时，贝叶斯分类算法具有方法简单、高准确率和高速度的优点。但事实上，贝叶斯分类算法也有其缺点。缺点就是贝叶斯定理假设一个属性值对给定类的影响独立于其他属性的值，而此假设在实际情况中经常是不成立的，因此其分类准确率可能会下降。

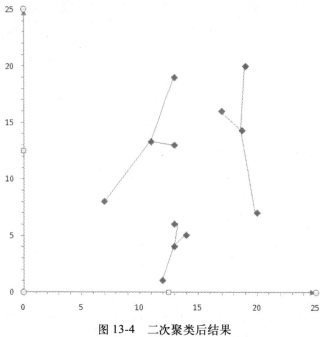

图 13-4　二次聚类后结果

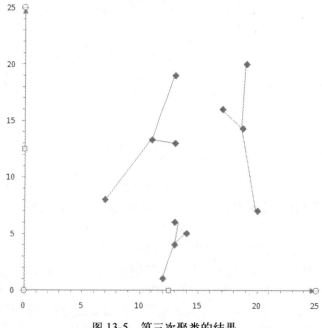

图 13-5　第三次聚类的结果

朴素贝叶斯分类算法是一种监督学习算法，使用朴素贝叶斯分类算法对文本进行分类，主要有两种模型，即多项式模型（multinomial model）和伯努利模型（Bernoulli model）。Mahout 实现的贝叶斯分类算法使用的是多项式模型。对算法具体内容感兴趣的读者可以阅读 http://people.csail.mit.edu/jrennie/papers/icml03-nb.pdf 上的论文[⊖]。本书将以一个实际的例子来简略介绍使用多项式模型的朴素贝叶斯分类（Naïve Bayes Classifier）算法。

给定一组分类号的文本训练数据，如表 13-6 所示。

表 13-6　文本训练数据表

文档编号	文　档	文档类别（文档是否属于中国类）
1	中国，北京，中国	是
2	中国，中国，上海	是
3	中国，澳门	是
4	东京，日本，中国	否

给定一个新的文档样本"中国、中国、中国、东京、日本"，对该样本进行分类。该文本属性向量可以表示为 d=（中国，中国，中国，东京，日本），类别集合 Y={ 是，否 }。类别"是"下共有 8 个单词，"否"类别下面共有 3 个单词。训练样本单词总数为 11。因此 P（是）=8/11，P（否）=3/11。

类条件概率计算如下：

❑ P(中国 | 是)=(5+1)/(8+6)=6/14=3/7；

❑ P(日本 | 是)=P(东京 | 是)= (0+1)/(8+6)=1/14；

❑ P(中国 | 否)=(1+1)/(3+6)=2/9；

❑ P(日本 | 否)=P(东京 | 否) =(1+1)/(3+6)=2/9。

上面 4 条语句分母中的 8，是指"是"类别下训练样本的单词总数，6 是指训练样本有中国，北京，上海，澳门，东京，日本，共 6 个单词，3 是指"否"类别下共有 3 个单词。有了以上的类条件概率，开始计算后验概率：

❑ P(是 |d)=(3/7)3×1/14×1/14×8/11=108/184877 ≈ 0.00058417；

❑ P(否 |d)= (2/9)3×2/9×2/9×3/11=32/216513 ≈ 0.00014780。

因此，这个文档属于类别中国。这就是 Mahout 实现的贝叶斯（Bayes）分类算法的主要思想。

13.5.5　算法应用实例

下面我们将对如何使用 Mahout 进行聚类和分类进行具体介绍，其中聚类算法以 K-Means 为例，分类算法以贝叶斯（Bayes）为例。

1. K-Means 聚类

在 Mahout 中运行 K-Means 聚类算法非常简单。对于不同的数据主要有以下三个步骤。

⊖　Trackling the Poor Assumptions of Naive Bayes Text classifiers.

❑ 使用 seqdirectory 命令将待处理的文件转化成序列文件。

❑ 使用 seq2sparse 命令将序列文件转化成向量文件。

❑ 使用 kmeans 命令对数据运行 K-Means 聚类算法。

将文本文件转化成向量需要两个重要的工具。一个是 SequenceFilesFromDirectory 类，它能将一个目录结构下的文本文件转化成序列文件，这种序列文件为一种中间文本表示形式。另一个是 SparseVectorsFromSequenceFiles 类，它使用词频（TF）或 TF-IDF（TF-IDF weighting with n-gram generation）将序列文件转化成向量文件。序列文件以文件编号为键、文件内容为值。下面讨论如何将文本转换成向量。

使用路透社 14578 新闻集作为示例数据。这组数据被广泛应用于机器学习的研究中，它起初是由卡内基集团有限公司和路透社共同搜集整理的，目的是发展文本分类系统。路透社 14578 新闻集分布于 22 个文档中，除最后的 reut2-0.14.sgm 包含 578 份文件外，其余的每个文件包含 1 000 份文件。

路透社 14578 新闻集中的所有文件都为标准通用标记语言 SGML（Standard Generalized Markup Language）格式，这种格式的文件与 XML 文件格式相似。可以为 SGML 文件创建一个分析器（parser），并将文件编号（document ID）和文件内容（document text）写到序列文件（SequenceFiles）中去。然后用前文提到的向量化工具将序列文件转化成向量。但是，更快捷的方式是使用 Lucene Benchmark JAR 文件提供的路透社分析器（the Reuters Parser）。Lucene Benchmark JAR 是捆绑在 Mahout 上的，剩下的工作只是到 Mahout 目录下的 examples 文件夹运行 org.apache.lucene.benchmark.utils.ExtractReuters 类。在这之前，需要从 http://www.daviddlewis.com/resources/testcollections/reuters14578/reuters14578.tar.gz 下载路透社新闻集，并将它解压到 Examples/Reuters 文件夹下。相关命令如下所示：

```
mvn -e -q exec:java
-Dexec.mainClass="org.apache.lucene.benchmark.utils.ExtractReuters"
-Dexec.args="reuters/ reuters-extracted/"
```

使用解压得到的文件夹运行 SequenceFileFromDirectory 类。使用下面的脚本命令（Launch script）可以实现该功能：

```
bin/mahout seqdirectory -c UTF-8
-i examples/reuters-extracted/
-o reuters-seqfiles
```

这条命令的作用是将路透社文章转化成序列文件格式，如表 13-7 所示。

表 13-7 seqdirectory 命令参数表

参　　数	描　　述
--chunkSize (-chunk) chunkSize	文件按多大值进行切分，默认值是 64MB
--charset (-c) charset	输入文件使用的编码方式，多使用 UTF-8
--input (-i) input	输入文件的位置
--output (-o) output	输出文件的位置
--help (-h)	输出帮助信息

现在剩下的工作是将序列文件转化成向量文件。运行 SparseVectorsFromSequenceFiles 类即可实现该功能。命令如下：

```
bin/mahout seq2sparse -i reuters-seqfiles/ -o reuters-vectors -w
```

注意，在 seq2sparse 命令中，参数 -w 用来表示是否覆盖输出文件夹。Mahout 用来处理海量的数据，任何一个算法的输出都会花费很多时间。有了参数 -w，Mahout 就可以防止新产生的数据对未完全输出的数据进行破坏。除此之外，seq2sparse 命令还有以下参数，如表 13-8 所示。

表 13-8　seq2sparse 命令参数表

参　　数	描　　述
-w（boolean）	该参数决定是否重写文件夹的内容。如果未设置该参数，当文件夹不存在时，则创建该文件夹；如果文件夹已经存在，则工程会抛出异常
-a（String）	所使用的分析器的名字，默认值为 org.apache.lucene.analysis.standard.StandardAnalyzer
-chunk(int)	分块大小以 MB 为单位。在向量化过程中，GB 或 TB 级的数据不能完全放入内存中。因此要将数据分成指定的大小，分阶段进行向量化。建议使用 Hadoop 子节点中 Java 堆大小的 80%。这里默认值为 100MB
-wt（String）	使用的加权模式。tf 为 TF；tfidf 为 TF-IDF。默认值为使用 TF-IDF
-s（int）	整个集合中单词出现最低的频率，如果一个单词出现次数小于该值，那么该单词被忽略。默认值为 2
-minDF（int）	最小的文件频率（document frequency），默认值是 1
-x（int）	用来滤除频率很高的词汇，该值是 0~100 之间的整数值，默认值为 99
-ng（int）	最大的 N-gram 值，默认值为 2
-ml（float）	最小对数似然函数。默认值为 1.0。此参数不是必须的
-nr（int）	Reduce 任务的数量，默认值为 1。该参数不是必须的
-seq（bool）	是否将结果以 SequentialAccessVectors 形式输出。如果设置，则以 SequentialAccessVectors 形式输出

Mahout 的 seq2sparse 命令的功能是从序列文件中读取数据，使用上面提到的默认参数，按照基于向量化（vectorizer）的字典生成向量文件。大家可以使用以下命令检查生成文件夹：

```
ls reuters-vectors/
```

执行上述命令后，结果如下所示：

```
dictionary.file-0
tfidf/
tokenized-documents/
vectors/
wordcount/
```

输出文件夹包含一个目录文件和四个文件夹。目录文件保存着术语（term）和整数编号之间的映射。当读取算法的输出时，这个文件是非常有用的，因此，需要保留它。其他四个文件夹是向量化过程中生成的文件夹。向量化过程主要有以下几步：

第一步，标记文本文档。具体过程是使用 Lucene StandardAnalyzer 将文本文档分成个体化的单词，将结果存储在 tokenized-documents 文件夹下。

第二步，对 tonkenized 文档进行迭代生成一个重要单词的集合。这个过程可能会使用单词统计、n-gram 生成，这里使用的是 unigrams 生成。

第三步，使用 TF 将标记的文档转化成向量，从而创建 TF 向量。在默认情况下，向量化是使用 TF-IDF，因此需要分两步来进行，一是文档频率（document-frequency）的统计工作；二是创建 TF-IDF 向量。TF-IDF 向量在 tfidf/vectors 文件夹下。对于大多数的应用来说，需要的仅仅是目录文件和 tfidf/vectors 文件夹。

使用 kmeans 命令可以对数据运行 K-Means 聚类算法。命令如下：

```
bin/mahout kmeans
-i ./examples/bin/work/reuters-out-seqdir-sparse/tfidf/vectors/
-c ./examples/bin/work/clusters
-o ./examples/bin/work/reuters-kmeans
-k 20 -w
```

表 13-9 列出了 K-Means 命令参数的具体意义。

表 13-9　K-Means 聚类算法列表

参　　数	描　　述
--k (-k) k	K-Means 算法中的 K 值，如果不指定该值……
--input (-i) input	输入文件的位置，输入文件必须是序列文件
--output (-o) outpu	输出文件的位置
--distance (-m) distance	使用的距离测量方法，默认的是欧几里得距离
--convergence (-d) convergence	收敛的阈值默认值为 0.5
--max (-x) max	最大遍历次数，默认值为 20
--numReduce (-r) numReduce	Reduce 任务的数量
--vectorClass (-v) vectorClass	向量化所使用的向量名字。默认值为 RandomAccessSparseVector.class
--overwrite (-w)	决定是否对输出结果进行覆盖，如果设置，则会覆盖之前的输出结果

2. 贝叶斯分类

在已经安装好 Hadoop 和 Mahout 的前提下，运行 Bayes 分类算法也比较简单。这里简要介绍 Mahout 的示例程序 20NewsGroup 的分类。实际上，除了 20NewsGroup 示例之外，还有 Wikimapia 数据，但由于其数据量达到了将近 7GB，对大多数初学者而言并不合适。这里我们选择数据量较小且非常经典的 20NewsGroup 示例的分类。

什么是 20NewsGroup？20 新闻组包含 20 000 个新闻组文档，这些文档可以被分类成 20 个新闻组。20 新闻组最初来源于 Ken Lang 的论文《Newsweeder：learning to filter netnews》。从那以后，20 新闻组数据集合在机器学习领域越来越多地被用作实验数据。在文本聚类和分类方面的研究中使用尤为突出。20 新闻组按照 20 个不同的类型进行组织，不同的类对应不同的主题。本书用到的 20 新闻组数据可以从 http://people.csail.mit.edu/jrennie/20Newsgroups/ 下载。在下载页面中，一共有三种版本的 20 新闻组数据，分别是

20news-19997.tar.gz、20news-bydate.tar.gz 和 20news-18828.tar.gz。

　　20news-19997.tar.gz 是最原始的版本数据；20news-bydate.tar.gz 是按照日期进行排序的，其中的 60% 用来进行训练 Bayes 分类算法，40% 用来测试 Bayes 分类算法，不包含重复新闻和标识新闻组的标题；20news-18828.tar.gz 不包含重复的新闻，但是包含带有新闻来源和新闻主题的标题。这三种 20 新闻组数据都是以 tar.gz 形式存在的。读者使用 tar 命令对它们进行解压即可得到相应的数据。具体选择哪种数据对结果影响不大，这里我们选择 20news-bydate.tar.gz。

　　介绍完 20NewsGroup 后，下面开始介绍如何运行 Mahout 自带的 Naïve Bayes Classifier 算法示例。

　　数据下载完成后并不可以直接使用，可以看到，数据在目录中均是以文件夹进行区分，即数据已经被分好类别。因此我们首先需要获取所需格式的数据。该操作可以通过如下两个命令完成：

　　获取训练集：

```
mahout org.apache.mahout.classifier.bayes.PrepareTwentyNewsgroups \
    -p $DATA_HOME/20news-bydate-train \
    -o $DATA_HOME/bayes-train-input \
    -a org.apache.mahout.vectorizer.DefaultAnalyzer \
    -c UTF-8
```

　　获取测试集：

```
mahout org.apache.mahout.classifier.bayes.PrepareTwentyNewsgroups \
    -p $DATA_HOME/20news-bydate-test \
    -o $DATA_HOME/bayes-test-input \
    -a org.apache.mahout.vectorizer.DefaultAnalyzer \
    -c UTF-8
```

　　在数据获取完成之后，通过"hadoop fs -put"命令将数据上传到 HDFS，然后使用下列命令训练 Bayes 分类器：

```
mahout trainclassifier \
  -i /user/hadoop/20news/bayes-train-input \
  -o /user/hadoop/20news/newsmodel \
  -type cbayes \
  -ng 2 \
  -source hdfs
```

　　该命令将会在 Hadoop 上运行四个 MapReduce 作业。在命令执行的过程中，可以打开浏览器，在 http://localhost:50030/jobtracker.jsp 上监视这些作业的运行状态。

　　运行下面的命令测试 Bayes 分类器：

```
mahout testclassifier \
  -m /user/hadoop/20news/newsmodel \
  -d /user/hadoop/20news/bayes-test-input \
  -type cbayes \
  -ng 2 \
```

```
-source hdfs \
-method mapreduce
```

关于 trainclassifier 和 testclassifier 命令参数，这里不再详细介绍，大家可以通过"mahout [command] -h"命令来查看。

这就是 Mahout 自带的 Bayes 分类算法的示例程序。如果大家想要深入了解 Mahout 的分类算法，可以自行阅读 Mahout Core API 0.7 来了解已经实现的功能。

13.6　Mahout 应用：建立一个推荐引擎

13.6.1　推荐引擎简介

每天人们都会产生各种各样的想法：喜欢一个产品、不喜欢一件事、不关心某个东西。在人们毫无察觉的情况下，这些事情在悄然发生。一个正在播放的流行歌曲可会引起你的注意，也可能对你没有任何影响。歌曲引起你的注意可能是因为它很好听或者它很让人厌烦。同样的事情也会发生在其他的事情上。这就是人们的喜好。

每个人都有着不同的喜好，但是这些喜好会遵循着类似的规律。对于一个人来说，如果一个新的事物与他之前喜欢的事物相似，那么他很有可能也会喜欢这个新事物。如果一个外国人喜欢吃中国饺子，那么他很有可能会喜欢中国的包子。因为它们都是带馅的面食。此外，如果你的朋友喜欢周国平的散文，那么你也很有可能会喜欢周国平的散文。因为朋友之间会有一些共同的喜好。

在日常生活中，预测人们的喜好是没有问题的。假设有两个人 A 和 B。对于 B 是否喜欢电影《指环王 III》的问题，大多数人只能靠猜测。但如果 A 知道 B 喜欢《指环王 I》和《指环王 II》，那么可以推测 B 喜欢《指环王 III》。如果 B 对指环王系列电影一点也不了解，A 基本可以断定，B 是不会喜欢《指环王 III》的。

推荐引擎就是对人们的喜好做出预测的一种技术。它会依据已经获得的各种信息，对用户的购买行为做出预测，从而达到相应目的。现实生活中，人们都经历过网站向客户推荐产品，这些推荐都是基于客户浏览信息的推荐。网站试着推断客户的喜好，以此来向客户推荐他们可能会喜欢的产品。

卓越网使用了推荐引擎技术，在购买一本书的同时，网站会利用顾客的购买习惯和书籍之间的关系为顾客推荐他们可能会感兴趣的书籍或音像制品。例如，当某一名顾客想要购买《云计算》这本书时，在页面的下方会出现购买此商品的顾客同时购买的书籍。这样顾客就可能会顺便买一本相关的书。推荐引擎技术不仅可以帮助顾客更容易地发现自己想要的商品，而且可以帮助商家售卖更多的商品。社交网站人人网利用推荐引擎技术，向用户推荐一些可能是用户朋友的人。对于最有可能是朋友的人，人人网会自动把这些最可能是该用户朋友的人放在最前方，以供用户选择。推荐引擎技术已经悄然地影响着人们的生活，只是人们可能并没有注意它。

13.6.2 使用 Taste 构建一个简单的推荐引擎

Taste 是 Apache Mahout 提供的一个协同过滤算法的高效实现，它是一个 Java 实现的可扩展的、高效的推荐引擎。Taste 既实现了最基本的基于用户的和基于内容的推荐算法，同时也提供了扩展接口，使用户可以方便地定义和实现自己的推荐算法。同时，Taste 不仅仅适用于 Java 应用程序，它还可以作为内部服务器的一个组件以 HTTP 和 Web Service 的形式向外界提供推荐的逻辑。Taste 的设计使它能满足企业对推荐引擎在性能、灵活性和可扩展性等方面的要求。

Taste 主要包括以下 5 个组件，具体如图 13-6 所示。

DataModel：DataModel 是用户喜好信息的抽象接口，它的具体实现支持从任意类型的数据源抽取用户喜好信息。Taste 默认提供 JDBCDataModel 和 FileDataModel，分别支持从数据库和文件中读取用户的喜好信息。

UserSimilarity 和 ItemSimilarity：UserSimilarity 用于定义两个用户间的相似度，它是基于协同过滤的推荐引擎的核心部分，可以用来计算用户的"邻居"，这里的"邻居"指与当前用户相似的用户。ItemSimilarity 用来计算内容之间的相似度。

UserNeighborhood：UserNeighborhood 用于基于用户相似度的推荐方法中，推荐的内容是通过找到与当前用户喜好相似的"邻居用户"的方式产生的。UserNeighborhood 定义了确定邻居用户的方法，具体实现一般是基于 UserSimilarity 计算得到的。

Recommender：Recommender 是推荐引擎的抽象接口，Taste 中的核心组件。在程序中，为它提供一个 DataModel，它可以计算出对不同用户的推荐内容。在实际应用中，主要使用它的实现类 GenericUserBasedRecommender 或 GenericItemBasedRecommender，分别实现基于用户相似度的推荐引擎或者基于内容的推荐引擎。

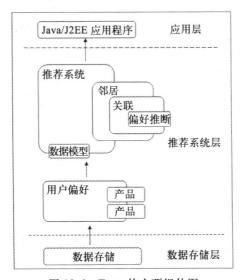

图 13-6 Taste 的主要组件图

安装 Taste 主要包括以下三部分内容：

❏ 如果需要 build 源代码或例子，则需要 Apache Ant 1.5+ 或 Apache Maven 2.0.10+。

❏ Taste 应用程序需要 Servlet 2.3+ 容器，例如 Jakarta Tomcat。

❏ Taste 中的 MySQLJDBCDataModel 实现需要 MySQL 4.x+ 数据库。

安装 Taste 并运行 Demo 的步骤如下：

1）从 SVN 或下载压缩包中得到 Apache Mahout 的发布版本。

2）从 Grouplens 网站 http:www.grouplens.org/node/12 下载数据源："1 Million MovieLens Dataset"。

3）解压数据源压缩包，将 movie.dat 和 ratings.dat 复制到 Mahout 安装目录下的 taste-web/src/ main/resources/org/apache/mahout/cf/taste/example/grouplens 目录下。

4）回到 core 目录下，运行 "mvn install"，将 Mahout core 安装在本地库中。

5）进入 taste-web，复制 ../examples/target/grouplens.jar 到 taste-web/lib 目录。

6）编辑 taste-web/recommender.properties，将 recommender.class 设置为 org.apache. mahout. cf.taste.example.grouplens.GroupLensRecommender。

7）在 Mahout 的安装目录下，运行 "mvn package"。

8）运行 "mvn jetty:run-war"，这里需要将 Maven 的最大内存设置为 1024MB，即：MAVEN_OPTS=-Xmx1024MB。如果需要在 Tomcat 下运行，可以在执行 "mvn package" 后，将 taste-web/target 目录下生成的 war 包复制到 Tomcat 的 webapp 下，同时也需要将 Java 的最大内存设置为 1024MB，JAVA_OPTS=-Xmx1024MB，然后启动 Tomcat。

9）访问 http://localhost:8080/[your_app] /RecommenderServlet?userID=1，得到系统编号为 1 的用户推荐内容。参看图 13-7，其中每一行的第一项是推荐引擎预测的评分，第二项是电影的编号。

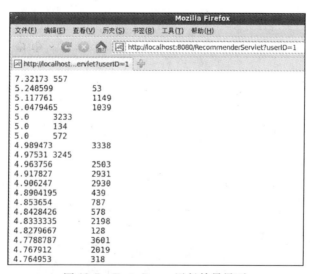

图 13-7　Taste Demo 运行结果界面

10）同时，Taste 还提供 Web 服务访问接口，通过以下 URL 访问：http://localhost:8080/[your_app]/RecommenderService.jws。

11）WSDL 文件（http://localhost:8080/[your_app]/RecommenderService.jws?wsdl）也可以通过简单的 HTTP 请求调用这个 Web 服务：http://localhost:8080/[your_app]/RecommenderService.jws?method=recommend&userID=1&howMany=10

13.6.3　简单分布式系统下基于产品的推荐系统简介

传统的推荐引擎算法多在单机上实现，它们只能处理一定量的数据。如果数据量达到一定的规模，传统的推荐引擎算法就会出现各种问题。

在传统的推荐算法中，算法会将用户喜欢的产品抽象成三个具体的数值：用户编号、产品编号和喜爱值。这里的喜爱值表示用户对产品的喜爱程度，它可以用一个具体数值来表示。例如，可以使用 1 到 5 来表示喜欢的程度：1 表示非常不喜欢；2 表示不喜欢；3 表示没有任何感觉；4 表示喜欢；5 表示非常喜欢。也可以从 1 到 5 都表示喜欢，数值越大代表越喜欢。然后通过计算产品之间的相似性来向用户推荐产品。

分布式系统没有使用这种方法。分布式系统下的推荐算法主要包括以下几部分：

❑ 计算表示产品相似性的矩阵。
❑ 计算表示用户喜好的向量。
❑ 计算矩阵与向量的乘积，为用户推荐产品。

在开始介绍推荐算法之前，首先建立一组数据，如表 13-10 所示。在这组数据中，每条记录包含三个信息：用户编号、产品编号、用户对产品的喜爱值。

表 13-10　用户够买历史表

用户编号	产品编号	喜爱值	用户编号	产品编号	喜爱值
1	101	5.0	4	101	5.0
1	102	3.0	4	103	3.0
1	103	2.5	4	104	4.5
2	101	2.0	4	106	4.0
2	102	2.5	5	101	4.0
2	103	5.0	5	102	3.0
2	104	2.0	5	103	2.0
3	101	2.5	5	104	4.0
3	104	4.0	5	105	3.5
3	105	4.5	5	106	4.0
3	107	5.0			

表 13-10 显示了 5 名顾客的购买历史。下面来介绍一种方法：使用共生矩阵来表示产品的相似性。在这里，产品的相似性是指产品出现在一起的次数。例如从表 13-10 中可以看出产品 101 和产品 102 一共出现过三次，分别是在用户 1、用户 2、用户 5 的物品清单上。那

么在共生矩阵中 101 和 102 对应的元素值就应该为 3。经过统计表 13-10 中的 5 个用户的购物清单可以使用表 13-11 的矩阵来表示。

表 13-11　共生矩阵

	101	102	103	104	105	106	107
101	N/A	3	4	4	2	2	1
102	3	N/A	3	2	1	1	0
103	4	3	N/A	3	1	2	0
104	4	2	3	N/A	2	2	1
105	2	1	1	2	N/A	1	1
106	2	1	2	2	1	N/A	0
107	1	0	0	1	1	0	N/A

　　表 13-11 中的行和列都是产品的编号。观察可知，该矩阵是一个对称矩阵。在计算过程中可以使用一些特殊技术对矩阵进行处理，使得程序的效率更高。原因是产品 104 和产品 105 出现的次数与产品 105 和产品 104 出现的次数必然是相同的。在共生矩阵中对角线的元素是没有意义的。计算时可以使用 0 进行代替。

　　除了共生矩阵外，还需要一个表示用户喜好的向量。在该向量中，对于用户购买过的产品必然会有一个表示喜好的数值，对于用户没有购买的产品，选择用数字 0 来表示该用户对该产品没有任何喜好。例如对于用户 4 而言，他的向量就应该是（5.0,0,0,3.0,4.5,0,4.0,0）。通过计算可以得到所有用户的喜爱值，如表 13-12 所示。

表 13-12　用户喜爱值表

	1	2	3	4	5
101	5.0	2.0	2.5	5.0	4.0
102	3.0	2.5	0	0	3.0
103	2.5	5.0	0	3.0	2.0
104	0	2.0	4.0	4.5	4.0
105	0	0	4.5	0	3.5
106	0	0	0	4.0	4.0
107	0	0	5.0	0	0

　　其实该表也是一个矩阵：矩阵的行值是产品编号，列值是用户编号，行列对应的元素值为用户对产品的喜爱值。通过观察可以发现，矩阵中包含很多 0，这种矩阵可以称为稀疏矩阵。对于稀疏矩阵，同样可以采用一些技术手段使程序效率更高。

　　既然已表示了产品的相似性，也表示了用户对产品的喜爱，剩下的就是如何计算推荐的产品了。其实这很简单，只要将共生矩阵与用户的列向量相乘得到一个新的列向量即可。在新的列向量中，所有可以推荐产品对应的值最大，就是计算得到的推荐产品。

　　以向用户 4 推荐产品为例，如表 13-13 所示。

表 13-13　用户 4 的推荐结果

	101	102	103	104	105	106	107		4		推荐结果
101	0	3	4	4	2	2	1		5.0		38
102	3	0	3	2	1	1	0		0		37
103	4	3	0	3	1	2	0		3.0		41.5
104	4	2	3	0	2	2	1		4.5		37
105	2	1	1	2	0	1	1		0		26
106	2	1	2	2	1	0	0		4.0		25
107	1	0	0	1	1	0	0		0		9.5

从结果可以看出，用户最喜欢产品 103，但是 103 已经买过，因此无须推荐该产品。同理 101、104、106 也都可以不推荐。在可以推荐的产品 102、105、107 中，选择推荐产品102。因为 102 的计算机结果是三者之中最大的。

推荐结果已经有了，下面来分析这个结果是否合理。在所有可以推荐的产品中，推荐引擎选择了计算结果最大的产品。为什么计算结果最大的产品就是最合理的推荐产品呢？

回想整个计算过程。在计算结果中处在第 2 行的计算结果 37 是矩阵第 2 行元素和用户 4 的列向量的乘积，$3 \times (5.0) + 0 \times 0 + 3 \times 3 + 2 \times (4.5) + 1 \times 0 + 1 \times (4.0) + 0 \times 0 = 37$。矩阵中的第 2 行表示的是所有产品和产品 102 同时出现的次数。如果用户对某个产品非常喜欢，而这个产品又和产品 102 同时出现的次数很多，那么乘积对计算结果的影响就会较大。这刚好就是推荐引擎要达到的目的，用户非常喜欢的产品和 102 很相似，推荐引擎可向用户推荐该产品。

对于大量数据，计算结果会非常大。但是没有关系，推荐引擎关注的是所有结果的大小关系，而不是具体的数值。因为最终向用户推荐的是可以推荐产品中计算结果最大的。在计算的过程中，对于不是最大的计算结果以及用户已经购买过的产品，推荐引擎无须推荐，因此也不必计算它们的结果。

通过分析可知，推荐引擎计算出的推荐结果是合理的。但为什么它适合大规模的数据呢？下面来说明这个问题。在计算共生矩阵的时候，每次只需考虑一个向量；在计算用户向量的时候只需考虑该用户的喜好；在计算推荐结果的时候只需考虑矩阵中的一列值。这都表明，这个方法可以使用 MapReduce 编程模式。

13.7　本章小结

本章对 Mahout 做了简要介绍，主要有 Mahout 的详细安装过程，Mahout API 的介绍，Mahout 中已经实现的频繁模式挖掘算法、分类算法、聚类算法，并着重对 Kmeans 聚类算法做了介绍。其中还涉及了聚类算法中的数据表示。在推荐引擎部分，着重从思想上介绍了如何在 Hadoop 云平台下实现分布式的推荐系统。Mahout 虽然经过了几年的发展，但还是有很多地方值得去探索。如果读者有兴趣加入其中，可以访问 Mahout 的官网，与世界各地的开发者共同推动 Mahout 的发展。

第 14 章

Pig 详解

本章内容

- Pig 简介
- Pig 的安装和配置
- Pig Latin 语言
- 用户定义函数
- Zebra 简介
- Pig 实例
- Pig 进阶
- 本章小结

14.1 Pig 简介

作为 Apache 项目的一个子项目，Pig 提供了一个支持大规模数据分析的平台。Pig 包括用来描述数据分析程序的高级程序语言，以及对这些程序进行评估的基础结构。Pig 突出的特点就是它的结构经得起大量并行任务的检验，这使得它能够处理大规模数据集。

目前，Pig 的基础结构层包括一个产生 MapReduce 程序的编译器。Pig 的语言层包括一个叫做 Pig Latin 的文本语言，它具有以下主要特性：

- □ 易于编程。实现简单的和高度并行的数据分析任务非常容易。由相互关联的数据转换实例所组成的复杂任务被明确地编码为数据流，这使他们的编写更加容易，同时也更容易理解和维护。
- □ 自动优化。任务编码的方式允许系统自动去优化执行过程，从而使用户能够专注于语义，而非效率。
- □ 可扩展性。用户可以轻松编写自己的函数来进行特殊用途的处理。

14.2 Pig 的安装和配置

14.2.1 Pig 的安装条件

1. Hadoop 1.0.1

Pig 有两种运行模式：Local 模式和 MapReduce 模式。如果需要让作业在分布式环境下运行，则需要安装 Hadoop，否则用户可以选择不安装。另外，当前 Hadoop 最新的版本为 1.0.1，当然用户也可以选择安装其他版本，不过这里建议安装最新的 Hadoop 版本。因为新的版本修正了以前版本中的一些错误，并且添加了新的特性⊖。

2. Java 1.6

建议安装 Java 1.6 以上的版本。Java 环境对于 Pig 来说是必需的（推荐从 SUN 官方网站下载）。

当下载安装完毕 Java 后，我们还需要对 Java 环境变量进行设置，将 JAVA_HOME 指向 Java 的安装位置。

如果用户使用的是 Linux 操作系统，那么以上条件就足够了。如果用户使用的是 Windows 操作系统，那么除此之外，用户还需要安装 Cygwin 和 Perl 包。本章后面的案例将以 Linux 操作系统为例进行讲解。

⊖ 关于 Hadoop 的具体信息见相关章节。

14.2.2 Pig 的下载、安装和配置

当前 Pig 最新版本为 0.10.0，除此之外，Pig 还有其他版本，如 0.9.2、0.8.1 两个版本，用户可以根据需要从 Apache 官方网站上下载相应的版本。本书使用最新版的 Pig 0.10.0，安装包下载地址如下：

```
http://www.apache.org/dyn/closer.cgi/pig
```

Pig 的安装包下载完成后，需要使用 tar –xvf pig-*.*.*.tar.gz 命令将其解压。我们可以将 Pig 放在系统中的任意位置上，并且只需要配置相应的环境变量就可以使用 Pig 了。不过我们建议将 Pig 放在 Hadoop 目录下，方便以后的操作。

解压完成后，需要设置 Pig 相应的环境变量。环境变量有多种设置方法，用户可以根据自己的需要进行选择。这里我们选择对 profile 文件进行修改，来设置 Pig 相应的环境变量。打开 "/etc/profile" 文件，插入下面的一条语句，保存关闭文件后需要重启系统以使环境变量设置生效：

```
export PIG_HOME=/<path-to-pigDir>
export PATH=$PIG_HOME/bin:$PIG_HOME/conf:$PATH
```

当环境变量设置生效后，我们可以通过 "pig –help" 命令来查看 Pig 是否安装成功。Pig 安装成功后会出现如下所示的提示：

```
hadoop@master:~/hadoop-1.0.1/pig-0.10.0$ pig -help

Apache Pig version 0.10.0 (r1328203)
compiled Apr 19 2012, 22:54:12

USAGE: Pig [options] [-] : Run interactively in grunt shell.
       Pig [options] -e[xecute] cmd [cmd ...] : Run cmd(s).
       Pig [options] [-f[ile]] file : Run cmds found in file.
  options include:
    -4, -log4jconf - Log4j configuration file, overrides log conf
    -b, -brief - Brief logging (no timestamps)
    -c, -check - Syntax check
    -d, -debug - Debug level, INFO is default
    -e, -execute - Commands to execute (within quotes)
    -f, -file - Path to the script to execute
    -g, -embedded - ScriptEngine classname or keyword for the ScriptEngine
    -h, -help - Display this message. You can specify topic to get help for that topic.
       properties is the only topic currently supported: -h properties.
    -i, -version - Display version information
    -l, -logfile - Path to client side log file; default is current working directory.
    -m, -param_file - Path to the parameter file
    -p, -param - Key value pair of the form param=val
    -r, -dryrun - Produces script with substituted parameters. Script is not executed.
    -t, -optimizer_off - Turn optimizations off. The following values are supported:
            SplitFilter - Split filter conditions
            PushUpFilter - Filter as early as possible
```

```
      MergeFilter - Merge filter conditions
      PushDownForeachFlatten - Join or explode as late as possible
      LimitOptimizer - Limit as early as possible
      ColumnMapKeyPrune - Remove unused data
      AddForEach - Add ForEach to remove unneeded columns
      MergeForEach - Merge adjacent ForEach
      GroupByConstParallelSetter - Force parallel 1 for "group all" statement
      All - Disable all optimizations
   All optimizations listed here are enabled by default. Optimization values
   are case insensitive.
-v, -verbose - Print all error messages to screen
-w, -warning - Turn warning logging on; also turns warning aggregation off
-x, -exectype - Set execution mode: local|mapreduce, default is mapreduce.
-F, -stop_on_failure - Aborts execution on the first failed job; default is off
-M, -no_multiquery - Turn multiquery optimization off; default is on
-P, -propertyFile - Path to property file
```

14.2.3　Pig 运行模式

　　Pig 有两种运行模式：Local 模式和 MapReduce 模式。当 Pig 在 Local 模式运行时，它将只访问本地一台主机；当 Pig 在 MapReduce 模式运行时，它将访问一个 Hadoop 集群和 HDFS 的安装位置。这时，Pig 将自动地对这个集群进行分配和回收。因为 Pig 系统可以自动对 MapReduce 程序进行优化，所以当用户使用 Pig Latin 语言进行编程的时候，不必关心程序运行的效率，Pig 系统将会自动对程序进行优化。这样能够大量节省用户编程的时间。

　　下面我们首先介绍 Pig 在 Local 模式下的运行方式。Pig 的 Local 模式适用于用户对程序进行调试，因为 Local 模式下的 Pig 将只访问本地一台主机，它可以在短时间内处理少量的数据，并且用户不必关心 Hadoop 系统对整个集群的控制，这样既能让用户使用 Pig 的功能，又不至于在集群的管理上花费太多时间。

　　Pig 的 Local 模式和 MapReduce 模式都有三种运行方式，分别为：Grunt Shell 方式、脚本文件方式和嵌入式程序方式。下面我们将对其进行一一介绍。

1. Local 模式

（1）Grunt Shell 方式

　　用户使用 Grunt Shell 方式时，需要首先使用命令开启 Pig 的 Grunt Shell，只需在 Linux 终端中输入如下命令并执行即可：

```
$pig -x local
```

　　这样 Pig 将进入 Grunt Shell 的 Local 模式，如果直接输入"pig"命令，Pig 将首先检测 Pig 的环境变量设置，然后进入相应的模式。如果没有设置 MapReduce 环境变量，Pig 将直接进入 Local 模式。图 14-1 为开启 Grunt Shell 的结果。

图 14-1　Local 模式下开启 Grunt Shell

Grunt Shell 和 Windows 中的 Dos 窗口非常类似，这里用户可以一条一条地输入命令对数据进行操作。

（2）脚本文件方式

使用脚本文件作为批处理作业来运行 Pig 命令，它实际上就是第一种运行方式运行脚本中命令的集合，使用如下命令可以在本地模式下运行 Pig 脚本：

```
$pig -x local script.pig
```

其中，"script.pig" 对应的是 Pig 脚本，用户在这里需要正确指定 Pig 脚本的位置，否则，系统将不能识别。例如，Pig 脚本放在 "/root/pigTmp" 目录下，那么这里就要写成 "/root/pigTmp/script.pig"。用户在使用的时候需要注意 Pig 给出的一些提示，充分利用这些提示能够帮助用户更好地使用 Pig 进行相关的操作⊖。

（3）嵌入式程序方式

我们可以把 Pig 命令嵌入到其他编程语言中，并且运行这个嵌入式程序。和运行普通的 Java 程序相同，这里需要书写特定的 Java 程序，并且将其编译生成对应的 class 文件或 package 包，然后再调用 main 函数运行程序。

用户可以使用下面的命令对 Java 源文件进行编译：

```
$javac -cp pig-*.*.*-core.jar local.java
```

这里 "pig-*.*.*-core.jar" 放在 Pig 安装目录下，"local.java" 为用户编写的 Java 源文件，并且 "pig-*.*.*-core.jar" 和 "local.java" 需要用户正确地指定相应的位置。例如，我们的 "pig-*.*.*-core.jar" 文件放在 "/root/hadoop-0.20.2/" 目录下，"local.java" 文件放在 "/root/pigTmp" 目录下，那么这一条命令我们应该写成：

```
$javac -cp /root/hadoop-0.20.2/pig-0.20.2-core.jar /root/pigTmp/local.java
```

当编译完成后，Java 会生成 "local.class" 文件，然后用户可以通过如下命令调用执行此文件。

```
$ java -cp pig-*.*.*-core.jar:. local
```

2. MapReduce 模式

Pig 需要把真正的查询转换成相应的 MapReduce 作业，并提交到 Hadoop 集群去运行（集群可以是真实的分布，也可以是伪分布）。要想 Pig 能识别 Hadoop，用户需要告诉 Pig 要连接的 Hadoop 的安装目录。我们只需要设置 HADOOP_HOME 环境变量：

```
export HADOOP_HOME=/path/to/hadoop
```

当设置完毕并且生效之后，用户可以输入 "pig-x mapreduce" 命令进行测试，如果能够看到 Pig 连接 Hadoop 的 NameNode 和 JobTrakcer 的相关信息，则表明配置成功，用户就可以随心所欲地使用 MapReduce 模式来进行相关的 Pig 操作了。

图 14-2 为 MapReduce 配置成功后的提示信息，从图中可以看到 Pig 连接 Hadoop 的详

⊖ 注意：这里 script.pig 前后没有引号。

细信息。

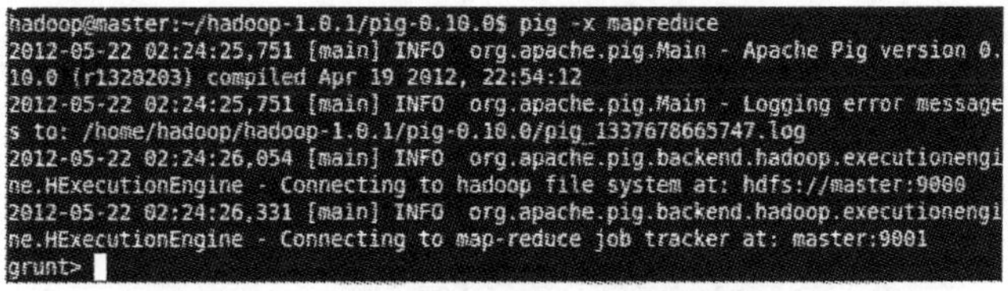

图 14-2　MapReduce 配置成功的提示信息

配置成功之后，下面我们将针对 Pig 的 MapReduce 模式，说明如何在此模式下对 Grunt Shell 方式、脚本文件方式和嵌入式程序方式进行操作。它们和 Local 模式下的操作几乎相同，只不过需要将相应的参数指明为 MapReduce 模式。

（1）Grunt Shell 方式

用户在 Linux 终端下输入如下命令，进入 Grunt Shell 的 MapReduce 模式：

```
$pig -x mapreduce
```

（2）脚本文件方式

用户可以使用如下命令在 MapReduce 模式下运行 Pig 脚本文件：

```
$pig -x mapreduce script.pig
```

（3）嵌入式程序

和 Local 模式相同，在 MapReduce 模式下运行嵌入式程序同样需要经过编译和执行两个步骤。用户可以使用如下两条命令，完成相应的操作。

```
javac -cp pig-0.10.0-core.jar mapreduce.java
java -cp pig-0.10.0-core.jar:. mapreduce
```

至此，Pig 系统的两个运行模式及其分别对应的三个运行方式就讲述完毕了，14.5 和 14.6 节我们将结合实例，对其做更深入的介绍，在这里希望大家能够对 Pig 系统的运行模式有一个初步的印象。

14.3　Pig Latin 语言

14.3.1　Pig Latin 语言简介

Pig Latin 语言和传统的关系数据库中的数据库操作语言非常类似。但是 Pig Latin 语言更侧重于对数据的查询和分析，而不是对数据进行修改和删除等操作。另外，由于 Pig Latin 可以在 Hadoop 的分布式云平台上运行，它的这个特点可以让其具有其他数据库无法比拟的速度优势，能够在短时间内处理海量的数据。例如，处理系统日志文件、处理大型数据库文件、处理特定 Web 数据等。除此之外，我们在使用 Pig Latin 语言编写程序的时候，不必关心如何让程序能够更好地在 Hadoop 云平台上运行，因为这些任务都是由 Pig 系统自行分配的，不需要程序员参与。因此，程序员只需要专注于程序的编写即可，这样大大减轻了程序员的负担。

Pig Latin 是这样一个操作：通过对关系（relation）进行处理产生另外一组关系[⊖]。Pig Latin 语言在书写一条语句的时候能够跨越多行，但是必须以半角的分号来结束。Pig Latin 语句通常按照下面的流程来编写：

1）通过一条 LOAD 语句从文件系统中读取数据；

2）通过一系列"转换"语句对数据进行处理；

3）通过一条 STORE 语句把处理结果输出到文件系统中，或者使用一条 DUMP 语句把处理结果输出到屏幕上。

LOAD 和 STORE 语句有严格的语法规定，用户很容易就能掌握，关键是如何灵活使用"转换"语句对数据进行处理。

Pig Latin 语言还可以对数据进行连接操作，在 14.6 节中，我们将通过一组例子，让用户对 Pig Latin 语言的特点有更好的体会。

14.3.2　Pig Latin 的使用

这一节我们着重讲一下 Pig Latin 可以用在哪些方面。

1. 运行 Pig Latin

用户可以通过多种方式使用 Pig Latin 语句，如 14.2.3 所述。通常，Pig 按如下方式执行 Pig Latin 语句：

1）Pig 对所有语句的语法和语义进行确认；

2）如果遇到 DUMP 或者 STORE 命令，Pig 将顺序执行上面所有的语句。

在下面的示例中，Pig 将只确认 LOAD 和 FOREACH 语句，但不执行：

```
A = LOAD 'Student' USING PigStorage(':') AS (Sno:chararray,Sname:chararray,Ssex:
chararray,Sage:int,Sdept:chararray);
B = FOREACH A GENERATE Sname;
```

在下面的示例中，Pig 将确认并执行 LOAD、FOREACH 和 DUMP 语句：

```
A = LOAD 'Student' USING PigStorage(':') AS (Sno:chararray,Sname:chararray,Ssex:c
hararray,Sage:int,Sdept:chararray);
B = FOREACH A GENERATE Sname;
DUMP B;
```

因为 Pig 的一些命令并不会自动执行，而是需要通过其他命令来触发，也就是说如果用户连续地使用某些命令，它并不会马上执行，而是在最后的一个触发操作的调用下，连续地一次性地执行完毕。

⊖ 这个定义适用于除 LOAD 和 STORE 之外的所有操作，LOAD 和 STORE 分别执行从文件系统读取和写入的操作。

2. 查看 Pig Latin 的运行结果

Pig Latin 包括一些用来查看语句运行结果的操作。

1）使用 DUMP 操作把操作的结果显示在屏幕上，如下所示：

```
DUMP alias;
```

2）使用 STORE 操作把操作的结果存储在文件中，如下所示：

```
STORE alias INTO 'directory' [USING function];
```

3. Pig Latin 的调试

Pig Latin 包括一些可以帮助用户进行调试的操作。

1）使用 DECSRIBE 操作查看关系的模式，如下所示：

```
DESCRIBE alias;
```

2）使用 EXPLAIN 操作查看对某个关系进行操作的逻辑的、物理的或者 MapReduce 的
执行计划，如下所示：

```
EXPLAIN [-script pigscript] [-out path] [-brief] [-dot] [-param param_name =
param_value] [-param_file file_name] alias;
```

3）使用 ILLUSTRATE 操作对 Pig Latin 语句进行单步执行，如下所示：

```
ILLUSTRATE alias;
```

4. 注释在 Pig Latin 脚本中的使用

注释就是对代码的解释和说明。目的是为了让别人和自己很容易看懂。像其他的编程语
言一样，Pig Latin 脚本中也可以包含注释，下面是两种常用的注释格式：

（1）多行注释：/*⋯ ⋯*/

示例：

```
/*
myscript.pig
My script includes three simple Pig Latin Statements.
*/
```

（2）单行注释：--

示例：

```
A = LOAD 'Student' USING PigStorage(':'); -- 语句
B = FOREACH A GENERATE Sname;  -- foreach 语句
DUMP B;  --dump 语句
```

5. 大小写相关性

在 Pig Latin 中，关系名、域名、函数名是区分大小写的。参数名和所有 Pig Latin 关键
字是不区分大小写的。

请注意下面的示例：

❑ 关系名 A、B、C 等是区分大小写的；

❑ 域名 f1，f2、f3 等是区分大小写的；

❑ 函数名 PigStorage、COUNT 等是区分大小写的；

❑ 关键字 LOAD, USING, AS, GROUP, BY, FOREACH, GENERATE, DUMP 等是不区分大小写的，它们也能被写成 load、using、as、group、by、foreach、generate、dump 等。

在 FOREACH 语句中，关系 B 中的域通过位置来访问，如下所示：

```
grunt> A = LOAD 'data' USING PigStorage() AS (f1:int, f2:int, f3:int);
grunt> B = GROUP A BY f1;
grunt> C = FOREACH B GENERATE COUNT ($0);
grunt> DUMP C;
```

14.3.3 Pig Latin 的数据类型

1. 数据模式

Pig Latin 中数据的组织形式包括：关系（relation）、包（bag）、元组（tuple）和域（field）。

一个关系可以按如下方式定义：

❑ 一个关系就是一个包（更具体地说，是一个外部包）；

❑ 包是元组的集合；

❑ 元组是域的有序集合；

❑ 域是一个数据块。

一个 Pig 关系是一个由元组组成的包，Pig 中的关系和关系数据库中的表（table）很相似，包中的元组相当于表中的行。但是和关系表不同的是，Pig 中不需要每一个元组包含相同数目或者相同位置的域（同列域），也不需要具有相同的数据类型。

另外，关系是无序的，这就意味着 Pig 不能保证元组按特定的顺序来执行。

2. 数据类型

表 14-1 给出了一些简单数据类型的描述及示例。限于篇幅我们不再做更详细的介绍，具体内容大家可以在使用中慢慢体会。

表 14-1 Pig Latin 数据类型

数据类型		描　述	示　例
标量	int	有符号 32 位整型	10
	long	有符号 64 位整型	数据 :10L 或 10l 显示 : 10L
	float	32 为浮点型	数据 :10.5F 或 10.5f 或 10.5e2f 或 10.5E2F 显示 :10.5F or 1050.0F
	double	64 位浮点型	数据 : 10.5 or 10.5e2 or 10.5E2 显示 : 10.5 or 1050.0

（续）

数据类型		描　述	示　例
数组	chararray	字符数组使用 UTF-8 格式进行编码	hello world
	bytearray	字节数组 (blob)	
复杂数据类型	tuple	有序的字段集	(19,2)
	bag	元组集合	{(19,2) (19,2), (18,1)}
	map	键值对集合	[open#apache]

14.3.4　Pig Latin 关键字

Pig Latin 语言有很多关键字，但是我们不可能一一给大家介绍。在下面的第一部分的内容中，我们给大家介绍 Pig Latin 语言都包含哪些关键字；然后在第二部分，我们就其中主要的关键字给大家做详细介绍。

1. Pig Latin 关键字

表 14-2 给出了一些与首字母相对应的关键字。

表 14-2　Pig Latin 关键字

首字母	对应关键字
-- A	and, any, all, arrange, as, asc, AVG
-- B	bag, BinStorage, by, bytearray
-- C	cache, cat, cd, chararray, cogroup, CONCAT, copyFromLocal, copyToLocal, COUNT, cp, cross
-- D	%declare, %default, define, desc, describe, DIFF, distinct, double, du, dump
-- E	e, E, eval, exec, explain
-- F	f, F, filter, flatten, float, foreach, full
-- G	generate, group
-- H	help
-- I	if, illustrate, inner, input, int, into, is
-- J	join
-- K	kill
-- L	l, L, left, limit, load, long, ls
-- M	map, matches, MAX, MIN, mkdir, mv
-- N	not, null
-- O	or, order, outer, output
-- P	parallel, pig, PigDump, PigStorage, pwd
-- Q	quit
-- R	register, right, rm, rmf, run
-- S	sample, set, ship, SIZE, split, stderr, stdin, stdout, store, stream, SUM
-- T	TextLoader, TOKENIZE, through, tuple
-- U	union, using

（续）

首字母	对应关键字
-- V, W, X, Y, Z	
-- 符号	== != < > <= >= + - * / % ? $. # :: ( ) [ ] { }

2. 常用关键字

在 Pig Latin 常用的关键字中，我们将其分为四类：关系运算符、诊断运算符、Load/Store 函数和文件命令。

（1）关系运算符

Load

它的作用是从文件系统中加载数据，语法如下：

```
LOAD 'data' [USING function] [AS schema]
```

在这里"data"表示文件或目录的名字，并且要用单引号括起来。如果用户指定一个目录的名字，目录中所有的文件将被加载。中括号中的内容为可选项（如果没有特殊指明，"[]"都表示可选项），用户只在需要的时候指明，可以省略。这里使用 schema 来指定加载数据类型，如果数据类型与模式中指定的数据类型不符，那么系统将产生一个 null，甚至会报错。

下面是我们给出的几个 Load 操作的例子：

❑ 不使用任何方式：

```
A = LOAD 'myfile.txt';
```

❑ 使用加载函数：

```
A = LOAD 'myfile.txt' USING PigStorage('\t');
```

❑ 指定模式：

```
A = LOAD 'myfile.txt' AS (f1:int, f2:int, f3:int);
```

❑ 加载函数和模式均使用：

```
A = LOAD 'myfile.txt' USING PigStorage('\t') AS (f1:int, f2:int, f3:int);
```

Store

它的作用是将结果保存到文件系统中，语法如下所示：

```
STORE alias INTO 'directory' [USING function];
```

这里的"alias"是用户要存储的结果（关系）的名称，INTO 为不可省略的关键字，Directory 为用户指定的存储目录的名字，需要用单引号括起来。另外，如果此目录已经存在，那么 Store 操作将会失败，输出文件将被系统命名成 part-nnnnn 的格式。

Foreach

它的作用是基于数据的列进行数据转换，语法如下：

```
alias  = FOREACH { gen_blk | nested_gen_blk } [AS schema];
```

通常我们使用"FOREACH …GENERATE"组合来对数据列进行操作，下面是两个简单的例子。

☐ 如果一个关系 A（outer bag），FOREACH 语句可以按下面的方式来使用：

```
X = FOREACH A GENERATE f1;
```

☐ 如果 A 是一个 inner bag，FOREACH 语句可以按下面的方式来使用：

```
X = FOREACH B {
        S = FILTER A BY 'xyz';
        GENERATE COUNT (S.$0);
}
```

对于初级用户来说，仅需要掌握第一种操作方式，关于 Foreach 关键字的更多内容我们将在今后进行详细的讨论。

（2）诊断运算符

Dump

它的作用是将结果显示到屏幕上，语法如下：

```
DUMP alias
```

这里的"alias"为被操作关系的名字。

使用 DUMP 操作符来执行 Pig Latin 语句，并且把结果输出到屏幕上。使用 DUMP 意味着使用交互式模式，也就是说，语句被马上执行，但结果并没有被保存。用户可以使用 DUMP 作为一个调试设备，用来检查用户期望的数据是否已经生成。另外用户应该有选择地使用 DUMP，因为它会使多值查询优化无效，并且可能会减慢执行。

示例：

```
A = LOAD 'student' AS (name:chararray, age:int, gpa:float);
DUMP A;
```

这里 Pig 将会把 A 中所有的数据输出到屏幕上。

Describe

它的作用是返回一个名称的模式，语法如下：

```
DESCRIBE alias;
```

使用 DESCRIBE 操作符来查看指定名称的模式。

在这个例子中，使用 AS 子句来指定一个模式，如果所有的数据都符合这个模式，Pig 将使用已分配的类型。然后我们使用 DESCRIBE 操作符来查看它们的模式。

```
A = LOAD 'student' AS (name:chararray, age:int, gpa:float);
B = FILTER A BY name matches 'J.+';
C = GROUP B BY name;
D = FOREACH B GENERATE COUNT(B.age);

DESCRIBE A;
```

```
A: {group, B: (name: chararray,age: int,gpa: float}
DESCRIBE B;
B: {group, B: (name: chararray,age: int,gpa: float}
DESCRIBE C;
C: {group, chararry,B: (name: chararray,age: int,gpa: float}
DESCRIBE D;
D: {long}
```

（3）Load/Store 函数

PigStorage 的作用是加载、存储 UTF-8 格式的数据，语法如下：

```
PigStorage(field_delimiter)
```

Field_delimiter 为 PigStorage 函数的参数，用来指定函数的字段定界符。PigStorage 函数默认的字段定界符为：tab（'\t'），用户也可以指定其他字段定界符，但定界符要在单引号中指明。

PigStorage 是 LOAD 和 STORE 操作符默认的加载函数，而且能够处理简单的和复杂的数据类型。

PigStorage 对有结构的文本进行读取，并采用 UTF-8 编码进行存储。

在 Load 语句中，PigStorage 希望数据使用域定界符进行格式化。默认情况下为字符（'\t'），用户也可以指定其他的字符。

在 Store 语句中，PigStorage 同样使用域定界符来输出数据。它的操作方法和 Load 语句相同，另外 Store 语句的记录定界符使用（'\n'）。

Load 或 Store 语句的默认的域定界符均为 tab（'\t'）。用户可以使用其他字符作为字段定界符。但是像 ^A 或 Ctrl-A 等字符应使用 UTF-16 编码格式进行编码。

Load 语句中，Pig 注明记录定界符为：换行符（'\n'）、回车返回符（'\r'）或 CTRL-M 以及组合的 CR+LF 字符（'\r\n'）[⊖]。在 Store 语句中，Pig 使用换行符作为记录定界符。

以下提供一个示例。

在这个例子中 PigStorage 使用 tab 作为域定界符，换行符为记录定界符，并且下面的两条语句是等价的：

```
A = LOAD 'student' USING PigStorage('\t') AS (name: chararray, age:int, gpa: float);
A = LOAD 'student' AS (name: chararray, age:int, gpa: float);
```

在这个例子中，PigStorage 将 X 的内容存储到文件中，并且使用星号作为域定界符。STORE 函数将结果存储在 output 目录中。

```
STORE X INTO 'output' USING PigStorage('*');
```

（4）文件命令：

cd

它的作用是将当前目录修改为其他目录，语法如下：

⊖ 一定不要将这些字符用作域定界符。

```
cd [dir]
```

此处的 cd 命令和 Linux 的 cd 命令非常相似，能够用来对文件系统进行定位。如果用户指定了一个目录，那么这个目录将成为用户当前的工作目录，并且用户所有其他的操作都将相对于这个目录来进行。如果没有指定任何目录，用户的根目录将成为当前的工作目录。

copyFromLocal

它的作用是从本地文件系统复制文件或目录到 HDFS 中，语法如下：

```
copyFromLocal src_path dst_path
```

其中，src_path 为本地系统中的文件或目录的路径，dst_path 为 HDFS 系统中的路径。

CopyFromLocal 命令让用户能够从本地文件系统中复制文件或目录到 Hadoop 的分布式文件系统中。

ls

它的作用是显示一个目录中的内容，语法如下：

```
ls [path]
```

此处的 ls 命令和 Linux 中的 ls 命令相似，如果指定一个目录，这个命令将列出被指定目录中的内容。如果不指定参数，那么系统将列出当前工作目录中的内容。

rm

它的作用是移除一个或更多的文件或目录，语法如下：

```
rm path [path…]
```

此处的 rm 命令和 Linux 中的 rm 命令相似，让用户能够移除一个或多个文件或目录。

14.4　用户定义函数

大家可以使用用户定义函数（User Defined Functions，UDFs）来编写特定的处理函数，这大大地增强了 Pig Latin 语言的功能，用户可以方便地对其功能进行扩充和完善。Pig 为用户定义函数提供了大量的支持，UDFs 几乎可以作为 Pig 所有操作符的一部分来使用。

下面我们将通过一个实例来帮助大家学习如何编写 UDFs，以及如何让 Pig 使用大家编写的 UDFs。

这里我们给出一个学生表（学号，姓名，性别，年龄，所在系），其中含有如下几条记录：

201000101: 李勇 :Boy:20: 计算机软件与理论
201000102: 王丽 :Girl:19: 计算机软件与理论
201000103: 刘花 :Girl:18: 计算机应用技术
201000104: 李肖 :Boy:19: 计算机系统结构
201000105: 吴达 :Boy:19: 计算机系统结构
201000106: 滑可 :Boy:19: 计算机系统结构

它们所对应的数据类型如下所示：

Student(Sno:chararray,Sname:chararray,Ssex:chararray,Sage:int,Sdept:chararray)

这里字段与字段之间通过冒号（半角英文标点）隔开，下面我们将编写一个函数，能够将所有的小写字母转换成对应的大写字母。

14.4.1 编写用户定义函数

下面是我们编写的 UDFs 代码，如代码清单 14-1 所示。

代码清单 14-1   UDFs 代码

```
1 package cn.edu.ruc.cloudcomputing.book.chapter14;
2 import java.io.IOException;
3 import org.apache.pig.EvalFunc;
4 import org.apache.pig.data.Tuple;
5 import org.apache.pig.impl.util.WrappedIOException;
6
7 public class UPPER extends EvalFunc <String>
8 {
9     public String exec(Tuple input) throws IOException {
10        if (input == null || input.size() == 0)
11            return null;
12        try{
13            String str = (String)input.get(0);
14            return str.toUpperCase();
15        }catch(Exception e){
16            throw WrappedIOException.wrap("Caught exception processing input row ", e);
17        }
18    }
19}
```

代码的第 1 行表明这个函数是 myudfs 包的一部分。这个 UDF 类是 EvalFunc 类的继承，EvalFunc 是所有 eval 函数的基类。在这个例子中，这个类使用返回值类型为 Java String 的参数进行参数化。现在我们需要去实现 EvalFunc 类的 exec 函数。在这里，函数的输入是一个 tuple 集合，它们按照 Pig 脚本加载的顺序依次被调用。每当输入一个 tuple，UDF 将被调用一次。在我们的例子中，它是一个与学生的性别相一致的字符串域。

我们首先需要做的是处理无效的数据。这依赖于数据的格式，如果数据为字节数组，那就意味着它不需要被转化为其他的数据类型；如果输入的数据为其他类型，那么就需要将数据转换成适当的数据类型；如果输入数据的格式不能被系统识别或转换，NULL 值将被返回。这就是我们例子中的第 16 行会抛出一个错误的原因。在这里，WrappedIOException 是一个帮助类，帮助我们把真实的异常转换为 IO 异常。

另外，注意第 10~11 行的作用为检查输入数据为 null 或空。如果为 null 或空，系统将返回 null。

很容易看出，函数的实现部分在第 13~14 行，它们使用 Java 函数将接收的输入转换为相应的大写。

　　如果要使用这个函数，它需要被编译并且包含在一个 JAR 中。用户需要建立 pig.jar 来编译用户的 UDF。pig.jar 文件需要用户自行下载安装。可以使用下面的命令集从 SVN 库中检验代码并且创建 pig.jar 文件：

```
svn co http://svn.apache.org/repos/asf/pig/trunk
cd trunk
ant
```

注意　在使用 svn 和 ant 操作之前，要确保系统已经安装了 SVN 和 ant ⊖。

　　上述操作完成之后，用户可以在自己当前的工作目录中看到 pig.jar 文件（它位于 trunk 目录下）。

　　当 pig.jar 文件创建完成之后，我们首先需要对函数进行编译，然后再创建一个包含这个函数的 JAR 文件。具体操作命令如下：

```
cd myudfs
javac -cp pig.jar UPPER.java
cd ..
jar -cf myudfs.jar myudfs
```

14.4.2　使用用户定义函数

　　下面是我们所编写的 pig 脚本，它使用我们所编写的用户定义函数对上面给出的学生表进行了相应的操作。

```
1 -- myscript.pig
2 REGISTER myudfs.jar;
3 A = LOAD 'Student' using PigStorage(':') as (Sno:chararray,Sname:chararray,Ssex
  :chararray,Sage:int,Sdept:chararray);
4 B = FOREACH A GENERATE myudfs.UPPER(Ssex);
5 DUMP B;
```

　　我们使用下面的命令执行此脚本文件。其中，使用 "-x mapreduce" 指定函数运行的模式，如果用户只是为了对函数进行测试，建议用户在 local 模式下运行。因为对于小文件来说，MapReduce 模式的准备时间显得过长，有时候甚至让用户觉得 MapReduce 模式下文件的运行效率比 local 模式下还要低。为了验证函数的通用性，这里我们使用 MapReduce 模式。

```
java -cp pig.jar org.apache.pig.Main -x mapreduce myscript.pig
```

　　这个脚本的第 2 行提供了 JAR 文件的位置，这个 JAR 文件中包含我们刚刚编写的用户定义函数（注意：jar 文件上没有引号）。为了找到 JAR 文件的位置，Pig 首先检查 classpath 环境变量。如果在 classpath 环境变量中不能找到 JAR 文件，Pig 将假定地址为绝对地址或一个相对于 Pig 被调用位置的地址。如果 JAR 文件仍旧不能被发现，系统将返回一个错误。

　　⊖　这部分知识已经超出了本书的内容，具体的操作大家可以参考其他相关书籍。

多个用户定义函数可以被用在相同的脚本中。如果完全相同且合格的函数出现在多个 JAR 中，那么根据 Java 语义，第一个出现的函数将被一直使用。

UDF 的名称和包名必须要完全合格，否则系统将返回一个错误：

```
java.io.IOException: Cannot instantiate:UPPER.
```

另外，函数的名称区分大小写（比如：UPPER 和 upper 是不同的），UDF 也可以包含一个或更多的参数。

当操作完成之后，我们可以在终端上看到 Pig 输出的正确结果：

```
BOY
GIRL
GIRL
BOY
BOY
BOY
```

用户定义函数还包括很多其他的内容，限于篇幅，我们在这里只做简单介绍。

14.5　Zebra 简介

Zebra 是提供列式数据读写的路径访问库。它相当于用户应用程序和 Hadoop 分布式文件系统（HDFS）之间的抽象层。用户的数据可以通过 Zebra 的 TableStore 类加载到 HDFS 中。目前，Zebra 提供了对 Pig、MapReduce 以及 Streaming 作业的支持，其关系如图 14-3 所示。

图 14-3　Zebra 与相关工具的关系

14.5.1　Zebra 的安装

Zebra 的安装依赖于以下文件：

❑ Pig，要求版本在 0.7.0 以上；

❑ Hadoop，要求版本在 0.20.2 以上；

❑ JDK，要求版本在 1.6 以上；

❑ Ant，要求版本在 1.7.1 以上。

目前，在 Pig-0.10.0 版本中，已经集成了 Zebra 文件，位于 $PIG_HOME/contrib/zebra 目录下。另外，我们也可以使用 svn 从 Pig 版本库中直接下载：

```
svn co http://svn.apache.org/viewvc/pig/trunk/contrib/zebra/
```

这样，用户可以在当前目录下发现下载完成的文件。

无论是在 Pig-0.10.0 安装包还是直接从 SVN 库中下载的 Zebra，都是没有编译的源文件，我们需要自行编译。编译需要分为如下两个步骤，如下所示：

（1）编译 Pig

```
cd $PIG_HOME
ant jar
```

该步骤首先进入 Pig 的根目录，然后运行 ant 命令进行编译。

注意　该步骤是为了生成 Pig 的 JAR 文件，一般直接下载的 pig-0.10.0 安装包里已经编译好，因此可以省略。但是从 Pig 的 SVN 库中下载的 Pig 源文件往往没有编译，故此需要该步骤。

（2）编译 Zebra

```
cd ./contrib/zebra
ant jar
```

当上述两步完成后，将会在 $PIG_HOME/contrib/zebra 目录下生成 Zebra 的 jar 文件。

14.5.2　Zebra 的使用简介

从图 14-3 中我们可以看出，Zebra 支持 Pig、MapReduce 以及 Streaming 三种方式。在本节中，我们主要介绍如何使用 Pig 来调用 Zebra 进行数据的读写，其他相关部分大家可以从 Zebra 官方网站⊖上查阅。

Zebra 的读写需要首先声明存储模式。Zebra 提供了与 Pig 之间模式的自动转换，因此我们在使用 Pig 对 Zebra 进行操作的时候不需要指定模式。

下面介绍如何使用 Zebra 提供的类加载数据。在加载数据时需要使用 Zebra 的 TableLoader 类，该类包含两个构造函数，如下所示：

```
TableLoader()
TableLoader(String projectionStr)
```

如果使用 "TableLoader()" 构造函数，Zebra 将自动识别数据的列，并为其指定模式：或者可以使用第二种构造函数，其中，参数 "projectionStr" 指定的是投影字符串，用 ","分割被投影的字段。

下面操作将从表 "student" 中加载数据：

```
register $LOCATION/zebra-$version.jar;
A = LOAD 'studenttab' USING org.apache.hadoop.zebra.pig.TableLoader();
```

可以看到与使用 UDFs 类似，在使用之前首先需要使用 register 语句将相应的 JAR 包注册。

⊖　http://pig.apache.org/docs/r0.9.2/zebra_overview.html。

我们可以使用 DESCRIBE 语句来查看表的模式：

```
DESCRIBE A;
A: {name: chararray,age: int,gpa: float}
```

另外，可以在加载数据的时候利用 Zebra 将其进行排序：

```
A = LOAD'studentsortedtab' USING org.apache.hadoop.zebra.pig.TableLoader('', 'sorted');
```

如上所示，将 TableLoader 的第一个参数设置为空代表加载所有的列。有序的表能够加快 Merge Join 的操作。

限于篇幅，这里我们介绍了简单的 Zebra 和 Pig 的交互操作，其他更多内容大家可以查看 Zebra 的 JAVA API。

14.6　Pig 实例

下面我们将结合第 14.2.3 节所介绍的 Pig 运行模式给出相应的例子。这里我们给出一个学生表（学号，姓名，性别，年龄，所在系），其中含有如下几条记录：

```
201000101:李勇 :男 :20:计算机软件与理论
201000102:王丽 :女 :19:计算机软件与理论
201000103:刘花 :女 :18:计算机应用技术
201000104:李肖 :男 :19:计算机系统结构
201000105:吴达 :男 :19:计算机系统结构
201000106:滑可 :男 :19:计算机系统结构
```

它们所对应的数据类型如下所示：

```
Student(Sno:chararray,Sname:chararray,Ssex:chararray,Sage:int,Sdept:chararray)
```

这里字段与字段之间通过冒号（半角英文标点）隔开，下面我们将在不同的运行方式下取出各个学生的姓名和年龄两个字段。

```
李勇          20
王丽          19
刘花          18
李肖          19
吴达          19
滑可          19
```

14.6.1　Local 模式

这一节我们将结合上面给出的实例，具体讲解如何在 Pig 的 Local 模式下对数据进行操作。同时，我们对 Pig 在 Local 模式下的三种运行方式都进行详细的介绍。

1. Grunt Shell

通过 14.3.3 一节中对 Pig 的数据模式的介绍，我们可以了解到，记录是域的有序集合。因此，在我们对数据进行操作之前，需要按照文件中数据相应的字段和类型来加载数据。通过下面的这一条命令，我们可以把前面给出的例子按照对应字段和对应数据类型进行加载：

```
grunt>>A = load '/path/Student' using PigStorage(':') as (Sno:chararray,Sname:chararray,
Ssex:chararray,Sage:int,Sdept:chararray);
```

通过 Foreach 命令，从 A 中选出 Student 相应的字段，并存储到 B 中：

```
grunt>>B = foreach A generate Sname,Sage;
```

通过 dump 命令，将 B 中的内容输出到屏幕上：

```
grunt>>dump B;
```

下面一步将 B 的内容输出到本地文件中：

```
grunt>>store B into '/path /grunt.out';
```

现在我们可以打开 grunt.out 文件来查看操作的结果，如下所示：

```
李勇         20
王丽         19
刘花         18
李肖         19
吴达         19
滑可         19
```

2. 脚本文件

脚本文件实质上是 pig 命令的批处理文件。

我们给出的 script.pig 文件包含以下内容：

```
A = load '/path/Student' using PigStorage(':') as (Sno:chararray,Sname:chararray,
Ssex:chararray,Sage:int,Sdept:chararray);
B = foreach A generate Sname,Sage;
dump B;
store B into '/path/tst.out';
```

可以看出，这个文件其实就是上面 Grunt shell 下命令的一个集合。

我们通过下面的命令调用这个脚本文件，可以看到，生成的结果是完全相同的。

3. 嵌入式程序

用户可以方便地使用 Java 语言来书写相应的 Pig 脚本，如代码清单 14-2 所示。

代码清单 14-2　Local 模式下用 Java 编写的 Pig 脚本

```
package cn.edu.ruc.cloudcomputing.book.chapter14;
import java.io.IOException;
import org.apache.pig.PigServer;
public class tst_local{
public static void main(String[] args) {
try {
      PigServer pigServer = new PigServer("local");
      runIdQuery(pigServer, "/path/Student");// 调用函数
  }
  catch(Exception e) {}
}
```

```
public static void runIdQuery(PigServer pigServer, String inputFile) throws
IOException {
  pigServer.registerQuery("A = load '" + inputFile + "' using PigStorage(':') as
  (Sno:chararray,Sname:chararray,Ssex:chararray,Sage:int,Sdept:chararray);");
  pigServer.registerQuery("B = foreach A generate Sname,Sage; ");
  pigServer.store("B", "/path/tstJavaLocal.out");
}
}
```

下面我们将通过 14.2.3 节中所介绍的在嵌入式方式下运行 pig 脚本的命令来对此文件进行编译、运行。

首先，使用下面命令对此 Java 源文件进行编译：

`$javac -cp pig-*.*.*-core.jar local.java`

当编译完成后，通过下面命令运行 ".class" 类文件：

`$ java -cp pig-*.*.*-core.jar:. local`

然后打开生成的结果文件 "tstJavaLocal.out"，我们会发现它和前面两种方式生成的结果是完全相同的。

14.6.2　MapReduce 模式

这一节我们将结合上面给出的实例具体讲解如何在 Pig 的 MapReduce 模式下对数据进行操作。同时，我们同样对 Pig 在 MapReduce 模式下的三种运行方式进行详细介绍。

1. Grunt Shell

MapReduce 模式下，Pig 的使用其实是 Pig Local 模式和 Hadoop 操作的结合。因为要运行 MapReduce 程序我们需要在 Hadoop 的 HDFS 文件系统下对文件进行操作，但是在 Linux 系统下我们是看不到 HDFS 文件系统下的文件的，所以就不能使用常规的操作来 "搬运" 文件。这里，我们就需要使用与 HDFS 相关的命令在 HDFS 文件系统下执行 Pig 的命令。

首先，从终端进入 Pig 的 MapReduce 模式，然后使用 copyFromLocal 命令将文件从本地复制到 HDFS 文件系统中，如下所示：

`grunt>>copyFromLocal srcpath/Student dstpath;`

通过 ls 命令，我们可以查看是否成功将文件复制到相应的 HDFS 文件系统中了。操作完成后，我们就可以像在 Local 模式下一样对文件进行操作了。这里，Pig 会自动地将我们的命令分散到分布式系统中去执行，然后返回给用户。

2. 脚本文件

参考 Local 模式下脚本文件的执行。

3. 嵌入式程序

参考 Local 模式下脚本文件的执行，这里我们给出 MapReduce 模式下程序的代码，可以看到，除了指定相应的模式之外，MapReduce 模式下程序代码和 Local 模式没有什么不同。这是因为，所有的分布式操作将由 Pig 系统自动执行，而不需要用户在 MapReduce 的编程框架下设计程序，这就大大地减轻了用户的负担，也使得用户能更容易掌握 Pig 嵌入式程序，见代码清单 14-3。

代码清单 14-3　MapReduce 模式下的 Pig 脚本

```
package cn.edu.ruc.cloudcomputing.book.chapter14;
import java.io.IOException;
import org.apache.pig.PigServer;
public class tst_mapreduce{
public static void main(String[] args) {
  try {
      PigServer pigServer = new PigServer("mapreduce");//MapReduce 模式
      runIdQuery(pigServer,"/path/Student");// 调用函数
  }
  catch(Exception e) {}
  }
public static void runIdQuery(PigServer pigServer, String inputFile) throws
IOException {
  pigServer.registerQuery("A = load '" + inputFile + "' using PigStorage(':') as
  (Sno:chararray,Sname:chararray,Ssex:chararray,Sage:int,Sdept:chararray);");
  pigServer.registerQuery("B = foreach A generate Sname,Sage; ");
  pigServer.store("B", "/path/tstJavaMapReduce.out");
  }
  }
```

14.7　Pig 进阶

本节将继续介绍 Pig 在实际中的应用，为了体现 Pig 系统的特点，本节中的所有操作都将在 Hadoop MapReduce 模式下进行。另外，我们选取了一组很有特点的例子进行数据分析，相信这对大家的理解一定很有帮助。

为了让大家能够更好地理解下面的操作，我们使用 Grunt Shell 方式进行数据分析，这样能够让大家更加清楚地理解 Pig 的执行过程。

14.7.1　数据实例

结合 14.6 节中的数据，我们再给出另外两个数据。

第一组数据是 14.6 节中的学生表所对应的课程表（课程号、课程名、先修课程号、学分），它包含如下几条记录：

```
01,English,,4
02,Data Structure,05,2
03,DataBase,02,2
```

```
04,DB Design,03,3
05,C Language,,3
06,Principles Of Network,07,3
07,OS,05,3
```

它们所对应的数据类型如下所示:

```
Course(Cno:chararray,Cname:chararray,Cpno:chararray,Ccredit:int)
```

另外一组数据为学生表和课程表所对应的选课表（学号、课程号、成绩），它包含如下几条记录:

```
201000101,01,92
201000101,03,84
201000102,01,90
201000102,02,94
201000102,03,82
201000103,01,72
201000103,02,90
201000104,03,75
```

它们所对应的数据类型如下所示:

```
SC(Sno:chararray,Cno:chararray,Grade:int)
```

14.7.2　Pig 数据分析

下面我们将对学生表、课程表和选课表进行数据分析操作。这一小节将分三个部分，分别计算学生的平均成绩、找出有不及格成绩的学生和找出修了先修课为"C Language"的学生。在语法上，Pig Latin 虽然没有关系数据库中的关系操作语言强大，但是因为 Pig 系统架设在 Hadoop 的云平台之上，所以在处理大规模数据集的时候，Pig 的效率却非常高。

1. 计算每个学生的平均成绩

这里要求计算出每个学生的平均成绩，并且输出每个学生的姓名及其平均成绩。

我们先对数据进行分析。很容易看出，我们需要对学生表和选课表进行操作。首先，需要对学生表和选课表基于学号字段进行连接；然后，基于学号对学生数据进行操作，这时需要对每个学生所有的课程成绩分别求和，并除以课程总数；最后，按格式输出结果。

对于传统的关系型数据库的关系操作语言来说，为了实现这个目标，我们需要 AVG 运算和 GROUP 运算同时使用，十分方便。下面，我们就 Pig Latin 语言给出相应的操作。

1　从源数据文件学生表和选课表中读取数据
2　对学生表和选课表基于学号字段进行连接操作
3　基于学号对连接生成的表进行分组操作
4　计算每个学生的平均成绩

上面是对操作的描述，接下来需要对上述描述用 Pig Latin 语言来实现。

（1）读取数据

MapReduce 在 Hadoop 的 HDFS 文件系统中对数据进行操作，所以需要复制要操作的数据到 HDFS 中：

```
copyFromLocal Student Student;
copyFromLocal SC SC
```

可以使用 Hadoop 的 ls 命令查看数据是否复制成功，确认后再读取数据：

```
A = load ' Tmp/Student' using PigStorage(':') as (Sno:chararray,Sname:chararray,Ss
ex:chararray,Sage:int,Sdept:chararray);   B = load ' Tmp/SC' using PigStorage(',')
as (Sno:chararray,Cno:chararray,Grade:int);
```

（2）连接操作

使用 JOIN 关键字对 A、B 两组数据基于 Sno 字段进行连接操作。JOIN 关键字的语法如下：

```
alias = JOIN alias BY {expression|'('expression [, expression …]')'} (, alias BY
{expression|'('expression [, expression …]')'} …) [USING 'replicated' | 'skewed'
| 'merge'] [PARALLEL n];
```

下面是连接操作的命令：

```
D = Join A By Sno,B By Sno;
```

这里我们可以使用 DUMP 关键字来查看 D 中存储的数据，如图 14-4 所示。

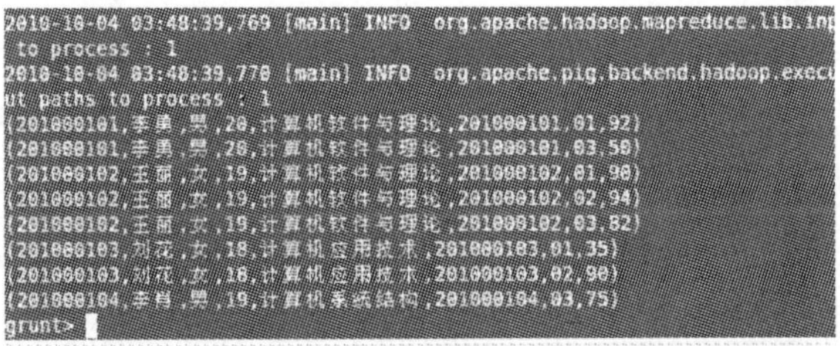

图 14-4　对学生表和选课表进行连接操作后的结果

（3）分组操作

在进行分组操作之前，我们先提取必要的数据，这样不但减少了需要处理的数据量，而且让我们的操作更加简单。接着，我们基于学号字段对连接操作后的数据进行分组，如下所示：

```
E = Foreach D generate A::Sno,Sname,Grade;
F = Cogroup E By (Sno,Sname);
```

我们再使用 DUMP 关键字查看一下 F 中的数据，如图 14-5 所示。接着用 DESCRIBE 分析 F 的模式，如图 14-6 所示。

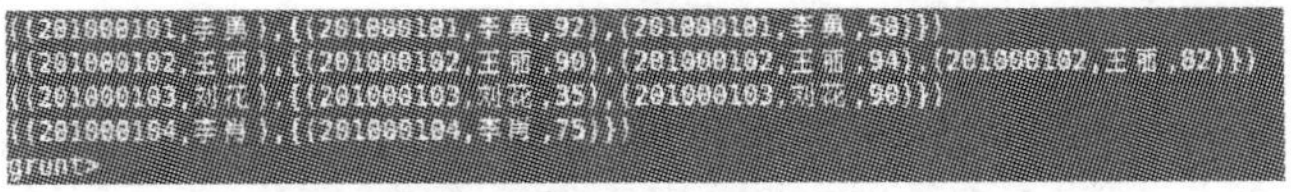

图 14-5　F 中的数据

```
grunt> Describe F;
F: {group: (A::Sno: chararray,A::Sname: chararray),E: [A::Sno: chararray,A::Sname: chararray,B::Grade: int}}
grunt>
```

图 14-6　F 的模式

（4）计算学生的平均成绩

我们使用 SUM 关键字对学生成绩进行求和，使用 COUNT 关键字来计算课程的总数：

```
G = Foreach F Generate group.Sname,(SUM(E.Grade)/COUNT(E));
```

下面，我们查看一下最终的结果，如图 14-7 所示：

```
(李勇,71L)
(王菁,88L)
(刘花,62L)
(李肖,75L)
```

图 14-7　学生平均成绩

因为 Grade 字段的数据类型为 int，所以这里计算出的结果均为向下取整后的值。如果想要得到更为准确的数据，大家可以将 Grade 字段的数据类型设为 Long 或 Float。

2. 找出有不及格成绩的学生

这部分要求找出有不及格成绩的学生，并且输出学生的姓名和不及格的课程和成绩。

现在对问题进行分析。我们需要使用学生表来获取学生的姓名，使用课程表来获取学生的成绩和对应成绩的课程。

首先，我们还是需要读取源数据，然后使用连接字段将数据连接在一起，接着使用 FILTER 关键字过滤出我们需要的数据，最后提取需要的字段将数据输出。

这里我们不再像上面那样一步步地对数据进行分析了，下面给出 Pig Latin 操作语句：

```
A = load '/pigTmp/Student' using PigStorage(':') as (Sno:chararray,Sname:chararray,Ssex:chararray,Sage:int,Sdept:chararray);  -- 读取学生表
B = load '/pigTmp/SC' using PigStorage(',') as (Sno:chararray,Cno:chararray,Grade:int);  -- 读取选课表
C = load '/pigTmp/Course' using PigStorage(',') as (Cno:chararray,Cname:chararray,Cpno:chararray,Ccredit:int);  -- 读取课程表
D = Filter B By Grade <60;  -- 提前对B进行分析，过滤出需要的结果，减少操作的数据量
E = Join D By Sno,A By Sno;  -- 连接操作
F = Join E By Cno,C By Cno;  -- 连接操作
G = Foreach F Generate Sname,Cname,Grade;  -- 输出结果
```

最后我们使用 DUMP 命令查看操作的结果，如图 14-8 所示：

```
(刘花,English,35)
(李勇,DataBase,50)
```

图 14-8　不及格成绩的学生

3. 找出修了先修课为 "C Language" 的学生

这里要求找出修了先修课为 "C Language" 的学生，并且输出学生的姓名。

现在，我们先对问题进行分析，从课程表的数据结构可以看出：我们需要找出 "C Language" 这门课的课程号，然后找对应 "Cpno"（此课程号的课程），最后找出修了此门课

程的学生，并输出学生的姓名。

Pig Latin 语言支持嵌套的操作，所以在这一部分，我们使用嵌套语句来对数据进行操作，这样能够使 Pig Latin 语言的书写更加简便，更加有便于理解。因为嵌套的语句能够使程序的执行更加有层次感，使我们理解起来一目了然。

为了让大家便于理解，我们给出单步的操作：

```
A = load '/pigTmp/Student' using PigStorage(':') as (Sno:chararray,Sname:chararray,Ssex:chararray,Sage:int,Sdept:chararray);
B = load '/pigTmp/SC' using PigStorage(',') as (Sno:chararray,Cno:chararray,Grade:int);
C = load '/pigTmp/Course' using PigStorage(',') as (Cno:chararray,Cname:chararray,Cpno:chararray,Ccredit:int);
D = load '/pigTmp/Course' using PigStorage(',') as (Cno:chararray,Cname:chararray,Cpno:chararray,Ccredit:int);
E = Join C By Cpno,D By Cno;  -- 连接数据
F = Filter E By D::Cname == 'C Language';  -- 过滤出先修课名为 C Language 的记录
G = Foreach F Generate C::Cno; -- 找出先修课为 C Language 课程的课程号
H = Join G By Cno,B By Cno;  -- 选课表和 C Language 课程的课程号做连接操作
I = Join H By Sno,A By Sno;  -- 选课表与目标课程号连接结果与学生表作连接操作
J = Foreach I Generate Sname -- 输出结果
```

可以明显地看出，上面的操作十分地繁琐，下面我们将上面的语句嵌套起来。

因为等号左面和右面的操作是完全等价的，也就是说，可以将模式名用对应的表达式替换。比如对于下面的句子：

```
E = Join C By Cpno,D By Cno;  -- 连接数据
F = Filter E By D::Cname == 'C Language';  -- 过滤出先修课名为 C Language 的记录
```

我们可以这样写：

```
F = Filter (Join C By Cpno,D By Cno;) By D::Cname == 'C Language';  -- 过滤出先修课名为 C Language 的记录
```

所以，这一问题可以按下面的 Pig Latin 语句来进行操作：

```
A = load '/pigTmp/Student' using PigStorage(':') as (Sno:chararray,Sname:chararray,Ssex:chararray,Sage:int,Sdept:chararray);
B = load '/pigTmp/SC' using PigStorage(',') as (Sno:chararray,Cno:chararray,Grade:int);
C = load '/pigTmp/Course' using PigStorage(',') as (Cno:chararray,Cname:chararray,Cpno:chararray,Ccredit:int);
D = load '/pigTmp/Course' using PigStorage(',') as (Cno:chararray,Cname:chararray,Cpno:chararray,Ccredit:int);
E = Foreach (Filter (Join C By Cpno,D By Cno) By D::Cname == 'C Language')
Generate C::Cno;
F = Foreach (Join (Join B By Cno, E By Cno) By Sno,A By Sno) Generate Sname;
```

当然，如果想一步执行完也是可以的，只需要将上面操作的后两步再嵌套起来即可：

```
A = load '/pigTmp/Student' using PigStorage(':') as (Sno:chararray,Sname:chararray,Ssex:chararray,Sage:int,Sdept:chararray);
B = load '/pigTmp/SC' using PigStorage(',') as (Sno:chararray,Cno:chararray,Grade:int);
C = load '/pigTmp/Course' using PigStorage(',') as (Cno:chararray,Cname:chararray,
```

```
Cpno:chararray,Ccredit:int);
D = load '/pigTmp/Course' using PigStorage(',') as (Cno:chararray,Cname:chararray,
Cpno:chararray,Ccredit:int);
E = Foreach (Join (Join B By Cno,(Foreach (Filter (Join C By Cpno,D By Cno) By
D::Cname == 'C Language') Generate C::Cno) By Cno) By Sno,A By Sno) Generate Sname;
```

下面，我们使用 DUMP 关键字来分别对上面三种方式查看下运行结果，发现输出结果是完全相同的，如图 14-9 所示：

图 14-9　修了先修课为 "C Language" 的学生

14.6 节通过一个简单的例子，让用户了解如何在 Local 模式和 MapReduce 模式下对数据进行操作。14.7 节则进一步通过一组复杂的例子，对如何使用 Pig Latin 语言进行复杂的操作做了更深入的介绍。

从 14.6 和 14.7 这两节实例操作中，我们可以看出，Pig Latin 语言更擅长对海量数据进行分析。另外，Pig Latin 语言还支持嵌套的操作，这样可以让 Pig Latin 语言编写的程序更加易于理解。

鉴于 Pig Latin 语言的如上特点，我们可以使用 Pig 于对诸如日志等规则的、海量的并且需要定期维护的数据进行分析处理操作，这样可以大大地提高系统的工作效率。

14.8　本章小结

在本章中我们通过对 Pig 的实际操作，让大家对 Pig 有了一个新的认识。相信读完本章之后，大家可以使用 Pig 进行简单地数据处理了。Pig Latin 语言不但自身提供了很多的函数供用户使用，而且大家可以根据实际情况结合 Java 和 Pig Latin 语言编写具有特定功能的函数。这体现了 Pig 的可扩展性和强大的功能。在使用 Pig 的过程中，还有很多技巧需要掌握，这一点大家可以在实际操作中慢慢地体会。另外，Pig 还处于完善阶段。从 0.5.0 版到 0.10.0 版的发展过程中，Pig 进行了很多调整，这离不开广大开发者的支持和帮助。希望大家能够通过对 Pig 的使用，向 Apache Hadoop 贡献自己的一份力量！

第 15 章

ZooKeeper 详解

本章内容

- ☐ ZooKeeper 简介
- ☐ ZooKeeper 的安装和配置
- ☐ ZooKeeper 的简单操作
- ☐ ZooKeeper 的特性
- ☐ 使用 ZooKeeper 进行 Leader 选举
- ☐ ZooKeeper 锁服务
- ☐ 使用 ZooKeeper 创建应用程序
- ☐ BooKeeper
- ☐ 本章小结

15.1　ZooKeeper 简介

ZooKeeper 是一个为分布式应用所设计的开源协调服务。它可以为用户提供同步、配置管理、分组和命名等服务。用户可以使用 ZooKeeper 提供的接口方便地实现一致性、组管理、leader 选举及某些协议。ZooKeeper 意欲提供一个易于编程的环境，所以它的文件系统使用了我们所熟悉的目录树结构。ZooKeeper 是使用 Java 编写的，但是它支持 Java 和 C 两种编程语言接口。

众所周知，协调服务非常容易出错，而且很难从故障中恢复，例如，协调服务很容易处于竞态以至于出现死锁。ZooKeeper 的设计目的是为了减轻分布式应用程序所承担的协调任务。

15.1.1　ZooKeeper 的设计目标

众所周知，分布式环境下的程序和活动为了达到协调一致的目的，通常具有某些共同的特点，例如，简单性、有序性等。ZooKeeper 不但在这些目标的实现上有自身的特点，并且具有其独特的优势。下面我们将简述 ZooKeeper 的设计目标。

（1）简单化

ZooKeeper 允许分布式的进程通过共享体系的命名空间来进行协调，这个命名空间的组织与标准的文件系统非常相似，它是由一些数据寄存器组成的。用 ZooKeeper 的语法来说，这些寄存器应称为 Znode，它们和文件及目录非常相似。典型的文件系统是基于存储设备的，然而，ZooKeeper 的数据却是存放在内存当中的，这就意味着 ZooKeeper 可以达到一个高的吞吐量，并且低延迟。ZooKeeper 的实现非常重视高性能、高可靠性，以及严格的有序访问。

ZooKeeper 性能上的特点决定了它能够用在大型的、分布式的系统当中。从可靠性方面来说，它并不会因为一个节点的错误而崩溃。除此之外，它严格的序列访问控制意味着复杂的控制原语可以应用在客户端上。

（2）健壮性

组成 ZooKeeper 服务的服务器必须互相知道其他服务器的存在。它们维护着一个处于内存中的状态镜像，以及一个位于存储器中的交换日志和快照。只要大部分的服务器可用，那么 ZooKeeper 服务就可用。

如果客户端连接到单个 ZooKeeper 服务器上，那么这个客户端就管理着一个 TCP 连接，并且通过这个 TCP 连接来发送请求、获得响应、获取检测事件，以及发送心跳。如果连接到服务器上的 TCP 连接断开，客户端将连接到其他的服务器上。

（3）有序性

ZooKeeper 可以为每一次更新操作赋予一个版本号，并且此版本号是全局有序的，不存在重复的情况。ZooKeeper 所提供的很多服务也是基于此有序性的特点来完成。

（4）速度优势

它在读取主要负载时尤其快。ZooKeeper 应用程序在上千台机器的节点上运行。另外，需要注意的是 ZooKeeper 有这样一个特点：当读工作比写工作更多的时候，它执行的性能会更好。

除此之外，ZooKeeper 还具有原子性、单系统镜像、可靠性的及时效性等特点。

15.1.2　数据模型和层次命名空间

ZooKeeper 提供的命名空间与标准的文件系统非常相似。它的名称是由通过斜线分隔的路径名序列所组成的。ZooKeeper 中的每一个节点都是通过路径来识别的。

图 15-1 是 Zookeeper 中节点的数据模型，这种树形结构的命名空间操作方便且易于理解。

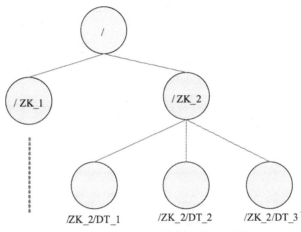

图 15-1　ZooKeeper 的层次命名空间

15.1.3　ZooKeeper 中的节点和临时节点

通过上一节的内容，大家可以了解到在 ZooKeeper 中存在着节点的概念，同时也知道了这些节点是通过像树一样的结构来进行维护的，并且每一个节点通过路径来标识及访问。除此之外，每一个节点还拥有自身的一些信息，包括：数据、数据长度、创建时间、修改时间等。从节点的这些特性（既含有数据，又通过路径来标识）可以看出，它既可以被看作是一个文件，又可以被看作是一个目录，因为它同时具有二者的特点。为了便于表达，后面我们将使用 Znode 来表示所讨论的 ZooKeeper 节点。

具体地说，Znode 维护着数据、访问控制列表（access control list，ACL）、时间戳等包含交换版本号信息的数据结构，通过对这些数据的管理使缓存中的数据生效，并且执行协调更新操作。每当 Znode 中的数据更新它所维护的版本号就会增加，这非常类似于数据库中计数器时间戳的操作方式。

另外 Znode 还具有原子性操作的特点：在命名空间中，每一个 Znode 的数据将被原子地读写。读操作将读取与 Znode 相关的所有数据，写操作将替换掉所有的数据。除此之外，每一个节点都有一个访问控制列表，这个访问控制列表规定了用户操作的权限。

ZooKeeper 中同样存在临时节点。这些节点与 session 同时存在，当 session 生命周期结束时，这些临时节点也将被删除。临时节点在某些场合也发挥着非常重要的作用，例如 Leader 选举、锁服务等。

15.1.4 ZooKeeper 的应用

ZooKeeper 成功地应用于大量的工业程序中。它在 Yahoo! 被用作雅虎消息代理（Yahoo! Message Broker）的协调和故障恢复服务。雅虎消息代理是一个高度可扩展的发布 – 订阅系统，它管理着上千的总联机程序和信息控制系统（Total On-line Program and Information Control System，TOPICS），另外它还用于为 Yahoo! crawler 获取服务并进行故障维护。除此之外，一些 Yahoo! 广告系统也同样使用 ZooKeeper 来实现可靠的服务。

15.2 ZooKeeper 的安装和配置

在这一节中，我们将首先向大家介绍如何在不同的环境下安装并配置 ZooKeeper 服务；然后具体介绍如何通过 ZooKeeper 配置文件对 ZooKeeper 进行配置管理；最后向大家介绍如何在不同环境下启动 ZooKeeper 服务。

15.2.1 安装 ZooKeeper

ZooKeeper 有不同的运行环境，包括：单机环境、集群环境和集群伪分布环境。这里，我们将分别介绍不同环境下如何安装 ZooKeeper 服务，并简单介绍它们的区别与联系。

1. 系统要求

下面将说明安装 ZooKeeper 对系统和软件的要求。

（1）支持的平台

ZooKeeper 可以在不同的系统上运行，表 15-1 是关于这方面的一个简单说明。

表 15-1　ZooKeeper 支持的平台

系　　　统	可用作的平台	是否支持服务器 / 客户端
GNU/Linux	开发和生产平台	服务器和客户端
Sun Solaris	开发和生产平台	服务器和客户端
FreeBSD	开发和生产平台	仅可用作客户端
Win32	开发平台	服务器和客户端
MacOSX	开发平台	服务器和客户端

（2）软件要求

首先，安装 ZooKeeper 需要 Java 的支持，并且要求 1.6 以上的版本。此外，对于集群的安装，ZooKeeper 需要至少三个节点，我们建议将三个节点部署在不同的机器上。例如，

Yahoo! 将 ZooKeeper 部署在 Red Hat Linux 机器上，每台机器使用多核 CPU，2G 的内存和 80G 的 IDE 硬盘。

JDK 的安装已经在前面章节中有过详细介绍，这里不再赘述。

注意 由于频繁的换入换出操作对系统的性能有较大的影响，为了避免这种情况的发生，建议将 Java 的堆大小设置为合适的值。一般说来，所设置的 Java 堆大小的值不应大于实际可用的内存值。对于具体的值的大小，可以通过负载测试来决定。例如，建议将 4GB 内存的机器的 Java 堆大小设置为 3GB。

系统中，要求大多数机器处于可用状态。如果想要集群能够忍受 m 台机器的故障，那么整个集群至少需要 2m+1 台机器。因为此时剩余的 m+1 台才能构成系统的一个大多数集。例如，对于拥有三台机器的集群，系统能够在一台机器发生故障的情况下仍然提供服务。

另外，最好使用奇数台的机器。例如，拥有四台机器的 ZooKeeper 只能处理一台机器的故障，如果两台机器发生故障，余下的两台机器并不能组成一个可用的 ZooKeeper 大多数集（三台机器才能构成四台机器的大多数集）；而如果 ZooKeeper 拥有五台机器，那么它就能处理两台机器的故障了。

2. 单机下安装 ZooKeeper

（1）ZooKeeper 的下载

如果大家是第一次使用 ZooKeeper，那么我们建议首先尝试在单机模式下配置 ZooKeeper 服务器。因为，在单机模式下配置和使用相对来说都要简单得多，并且易于帮助大家理解 ZooKeeper 的工作原理。这对进一步学习使用 ZooKeeper 会有很大的帮助。

从 Apache 官方网站下载一个 ZooKeeper 的最新稳定版本，网址如下：

```
http://hadoop.apache.org/zookeeper/releases.html
```

作为国内用户来说，选择最近的源文件服务器所在地，能够节省不少的时间，比如：

```
http://labs.renren.com/apache-mirror/hadoop/zookeeper/
```

（2）ZooKeeper 的安装

为了今后操作方便，我们需要对 ZooKeeper 的环境变量进行配置，方法如下，在 /etc/profile 文件中加入如下的内容：

```
#Set ZooKeeper Enviroment
export ZOOKEEPER_HOME=$HADOOP_HOME/zookeeper-3.4.3
export PATH=$PATH:$ZOOKEEPER_HOME/bin:$ZOOKEEPER_HOME/conf
```

ZooKeeper 服务器包含在单个 JAR 文件中，安装此服务需要用户创建一个配置文档，并对其进行设置。我们在 ZooKeeper-*.*.* 目录（本书以当前 ZooKeeper 的最新版 3.4.3 为例，故在下文中此"ZooKeeper-*.*.*"都将写为"ZooKeeper-3.4.3"）的 conf 文件夹下创建一个 zoo.cfg 文件，它包含如下的内容：

```
tickTime=2000
```

```
dataDir=$HADOOP_HOME/zookeeper-3.4.3/data
clientPort=2181
```

在这个文件中，$HADOOP_HOME 代表 Hadoop 的安装目录，为了使用的方便，我们将其放在 Hadoop 安装目录下。需要注意的是，ZooKeeper 的运行并不依赖于 Hadoop，也不依赖于 HBase 或其它与 Hadoop 相关的项目。此外，我们需要指定 dataDir 的值，它指向了一个目录，这个目录在开始的时候应为空。下面是每个参数的含义：

- tickTime：基本事件单元，以毫秒为单位。它用来指示心跳，最小的 session 过期时间为两倍的 tickTime。
- dataDir：存储内存中数据库快照的位置，如果不设置参数，更新事务的日志将被存储到默认位置。
- clientPort：监听客户端连接的端口。

使用单机模式时大家需要注意：这种配置方式下没有 ZooKeeper 副本，所以如果 ZooKeeper 服务器出现故障，ZooKeeper 服务将会停止。

代码清单 15-1 是我们根据自身情况所设置的 ZooKeeper 配置文档：zoo.cfg。

代码清单 15-1　ZooKeeper 配置文档 zoo.cfg

```
# The number of milliseconds of each tick
tickTime=2000

# the directory where the snapshot is stored.
dataDir=$HADOOP_HOME/zookeeper-3.4.3/data

# the port at which the clients will connect
clientPort=2181
```

3. 在集群下安装 ZooKeeper

为了获得可靠的 ZooKeeper 服务，用户应该在一个集群上部署 ZooKeeper。只要集群上大多数的 ZooKeeper 服务启动了，那么总的 ZooKeeper 服务将是可用的。

这之后的操作和单机模式的安装类似，我们同样需要对 Java 环境进行设置，下载最新的 ZooKeeper 稳定版本并配置相应的环境变量。每台机器上 conf/zoo.cfg 配置文件的参数设置相同，可参考代码清单 15-2 的配置。

代码清单 15-2　zoo.cfg 中的参数设置

```
# The number of milliseconds of each tick
tickTime=2000

# The number of ticks that the initial
# synchronization phase can take
initLimit=10

# The number of ticks that can pass between
```

```
# sending a request and getting an acknowledgement
syncLimit=5

# the port at which the clients will connect
clientPort=2181

# the directory where the snapshot is stored.
dataDir=$HADOOP_HOME/zookeeper-3.4.3/data

# the location of the log file
dataLogDir=$HADOOP_HOME/zookeeper-3.4.3/log

server.1=zoo1:2888:3888
server.2=zoo2:2888:3888
server.3=zoo3:2888:3888
```

更多关于 ZooKeeper 参数的设置请参看 15.2.2 节。"server.id=host:port:port." 标识了不同的 ZooKeeper 服务器的配置。每台服务器作为集群的一部分应该知道 ensemble [⊖]中的其他机器，用户可以从 "server.id=host:port:port." 中读取相关的信息。参数中 host 和 port 比较直观。id 标识的是不同的服务器，在服务器的 data（dataDir 参数所指定的目录）目录下创建一个文件名为 myid 的文件，这个文件中仅含一行的内容，它所指定的是自身的 id 值。比如，服务器 "1" 应该在 myid 文件中写入 "1"。而且这个 id 值必须是 ensemble 中唯一的，大小在 1 到 255 之间。在这一行配置中，第一个端口（port）是从（follower）机器连接到主（leader）机器的端口，第二个是用来进行 leader 选举的端口。在这个例子中，每台机器使用三个端口，分别是：clientPort，2181；port，2888；port，3888。

笔者在拥有三台机器的 Hadoop 集群上测试了 ZooKeeper 的安装，如上所示，代码清单 15-2 就是根据自身情况所设置的 ZooKeeper 配置文档。

清单中的 zoo1、zoo2 及 zoo3 分别为三台机器的主机名，该项需要在 Ubuntu 的 host 环境中进行设置，这部分内容不是本书的重点，不再赘述。大家可以查阅 Ubuntu 以及 Linux 的相关资料。

4. 在集群伪分布模式下安装 ZooKeeper

通过前面的章节，读者了解到 Hadoop 可以在伪分布模式下模拟分布式 Hadoop 的运行。与它不同的是，ZooKeeper 不但可以在单机上运行单机模式 ZooKeeper，而且可以在单机上模拟集群模式 ZooKeeper 的运行，也就是将不同的节点运行在同一台机器上。我们索性将其称之为 "集群伪分布模式"，以区别 "单机模式"。我们知道，伪分布模式下 Hadoop 的操作和分布式模式下有着很大的不同，但是在集群伪分布模式下对 ZooKeeper 的操作却和集群模式下没有本质的区别。显然，集群伪分布模式为我们体验 ZooKeeper 和做一些尝试性的实验提供了很大的便利。比如，我们在实验的时候，可以先使用少量数据在集群伪分布模式下进

⊖　全体，相对于大多数集（quorum）而言。

行测试。当测试可行的时候，再将其移植到集群模式下进行真实的数据实验。这样不但保证了它的可行性，同时大大提高了实验的效率。

那么，如何配置 ZooKeeper 的集群伪分布模式呢？其实很简单。用心的读者可以发现，在 ZooKeeper 配置文档中，clientPort 参数是用来设置客户端连接 ZooKeeper 的端口。在 server.1=IP1:2887:3887 中，IP1 指示的是组成 ZooKeeper 服务的机器 IP 地址，2887 为进行 leader 选举的端口，3887 是组成 ZooKeeper 服务的机器之间的通信端口。在集群伪分布模式下我们使用每个配置文档模拟一台机器，也就是说，需要在单台机器上运行多个 ZooKeeper 实例。但是，必须要保证各个配置文档的各个端口不能冲突。

下面是我们所配置的集群伪分布模式，分别通过 zoo1.cfg、zoo2.cfg、zoo3.cfg 来模拟有三台机器的 ZooKeeper 集群。详见代码清单 15-3 至清单 15-5。

代码清单 15-3　zoo1.cfg

```
# The number of milliseconds of each tick
tickTime=2000

# The number of ticks that the initial
# synchronization phase can take
initLimit=10

# The number of ticks that can pass between
# sending a request and getting an acknowledgement
syncLimit=5

# the directory where the snapshot is stored.
dataDir=$HADOOP_HOME/zookeeper-3.4.3/d_1

# the port at which the clients will connect
clientPort=2181

# the location of the log file
dataLogDir=$HADOOP_HOME/zookeeper-3.4.3/logs_1

server.1=localhost:2887:3887
server.2=localhost:2888:3888
server.3=localhost:2889:3889
```

代码清单 15-4　zoo2.cfg

```
# The number of milliseconds of each tick
tickTime=2000

# The number of ticks that the initial
# synchronization phase can take
initLimit=10
```

```
# The number of ticks that can pass between
# sending a request and getting an acknowledgement
syncLimit=5

# the directory where the snapshot is stored.
dataDir=$HADOOP_HOME/zookeeper-3.4.3/d_2

# the port at which the clients will connect
clientPort=2182

# the location of the log file
dataLogDir=$HADOOP_HOME/zookeeper-3.4.3/logs_2

server.1=localhost:2887:3887
server.2=localhost:2888:3888
server.3=localhost:2889:3889
```

代码清单 15-5　zoo3.cfg

```
# The number of milliseconds of each tick
tickTime=2000

# The number of ticks that the initial
# synchronization phase can take
initLimit=10

# The number of ticks that can pass between
# sending a request and getting an acknowledgement
syncLimit=5

# the directory where the snapshot is stored.
dataDir=$HADOOP_HOME/zookeeper-3.4.3/d_3

# the port at which the clients will connect
clientPort=2183

# the location of the log file
dataLogDir=$HADOOP_HOME/zookeeper-3.4.3/logs_3

server.1=localhost:2887:3887
server.2=localhost:2888:3888
server.3=localhost:2889:3889
```

从上述三个代码清单可以看到，它们除了 clientPort 不同之外，dataDir 也不同。另外，不要忘记在 dataDir 所对应的目录中创建 myid 文件来指定对应的 ZooKeeper 服务器实例。

15.2.2　配置 ZooKeeper

ZooKeeper 的功能特性是通过 ZooKeeper 配置文件来进行控制管理（zoo.cfg 配置文件）的。这样的设计其实有其自身的原因。通过前面对 ZooKeeper 的配置可以看出，在对 ZooKeeper 集群进行配置的时候，它的配置文档是完全相同的（对于集群伪分布模式来说，只有很少的部分是不同的）。这样的配置方式使得在部署 ZooKeeper 服务的时候非常方便。如果服务器使用不同的配置文件，必须要确保不同配置文件中的服务器列表相匹配。

在设置 ZooKeeper 配置文档的时候，某些参数是可选的，但是某些参数是必需的。这些必需的参数就构成了 ZooKeeper 配置文档的最低配置要求。另外，如果需要对 ZooKeeper 进行更详细的配置，大家可以参考下面将要讲述的内容。

1. 最低配置

下面是在最低配置要求中必须配置的参数：

1）clientPort：监听客户端连接的端口。

2）dataDir：存储内存中数据库快照的位置。

注意　应该谨慎地选择日志存放的位置，使用专用的日志存储设备能够大大地提高系统的性能，如果将日志存储在比较繁忙的存储设备上，那么将会在很大程度上影响系统的性能。

3）tickTime：基本事件单元，以毫秒为单位，用来控制心跳和超时，默认情况下最小的会话超时时间为两倍的 tickTime。

2. 高级配置

下面是高级配置要求中可选的配置参数，用户可以使用下面的参数来更好地规定 ZooKeeper 的行为：

（1）dataLogDir

这个操作让管理机器把事务日志写入"dataLogDir"所指定的目录中，而不是"dataDir"所指定的目录。这将允许使用一个专用的日志设备，并且帮助我们避免日志和快照之间的竞争。配置如下：

```
#the location of the log file
dataLogDir=/root/hadoop-0.20.2/zookeeper-3.4.3/log/data_log
```

（2）maxClientCnxns

这个操作将限制连接到 ZooKeeper 的客户端的数量，并且限制并发连接的数量，它通过 IP 来区分不同的客户端。此配置选项可以用来阻止某些类别的 Dos 攻击。将它设置为 0 或忽略而不进行设置将会取消对并发连接的限制。

例如，此时我们将 maxClientCnxns 的值设置为 1，如下所示：

```
#set maxClientCnxns
maxClientCnxns=1
```

　　启动 ZooKeeper 之后，首先用一个客户端连接到 ZooKeeper 服务器之上。之后如果有第二个客户端尝试对 ZooKeeper 进行连接，或者有某些隐式的对客户端的连接操作，将会触发 ZooKeeper 的上述配置。系统会提示相关信息，如图 15-2 所示。

图 15-2　ZooKeeper maxClientCnxns 异常

（3）minSessionTimeout 和 maxSessionTimeout

即最小的会话超时时间和最大的会话超时时间。在默认情况下，最小的会话超时时间为 2 倍的 tickTme 时间，最大的会话超时时间为 20 倍的会话超时时间。系统启动时会显示相应的信息，如图 15-3 所示。

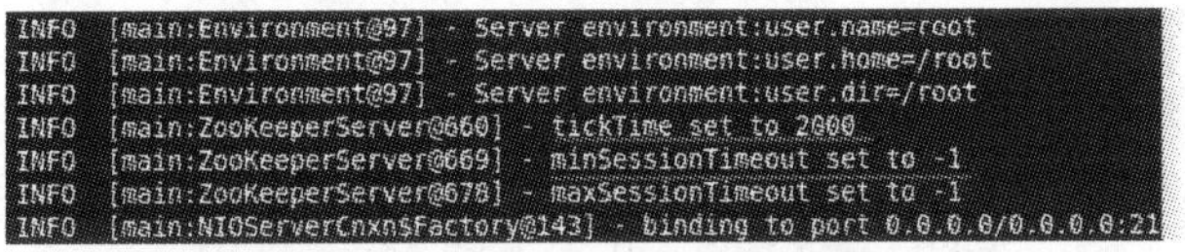

图 15-3　默认会话超时时间

　　从上图中可以看出，minSessionTimeout 及 maxSessionTimeout 的值均为 -1。现在我们来设置系统的最小和最大的会话超时时间，如下所示：

```
#set minSessionTimeout
minSessionTimeout=1000

#set maxSessionTImeout
maxSessionTimeout=10000
```

　　在配置 minSessionTmeout 及 maxSessionTimeout 的值时需要注意，如果将此值设置得太小的话，会话很可能刚刚建立便由于超时而不得不退出。一般情况下，不能将此值设置得比 tickTime 的值还小。

3. 集群配置

（1）initLimit

此配置表示，允许 follower（相对于 leader 而言的"客户端"）连接并同步到 leader 的初始化连接时间，它是以 tickTime 的倍数来表示的。当初始化连接时间超过设置倍数的 tickTime 时间时，则连接失败。

（2）syncLimit

此配置表示 leader 与 follower 之间发送消息时请求和应答的时间长度。如果 follower 在设置的时间内不能与 leader 通信，那么此 follower 将被丢弃。

15.2.3 运行 ZooKeeper

1. 单机模式下运行 ZooKeeper

如果大家已经按照 15.2.1 节中的第 2 点正确地配置了 ZooKeeper 的环境变量，那么我们现在可以直接在终端运行 ZooKeeper 的 sh 脚本了，从而启动 ZooKeeper 的服务。

大家可以通过下面的命令来启动 ZooKeeper 服务：

```
zkServer.sh start
```

这个命令默认情况下执行 ZooKeeper 的 conf 文件夹下的 zoo.cfg 配置文件。当运行成功时大家会看到类似如下的提示界面：

```
root@ubuntu:~# zkServer.sh start
JMX enabled by default
Using config: /root/hadoop-0.20.2/zookeeper-3.4.3/bin/../conf/zoo.cfg
Starting zookeeper ...
STARTED
    ... ...
2011-01-19 10:04:42,300 - WARN   [main:QuorumPeerMain@105] - Either no config or
no quorum defined in config, running  in standalone mode
... ...
2011-01-19 10:04:42,419 - INFO  [main:ZooKeeperServer@660] - tickTime set to 2000
2011-01-19 10:04:42,419 - INFO   [main:ZooKeeperServer@669] - minSessionTimeout
set to -1
2011-01-19 10:04:42,419 - INFO   [main:ZooKeeperServer@678] - maxSessionTimeout
set to -1
2011-01-19 10:04:42,560 - INFO  [main:NIOServerCnxn$Factory@143] - binding to port
0.0.0.0/0.0.0.0:2181
2011-01-19 10:04:42,806 - INFO   [main:FileSnap@82] - Reading snapshot /root/
hadoop-0.20.2/zookeeper-3.4.3/data/version-2/snapshot.200000036
2011-01-19 10:04:42,927 - INFO   [main:FileSnap@82] - Reading snapshot /root/
hadoop-0.20.2/zookeeper-3.4.3/data/version-2/snapshot.200000036
2011-01-19 10:04:42,950 - INFO   [main:FileTxnSnapLog@208] - Snapshotting:
400000058
```

从上面可以看出，运行成功后，系统会列出 ZooKeeper 运行的相关环境配置信息。

2. 集群模式下运行 ZooKeeper

在集群模式下需要用户在每台 ZooKeeper 机器上运行第一部分的命令，这里不再赘述。

3. 集群伪分布模式下运行 ZooKeeper

在集群伪分布模式下，我们只有一台机器，但是要运行三个 ZooKeeper 服务实例。此时，如果再使用上述命令式肯定是行不通的。这时只要通过下面三条命令就能运行前面所配置的 ZooKeeper 服务了。如下所示：

```
zkServer.sh start zoo1.cfg

zkServer.sh start zoo2.cfg
```

```
zkServer.sh start zoo3.cfg
```

在运行完第一条命令之后，大家将会发现一些系统错误提示，如图 15-4 所示。

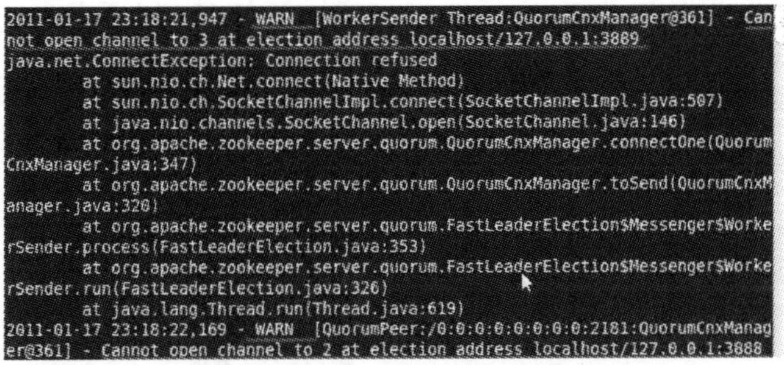

图 15-4　集群伪分布异常提示

产生如图 15-4 所示的异常信息是由于 ZooKeeper 服务的每个实例都拥有全局的配置信息，它们在启动的时候会随时地进行 Leader 选举操作（此部分内容后面将会详细讲述）。此时第一个启动的 Zookeeper 需要和另外两个 ZooKeeper 实例进行通信。但是，另外两个 ZooKeeper 实例还没有启动起来，因此就产生了这样的异常信息。

我们直接将其忽略即可，待把图示中的"2 号"和"3 号"ZooKeeper 实例启动起来之后，相应的异常信息就会自然而然的消失了。

4. ZooKeeper 四字命令

ZooKeeper 支持某些特定的四字命令字母与其的交互。它们大多是查询命令，用来获取 ZooKeeper 服务的当前状态及相关信息。用户在客户端可以通过 telnet 或 nc 向 ZooKeeper 提交相应的命令。ZooKeeper 常用的四字命令见表 15-2。

表 15-2　ZooKeeper 四字命令

ZooKeeper 四字命令	功能描述
conf	输出相关服务配置的详细信息
cons	列出连接到服务器的所有客户端的详细连接 / 会话信息。包括"接受 / 发送"的包数量、会话 id、操作延迟、最后的操作执行等信息
dump	列出未经处理的会话和临时节点
envi	输出关于服务环境的详细信息（区别于 conf 命令）
reqs	列出未经处理的请求
ruok	测试服务是否处于正确状态。如果确实如此，那么服务返回"imok"，否则不做任何响应
stat	输出关于性能和连接的客户端列表
wchs	列出服务器 watch 的详细信息
wchc	通过 session 列出服务器 watch 的详细信息，它的输出是一个与 watch 相关的会话列表
wchp	通过路径列出服务器 watch 的详细信息。它输出一个与 session 相关的路径

图 15-5 是 ZooKeeper 四字命令的一个简单用例。

```
root@ubuntu-laptop:~# echo ruok | nc 10.77.20.23 2181
imokroot@ubuntu-laptop:~# echo conf | nc 10.77.20.23 2181
clientPort=2181
dataDir=/root/hadoop-0.20.2/zookeeper-3.3.1/d_1/version-2
dataLogDir=/root/hadoop-0.20.2/zookeeper-3.3.1/d_1/version-2
tickTime=2000
maxClientCnxns=10
minSessionTimeout=4000
maxSessionTimeout=40000
serverId=1
initLimit=10
syncLimit=5
electionAlg=3
electionPort=3887
quorumPort=2887
peerType=0
root@ubuntu-laptop:~#
```

图 15-5　ZooKeeper 四字命令用例

5. ZooKeeper 命令行工具

在成功启动 ZooKeeper 服务之后，输入下述命令，连接到 ZooKeeper 服务：

```
zkCli.sh -server 10.77.20.23:2181
```

连接成功后，系统会输出 ZooKeeper 的相关环境及配置信息，并在屏幕输出"Welcome to ZooKeeper"等信息。

输入 help 之后，屏幕会输出可用的 ZooKeeper 命令，如图 15-6 所示：

```
[zk: 10.77.20.23:2181(CONNECTED) 1] help
ZooKeeper -server host:port cmd args
        connect host:port
        get path [watch]
        ls path [watch]
        set path data [version]
        delquota [-n|-b] path
        quit
        printwatches on|off
        create [-s] [-e] path data acl
        stat path [watch]
        close
        ls2 path [watch]
        history
        listquota path
        setAcl path acl
        getAcl path
        sync path
        redo cmdno
        addauth scheme auth
        delete path [version]
        setquota -n|-b val path
```

图 15-6　ZooKeeper 命令

15.3　ZooKeeper 的简单操作

15.3.1　使用 ZooKeeper 命令的简单操作步骤

1）使用 ls 命令查看当前 ZooKeeper 中所包含的内容：

```
[zk: 10.77.20.23:2181(CONNECTED) 1] ls /
[zookeeper]
```

2）创建一个新的 Znode，使用 create /zk myData 这个命令创建了一个新的 Znode 节点 "zk"，以及与它关联的字符串：

```
[zk: 10.77.20.23:2181(CONNECTED) 2] create /zk myData
Created /zk
```

3）再次使用 ls 命令来查看现在 ZooKeeper 中所包含的内容：

```
[zk: 10.77.20.23:2181(CONNECTED) 3] ls /
[zk, zookeeper]
```

此时看到，zk 节点已经被创建。

4）下面我们运行 get 命令来确认第二步中所创建的 Znode 是否包含我们创建的字符串：

```
[zk: 10.77.20.23:2181(CONNECTED) 4] get /zk
myData
Zxid = 0x40000000c
time = Tue Jan 18 18:48:39 CST 2011
Zxid = 0x40000000c
mtime = Tue Jan 18 18:48:39 CST 2011
pZxid = 0x40000000c
cversion = 0
dataVersion = 0
aclVersion = 0
ephemeralOwner = 0x0
dataLength = 6
numChildren = 0
```

5）接下来通过 set 命令来对 zk 所关联的字符串进行设置：

```
[zk: 10.77.20.23:2181(CONNECTED) 5] set /zk shenlan211314
cZxid = 0x40000000c
ctime = Tue Jan 18 18:48:39 CST 2011
mZxid = 0x40000000d
mtime = Tue Jan 18 18:52:11 CST 2011
pZxid = 0x40000000c
cversion = 0
dataVersion = 1
aclVersion = 0
ephemeralOwner = 0x0
dataLength = 13
numChildren = 0
```

6）下面我们将刚才创建的 Znode 删除：

```
[zk: 10.77.20.23:2181(CONNECTED) 6] delete /zk
```

7）最后再次使用 ls 命令查看 ZooKeeper 所包含的内容：

```
[zk: 10.77.20.23:2181(CONNECTED) 7] ls /
[zookeeper]
```

经过验证，zk 节点已经被删除。

15.3.2 ZooKeeper API 的简单使用

1. ZooKeeper API 简介

ZooKeeper API 共包含五个包,分别为:org.apache.zookeeper、org.apache.zookeeper. data、org.apache.zookeeper.server、org.apache.zookeeper.server.quorum 和 org.apache. zookeeper.server.upgrade。其中 org.apache.zookeeper 包含 ZooKeeper 类,它是我们编程时最常用的类文件。

这个类是 ZooKeeper 客户端库的主要类文件。如果要使用 ZooKeeper 服务,应用程序首先必须创建一个 Zookeeper 实例,这时就需要使用此类。一旦客户端和 ZooKeeper 服务建立起了连接,ZooKeeper 系统将会给此连接会话分配一个 ID 值,并且客户端将会周期性地向服务器发送心跳来维持会话的连接。只要连接有效,客户端就可以调用 ZooKeeper API 来做相应的处理。

ZooKeeper 类提供了表 15-3 所示的几类主要方法。

表 15-3　ZooKeeper 类方法描述

功　能	描　述
create	在本地目录树中创建一个节点
delete	删除一个节点
exists	测试本地是否存在目标节点
get/set data	从目标节点上读取 / 写数据
get/set ACL	获取 / 设置目标节点访问控制列表信息
get children	检索一个子节点上的列表
sync	等待要被传送的数据

2. ZooKeeper API 的使用

这里通过一个例子来简单介绍如何使用 ZooKeeper API 编写自己的应用程序,见代码清单 15-6。

代码清单 15-6　ZooKeeper API 的使用

```
package cn.edu.ruc.cloudcomputing.book.chapter14;

1   import java.io.IOException;
2
3   import org.apache.zookeeper.CreateMode;
4   import org.apache.zookeeper.KeeperException;
5   import org.apache.zookeeper.Watcher;
6   import org.apache.zookeeper.ZooDefs.Ids;
7   import org.apache.zookeeper.ZooKeeper;
8
9   public class demo {
```

```
10          // 会话超时时间，设置为与系统默认时间一致
11          private static final int SESSION_TIMEOUT=30000;
12
13          // 创建 ZooKeeper 实例
14          ZooKeeper zk;
15
16          // 创建 Watcher 实例
17          Watcher wh=new Watcher(){
18              public void process(org.apache.zookeeper.WatchedEvent event)
19              {
20                  System.out.println(event.toString());
21              }
22          };
23
24          // 初始化 ZooKeeper 实例
25          private void createZKInstance() throws IOException
26          {
27              zk=new ZooKeeper("localhost:2181",demo.SESSION_TIMEOUT,this.wh);
28
29          }
30
31          private void ZKOperations() throws IOException,InterruptedException,Keepe
            rException
32          {
33              System.out.println("\n1. 创建 ZooKeeper 节点 (znode：zoo2, 数据：myData2,
                权限：OPEN_ACL_UNSAFE, 节点类型：Persistent");
34              zk.create("/zoo2","myData2".getBytes(), Ids.OPEN_ACL_UNSAFE,
                CreateMode.PERSISTENT);
35
36              System.out.println("\n2. 查看是否创建成功：");
37              System.out.println(new String(zk.getData("/zoo2",false,null)));
38
39              System.out.println("\n3. 修改节点数据");
40              zk.setData("/zoo2", "shenlan211314".getBytes(), -1);
41
42              System.out.println("\n4. 查看是否修改成功：");
43              System.out.println(new String(zk.getData("/zoo2", false, null)));
44
45              System.out.println("\n5. 删除节点");
46              zk.delete("/zoo2", -1);
47
48              System.out.println("\n6. 查看节点是否被删除：");
49              System.out.println(" 节点状态：["+zk.exists("/zoo2", false)+"]");
50          }
51
52          private void ZKClose() throws  InterruptedException
53          {
54              zk.close();
55          }
56
57          public static void main(String[] args) throws IOException,InterruptedExce
            ption,KeeperException {
```

```
58              demo dm=new demo();
59              dm.createZKInstance( );
60              dm.ZKOperations();
61              dm.ZKClose();
62          }
63 }
```

此类包含两个主要的 ZooKeeper 函数，分别为 createZKInstance() 和 ZKOperations()。其中 createZKInstance() 函数负责对 ZooKeeper 实例 zk 进行初始化。ZooKeeper 类有两个构造函数，这里使用"ZooKeeper（String connectString，int sessionTimeout，Watcher watcher）"对其进行初始化。因此，我们需要提供初始化所需的连接字符串信息、会话超时时间，以及一个 watcher 实例。第 17 行到第 23 行的代码是程序所构造的一个 watcher 实例，它能够输出所发生的事件。

ZKOperations() 函数是我们所定义的对节点的一系列操作。它包括：创建 ZooKeeper 节点（第 33 行到第 34 行代码）、查看节点（第 36 行到第 37 行代码）、修改节点数据（第 39 行到第 40 行代码）、查看修改后节点数据（第 42 行到第 43 行代码）、删除节点（第 45 行到第 46 行代码）、查看节点是否存在（第 48 行到第 49 行代码）。另外，需要注意的是，在创建节点的时候，需要提供节点的名称、数据、权限，以及节点类型。此外，使用 exists 函数时，如果节点不存在则返回一个 null 值。关于 ZooKeeper API 的更多详细信息，大家可以查看 ZooKeeper 的 API 文档，如下所示：

```
http://hadoop.apache.org/zookeeper/docs/r3.4.3/api/index.html
```

代码清单 15-6 中程序运行的结果如下所示。

```
1 创建 ZooKeeper 节点 (znode: zoo2, 数据: myData2, 权限: OPEN_ACL_UNSAFE, 节点类型:
  Persistent
11/01/18 05:07:16 INFO zookeeper.ClientCnxn: Socket connection established to
  localhost/127.0.0.1:2181, initiating session
11/01/18 05:07:16 INFO zookeeper.ClientCnxn: Session establishment complete on
  server localhost/127.0.0.1:2181, sessionid = 0x12d97fd5d39000a, negotiated
  timeout = 30000
WatchedEvent state:SyncConnected type:None path:null

2 查看是否创建成功:
myData2

3 修改节点数据

4 查看是否修改成功:
shenlan211314

5 删除节点

6 查看节点是否被删除:
节点状态: [null]
```

15.4　ZooKeeper 的特性

15.4.1　ZooKeeper 的数据模型

ZooKeeper 拥有一个层次的命名空间，这和分布式的文件系统非常相似。唯一不同的地方是命名空间中的每个节点可以有和它自身或它的子节点相关联的数据。这就好像是一个文件系统，只不过文件系统中的文件还可以具有目录的功能。另外，指向节点的路径必须使用规范的绝对路径来表示，并且以斜线"/"来分隔。需要注意的是，在 ZooKeeper 中不允许使用相对路径。

1. Znode

ZooKeeper 目录树中的每一个节点对应着一个 Znode。每个 Znode 维护着一个属性结构，它包含数据的版本号（dataVersion）、时间戳（ctime、mtime）等状态信息。ZooKeeper 正是使用节点的这些特性来实现它的某些特定功能的。每当 Znode 的数据改变时，它相应的版本号将会增加。每当客户端检索数据时，它将同时检索数据的版本号。并且如果一个客户端执行了某个节点的更新或删除操作，它也必须提供要被操作的数据的版本号。如果所提供的数据版本号与实际的不匹配，那么这个操作将会失败。

Znode 是客户端要访问的 ZooKeeper 的主要实体，它包含以下几个主要特征：

（1）Watches

客户端可以在节点上设置 watch（我们称之为监视器）。当节点的状态发生改变时（数据的增、删、改等操作）将会触发 watch 对应的操作。当 watch 被触发时，Zookeeper 将会向客户端发送且仅发送一个通知，因为 watch 只能被触发一次。

（2）数据访问

ZooKeeper 中的每个节点上存储的数据需要被原子性的操作。也就是说，读操作将获取与节点相关的所有数据，写操作也将替换掉节点的所有数据。另外，每一个节点都拥有自己的 ACL（访问控制列表），这个列表规定了用户的权限，即限定了特定用户对目标节点可以执行的操作。

（3）临时节点

ZooKeeper 中的节点有两种，分别为临时节点和永久节点。节点的类型在创建时即被确定，并且不能改变。ZooKeeper 临时节点的生命周期依赖于创建它们的会话。一旦会话结束，临时节点将被自动删除，当然也可以手动删除。另外，需要注意的是，ZooKeeper 的临时节点不允许拥有子节点。相反，永久节点的生命周期不依赖于会话，并且只有在客户端显示执行删除操作的时候，它们才被删除。

（4）顺序节点（唯一性保证）

当创建 Znode 的时候，用户可以请求在 ZooKeeper 的路径结尾添加一个递增的计数。这个计数对于此节点的父节点来说是唯一的，它的格式为"%010d"（10 位数字，没有数值的数据位用 0 填充，例如 0000000001）。当计数值大于 $2^{32}-1$ 时，计数器将会溢出。

2. ZooKeeper 中的时间

ZooKeeper 中有多种记录时间的形式，其中包括如下几个主要属性：

（1）Zxid

致使 ZooKeeper 节点状态改变的每一个操作都将使节点接收到一个 zxid 格式的时间戳，并且这个时间戳是全局有序的。也就是说，每一个对节点的改变都将产生一个唯一的 zxid。如果 zxid1 的值小于 zxid2 的值，那么 zxid1 所对应的事件发生在 zxid2 所对应的事件之前。实际上，ZooKeeper 的每个节点维护着三个 zxid 值，分别为：cZxid、mZxid 和 pZxid。cZxid 是节点的创建时间所对应的 Zxid 格式时间戳，mZxid 是节点的修改时间所对应的 Zxid 格式时间戳。

（2）版本号

对节点的每一个操作都将致使这个节点的版本号增加。每个节点维护着三个版本号，它们分别为：version（节点数据版本号）、cversion（子节点版本号）、avevsion（节点所拥有的 ACL 的版本号）。

3. 节点属性结构

通过上面的介绍，我们可以了解到，一个节点自身拥有表示其状态的许多重要属性，表 15-4 给出了详细的介绍：

表 15-4　ZooKeeper 节点属性

属　　性	描　　述
czxid	节点被创建的 Zxid 值
mzxid	节点被修改的 Zxid 值
ctime	节点被创建的时间
mtime	节点最后一次的修改时间
vesion	节点被修改的版本号
cversion	节点所拥有的子节点被修改的版本号
aversion	节点的 ACL 被修改的版本号
emphemeralOwner	如果此节点为临时节点，那么它的值为这个节点拥有者的会话 ID；否则，它的值为 0
dataLength	节点数据域的长度
numChildren	节点拥有的子节点个数

15.4.2　ZooKeeper 会话及状态

ZooKeeper 客户端通过句柄为 ZooKeeper 服务建立一个会话。这个会话一旦被创建，句柄将以 CONNECTING 状态开始启动。客户端将尝试连接到其中一个 ZooKeeper 服务器，如果连接成功，它的状态将变为 CONNECTED。在一般情况下只有上述这两种状态。如果一个可恢复的错误发生，比如会话终结或认证失败，或者应用程序明确地关闭了句柄，句柄将会转入关闭状态。

ZooKeeper 的状态转换如图 15-7 所示：

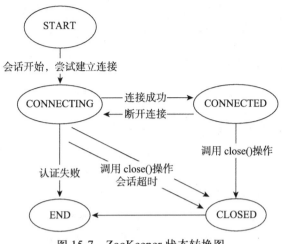

图 15-7　ZooKeeper 状态转换图

为了创建一个客户端会话，应用程序必须提供一个由主机（IP 或主机名）和端口所组成的连接字符串，这个字符串标识了要连接的目标主机及主机端口。ZooKeeper 客户端将选择服务器列表中的任意一个服务器并尝试连接。如果连接失败，那么客户端将自动尝试连接服务列表中的其他服务器，直到连接成功。

15.4.3　ZooKeeper watches

ZooKeeper 可以为所有的读操作设置 watch，这些读操作包括：exists()、getChildren() 以及 getData()。watch 事件是一次性的触发器，当 watch 的对象状态发生改变时，将会触发此对象上所设置的 wath 对应的事件。

在使用 watch 时需要注意，watch 是一次性触发器，并且只有在数据发生改变时，watch 事件才会被发送给客户端。例如：如果一个客户端进行了 getData("/znode1",true) 操作，并且之后 "/znode1" 的数据被改变或删除了，那么客户端将获得一个关于 "/znode1" 的事件。如果 /znode1 再次改变，那么将不再有 watch 事件发送给客户端，除非客户端为另一个读操作重新设置了一个 watch。

watch 事件将被异步地发送给客户端，并且 ZooKeeper 为 watch 机制提供了有序的一致性保证。理论上，客户端接收 watch 事件的时间要快于其看到 watch 对象状态变化的时间。

ZooKeeper 所管理的 watch 可以分为两类：一类是数据 watch（data watches）；一类是子 watch（child watches）。getData() 和 exists() 负责设置数据 watch，getChildren() 负责设置孩子 watch。我们可以通过操作返回的数据来设置不同的 watch。getData() 和 exists() 返回关于节点数据的信息，getChildren() 返回孩子列表。因此，setData() 将触发设置了数据 watch 的对应事件。一个成功的 create() 操作将触发 Znode 的数据 watch，以及孩子 watch。一个成功的 delete() 操作将触发数据 watch 和孩子 watch，因为 Znode 被删除的时候，它的 child watch

也将被删除。

watch 由客户端所连接的 ZooKeeper 服务器在本地维护，因此 watch 可以非常容易地设置、管理和分派。当客户端连接到一个新的服务器上时，任何的会话事件都将可能触发 watch。另外，当从服务器断开连接的时候，watch 将不会被接收。但是，当一个客户端重新建立连接的时候，任何先前注册过的 watch 都会被重新注册。

15.4.4 ZooKeeper ACL

ZooKeeper 使用 ACL 来对 Znode 进行访问控制。ACL 的实现和 UNIX 文件访问许可非常相似：它使用许可位来对一个节点的不同操作进行允许或禁止的权限控制。但是，和标准的 UNIX 许可不同的是，ZooKeeper 节点有 user（文件的拥有者）、group 和 world 三种标准模式，并且没有节点所有者的概念。

需要注意的是，一个 ACL 和一个 ZooKeeper 节点相对应。并且，父节点的 ACL 与子节点的 ACL 是相互独立的。也就是说，ACL 不能被子节点所继承，父节点所拥有的权限与子节点所拥有的权限没有任何关系。

表 15-5 为访问控制列表所规定的权限。

表 15-5 ACL 权限

权　　限	权限描述
CREATE（创建）	创建子节点
READ（读）	从节点获取数据或列出节点的所有子节点
WRITE（写）	设置节点的数据
DELETE（删除）	删除子节点
ADMIN（管理员）	可以设置权限

ZooKeeper ACL 的使用依赖于验证，它支持如下几种验证模式：

❑ world：代表某一特定的用户（客户端）。

❑ auth：代表任何已经通过验证的用户（客户端）。

❑ digest：通过用户名密码进行验证。

❑ ip：通过客户端 IP 地址进行验证。

当会话建立的时候，客户端将会进行自我验证。

另外，ZooKeeper Java API 支持三种标准用户权限，它们分别为：

```
ZOO_OPEN_ACL_UNSAFE;
ZOO_READ_ACL_UNSAFE;
ZOO_CREATOR_ALL_ACL;
```

ZOO_OPEN_ACL_UNSAFE 对于所有的 ACL 来说都是完全开放的：任何应用程序可以在节点上执行任何操作，比如创建、列出并删除子节点。ZOO_READ_ACL_UNSAFE 对于任意的应用程序来说，仅仅具有读权限。ZOO_CREATOR_ALL_ACL 授予节点创建者所有的权限。需要注意的是，在设置此权限之前，创建者必须已经通过了服务器的认证。

15.4.5 ZooKeeper 的一致性保证

ZooKeeper 是一种高性能、可扩展的服务。ZooKeeper 的读写速度非常快，并且读的速度要比写更快。另外，在进行读操作的时候，ZooKeeper 依然能够为旧的数据提供服务。这些都是由 ZooKeeper 所提供的一致性保证的，它具有如下特点：

（1）顺序一致性

客户端的更新顺序与它们被发送的顺序相一致。

（2）原子性

更新操作要么成功要么失败，没有第三种结果。

（3）单系统镜像

无论客户端连接到哪一个服务器，他将看到相同的 ZooKeeper 视图。

（4）可靠性

一旦一个更新操作被应用，那么在客户端再次更新它之前，其值将不会改变。这会保证产生下面两种结果：

❑ 如果客户端成功地获得了正确的返回代码，那么说明更新已经成功。如果不能够获得返回代码（由于通信错误、超时等原因），那么客户端将不知道更新操作是否生效。

❑ 当故障恢复的时候，任何客户端能够看到的执行成功的更新操作将不会回滚。

（5）实时性

在特定的一段时间内，客户端看到的系统需要被保证是实时的（在十几秒的时间里）。在此时间段内，任何系统的改变将被客户端看到，或者被客户端侦测到。

这些一致性得到保证后，ZooKeeper 更高级功能的设计与实现将会变得非常容易，例如：leader 选举、队列，以及可撤销锁等机制的实现。

15.5 使用 ZooKeeper 进行 Leader 选举

ZooKeeper 需要在所有的服务（可以理解为服务器）中选举出一个 Leader，然后让这个 Leader 来负责管理集群。此时，集群中的其他服务器则成为了此 Leader 的 Follower。并且，当 Leader 出现故障的时候，ZooKeeper 要能够快速地在 Follower 中选举出下一个 Leader。这就是 ZooKeeper 的 Leader 机制，下面我们将简单介绍如何使用 ZooKeeper 实现 Leader 选举（Leader Election）。

此操作实现的核心思想是：首先创建一个 EPHEMERAL 目录节点，例如 "/election"。然后每一个 ZooKeeper 服务器在此目录下创建一个 SEQUENCE|EPHEMERAL 类型的节点，例如 "/election/n_"。在 SEQUENCE 标志下，ZooKeeper 将自动地为每一个 ZooKeeper 服务器分配一个比前面所分配的序号要大的序号。此时创建节点的 ZooKeeper 服务器中拥有最小编号的服务器将成为 Leader。

在实际的操作中，还需要保证：当 Leader 服务器发生故障的时候，系统能够快速地选出下一个 ZooKeeper 服务器作为 Leader。一个简单的解决方案是，让所有的 Follower 监视 leader 所对应的节点。当 Leader 发生故障时，Leader 所对应的临时节点会被自动删除，此操作将会触发所有监视 Leader 的服务器的 watch。这样这些服务器就会收到 Leader 故障的消息，进而进行下一次的 Leader 选举操作。但是，这种操作将会导致"从众效应"的发生，尤其是当集群中服务器众多并且带宽延迟比较大的时候更为明显。

在 ZooKeeper 中，为了避免从众效应的发生，它是这样来实现的：每一个 Follower 为 Follower 集群中对应着比自己节点序号小的节点中 x 序号最大的节点设置一个 watch。只有当 Follower 所设置的 watch 被触发时，它才进行 Leader 选举操作，一般情况下它将成为集群中的下一个 Leader。很明显，此 Leader 选举操作的速度是很快的。因为每一次 Leader 选举几乎只涉及单个 Follower 的操作。

15.6　ZooKeeper 锁服务

在 ZooKeeper 中，完全分布的锁是全局同步的。也就是说，在同一时刻，不会有两个不同的客户端认为他们持有了相同的锁。这一节我们将向大家介绍在 ZooKeeper 中的各种锁机制是如何实现的。

15.6.1　ZooKeeper 中的锁机制

ZooKeeper 将按照如下方式实现加锁的操作：

1）ZooKeeper 调用 create() 方法来创建一个路径格式为"_locknode_/lock-"的节点，此节点类型为 sequence（连续）和 ephemeral（临时）。也就是说，创建的节点为临时节点，并且所有的节点连续编号，即为"lock-i"的格式。

2）在创建的锁节点上调用 getChildren() 方法，以获取锁目录下的最小编号节点，并且不设置 watch。

3）步骤 2 中获取的节点恰好是步骤 1 中客户端创建的节点，那么此客户端会获得该种类型的锁，然后退出操作。

4）客户端在锁目录上调用 exists() 方法，并且设置 watch 来监视锁目录下序号相对自己次小的连续临时节点的状态。

5）如果监视节点状态发生变化，则跳转到步骤 2，继续进行后续的操作，直到退出锁竞争。

ZooKeeper 的解锁操作非常简单，客户端只需要将加锁操作步骤 1 中创建的临时节点删除即可。

注意　1）一个客户端解锁之后，将只可能有一个客户端获得锁，因此每一个临时的连续节点对应着一个客户端，并且节点之间没有重叠；2）在 ZooKeeper 的锁机制中没有轮询和超时。

ZooKeeper 中锁机制流程图如图 15-8 所示。

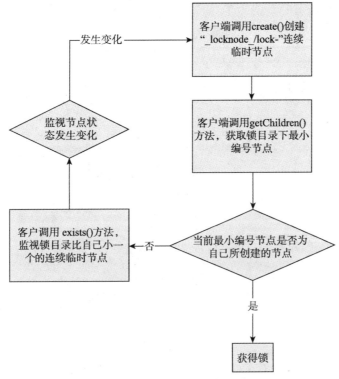

图 15-8　ZooKeeper 锁机制流程图

15.6.2　ZooKeeper 提供的一个写锁的实现

在 ZooKeeper 安装目录的 recipes 目录下有一个 ZooKeeper 分布式写锁的实现方式（ZooKeeper_Dir/src/recpies/lock 目录）。

其中，加锁的实现如代码清单 15-7 所示。

代码清单 15-7　lock

```
1 public synchronized boolean lock() throws KeeperException, InterruptedException {
2         if (isClosed()) {
3             return false;
4         }
5         ensurePathExists(dir);
6
7         return (Boolean) retryOperation(zop);
8     }
```

在加锁操作的实现中，首先调用 isclosed() 方法来检查锁的状态，如果没有获得锁，则调用 ensurePathExists() 方法来设置一个监视器。这正如我们在 15.6.1 节所描述的步骤。

解锁的实现如代码清单 15-8 所示。

代码清单 15-8　unlock

```
1 public synchronized void unlock() throws RuntimeException {
2
3        if (!isClosed() && id != null) {
4            try {
5
6                ZooKeeperOperation zopdel = new ZooKeeperOperation(){
7                    public boolean execute() throws KeeperException,InterruptedException
8                    {
9                        zookeeper.delete(id, -1);
10                        return Boolean.TRUE;
11                    }
12                };
13                zopdel.execute();
14            } catch (InterruptedException e) {
15                LOG.warn("Caught: " + e, e);
16                //set that we have been interrupted.
17                Thread.currentThread().interrupt();
18            } catch (KeeperException.NoNodeException e) {
19
20            } catch (KeeperException e) {
21                LOG.warn("Caught: " + e, e);
22                throw (RuntimeException) new RuntimeException(e.getMessage()).
23                    initCause(e);
24            }
25            finally {
26                if (callback != null) {
27                    callback.lockReleased();
28                }
29                id = null;
30            }
31        }
32    }
```

解锁的操作主要是通过代码中的第 6 ～ 12 行来实现的，只需要删除锁对应的临时节点即可。

注意　当此操作出现故障的时候，我们不需要重复这个解锁操作。另外，在不能重新连接的时候，我们也不需要做任何处理，因为 ZooKeeper 会自动地删除临时节点，并且在服务器出现故障的时候，此临时节点也会随着服务的结束而自动删除。

15.7　使用 ZooKeeper 创建应用程序

本节将首先介绍如何使用 Eclipse 开发 Zookeeper 应用程序，然后通过一个实例让大家熟悉 Zookeeper 的简单开发。

15.7.1　使用 Eclipse 开发 ZooKeeper 应用程序

ZooKeeper 客户端支持两种语言的编程，包括 Java 和 C，我们以 Java 为例介绍如何进行程序的开发。为了方便编写程序，一般习惯于使用 IDE。对于 Java 程序来说，首选莫过于 Eclipse，下面我们介绍如何使用 Eclipse 进行 ZooKeeper 程序的开发。

首先在 Eclipse 创建一个工程，我们命名为 ZooKeeper，如图 15-9 所示。

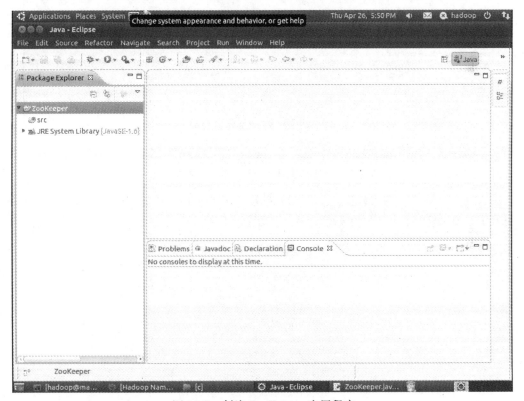

图 15-9　创建 ZooKeeper 应用程序

在创建完工程之后，我们还不能使用 ZooKeeper 的类库，因此需要导入 ZooKeeper 的 jar 包。具体操作为：选中工程→右键，选择 Properties → Java Build Path → Libraries → Add External JARs →定位到 ZooKeeper-3.4.3 安装目录，选择根目录下的 zookeeper-3.4.3.jar 文件 → OK。如图 15-10 所示。

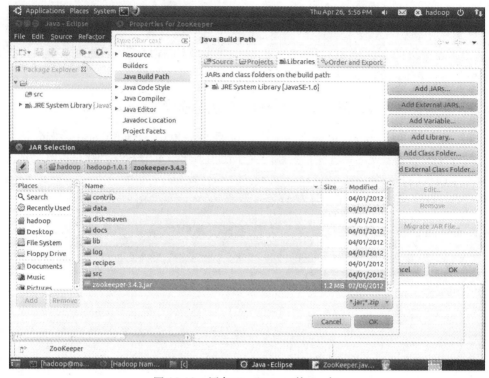

图 15-10　添加 ZooKeeper 的 Jar 包

添加完 ZooKeeper 的 Jar 包之后，可以创建 ZooKeeper 应用程序并引用 ZooKeeper 提供的类库了。该 Jar 文件所包含的 Package 如下图 15-11 所示。

图 15-11　ZooKeeper 的 Package

在所有的包中，org.apache.zookeeper 和 org.apache.zookeeper.data 是最基本的，一般客户端应用程序的编写都要用到这两个包所提供的类，其他包相对使用的频率要小。在 org.apache.zookeeper 中提供了 ZooKeeper 客户端连接服务器的实例。一个最简单的 ZooKeeper 实例初始化函数包括三个参数：public ZooKeeper(String connectString, int sessionTimeout, Watcher watcher)。这里，connectString 为客户端连接服务器字符串，格式为 "IP/Hostname:Port"，例如 "zoo1:2181"，sessionTimeout 设置的是会话超时时间，watcher 设置的是监视器，该监视器通过 org.apache.zookeeper.Watcher 进行初始化。

一个简单的应用程序如代码清单 15-6 所示，下面给出一个综合的例子供大家参考。

15.7.2　应用程序实例

此节将通过一组简单的 ZooKeeper 应用程序实例来向大家展示 ZooKeeper 的某些功能。这一节所实现的主要功能包括：创建组、加入组、列出组成员，以及删除组。

为了避免某些重复性的操作，我们创建了一个本应用程序的基类：ZooKeeperInstance。它主要实现了 Zookeeper 对象的实例化操作。详见代码清单 15-9。

代码清单 15-9　ZooKeeperInstance

```
1   package cn.edu.ruc.cloudcomputing.book.chapter15;
2
3   import java.io.IOException;
4
5   import org.apache.zookeeper.WatchedEvent;
6   import org.apache.zookeeper.Watcher;
7   import org.apache.zookeeper.ZooKeeper;
8
9   public class ZooKeeperInstance {
10    // 会话超时时间，设置为与系统默认时间一致
11    public static final int SESSION_TIMEOUT=30000;
12
13    // 创建 ZooKeeper 实例
14    ZooKeeper zk;
15
16    // 创建 Watcher 实例
17    Watcher wh=new Watcher(){
18        public void process(WatchedEvent event){
19                System.out.println(event.toString());
20        }
21    };
22
23    // 初始化 Zookeeper 实例
24    public void createZKInstance() throws IOException{
25        zk=new ZooKeeper("localhost:2181",ZooKeeperInstance.SESSION_
          TIMEOUT,this.wh);
26    }
27
```

```
28    // 关闭 ZK 实例
29    public void ZKclose() throws InterruptedException{
30         zk.close();
31    }
32 }
```

在 ZooKeeper 中的组机制也同样是通过 ZooKeeper 节点来实现的。一个 Znode 为一个目录，即代表着一个组。这里我们创建了一个名为 "/ZKGroup" 的组。详见代码清单 15-10。

代码清单 15-10　CreateGroup

```
1    package cn.edu.ruc.cloudcomputing.book.chapter15;
2
3    import java.io.IOException;
4
5    import org.apache.zookeeper.CreateMode;
6    import org.apache.zookeeper.KeeperException;
7    import org.apache.zookeeper.ZooDefs.Ids;
8
9    public class CreateGroup extends ZooKeeperInstance {
10
11    // 创建组
12    // 参数：groupPath
13    public void createPNode(String groupPath) throws KeeperException,
      InterruptedException{
14         // 创建组
15         String cGroupPath=zk.create(groupPath, "group".getBytes(), Ids.OPEN_
           ACL_UNSAFE, CreateMode.PERSISTENT);
16         // 输出组路径
17         System.out.println(" 创建的组路径为："+cGroupPath);
18    }
19
20    public static void main(String[] args) throws IOException, KeeperException,
      InterruptedException{
21         CreateGroup cg=new CreateGroup();
22         cg.createZKInstance();
23         cg.createPNode("/ZKGroup");
24         cg.ZKclose();
25    }
26 }
```

在创建组操作完成之后，我们需要将成员加入到组当中，也就是将节点加入到组节点的目录下，成为其子节点。在创建节点之前，首先需要调用 exists() 函数来判断组目录是否存在。此程序中创建了一个 MultiJoin() 函数，它通过一个计数器为组节点创建 10 个子节点。详见代码清单 15-11。

代码清单 15-11 JoinGroup

```
1   package cn.edu.ruc.cloudcomputing.book.chapter15;
2
3   import java.io.IOException;
4
5   import org.apache.zookeeper.CreateMode;
6   import org.apache.zookeeper.KeeperException;
7   import org.apache.zookeeper.ZooDefs.Ids;
8
9   public class JoinGroup extends ZooKeeperInstance {
10      // 加入组操作
11      public int Join(String groupPath,int k) throws KeeperException,
        InterruptedException{
12          String child=k+"";
13          child="child_"+child;
14
15          // 创建的路径
16          String path=groupPath+"/"+child;
17          // 检查组是否存在
18          if(zk.exists(groupPath,true) != null){
19              // 如果存在，加入组
20              zk.create(path,child.getBytes(), Ids.OPEN_ACL_UNSAFE,
                CreateMode.PERSISTENT);
21              return 1;
22          }
23          else{
24              System.out.println("组不存在！");
25              return 0;
26          }
27      }
28
29      // 加入组操作
30      public void MultiJoin() throws KeeperException, InterruptedException{
31          for(int i=0;i<10;i++){
32              int k=Join("/ZKGroup",i);
33              // 如果组不存在则退出
34              if(0==k)
35                  System.exit(1);
36          }
37      }
38      public static void main(String[] args) throws IOException, KeeperException,
        InterruptedException{
39          JoinGroup jg=new JoinGroup();
40          jg.createZKInstance();
41          jg.MultiJoin();
42          jg.ZKclose();
43      }
44  }
```

在加入组操作完成之后，我们通过 getChildren() 函数来列出所有组的成员（即获取组目录下的所有孩子节点）。详见代码清单 15-12：

代码清单 15-12　ListMembers

```
1   package cn.edu.ruc.cloudcomputing.book.chapter15;
2
3   import java.io.IOException;
4   import java.util.List;
5
6   import org.apache.zookeeper.KeeperException;
7
8   public class ListMembers extends ZooKeeperInstance {
9   public void list(String groupPath) throws KeeperException, InterruptedException{
10          // 获取所有子节点
11          List<String> children=zk.getChildren(groupPath, false);
12          if(children.isEmpty()){
13                  System.out.println(" 组 "+groupPath+" 中没有组成员存在！ ");
14                  System.exit(1);
15          }
16          for(String child:children)
17                  System.out.println(child);
18  }
19
20  public static void main(String[] args) throws IOException, KeeperException,
    InterruptedException{
21          ListMembers lm=new ListMembers();
22          lm.createZKInstance();
23          lm.list("/ZKGroup");
24  }
25 }
```

在执行删除组操作时，我们首先需要删除组目录下的所有成员，当组目录空时，再将组目录删除。那么，这过程中首先就需要调用 getChildren() 函数，获取组目录的所有成员，然后调用 delete() 函数将其一一删除。最后删除组目录。详见代码清单 15-13。

代码清单 15-13　DelGroup

```
1   package cn.edu.ruc.cloudcomputing.book.chapter15;
2
3   import java.io.IOException;
4   import java.util.List;
5
6   import org.apache.zookeeper.KeeperException;
7
8   public class DelGroup extends ZooKeeperInstance {
9    public void delete(String groupPath) throws KeeperException,
    InterruptedException{
10   List<String> children=zk.getChildren(groupPath, false);
```

```
11                // 如果不空，则进行删除操作
12            if(!children.isEmpty()){
13                   // 删除所有子节点
14               for(String child:children)
15                     zk.delete(groupPath+"/"+child, -1);
16           }
17           // 删除组目录节点
18           zk.delete(groupPath, -1);
19    }
20
21    public static void main(String args[]) throws IOException, KeeperException,
      InterruptedException{
22           DelGroup dg=new DelGroup();
23           dg.createZKInstance();
24           dg.delete("/ZKGroup");
25           dg.ZKclose();
26    }
27 }
```

限于篇幅，本章只介绍了关于 Zookeeper 的一些基本知识，希望大家通过本章的学习能够对 ZooKeeper 的机制有一个全面的了解。另外，希望大家能够亲自动手编写 Zookeeper 程序，这样可以促进对 ZooKeeper 更深入的了解。

15.8　BooKeeper

BooKeeper 具有副本的功能，目的是提供可靠的日志记录。在 BooKeeper 中，服务器被称为账本（Bookies），在账本之中有不同的账户（Ledgers），每一个账户由一条条的记录（Entry）组成。如果使用普通的磁盘存储日志数据，那么日志数据可能遭到破坏，当磁盘发生故障的时候，日志也可能被丢失。BooKeeper 为每一份日志提供了分布式的存储，并且采用了大多数（quorum，相对于全体）的概念，也就是说，只要集群中的大多数机器可用，那么该日志一直有效。

BooKeeper 通过客户端进行操作，客户端可以对 BooKeeper 进行添加账户、打开账户、添加账户记录、读取账户记录等操作。另外，BooKeeper 的服务依赖于 ZooKeeper，可以说 BooKeeper 是依赖于 ZooKeeper 的一致性及分布式的特点在其之上提供了另外一种可靠性服务。如图 15-12 为 BooKeeper 的架构。

从上图中可以看出，BooKeeper 中总共包含四类角色，分别为：账本（Bookie）、账户（Ledger）、客户端（BooKeeper Client）以及元数据存储服务（Metadata Storage Service）。下面我们来简单介绍这四类角色的功能。

账本（Bookie）：账本是 BookKeeper 的存储服务器，它存储的是一个个的账本，可以将账本理解为一个节点。在一个 BookKeeper 系统中存在有多个账本（节点），每个账户被不同的账本所存储。若要写一条记录到指定的账户中，该记录将被写到维护该账户的所有账本节

点中。为了提高系统的性能，这条记录并不是真正地被写入到所有节点中，而是选择集群的一个大多数集进行存储。该系统独有的特性使得 BookKeeper 系统有良好的扩展性。即，我们可以通过简单地添加机器节点的方法提高系统的容量。

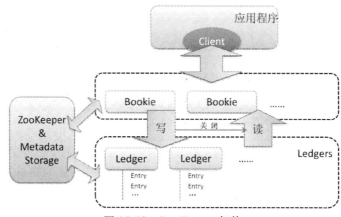

图 15-12　BooKeeper 架构

账户（Ledger）：账户中存储的是一系列的记录（Entry），每一条记录包含一定的字段。记录通过写操作一次性写入，只能进行附加操作不能进行修改。每条记录包含如下字段，见表 15-6。

表 15-6　BookKeeper 记录格式

字　　段	数据类型	描　　述
账户号	long	记录所在账户的 id
记录号	long	记录自身的 id
上条记录号	long	上一条存储记录的 id
数据	byte[]	记录的值，由应用程序提供
认证码	byte[]	记录其他字段的认证码信息

当满足下列两个条件时，某条记录才被认为是存储成功：
1）之前所记录的数据被账本节点的大多数集所存储；
2）该记录被账本节点的大多数集所存储。
客户端（BookKeeper Client）：客户端通常与 BookKeeper 应用程序进行交互，它允许应用程序在系统上进行操作，包括创建账户，写账户等。
元数据存储服务（Metadata Storage Service）：元数据信息存储在 ZooKeeper 集群当中，它存储关于账户和账本的信息，例如，账本由集群中的哪些节点进行维护，账户由哪个账本进行维护等。
应用程序在使用账本的时候，首先需要创建一个账户。在创建账户时，系统首先将该账本的 Metadata 信息写入到 ZooKeeper 中。每一个账户在某一时刻只能有一个写实例。在其它实例进行读操作之前首先需要将写实例关闭。如果写操作由于故障而未能正常关闭,那么下一个尝试打开账户的实例将需要首先对其进行恢复并正确关闭写操作。在进行写操作时同时需要将最后一次的写记录存储到 ZooKeeper 中,因此恢复程序仅需要在 ZooKeeper 中查看该账户所对应的最后一条写记录,然后将其正确地点写入到账户中,再正确关闭写操作。在 BookKeeper 中该恢复程序由系统自动执行,不需要用户的参与。

15.9　本章小结

ZooKeeper 作为 Hadoop 项目的一个子项目,是 Hadoop 集群管理中一个必不可少的模块。它主要用来控制集群中的数据,如管理 Hadoop 集群中的 NameNode,以及 Hbase 中的 Master Election、Server 之间的状态同步等。除此之外,它还在其他多种场合中发挥着重要的作用。

本章介绍了 ZooKeeper 的基本知识,以及 ZooKeeper 的配置、使用和管理等内容。另外还深入挖掘了 ZooKeeper 重要功能的实现机制,并介绍了它的某些应用场景。ZooKeeper 作为一个用于协调分布式程序的服务,必将在更多的场合发挥越来越重要的作用。

第 16 章

Avro 详解

本章内容

- ☐ Avro 介绍
- ☐ Avro 的 C/C++ 实现
- ☐ Avro 的 Java 实现
- ☐ GenAvro（Avro IDL）语言
- ☐ Avro SASL 概述
- ☐ 本章小结

16.1　Avro 介绍

Avro 作为 Hadoop 下相对独立的子项目，是一个数据序列化的系统。类似于其他序列化系统，Avro 可以将数据结构或对象转化成便于存储或传输的格式，特别是在设计之初它可以用来支持数据密集型应用，适合于大规模数据的存储和交换。总之，Avro 可以提供以下一些特性和功能：

- ☐ 丰富的数据结构类型；
- ☐ 快速可压缩的二进制数据形式；
- ☐ 存储持久数据的文件容器；
- ☐ 远程过程调用（RPC）；
- ☐ 简单的动态语言结合功能。

Avro 和动态语言结合后，读写数据文件和使用 RPC 协议都不需要生成代码了，而代码作为一种可选的优化只需要在静态类型语言中实现。

Avro 依赖于模式（Schema）。Avro 数据的读 / 写操作很频繁，而这些操作都需要使用模式，这样可减少写入每个数据资料的开销，使得序列化快速而又轻巧。这种数据及其模式的自我描述方便了动态脚本语言的使用。

当 Avro 数据存储到文件中时，它的模式也随之存储，这样任何程序都可以对文件进行处理。如果读取数据时使用的模式与写入数据时使用的模式不同，那也很容易解决，因为读取和写入的模式都是已知的。图 16-1 表示的是 Avro 的主要作用，它将用户定义的模式和具体的数据编码成二进制序列存储在对象容器文件中，假设用户定义了包含学号、姓名、院系和电话的学生模式，那么 Avro 对其进行编码后存储在 student.db 文件中，其中存储数据的模式放在文件头的元数据中，这样即使读取的模式与写入的模式不同，也可以迅速地读出数据，如果另一个程序需要获取学生的姓名和电话，只需定义包含姓名和电话的学生模式，然后用此模式去读取容器文件中的数据即可。

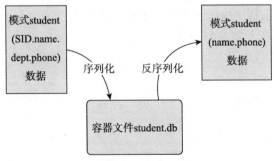

图 16-1　Avro 的主要作用

当在 RPC 中使用 Avro 时，服务器和客户端可以在握手连接时交换模式。服务器和客户端有彼此全部的模式，因此含有相同命名字段、缺失字段和多余字段等信息之间通信时，需要处理的一致性问题就可以容易地解决。如图 16-2 所示，协议中定义了用于传输的消息，消息使用框架后放入缓冲区中进行传输，由于传输的初始就交换了各自的协议定义，即使传输双方使用的协议不同，所传输的数据也能够正确解析，具体过程将在后面介绍。

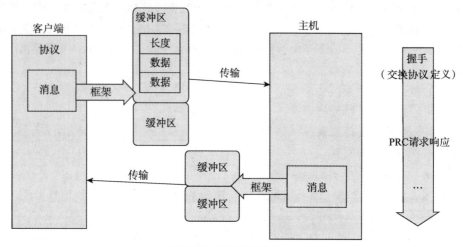

图 16-2　RPC 使用 Avro

Avro 模式是用 JSON（一种轻量级的数据交换模式）定义的，这样对于已经拥有 JSON 库的语言来说就可以容易地实现。

Avro 提供与诸如 Thrift 和 Protocol Buffers 等系统相似的功能，但是在一些基础方面还是有区别的，主要表现在以下几个方面：

❑ 动态类型：Avro 并不需要与生成代码、模式和数据存放在一起，而整个数据的处理过程并不生成代码、静态数据类型等。这方便了数据处理系统和语言的构造。

❑ 未标记的数据：因为读取数据的时候模式是已知的，所以需要和数据一起编码的类型信息就很少了，这样序列化的规模也就小了。

❑ 不需要用户指定字段号：即使模式发生了改变，但是新旧模式都是已知的，所以处理数据时可以通过使用字段名称来解决差异问题。

下面详细介绍模式的声明和 Avro 的具体使用。

16.1.1　模式声明

模式声明主要是定义数据的类型，Avro 中的模式可以使用 JSON 通过以下方式表示。

1）JSON 字符串，指定已定义的类型。

2）JSON 对象，其形式为：

```
{"type": "typeName" ...attributes...}
```

其中，typeName 可以是原生的或衍生的类型名称，本章没有定义的属性可以视为元数据，但是其不能影响序列化数据的格式。

3）JSON 数组，表示嵌入类型的联合。

声明的类型必须是 Avro 所支持的数据类型，其中包括原始类型（Primitive Types）和复杂类型（Complex Types），下面分别介绍它们。

原始类型名称包括以下几部分。

- null：没有值；
- boolean：二进制值；
- int：32 位有符号整数；
- long：64 位有符号整数；
- float：单精度（32 位）IEEE 754 浮点数；
- double：双精度（64 位）IEEE 754 浮点数；
- bytes：8 位无符号字节序列；
- string：unicode 字符序列。

原始类型没有特定的属性，其名称可以通过类型来定义，如模式 "string" 相当于：

```
{"type": "string"}
```

Avro 支持六种复杂类型：记录（records）、枚举（enums）、数组（arrays）、映射（maps）、联合（unions）和固定型（fixed），下面一一介绍。

（1）记录（records）

记录使用类型名称 "record" 并且支持以下属性：

- name：提供记录名称的 JSON 字符串（必须）。
- namespace：限定名称的 JSON 字符串。
- doc：向模式使用者提供说明的 JSON 字符串（可选）。
- aliases：字符串的 JSON 数组，为记录提供代替名称（可选）。
- field：一个 JSON 数组，用来列出字段（必须）。每个字段就是一个 JSON 对象且拥有以下属性。
- name：提供记录名称的 JSON 字符串（必须）。
- doc：为使用者提供字段说明的 JSON 字符串（可选）。
- type：定义模式的 JSON 对象，或者记录定义的 JSON 字符串（必须）。
- default：该字段的默认值用于读取缺少该字段的实例（可选）。如表 16-1 所示，允许的值依赖于字段的模式类型。联合字段的默认值对应于联合中的第一个模式。字节和固定字段的默认值是 JSON 字符，这里 0~255 的 Unicode 映射到 0~255 的 8 位无符号字节。
- order：指定该字段如何影响记录的排序（可选）。有效的值有 "ascending"（默认）、"descending" 或 "ignore"。
- aliases：字符串的 JSON 数组，为该字段提供可选的名称（可选）。

表 16-1　字段默认值

Avro 类型	JSON 类型	例　　子
null	null	null
boolean	boolean	true
int,long	integer	1
float,double	number	1.1
bytes	string	"\u00FF"
string	string	"foo"
record	object	{"a":1}
enum	string	"FOO"
array	array	[1]
map	object	{"a":1}
fixed	string	"\u00ff"

例如，一个 64 位的链表可以定义为：

```
{
"type": "record",
"name": "LongList",
"aliases": ["LinkedLongs"],                    // 别名
"fields" : [
    {"name": "value", "type": "long"},         // 每个元素都含有长整型
    {"name": "next", "type": ["LongList", "null"]}   // 下一元素
        ]
 }
```

（2）枚举（enums）

枚举使用类型名称"enum"并且支持以下几种类型。

❑ name：提供实例名称的 JSON 字符串（必须）。

❑ namespace：限定名称的 JSON 字符串。

❑ aliases：字符串的 JSON 数组，为枚举提供替代名称（可选）。

❑ doc：对模式使用者提供说明的 JSON 字符串（可选）。

❑ symbols：列出标记的 JSON 数组（必须）。枚举中的所有标记必须是唯一的，不允许
有重复的标记。

例如，纸牌游戏可以定义为：

```
{ "type": "enum",
  "name": "Suit",
  "symbols" : ["SPADES", "HEARTS", "DIAMONDS", "CLUBS"]
 }
```

（3）数组（arrays）

数组使用类型名称"array"并且支持一个属性。

❑ items：数组项目的模式。

例如，字符串数组可以定义为：

```
{"type": "array", "items": "string"}
```

（4）映射（maps）

映射使用类型名称"map"并且支持一个属性。

❑ values：映射值的模式。

映射值默认为字符串，例如，从字符串到长整型的映射可以声明为：

```
{"type": "map", "values": "long"}
```

（5）联合（unions）

联合主要使用 JSON 数组表示，例如可以用 ["string", "null"] 声明一个是字符串或者 null 的模式。除了指定的记录、固定型（fixed）和枚举外，对于相同的类型，联合只能包含一个模式。例如，联合中不允许包含两个数组类型或两个映射类型，但是允许包含不同名称的两种类型。联合中不能直接包含其他的联合。

（6）固定型（fixed）

固定型使用类型名称"fixed"并且支持以下属性。

❑ name：固定型名称的字符串（必须）。

❑ namespace：限定名称的字符串。

❑ aliases：提供替代名称的字符串的 JSON 数组（可选）。

❑ size：说明每个值的字节数的整型（可选）。

例如，16 字节大小的固定型可以声明为：

```
{"type": "fixed", "size": 16, "name": "md5"}
```

记录、枚举和固定型都是指定的类型，其全名由两部分组成：名称和命名空间。全名为由点分开的名字序列，其名称部分和记录字段名字必须：

❑ 以字母 A~Z 或 a~z 或 _ 开头；

❑ 后面应只含有 A~Z、a~z、0~9 或 _。

在记录、枚举和固定型的定义中，全名可以通过以下几种方式定义。

❑ 指定名称和命名空间。如使用名称 "name":"X" 和命名空间 "namespace":"org.foo" 来表示全名 org.foo.X。

❑ 指定全名。如果指定的名称中包含点，则可以使用名称作为全名，并且任何指定的命名空间都将被忽略。如使用名称 "name":"org.foo.X" 来表示全名 org.foo.X。

❑ 只指定名称，且名称中不包含点。这种情况下命名空间取自外层的模式或协议，比如指定名称 "name":"X"，其所在记录定义的字段则为 org.foo.Y，即全名为 org.foo.X。

总结以上后两种情况可得：如果名称包含点，则是全名；如果不包含点，则命名空间默认为外层定义的命名空间。原始类型没有命名空间并且它们的名称也不能定义为任何命名空间。

命名的类型和字段可以拥有别名。为方便模式的发展和处理不同的数据集，在实现中可以选择使用别名将作者的模式（writer's schema）映射成读者的模式（reader's schema）。使用别名可以改变作者的模式，例如，如果作者的模式命名为 "Foo"，而读者的模式命名为 "bar" 且别名为 "Foo"，那么在读取时即使 "Foo" 称作 "Bar" 也能实现。同理，如果数据曾经写成字段名为 "x" 的记录，那么即使是字段名为 "'y" 别名为 "x" 的记录也能读取，尽管 "x" 写成了 "y"。

16.1.2　数据序列化

模式声明后就可以根据模式写入数据了。当数据存储或传输时需要对其序列化，需要注意的是，Avro 数据和其模式会一起被序列化。基于 Avro 的 RPC 系统必须保证远程的数据接收器拥有写入数据的模式副本，因为读取数据时写入数据的模式是知道的，所以 Avro 数据本身不需要标记类型信息。

通常，序列化和还原序列化过程（见图 16-1）可以看成是对模式深度优先、从左到右的遍历过程，并在遍历过程中序列化或还原序列化遇到的原始类型。

Avro 指定两种序列化编码：二进制和 JSON。在这两种序列化编码中，因为二进制编码速度快且生成的数据量小，所以大多数的应用程序使用二进制编码。但是基于调试和网络的应用程序有时使用 JSON 编码比较合适。下面先介绍各种类型的二进制编码。

原始类型的二进制编码有如下几种。

❏ null 编码成零字节。

❏ boolean 编码成单字节，值为 0（false）或 1（true）。

int 和 long 使用可变长度的 ZigZag 编码[⊖]，如表 16-2 所示。

表 16-2　ZigZag 编码举例

value（值）	hex（十六进制）
0	00
−1	01
1	02
−2	03
2	04
...	...
−64	7f
64	80 01
....	...

❏ float 占 4 字节，使用类似于 Java 中 floatToIntBits 的方法可以将浮点数转化成 32 位的整型，然后编码成低字节序的格式。

❏ double 占 8 字节，使用类似于 Java 中 doubleToLongBits 的方法可以将双精度数转化

⊖ ZigZag 编码原使用于 Protocol Buffers，是一种将有符号数映射成无符号数的一种编码方式。

为 64 位的整型，然后编码成低字节序的格式。

❑ bytes 根据数据的字节编码成长整型。

❑ string 根据 UTF-8 字符集编码成长整型。

如果 UTF-8 字符集中 'f'、'o'、'o' 的十六进制分别为 66 6f 6f，并且字符串 "foo" 含有三（编码成十六进制 06）个字符，那么 "foo" 编码为 06 66 6f 6f。

复杂类型的二进制编码方法有如下几种。

（1）记录（records）

通过对声明的每个字段值按顺序编码来对记录进行编码。换句话说，记录的编码由每个字段的编码串联而成。例如，记录模式的代码如下：

```
{
"type": "record",
"name": "test",
"fields" : [
{"name": "a", "type": "long"},
{"name": "b", "type": "string"}
]
}
```

以上代码中，假设 a 字段的值为 27（十六进制为 36），b 字段的值为 "foo"（十六进制为 06 66 6f 6f），那么记录的编码仅仅是这些编码的串联，即十六进制序列 36 06 66 6f 6f。

（2）枚举（enums）

枚举按整型编码，其中整型代表每个标志在模式中的位置（从 0 开始）。例如，枚举模式的代码如下：

```
{"type": "enum", "name": "Foo", "symbols": ["A", "B", "C", "D"] }
```

上面的例子序列化时将被编码成整型 0~3，其中 0 代表 "A"，3 代表 "D"。

（3）数组（arrays）

数组编码成一系列块，每个块包含一个长整型的数值，长整形的数值组成为数组项，其中最后一块为 0，表示是数组的结尾，每个数组项的模式都会编码。如果块中的值为负数，则取绝对值，紧跟数值后面的块的大小为长整型，表示块中的字节数。如果只映射记录部分字段，则利用块大小可以跳过部分数据。例如，数组模式为：

```
{"type": "array", "items": "long"}
```

对于包含项 3 和 27 的数组，其数组包含两个长整型值，其中数组个数 "2" 使用 ZigZag 编码成十六进制为 04，而 3 和 27 编码成十六进制分别为 06 和 36，最后以 0 结尾，其数组编码成：04 06 36 00。

这种块表示方法允许读 / 写大小超过内存缓冲的数组，因为在不知道数组长度的情况下就可以开始写入。

（4）映射（maps）

映射的编码和数组相似，也是编码成一系列块，每个块包含一个长整型值，然后是键值对，值为 0 的块表示映射的结尾。如果块的值为负数，则取其绝对值。紧跟数值后面的块的大小为长整型，表示块中的字节数。如果只映射记录的部分字段，则利用块大小可以跳过部分数据。

同数组一样，在不知道映射长度的情况下就可以写入，因此这种块的表示方法也允许读 / 写大小超过内存缓冲的映射。

（5）联合（unions）

联合编码时先写入一个长整型值表示联合中每个模式值的位置（从 0 开始），再对联合中的值编码。例如，联合模式 ["string","null"] 应如此编码：null 为整数 1（联合中 null 的索引，使用 ZigZag 编码成十六进制 02）；字符串 "a" 为整数 0（联合中 "string" 的索引）；随后为序列化的字符串 61，所以最后这个联合编码应为 00 02 61。

（6）固定型（fixed）

固定型实例编码可使用模式中声明的字节数。对于编码成 JSON 类型，除了联合之外，还可以参照表 16-1 中 JSON 类型与 Avro 类型的对应关系进行编码。联合的 JSON 编码如下所示：

❑ 如果值为 null，那么按照 JSON null 来编码；

❑ 否则，按照带有名称 / 值的 JSON 对象进行编码，其中名称为类型名称，值为递归编码值。对于 Avro 的命名类型（记录、固定性和枚举）将使用用户指定的名称，对于其他类型将使用类型名。

例如，对于联合模式 ["null","string","Foo"]，其中 Foo 是记录名称，应如此编码：

❑ null 作为 null 编码；

❑ 字符串 "a" 按照 {"string":"a"} 编码；

❑ Foo 实例按照 {"Foo":{...}} 编码，这里 {...} 表示一个 Foo 实例的 JSON 编码。

需要注意的是，正确处理 JSON 编码数据仍需要模式，因为 JSON 编码并不区分 int 和 long、float 和 double、记录（records）和映射（maps）、枚举（enums）和字符串（strings）等。

16.1.3 数据排列顺序

对象化前最常使用的操作就是排序，在 Avro 确定了数据标准排列顺序后，就允许系统写入的数据可以被另外的系统高效地排序了，这是个很重要的优化。即使 Avro 二进制数据还没有反序列化成对象，也可以对其进行高效排序。

要对拥有相同模式的数据项进行比较，可以采用对模式的深度优先、从左到右递归成对的方式。遇到不能匹配的项即按原来顺序，比如 boolean 类型的数据和 int 类型的数据不能匹配，那就不用进行排序。具体来说，相同模式的两个项进行比较时须遵从下面的规则。

❑ null 数据总是相等的。

❑ boolean 类型中 false 排在 true 的前面。

❑ int、long、float 和 double 数据按照数值升序排列。

❑ bytes 和 fixed 数据根据 8 位无符号值按照字典序进行比较。

- string 数据根据 Unicode 按字典序进行比较，要注意的是，对字符串而言，既然 UTF-8 作为二进制编码使用，那么按字节排序和按字符串二进制数据排序是相同的。
- array 数据根据元素按字典序进行比较。
- enum 数据根据枚举模式中符号的位置进行排序。例如，枚举的符号位 ["z","a"] 把 "z" 排在 "a" 前面。
- union 数据先按照联合的分支进行排序，然后按照分支的类型排序。例如，联合 ["int","string"] 中，所有整型将排在所有字符型值前，而整型和字符型各自按照上面的规则排序。
- record 数据根据字段按字典序排序。如果字段指定其顺序为：
- "ascending"，其值排序的顺序不变；
- "descending"，其值排序的顺序反转；
- "ignore"，排序时其值将忽略。
- map 数据不进行比较。试图比较包含映射的数据是非法的，除非映射是"有序"的，否则"忽略"记录字段。

16.1.4　对象容器文件

序列化后的数据需要存入文件中。Avro 包含一个简单的对象容器文件，一个文件拥有一个模式，文件中所有存储的对象必须根据模式使用二进制编码写入。对象存储在可以压缩的块中，块之间使用同步机制为 MapReduce 处理提供高效的文件分离。文件中可能包含用户随意指定的元数据。那么一个文件包含：

- 文件头。
- 一个或多个文件数据块。

其中文件头包含：

- 4 个字节，分别是 ASCII 码的 o、b、j、1。
- 包含模式的文件元数据。
- 为此文件随机生成的 16 字节同步器。

文件的元数据包含：

- 指示元数据的一个键 / 值对的长整型。
- 每个对的字符串键和字节值。

所有以 "Avro" 开头的元数据属性是保留的，以下文件元属性主要用于：

- avro.schema，包含存储在文件中对象的模式，如 JSON 数据（必须）。
- avro.codec，编解码器名称，其编码器用来压缩诸如字符串的数据块。需要实现支持 "null" 和 "deflate" 编解码器，如果没有编解码器，那假设为 "null"。

"null" 编解码器不需要对数据解压缩，而 "deflate" 编解码器使用文档 RFC1951 中指定的 deflate 算法写入数据块并使用 zlib 库实现，要注意的是这个格式（不像 RFC1950 中的 zlib 格式）没有校验和。

一个文件头需要按照如下模式进行描述：

```
{"type": "record", "name": "org.apache.avro.file.Header",
 "fields" : [
 {"name": "magic", "type": {"type": "fixed", "name": "Magic", "size": 4}},
 {"name": "meta", "type": {"type": "map", "values": "bytes"}},
 {"name": "sync", "type": {"type": "fixed", "name": "Sync", "size": 16}},
   ]
}
```

文件数据块包括：

❑ 一个长整型，用于指示块中对象数目。

❑ 一个长整型，用于表示使用编解码器后，所在块中序列化对象的字节大小。

❑ 序列化对象，如果编解码器是指定的，则用它进行压缩。

❑ 16 字节的文件同步器。

这样，即使不用反序列化，每个块的二进制数据也可以高效获得或跳过。这种块的大小、对象数目和同步器的结合可以检测出坏的块并且帮助保持数据的完整性。

图 16-3 表示了对象容器文件的具体格式。

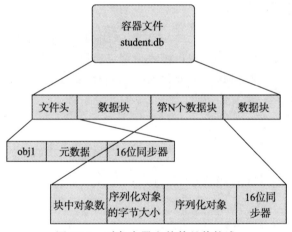

图 16-3　对象容器文件的具体格式

16.1.5　协议声明

当 Avro 用于 RPC 时，Avro 使用协议描述远程过程调用 RPC 接口。和模式一样，它们是用 JSON 文本来定义的。协议是带有以下属性的 JSON 对象：

❑ protocol，协议名称的字符串（必须）。

❑ namespace，限定名称的可选字符串。

❑ doc，描述协议的可选字符串。

❑ types，指定类型（记录、枚举、固定型和错误）定义的可选列表。错误的定义和记录
　一样，只不过错误使用 "error" 而记录使用 "record"，要注意不允许对指定类型的向前

引用。

- □ messages，一个可选的 JSON 对象，其键是消息名称，值是对象，任意两个消息不能拥有相同的名称。

模式中定义的名称和命名空间规则也同样适用于协议。下面介绍的协议消息可以拥有以下属性：

- □ doc，消息的可选描述。
- □ request，指定的类型化的参数模式列表（这和记录声明中的字段有相同的形式）。
- □ response，响应模式。
- □ error union，所声明的错误模式的联合（可选）。有效的联合会在声明的联合前面加上 "string"，允许传递未声明的"系统"错误。例如，如果声明的错误联合是 ["AccessError"]，那么有效的联合是 ["string","AcessError"]。如果没有错误声明，那么有效的错误联合是 ["string"]。使用有效联合错误可以序列化，且协议的 JSON 声明只能包含声明过的联合。
- □ one-way，布尔参数（可选）。

处理请求参数列表相当于处理没有名称的记录。既然读取的记录字段列表和写入的记录字段列表可以不同，那么调用者和响应者的请求参数也可以不同，这种区别的解决方法与记录字段间差异的解决方式相同。只有当回应的类型是"null"并且没有错误列出的时候，one-way 参数才为真。

下面来举一个简单的 HelloWorld 协议的例子，它可以定义为：

```
{
"namespace": "com.acme",   // 名称的限定
"protocol": "HelloWorld",    // 协议名称
"doc": "Protocol Greetings",  // 协议的说明
"types": [
{"name": "Greeting", "type": "record", "fields": [
  {"name": "message", "type": "string"}]},
{"name": "Curse", "type": "error", "fields": [
  {"name": "message", "type": "string"}]}  ],
"messages": {   // 消息
  "hello": {
    "doc": "Say hello.",
    "request": [{"name": "greeting", "type": "Greeting" }],
    "response": "Greeting",
    "errors": ["Curse"]
  }
 }
}
```

16.1.6　协议传输格式

消息可以通过不同的传输机制进行传输，而传输中的消息则是一些字节序列，那么传输

机制需要支持：

❑ 请求信息的传送。

❑ 对应响应信息的接收。

服务器会对客户机的请求信息发送响应信息，这种响应机制就是特定传输，例如在 HTTP 中，由于 HTTP 直接支持请求和响应，所以这种传输是透明的，但是利用同一套接字传输多种不同客户线程的时候需要用特定的标识来区分不同客户的信息。

传输可能是无状态的也可能是有状态的。在无状态传输中，是假定消息发送没有建立连接状态。而有状态传输则建立了连接，这个连接可以用来传输不同的消息。下面我们会在握手（handshake）部分中深入分析。

当用 HTTP 协议进行传输时，每个 Avro 消息交换都是一对 HTTP 请求 / 响应。一个 Avro 协议的所有消息共享一个 HTTP 服务器上的 URL，正常的和错误的 Avro 消息都应该使用 200（OK）响应代码。尽管 Avro 请求和响应是 HTTP 请求和响应的整个内容，但也可能使用大量的编码。HTTP 请求和响应的内容类型应该指定为"avro/binary"而且请求应该使用 POST 方法生成。Avro 使用 HTTP 作为无状态传输。

Avro 消息经过框架处理后由一系列缓冲区组成，消息框架是消息和传输之间的一层，用来优化某些操作。经过框架处理后的消息数据格式如下（见图 16-4）。

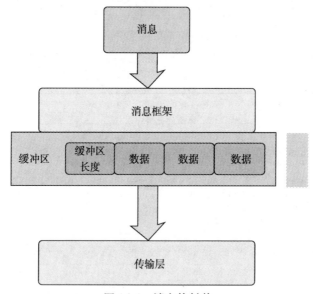

图 16-4　消息的封装

1）由一系列缓冲区组成，其中缓冲区包括：

❑ 4 个字节，用大端字节（big-endian）方法⊖表示的缓冲区长度。

❑ 缓冲区数据。

⊖ 存放字节顺序的方法，大端方式将高位存放在低地址，小端方式将高位存放在高地址。

2）最后以空字节（zero-length）的缓冲区结束。

对于请求和响应消息格式，框架是透明的，任何消息可以表示为一个或多个缓冲。框架使得消息接收者更高效地从不同的渠道获取不同的缓冲，也使得开发者更高效地向不同的目的地存储不同的缓冲。特别是当复制大量二进制对象时，它可以减少读 / 写的次数。例如，如果 RPC 参数中包含一个 MB 大小的文件数据，那么一方面，数据可以从文件描述符直接复制到套接字上，另一方面，数据可以直接写入文件描述符而不需要进入用户空间。

一个简单且值得推荐的框架策略是：相对于那些大于正常输出缓冲区的单个二进制对象建立新的段。小的对象可以附加在缓冲区中，而较大的对象可以写入自己的缓冲区中。当读者需要读取大的对象时，可以直接处理整个缓冲区而不用复制。

使用握手的目的是确保客户机和服务器有对方的协议定义，这样客户机可以正确地对响应反序列化，且服务器可以正确地对请求反序列化。客户机和服务器都应在高速缓冲区中保留最近的协议，这样在大多数情况下，可以不需要额外的往返网络交换或重新获取全部传输协议就能完成握手。

在完成握手过程后执行 RPC 请求和响应，对于无状态的传输，在所有请求和响应之前都要进行握手，而对于有状态的传输，在成功响应之前，握手过程应该附加在请求和响应上，之后就不需要握手了。

握手过程使用以下记录模式，代码如下：

```
{
"type": "record",
"name": "HandshakeRequest", "namespace":"org.apache.avro.ipc",
"fields": [
  {"name": "clientHash",
   "type": {"type": "fixed", "name": "MD5", "size": 16}},
  {"name": "clientProtocol", "type": ["null", "string"]},
  {"name": "serverHash", "type": "MD5"},
  {"name": "meta", "type": ["null", {"type": "map", "values": "bytes"}]]
  ]
}
{
"type": "record",
"name": "HandshakeResponse","namespace":"org.apache.avro.ipc",
"fields": [
  {"name": "match",
    "type": {"type": "enum", "name": "HandshakeMatch",
        "symbols": ["BOTH", "CLIENT", "NONE"]}},
  {"name": "serverProtocol",
   "type": ["null", "string"]},
  {"name": "serverHash",
   "type": ["null", {"type": "fixed", "name": "MD5", "size": 16}]},
  {"name": "meta","type": ["null", {"type": "map", "values": "bytes"}]]
  ]
}
```

客户机在每个请求前面加上 HandshakeRequest，表示包含客户机和服务器协议（clientHash!=null, clientProtocol=null, serverHash!=null）的哈希值，这里哈希值是 JSON 协议内容的 128 位 MD5 哈希值。如果客户机没有连接到给定的服务器，那么它发送的哈希值就是对服务器哈希值的猜测，否则它会发送之前从服务器中获得的哈希值。服务器响应的 HandshakeResponse 包含以下内容之一。

1）match=BOTH, serverProtocol=null,, serverHash=null。如果客户机发送的是服务器协议的有效哈希值，并且服务器知道响应客户机哈希值的协议，那么请求是完整的，并且响应数据加在 HandshakeResponse 后面。

2）match=CLIENT, serverProtocol!=null, serverHash!=null。如果服务器事前知道客户机的协议，而客户机却发送了一个错误的服务器协议哈希值，那么请求是完整的并且响应数据加在 HandshakeResponse 之后。之后客户机必须使用返回的协议来处理响应，并且在高速缓存中保留这个协议和与服务器通信的哈希值。

3）match=NONE。如果服务器事先不知道客户机的协议，且服务器的协议哈希值是错误的，则 serverHash 和 serverProtocol 的值可能也为 non-null。在这种情况下，客户机必须使用其协议文本（clientHash!=null,clientProtocol!=null, serverHash!=null）重新提交它的请求，并且服务器应该以正确的方式响应 (match=BOTH, serverProtocol=null, serverHash=null)。另外 meta 字段是保留字段，用于以后增加握手的功能。

一次调用包括请求消息和与之对应的结果响应或错误消息。请求和响应包含可扩展的元数据，两种消息都会如上进行框架处理。调用请求的格式包括以下几种：

1）请求元数据，即类型值的映射。

2）消息名称，即一个 Avro 字符串。

3）消息参数，根据消息请求声明对参数进行序列化。

当消息声明为单向的并通过成功握手响应建立有状态的连接，那么不需要发送响应数据。否则需要发送，发送的调用请求的格式如下：

1）响应元数据，即类型字节的映射。

2）单字节的错误标志布尔值，然后，

❏ 如果错误标志为假，消息响应，序列化每个消息响应模式。

❏ 如果错误标志为真，即为错误，序列化每个消息有效错误联合模式。

16.1.7 模式解析

无论从 RPC 还是从文件中获得 Avro 数据，由于模式已知，读者都可以解析数据，但是那个模式可能并不完全是所期望的模式。例如，如果数据写入的软件版本与读者不同，那么记录中的一些字段可能会增加或减少，这一部分将详述如何解决这种模式区别。

我们称用来写数据的模式为写者的模式，应用程序期望的模式为读者的模式。两个模式之间是否匹配可按照下面的规则进行判断。

1）如果两个模式符合以下情况之一则为匹配，否则为不匹配，并产生错误：

❑ 模式都是数组且项类型匹配。

❑ 模式都是映射且值类型匹配。

❑ 模式都是枚举且名称匹配。

❑ 模式都是固定型且大小和名称匹配。

❑ 模式都是记录且名称相同。

❑ 模式是其中之一为联合。

❑ 两个模式拥有相同的原始类型。

❑ 写者的模式可以提升为读者的模式，如下所示：

• int 可以转化为 long、float 或者 double；

• long 可以转化为 float 或 double；

• float 可以转化为 double。

2）如果两个都是记录，则：

❑ 字段的顺序可以不同，因为字段是通过名称来匹配的。

❑ 有相同名称字段的模式记录是递归解析的。

❑ 如果写者的记录中包含读者记录中没有的字段，那么写者字段的值将被忽略。

❑ 如果读者记录模式中有一个为默认值的字段，并且写者的模式中没有相同名称的字段，那么读者的这个字段应该使用默认值。

❑ 如果读者记录模式中有一个没有默认值的字段，并且写者的模式中没有相同名称的字段，那么将发出错误信号。

3）如果两个都是枚举，且写者的符号并不在读者的枚举中，那么产生错误。

4）如果两个都是数组，解析算法递归应用于读者和写者的数组项的模式。

5）如果两个都是映射，解析算法递归应用于读者和写者映射值的模式。

6）如果两个都是联合，对读者联合中匹配写者联合模式的第一个模式进行递归解析，如果没有匹配的，将产生错误。

7）如果读者为联合，而写者的不是，对读者联合中匹配所选写者模式的第一个模式进行递归解析，如果没有匹配的，将产生错误。

8）如果写者的是联合，读者的不是，且读者的模式匹配所选写者的模式，那么对它进行递归解析，如果它们不匹配，将产生错误。

模式解析时将忽略模式中协议说明的 "doc" 字段，因此，序列化时模式中的 "doc" 部分将被抛弃。

16.2 Avro 的 C/C++ 实现

本节主要介绍 Avro 的 C/C++ 实现，其中在 Avro C 库中已经嵌入 Jansson（Jansson 为编译和操控 JSON 数据的 C 语言库），这样可以将 JSON 解析成模式结构。目前 C/C++ 实现支持：所有原始和复杂数据类型的二进制编码和解码；向 Avro 对象容器文件进行存储；模式解析、提升和映射；写入 Avro 数据的有效方式和无效方式，但 C 语言接口暂不支持远程过程调用 RPC。

Avro C 为所有模式和数据对象进行引用计数，当引用数降为零时便释放内存。例如，创建和释放一个字符串：

```
avro_datum_t string = avro_string("This is my string");
...
avro_datum_decref(string);
```

当考虑创建更加详细的模式和数据结构时就会有一点复杂，例如，创建带有字符串字段的记录：

```
avro_datum_t example = avro_record("Example");
avro_datum_t solo_field = avro_string("Example field value");
avro_record_set(example, "solo", solo_field);
...
avro_datum_decref(example);
```

在这个例子中，solo_field 数据没有被释放，因为它有两个引用：原来的引用和隐藏在记录 Example 中的引用。调用 avro_datum_decref(example) 只能将引用数减少为一。如果想结束 solo_field 模式，则需要 avro_datum_decref(solo_field) 来完全删除 solo_field 数据并释放。

一些数据类型是可以"包装"和"给予"的，这可以让 C 程序员自由地决定谁负责内存的分配回收。以字符串为例，建立一个字符串数据有三种方式：

```
avro_datum_t avro_string(const char *str);
avro_datum_t avro_wrapstring(const char *str);
avro_datum_t avro_givestring(const char *str);
```

如果使用 avro_string，那么 Avro C 会复制字符串并且当不再引用时释放它。在有些情况下，特别是当处理大量数据时要避免这种内存复制，这时需要使用 avro_wrapstring 和 avro_givestring。如果使用 avro_wrapstring，那么 Avro C 不做任何内存处理，它只保存指向数据的指针，这时需要自己来释放字符串。需要注意的是，当使用 avro_wrapstring 时，在用 avro_datum_decref() 取消引用数据前不要释放字符串。如果使用 avro_givestring，那么 Avro C 在数据取消引用之后会释放字符串，从某种程度上说，avro_givestring 将释放字符串的"责任"给了 Avro C。需要注意的是，如果没有使用如 malloc 或 strdup 分配堆给字符串，则不要把"责任"给 Avro C。例如，不能这样做：

```
avro_datum_t bad_idea = avro_givestring("This isn't allocated on the heap");
```

写入数据时可以使用下面的函数：

```
int avro_write_data(avro_writer_t writer,
avro_schema_t writers_schema, avro_datum_t datum);
```

如果省略 writers_schema 值，那么数据在发送给写数据的函数前必须检验数据格式的正确性。如果已经确定数据是正确的，那么可以设置 writers_schema 为 NULL，这时 Avro C 不会检查格式。需要注意的是，写入 Avro 文件对象容器的数据总是要进行验证。

下面介绍一个简单例子，例子中建立了学生信息的数据库，并向数据库中读写记录：

```c
/*student.c*/
#include <avro.h>
#include <inttypes.h>
#include <stdio.h>
#include <stdlib.h>
#include <unistd.h>

avro_schema_t student_schema;
/*id 用于添加记录时为学生建立学号 */
int64_t id =0;

/* 定义学生模式，拥有字段学号、姓名、学院、电话和年龄 */
#define STUDENT_SCHEMA \
"{\"type\":\"record\",\
  \"name\":\"Student\",\
  \"fields\":[\
      {\"name\": \"SID\", \"type\": \"long\"},\
      {\"name\": \"Name\", \"type\": \"string\"},\
      {\"name\": \"Dept\", \"type\": \"string\"},\
      {\"name\": \"Phone\", \"type\": \"string\"},\
      {\"name\": \"Age\", \"type\": \"int\"}]}"

/* 把 JSON 定义的模式解析成模式的数据结构 */
void init(void)
{
    avro_schema_error_t error;
    if(avro_schema_from_json(STUDENT_SCHEMA, sizeof(STUDENT_SCHEMA),
&student_schema,&error)){
            fprintf(stderr,"Failed to parse student schema\n");
            exit(EXIT_FAILURE);
        }
}

/* 添加学生记录 */
void add_student(avro_file_writer_t db, const char *name, const char *dept, const
char *phone, int32_t age)
{
    avro_datum_t student = avro_record("Student", NULL);

        avro_datum_t sid_datum = avro_int64(++id);
        avro_datum_t name_datum = avro_string(name);
        avro_datum_t dept_datum = avro_string(dept);
        avro_datum_t age_datum = avro_int32(age);
        avro_datum_t phone_datum = avro_string(phone);

    /* 创建学生记录 */
    if (avro_record_set(student, "SID", sid_datum)
```

```
                || avro_record_set(student, "Name", name_datum)
                || avro_record_set(student, "Dept", dept_datum)
                || avro_record_set(student, "Age", age_datum)
                || avro_record_set(student, "Phone", phone_datum)) {
        fprintf(stderr, "Failed to create student datum structure");
        exit(EXIT_FAILURE);
        }

    /* 将记录添加到数据库文件中 */
    if (avro_file_writer_append(db, student)) {
        fprintf(stderr, "Failed to add student datum to database");
        exit(EXIT_FAILURE);
        }

    /* 解除引用，释放内存空间 */
    avro_datum_decref(sid_datum);
    avro_datum_decref(name_datum);
    avro_datum_decref(dept_datum);
    avro_datum_decref(age_datum);
    avro_datum_decref(phone_datum);
    avro_datum_decref(student);

    fprintf(stdout, "Successfully added %s\n", name);
}

/* 输出数据库中的学生信息 */
int show_student(avro_file_reader_t db,
avro_schema_t reader_schema)
{
        int rval;
        avro_datum_t student;

        rval = avro_file_reader_read(db, reader_schema, &student);

        if (rval == 0) {
            int64_t i64;
            int32_t i32;
            char *p;
            avro_datum_t sid_datum, name_datum, dept_datum,
phone_datum, age_datum;

                if (avro_record_get(student, "SID", &sid_datum) == 0) {
                        avro_int64_get(sid_datum, &i64);
                        fprintf(stdout, "%"PRId64" ", i64);
                    }
                if (avro_record_get(student, "Name", &name_datum) == 0) {
                        avro_string_get(name_datum, &p);
                        fprintf(stdout, "%12s ", p);
                    }
                if (avro_record_get(student, "Dept", &dept_datum) == 0) {
```

```
                        avro_string_get(dept_datum, &p);
                        fprintf(stdout, "%12s   ", p);
                }
        if (avro_record_get(student, "Phone", &phone_datum) == 0) {
                        avro_string_get(phone_datum, &p);
                        fprintf(stdout, "%12s   ", p);
                }
            if (avro_record_get(student, "Age", &age_datum) == 0) {
                        avro_int32_get(age_datum, &i32);
                        fprintf(stdout, "%d", i32);
                }
                fprintf(stdout, "\n");

                /* 释放记录 */
                avro_datum_decref(student);
        }
        return rval;
}


int main(void)
{
        int rval;
        avro_file_reader_t dbreader;
        avro_file_writer_t db;
        avro_schema_t extraction_schema, name_schema,
phone_schema;
        int64_t i;
        const char *dbname = "student.db";

        init();

        /* 如果 student.db 存在，则删除 */
        unlink(dbname);
        /* 创建数据库文件 */
        rval = avro_file_writer_create(dbname, student_schema, &db);
        if (rval) {
                fprintf(stderr, "Failed to create %s\n", dbname);
                exit(EXIT_FAILURE);
        }

        /* 向数据库文件中添加学生信息 */
        add_student(db, "Zhanghua", "Law", "15201161111", 25);
        add_student(db, "Lili", "Economy", "15201162222", 24);
        add_student(db,"Wangyu","Information","15201163333", 25);
        add_student(db, "Zhaoxin", "Art", "15201164444", 23);
        add_student(db, "Sunqin", "Physics", "15201165555", 25);
        add_student(db, "Zhouping", "Math", "15201166666", 23);
        avro_file_writer_close(db);

        fprintf(stdout, "\nPrint all the records from database\n");
```

```
/* 读取并输出所有的学生信息 */
avro_file_reader(dbname, &dbreader);
for (i = 0; i < id; i++) {
        if (show_student(dbreader, NULL)) {
                fprintf(stderr, "Error printing student\n");
                exit(EXIT_FAILURE);
        }
}
avro_file_reader_close(dbreader);

/* 输出学生的姓名和电话信息 */
extraction_schema = avro_schema_record("Student", NULL);
name_schema = avro_schema_string();
phone_schema = avro_schema_string();
avro_schema_record_field_append(extraction_schema,
    "Name", name_schema);
avro_schema_record_field_append(extraction_schema, "Phone", phone_schema);

/* 只读取每个学生的姓名和电话 */
fprintf(stdout,
        "\n\nExtract Name & Phone of the records from database\n");
avro_file_reader(dbname, &dbreader);
for (i = 0; i < id; i++) {
        if (show_student(dbreader, extraction_schema)) {
                fprintf(stderr, "Error printing student\n");
                exit(EXIT_FAILURE);
        }
}
avro_file_reader_close(dbreader);
avro_schema_decref(name_schema);
avro_schema_decref(phone_schema);
avro_schema_decref(extraction_schema);

/* 最后释放学生模式 */
avro_schema_decref(student_schema);
return 0;
}
```

　　如果要编译上面的 C 文件，则需要安装 Avro C。首先可以从网站 http://www.apache.
org/dyn/closer.cgi/avro/ 选择镜像下载 avro-c-1.6.3.tar.gz 文件，使用命令 tar -zxvf avro-c-
1.6.3.tar.gz 解压后进入其目录，并使用命令 ./configure 和 make、make install 进行编译安装。
注意，需要在 root 的权限下进行安装。安装成功后，在编译 C 语言前需要将 libavro 加入动
态链接库中，使用命令：

```
export LD_LIBRARY_PATH=/usr/local/lib:$LD_LIBRARY_PATH
```

然后对程序进行编译：

```
gcc -o student -lavro student.c
```

运行生成的执行文件可得到如图 16-5 所示的结果。运行时在当前目录下生成 student.db 对象容器文件，可以使用命令 cat 查看文件中的内容——先存储学生的模式，然后存储学生的记录信息，具体内容可参见 16.1.4 节 "对象容器文件" 和图 16-3。

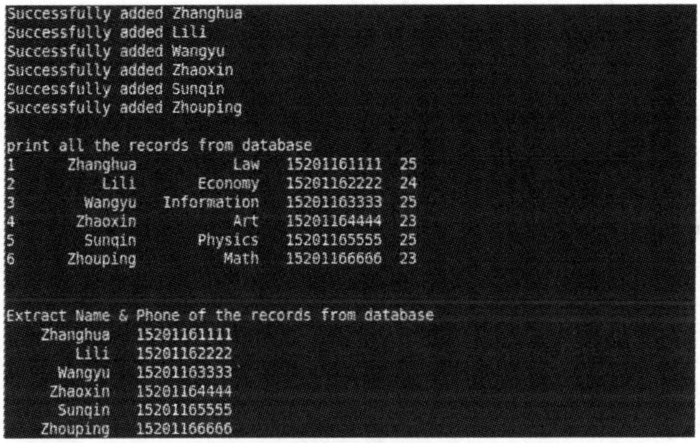

图 16-5　运行结果

下面介绍 Avro 的 C++ 应用程序接口。虽然 Avro 并不需要使用代码生成器，但是使用代码生成工具可以更简单地使用 Avro C++ 库。代码生成器既可以读取模式并输出模式数据的 C++ 对象，也可以产生代码来序列化或反序列化对象等所有复杂的译码工作。即使使用 C++ 核心库来编写序列化器或者解析器，产生的代码也可以说明如何使用这些库。下面举一个使用模式的简单例子，此例用来表示一个虚数：

```
{
  "type": "record",
  "name": "complex",
  "fields" : [
    {"name": "real", "type": "double"},
    {"name": "imaginary", "type" : "double"}
  ]
}
```

假设 JSON 可用来表示存储在名为 imaginary 文件中的模式，那么产生代码分成两步：

第一步：

```
precompile < imaginary > imaginary.flat
```

预编译会将模式转化为代码生成器所使用的中间格式，中间文件是模式的文本形式，它是通过对模式类型树深度优先遍历得到的。

第二步：

```
python scripts/gen-cppcode.py --input=example.flat --output=example.hh
--namespace=Math
```

上面的命令告诉代码生成器去读取模式作为输入，并且在 example.hh 中生成 C++ 头文件。可选参数将指定对象放置的命名空间，如果没有指定命名空间，仍可得到默认的命名空间。下面是所产生代码的开始部分：

```
namespace Math {
struct complex {
    complex () :
        real(),
        imaginary()
    { }
    double real;
    double imaginary;
};
```

以上代码是用 C++ 表示的模式，它创建记录、默认构造函数并为记录的每个字段建立成员。下面是序列化数据的例子：

```
void serializeMyData()
{
    Math::complex c;
    c.real = 10.0;
    c.imaginary = 20.0;

    // writer 是实际 I/O 和缓冲结果的对象
    avro::Writer writer;

    // 在对象上调用 writer
    avro::serialize(writer, c);

    // 这时，writer 将序列化后的数据存储在缓冲区中
    InputBuffer buffer = writer.buffer();
}
```

使用生成的代码，调用对象的 avro::serialize() 函数可以序列化数据，通过调用 avro::InputBuffer 对象可以获取数据，通过网络可以发送文件。下面读取序列化的数据到对象中：

```
void parseMyData(const avro::InputBuffer &myData)
{
    Math::complex c;

    // reader 为实际 I/O 读取的对象
    avro::Reader reader(myData);

    // 在对象上调用 reader
    avro::parse(reader, c);

    // 此时，C 中存放的是反序列化后的数据
}
```

在下面的代码中 avro::serialize() 函数和 avro::parse() 函数可用于处理用户数据类型，具体实现如下：

```
template <typename Serializer>
inline void serialize(Serializer &s, const complex &val, const boost::true_type &)
{
    s.writeRecord();
    serialize(s, val.real);
    serialize(s, val.imaginary);
    s.writeRecordEnd();
}

template <typename Parser>
inline void parse(Parser &p, complex &val, const boost::true_type &) {
    p.readRecord();
    parse(p, val.real);
    parse(p, val.imaginary);
    p.readRecordEnd();
}
```

以下内容也可加入 avro 命名空间中:

```
template <> struct is_serializable<Math::complex> : public boost::true_type{};
```

这样为复杂结构建立类型特征,告诉 Avro 对象的序列化和解析功能可用。

除了上面介绍的使用 Avro C++ 代码生成器来读写对象外,Avro C++ 也可以读入 JSON 模式。库函数提供了一些工具来读取存储在 JSON 文件或字符串中的模式,如下所示:

```
void readSchema()
{
    // My schema is stored in a file called "example"
    std::ifstream in("example");

    avro::ValidSchema mySchema;
    avro::compileJsonSchema(in, mySchema);
}
```

上面代码读取文件并将 JSON 模式解析成 avro::ValidSchema 类型的对象。如果模式是无效的,将无法建立有效模式(ValidSchema)对象并抛出异常,那么如何从 JSON 存储的模式中建立有效模式对象呢?

有效模式(ValidSchema)可以保证开发者实际写入的类型匹配模式所期望的类型。现在重写序列化函数并需要检查模式:

```
void serializeMyData(const ValidSchema &mySchema)
{
    Math::complex c;
    c.real = 10.0;
    c.imaginary = 20.0;

    // ValidatingWriter 保证序列化写入正确类型的数据
    avro::ValidatingWriter writer(mySchema);

    try {
```

```
        avro::serialize(writer, c);
        // 这时, ostringstream "os" 存储序列化后的数据
    }
    catch (avro::Exception &e) {
        std::cerr << "ValidatingWriter encountered an error: " << e.what();
    }
}
```

这段代码和前面的区别就是用 ValidatingWriter 代替了 Writer object。如果序列化函数错误地写入不匹配模式的类型，那么 ValidatingWriter 将抛出异常。ValidatingWriter 会在写入数据的时候增加很多处理过程。对于产生的代码则没有必要进行验证，因为自动生成的代码是匹配模式的。然而，在写入和测试自己序列化的代码时加上安全验证还是必要的。解析数据时也可以使用有效模式，它不仅可以确保解析器读取的类型匹配模式有效，还提供了接口，通过该接口可以查询下一个期望的类型和记录成员字段的名称。下面的例子介绍了如何使用 API：

```
void parseMyData(const avro::InputBuffer &myData, const avro::ValidSchema &mySchema)
{
    // 手动解析数据，解析对象将数据绑定到模式上
    avro::Parser<ValidatingReader> parser(mySchema, myData);

    assert( nextType(parser) == avro::AVRO_RECORD);

    // 开始解析
    parser.readRecord();

    Math::complex c;

    std::string recordName;
    assert( currentRecordName(parser, recordName) == true);
    assert( recordName == "complex");
    std::string fieldName;
    for(int i=0; i < 2; ++i) {
        assert( nextType(parser) == avro::AVRO_DOUBLE);
        assert( nextFieldName(parser, fieldName) == true);
        if(fieldName == "real") {
            c.real = parser.readDouble();
        }
        else if (fieldName == "imaginary") {
            c.imaginary = parser.readDouble();
        }
        else {
            std::cout << "I did not expect that!\n";
        }
    }

    parser.readRecordEnd();
}
```

上面的代码表明，如果编译时不知道模式，也可以通过写出解析数据的代码在运行时读取模式，并且查询 ValidatingReader 来了解序列化数据的内容。

在自己的代码中使用对象来建立模式是允许的，每个原始类型和复合类型都有模式对象，并且它们拥有共同的 Schema 基类。下面是一个为复数记录数组建立模式的例子：

```
void createMySchema()
{
    // 首先建立复数类型
    avro::RecordSchema myRecord("complex");

    // 在记录中加入字段（每个字段又是一个模式）
    myRecord.addField("real", avro::DoubleSchema());
    myRecord.addField("imaginary", avro::DoubleSchema());

    // 这个复数记录和之前使用的一样，下面为这些记录的数组建立模式
    avro::ArraySchema complexArray(myRecord);
    // 如果模式是无效的将抛出
    avro::ValidSchema validComplexArray(complexArray);
    // 这样建立好了模式
    // 输出到屏幕上
    validComplexArray.toJson(std::cout);
}
```

以上代码建立的模式可能是无效的，因此，为了使用模式，需要将它转化为 ValidSchma 对象。执行上述代码可以得到：

```
{
    "type": "array",
    "items": {
        "type": "record",
        "name": "complex",
        "fields": [
            {
                "name": "real",
                "type": "double"
            },
            {
                "name": "imaginary",
                "type": "double"
            }
        ]
    }
}
```

随着时间的变化，程序模式期望的数据可能与之前存储的数据不同，为了把一个模式转化为另一个模式，Avro 提供了不完全一样的模式规则。这种情况下，代码生成工具就有用了，对于每个生成的结构都会建立一个用来读取数据的特别索引结构，即使数据是用不同的模式写的。在 example.hh 中的索引结构如下：

```
class complex_Layout : public avro::CompoundOffset {
  public:
    complex_Layout(size_t offset) :
        CompoundOffset(offset)
    {
        add(new avro::Offset(offset + offsetof(complex, real)));
        add(new avro::Offset(offset + offsetof(complex, imaginary)));
    }
};
```

数据前若是 float 类型而不是 double 类型，根据模式解决规则，floats 可以升级为 doubles，只要新旧模式都有用，就会建立一个动态的解析器来读取代码生成结构的数据。如下所示：

```
void dynamicParse(const avro::ValidSchema &writerSchema,
                  const avro::ValidSchema &readerSchema) {

    // 实例化布局对象
    Math::complex_Layout layout;

    // 创建已知类型布局和模式的模式解析器
   resolverSchema(writerSchema, readerSchema, layout);

    // 设置 reader
    avro::ResolvingReader reader(resolverSchema, data);

    Math::complex c;

    // 执行解析
    avro::parse(reader, c);

    // 这时，c 中存放的是反序列化后的数据
}
```

16.3 Avro 的 Java 实现

本节主要介绍 Avro 在 Java 中的实现。Java API 现在的版本是 1.6.3，其中主要的包有如下几个。

❏ org.apache.avro：Avro 内核类。

❏ org.apache.avro.file：存放 Avro 数据的文件容器相关类。

❏ org.apache.avro.generic：Avro 数据的一般表示类。

❏ org.apache.avro.io：Avro 输入 / 输出工具类。

❏ org.apache.avro.io.parsing：Avro 格式的 LL(1) 语法实现。

❏ org.apache.avro.ipc：进程间调用支持类。

❏ org.apache.avro.ipc.stats：收集和显示 IPC 统计数据的工具类。

❑ org.apache.avro.ipc.trace：追踪 RPC 递归调用的相关类。

❑ org.apache.avro.mapred：使用 Avro 数据运行 Hadoop MapReduce，其 Map 和 Reduce 功能用 Java 实现。

❑ org.apache.avro.mapred.tether：使用 Avro 数据运行 Hadoop MapReduce，其 Map 和 Reduce 功能在子进程运行。

❑ org.apache.avro..reflect：使用 Java 映射为存在的类生成格式和协议。

❑ org.apache.avro.specific：为格式和协议生成特定的 Java 类。

❑ org.apache.avro.tool：Avro 命令行工具类。

❑ org.apache.avro.util：普通工具类。

关于上面各包中包含的类的具体使用可参见 Java API，下面通过简单的例子介绍各类的用法。下面是用 Java 实现学生信息的存储和读取：

```java
package cn.edu.ruc.cloudcomputing.book.chapter16;

/*student.java*/
import java.io.File;
import java.io.IOException;

import org.apache.avro.Schema;
import org.apache.avro.file.DataFileReader;
import org.apache.avro.file.DataFileWriter;
import org.apache.avro.generic.GenericData;
import org.apache.avro.generic.GenericDatumReader;
import org.apache.avro.generic.GenericDatumWriter;
import org.apache.avro.generic.GenericData.Record;
import org.apache.avro.util.Utf8;

public class student {
    String fileName = "student.db";
    String prefix = "{\"type\":\"record\",\"name\":\"Student\",\"fields\":[";
    String suffix = "]}";
    String fieldSID= "{\"name\":\"SID\",\"type\":\"int\"}";
    String fieldName ="{\"name\":\"Name\",\"type\":\"string\"}";
    String fieldDept ="{\"name\":\"Dept\",\"type\":\"string\"}";
    String fieldPhone="{\"name\":\"Phone\",\"type\":\"string\"}";
    String fieldAge = "{\"name\":\"Age\",\"type\":\"int\"}";
    Schema studentSchema = Schema.parse(prefix + fieldSID + ","+ fieldName + "," +
    fieldDept + ","  + fieldPhone + ","  + fieldAge + suffix);
    Schema extractSchema = Schema.parse(prefix + fieldName + "," + fieldPhone + suffix);
        int SID=0;

    public static void main(String[] args) throws IOException {
        student st = new student();
        st.init();
        st.print();
        st.printExtraction();
```

```
}
/**
 * 初始化添加学生记录
 **/
public void init() throws IOException {
DataFileWriter<Record> writer = new DataFileWriter<Record>(
        new GenericDatumWriter<Record>(studentSchema)).create(
                            studentSchema, new File(fileName));
        try {
            writer.append(createStudent("Zhanghua", "Law", "15201161111", 25));
            writer.append(createStudent("Lili", "Economy", "15201162222", 24));
            writer.append(createStudent("Wangyu",  "Information",
            "15201163333", 25));
            writer.append(createStudent("Zhaoxin", "Art", "15201164444", 23));
            writer.append(createStudent("Sunqin", "Physics", "15201165555", 25));
            writer.append(createStudent("Zhouping", "Math", "15201166666", 23));

        } finally {
                    writer.close();
        }
}

/**
 * 将学生信息添加到记录中
 **/
private Record createStudent(String name, String dept,String phone, int age) {
        Record student = new GenericData.Record(studentSchema);
        student.put("SID", (++SID));
        student.put("Name", new Utf8(name));
        student.put("Dept", new Utf8(dept));
        student.put("Phone", new Utf8(phone));
        student.put("Age", age);
        System.out.println("Successfully added "+name);
        return student;
}

/**
 * 输出学生信息
 **/
public void print() throws IOException {
        GenericDatumReader<Record> dr = new GenericDatumReader<Record>();
        dr.setExpected(studentSchema);
        DataFileReader<Record> reader = new DataFileReader<Record>(new
        File(fileName), dr);
System.out.println("\nprint all the records from database");
        try {
                while (reader.hasNext()) {
                Record student = reader.next();
        System.out.println(student.get("SID").toString()+"  "+student.
        get("Name")+"  "+student.get("Dept")+"  "+student.get("Phone")+"
```

```
                "+student.get("Age").toString());
                    }
        } finally {
            reader.close();
        }
    }
/**
* 输出学生姓名和电话
**/
    public void printExtraction() throws IOException {
        GenericDatumReader<Record> dr = new GenericDatumReader<Record>();
        dr.setExpected(extractSchema);
        DataFileReader<Record> reader = new DataFileReader<Record>(new
        File(fileName), dr);
        System.out.println("\nExtract Name & Phone of the records from database");
        try {
            while (reader.hasNext()) {
                Record student = reader.next();
            System.out.println(student.get("Name").toString() + " " + student.
            get("Phone").toString() + "\t");
                }
        } finally {
            reader.close();
        }
    }

}
```

编译 student.java 不仅需要从网站 http://www.apache.org/dyn/closer.cgi/avro/ 下载 avro-1.6.3.jar 等相关类，还需要从网站 http://wiki.fasterxml.com/JacksonDownload 下载 jackson-core-asl-1.9.7.jar 和 jackson-mapper-asl-1.9.7.jar 这些 Java 中 JSON 生成的解析相关类。编译后运行文件的结果如图 16-6 所示，同时生成 student.db 文件，可以通过查看该文件中的内容来了解对象容器文件的格式。

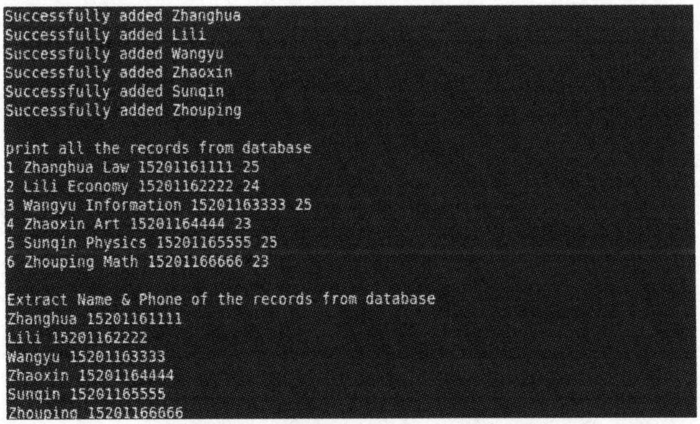

图 16-6　编译运行 student 文件

16.4　GenAvro（Avro IDL）语言

　　为了让开发者在声明模式时使用一种与诸如 Java、C++、Python 等普通编程语言相似的方法，Avro 提供了 GenAvro 语言。GenAvro 是声明 Avro 模式的高级语言（最新版本中称为 Avro IDL），虽然它目前还没有完全确定下来，但不会有主要的变化。之前在其他构架如 Thrift、Protocol、CORBA 中使用过接口描述语言（IDL）的开发者可能会对 Avro IDL 语言有亲切感。

　　每个 Avro IDL 文件定义了单一的 Avro 协议，并产生一个 JSON 格式的 Avro 协议文件，其扩展名为 .avpr。为了使 Avro IDL（新版本中为 .avdl）文件转化为 .avpr 文件，必须使用 IDL 工具进行处理，例如：

```
$ java -jar avroj-tools.jar idl src/test/idl/input/namespaces.avdl /tmp/namespaces.avpr
$ head /tmp/namespaces.avpr
{
  "protocol" : "TestNamespace",
  "namespace" : "avro.test.protocol",
...
```

　　这个 IDL 工具也可以处理从 stdin 输入的数据或输出到 stdout 的数据，更多的信息可以用 idl --help 命令查询。一个 Avro IDL 文件只包含一个协议定义，较小的协议可由以下代码定义：

```
protocol MyProtocol {
}
这相当于以下的 JSON 协议定义:
{
"protocol" : "MyProtocol",
  "types" : [ ],
  "messages" : {
  }
}
```

　　使用 @namespace 注解后，协议的命名空间可能会改变，代码如下：

```
@namespace("mynamespace")
protocol MyProtocol {
}
```

　　在 Avro IDL 中，可以通过使用 @namespace 为所注解的元素指定属性。Avro IDL 中的协议包含以下项目：

　　❑ 指定模式的定义，包括记录、错误、枚举和固定型。

　　❑ RPC 消息的定义。

　　❑ 外部协议和模式文件的引用。

　　引入文件可以用以下三种方式之一：

　　❑ 引入 IDL 文件使用语句 import idl "foo.avdl"。

❑ 引入 JSON 协议文件使用语句 import protocol "foo.avpr"。

❑ 引入 JSON 模式文件使用语句 import schema "foo.avsc"。

下面介绍各种类型的定义方法。

1）定义枚举。在 Avro IDL 中使用类似于 C 或 Java 的语法来定义枚举，代码如下：

```
enum Suit {
  SPADES, DIAMONDS, CLUBS, HEARTS
}
```

需要注意的是，不像 JSON 格式，在 Avro IDL 中匿名的枚举是无法定义的。

2）定义固定长度的字段。定义一个固定长度的字段可以使用以下语法：

```
fixed MD5(16);
```

该例子定义了一个包含 16 字节名称为 MD5 的固定长度类型。

3）定义记录和错误。在 Avro IDL 中定义记录的语法类似于 C 中的结构体定义，代码如下：

```
record Employee {
  string name;
  boolean active;
  long salary;
}
```

以上例子定义了一个带有三个字段称为 "Employee" 的记录，错误类型的定义只需要将 record 改为 error 就可以了，代码如下：

```
error Kaboom {
  string explanation;
  int result_code;
}
```

记录和错误中的字段包括类型和名称，也可以有属性注解。Avro IDL 语言中引用的类型必须为以下之一：

❑ 原始类型；

❑ 已命名的模式，该模式在同一协议中且使用前已经定义；

❑ 复杂类型（数据、映射或者联合）。

下面分别介绍它们。

1）Avro IDL 支持的原始类型与 Avro 的 JSON 格式支持的类型一样，包括 int、long、string、boolean、float、double、null 和 bytes。

2）如果相同的 Avro IDL 文件中已经定义了指定的模式且为原始类型，那么可以通过名称直接引用，代码如下：

```
record Card {
  Suit suit; // 引用之前定义的枚举类型 Card
  int number;
}
```

3）复杂类型。数组类型的定义方法与 C++ 或 Java 中的定义方式类似。任何类型 t 的数组写为 array<t>。例如，字符串的数组写为 array<string>，记录 Foo 的多维数组写为 array<array<Foo>>。映射类型和数组类型相似，包含类型 t 的数组写为 map<t>，和 JSON 模式格式一样，所有的映射包含 string 类型的键。联合类型写为 union { typeA, typeB, typeC, ... }，例如，下面这个记录包含可选的字符串字段：

```
record RecordWithUnion {
  union { null, string } optionalString;
}
```

需要注意的是，Avro IDL 中联合的限制与 JSON 格式的一样，即记录不能包含相同类型的多种元素。

使用 Avro IDL 协议定义 RPC 消息的语法与 C 语言头文件或 Java 接口的方法声明相似。例如带有参数 foo 和 bar 且返回 int 值的 RPC 消息定义为：

```
int add(int foo, int bar);
```

定义一个没有返回值的消息可以使用别名 void，相当于 Avro 的 null 类型，如下所示：

```
void logMessage(string message);
```

如果在相同的协议之前已经定义了一个错误类型，那么可以使用下面语法声明消息抛出这个错误：

```
void goKaboom() throws Kaboom;
```

如果定义一个 one-way 的消息，只需在参数后面使用关键字 oneway，代码如下：

```
void fireAndForget(string message) oneway;
```

最后介绍其他的 Avro IDL 语言特征。

（1）注释

Avro IDL 语言支持所有的 Java 类型注释。每行 // 后面的内容将被忽略，用 /* 和 */ 可以注释多行内容。

（2）区别标识

当语言需要保留字来作为标识时，需要用符号 "`" 来区别标识。例如，定义一个带有名称 error 的消息：

```
void `error`();
```

这个语法可以使用在任何有标识的地方。

（3）排序和命名空间的注释

在 Avro IDL 中 Java 风格的注释可以用来给类型增加额外的属性。例如，指定记录中字段的排序顺序可以使用 @order，如下所示：

```
record MyRecord {
  @order("ascending") myAscendingSortField;
  @order("descending") myDescendingField;
```

```
  @order("ignore") myIgnoredField;
}
```

当然注释也可以放在字段类型的前面，如：

```
record MyRecord {
  @java-class("java.util.ArrayList") array string myStrings;
}
```

类似的，当定义一个指定模式时，使用 @namespace 可以修改命名空间，如：

```
@namespace("org.apache.avro.firstNamespace")
protocol MyProto {
  @namespace("org.apache.avro.someOtherNamespace")
  record Foo {}

  record Bar {}
}
```

这里在 firstNamespace 命名空间中定义了一个协议，记录 Foo 定义在 someOtherNamespace 中，Bar 定义在 firstNamespace 中，且从容器中继承了默认值。

对于类型和字段的别名可以用注释 @aliases 来指定，如下所示：

```
@aliases(["org.old.OldRecord", "org.ancient.AncientRecord"])
record MyRecord {
  string @aliases(["oldField", "ancientField"]) myNewField;
}
```

下面是 Avro IDL 文件的完整例子：

```
/**
 * An example protocol in Avro IDL
 */
@namespace("org.apache.avro.test")
protocol Simple {

  @aliases(["org.foo.KindOf"])
  enum Kind {
    FOO,
    BAR, // the bar enum value
    BAZ
  }

  fixed MD5(16);

  record TestRecord {
    @order("ignore")
    string name;

    @order("descending")
    Kind kind;
```

```
    MD5 hash;

    union { MD5, null} @aliases(["hash"]) nullableHash;

    array<long> arrayOfLongs;
}

error TestError {
    string message;
}

string hello(string greeting);
TestRecord echo(TestRecord `record`);
int add(int arg1, int arg2);
bytes echoBytes(bytes data);
void `error`() throws TestError;
void ping() oneway;
}
```

16.5　Avro SASL 概述

SASL（Simple Authentication and Security Layer，简单验证安全层）是网络协议中提供验证和安全的框架，它将验证机制从用户程序协议中分离出来，使得采用 SASL 的程序可以使用任何 SASL 所支持的验证机制，同样也支持代理验证。SASL 提供的数据安全层能够提供数据完整性和数据加密服务，支持 SASL 的用户协议，也支持 SASL 服务所需的安全传输层协议，其中安全传输层协议是为因特网上通信提供安全性的加密协议。开发者可通过 SASL 对通用 API 进行编码，此方法避免了对特定机制的依赖。采用 SASL 的协议需要定义 SASL profile，即如何使用 SASL 进行验证协商。下面对 Avro RPC 采用的 SASL 进行介绍。

SASL 协商过程可以看成是客户端和服务器使用特定的 SASL 机制、在连接的基础上进行一系列消息的交互。客户端通过发送带有初始消息（可能为空）的机制名称（这里是 SASL）来协商过程。协商过程一直伴随着消息的交换直到某一方表明协商成功或失败。消息的内容由具体的机制决定，如果协商成功就可以通过连接进行会话，否则将被抛弃。一些机制在协商之后会继续处理会话的数据（如对数据进行加密），而一些机制会指定会话数据传输不需修改。

Avro SASL 协商使用 4 个单字节命令，分别是：

❑ 0：START（开始），使用于客户端初始消息中；

❑ 1：CONTINUE（继续），使用于协商进行中；

❑ 2：FAIL（失败），协商失败；

❑ 3：COMPLETE（完成），成功完成协商。

开始消息的格式是：

| 0 | 4 字节的机制名称的长度 | 机制名称 | 4 字节的有效负载的长度 | 有效负载数据 |

继续消息的格式是：

```
| 1 | 4 字节的有效负载的长度 | 有效负载数据 |
```

失败消息的格式是：

```
| 2 | 4 字节的消息长度 | UTF-8 的消息 |
```

完成消息的格式是：

```
| 3 | 4 字节的有效负载的长度 | 有效负载数据 |
```

协商以客户端发送 START 命令开始，START 命令中包含客户端选定的机制名称和指定机制的有效负载数据。然后，服务器和客户端交换一些 CONTINUE 消息，每个消息包含由安全机制生成的下个消息的有效负载数据。一旦客户端或者服务器发送 FAIL 消息，协商就会失败，失败消息中包含 UTF-8 编码的文本。只要接收到或发送了 FAIL 消息，或者在协商过程中发生了任何错误，基于此次连接的通信就必须结束。如果客户端或服务器发送 COMPLETE 消息，那么协商将成功完成，会话数据可以通过此次连接进行传输直到一方关闭。

如果 SASL QOP（Quality of Protection，品质保证）没有进行协商，则基于此次连接的读 / 写无需修改，特别是传输的消息使用了 Avro 框架并采用了下面的形式：

```
| 4 字节的框架长度 | 框架数据 | … | 4 个零字节 |
```

如果 SASL QOP 协商且成功，则此次连接后的消息传输使用 QOP。写数据时使用安全机制对非空的框架进行封装，读取数据时需要解开。完整的框架必须传送到安全机制进行解封装，之后传送到应用程序中。如果在封装、解封装或者框架处理时发生错误，那么此次连接的通信必须结束。

SASL 的匿名机制很容易实现，特别之处在于，一个初始的匿名请求可以用以下静态序列作为前缀：

```
| 0 | 009 | ANONYMOUS | 0000 |
```

如果服务器使用匿名机制，则它应检查所接收到的请求前缀，即开始消息的机制名称是否为 "ANONYMOUS"，然后对带有 COMPLETE 消息的初始响应前加上前缀：

```
| 3 | 0000 |
```

如果匿名服务器接收到带有其他机制名称的请求，那么它将发送 FAIL 消息：

```
| 2 | 0000|
```

注意，匿名机制不会在客户端和服务器之间增加多余的往返，START 消息附加在初始请求中，而 COMPLETE 和 FAIL 消息则附加在初始响应中。

16.6　本章小结

本章内容主要包括：16.1 节首先将说明如何声明 Avro 模式，以及如何对数据进行序列化；然后介绍对象容器文件的具体格式和 RPC 中 Avro 的使用方法，包括协议的声明、协议传输的格式等；最后介绍如何解析获取的数据，重点说明如何处理写入模式和读取模式的不同。16.2 节介绍了在 C 和 C++ 中如何使用 Avro，主要叙述函数的使用，其中引用关于学生模式的具体例子来详细介绍。16.3 节首先介绍 Java 中使用 Avro 所需要的一些包，后面给出了上节中学生模式例子的 Java 实现程序。16.4 节主要介绍了 GenAvro 语言，说明如何用类似高级语言的方法来声明一个 Avro 模式。16.5 节简单介绍了 Avro 的简单验证安全层，具体说明了通信双方如何进行协商。

Avro 作为一个数据序列化系统，为数据密集型动态应用程序提供了数据存储和交换的平台，它的最大特点就是模式和数据在一起，也就是在反序列化时写入的模式和读出的模式都是已知的，这为 Avro 带来了很多好处，如生成的数据文件很小等。

今后，Avro 可能会替换 Hadoop 现有的 RPC，Avro 的很多特性是为 Hadoop 及相关项目准备的：容器文件中的同步器可以使 MapReduce 快速地分离文件；不需要生成代码，有利于 Avro 使用于 Hive 和 Pig；对于大规模存储较小的数据文件有利于减少数据量等。Avro 数据结构的特性和多语言支持的优势还会帮助 Hadoop 在跨版本、多语言等方面提高性能。

第 17 章

Chukwa 详解

本章内容

- ❑ Chukwa 简介
- ❑ Chukwa 架构
- ❑ Chukwa 的可靠性
- ❑ Chukwa 集群搭建
- ❑ Chukwa 数据流的处理
- ❑ Chukwa 与其他监控系统比较
- ❑ 本章小结

17.1 Chukwa 简介

Hadoop 的 MapReduce 最初的主要用于日志处理。但是使用 MapReduce 处理日志是一件很烦琐的事情，因为集群中机器的日志在不断地增加，会生成大量小文件，而 MapReduce 其实只有在处理少量的大文件数据时才会产生最好的效用。

Chukwa 作为 Hadoop 的子项目弥补了这一缺陷。同时它也是一个高可靠性的应用，能通过扩展处理大量的客户端请求，还能汇聚多路客户端的数据流。Chukwa 也非常适合商业应用，特别是在云环境上，并且它已经成功地使用在多个场景中。

Chukwa 的开发主要面向四类群体：Hadoop 使用者、集群运营人员、集群的管理者、Hadoop 开发者。

- ❑ Hadoop 使用者：他们一般想了解作业运行的状态，以及还有多少资源可以用于新的作业，因此他们需要得到的是作业日志和作业输出。
- ❑ 集群运营人员：他们需要了解硬件故障、异常状态、资源的消耗情况。
- ❑ 集群的管理者：他们需要了解在什么样的成本下能够提供什么样的服务，这就意味着他们需要一个工具去分析集群系统或单个用户过去的使用状况，并利用分析出的信息预测将来的需求。他们也要了解系统的一些特征值，如一个任务的平均等待时间。
- ❑ Hadoop 开发者：Hadoop 的开发人员通常需要了解系统的运行情况，Hadoop 的运行瓶颈、失效模式等。

Chukwa 作为 Hadoop 软件家族中的一员，依赖于其他 Hadoop 的子项目使用，比如，以 HDFS 作为存储层，以 MapReduce 作为计算模型，以 Pig 作为高层的数据处理语言。Chukwa 系统的最大开销被限制在整个集群系统可用资源的 5% 以内。

Chukwa 是一个分布式系统，它采用的是流水式数据处理方式和模块化结构的收集系统，在每一个模块中有一个简单规范的接口，这有利于将来更新，而不需要打破现行的编码结构。流水式模式就是利用其分布在各个节点客户端的采集器收集各个节点被监控的信息，然后以块的形式通过 HTTP Post 汇集到收集器，由它处理后转储到 HDFS 中。之后这些数据由 Archiving 处理（去除重复数据和合并数据）提纯，再由分离解析器利用 MapReduce 将这些数据转换成结构化记录，并存储到数据库中，HICC（Hadoop Infrastructure Care Center）通过调用数据库里数据，向用户展示可视化后的系统状态。

图 17-1 展示了 Chukwa 流水式数据处理结构。

下面的章节将从 Chukwa 架构出发，介绍系统中的各个模块，并且讲解 Chukwa 如何实现系统的可靠性。在对 Chukwa 整个系统框架及原理有所了解后，大家可以根据"Chukwa 集群搭建"一节的介绍，搭建一个自己的 Chukwa 系统来监控 Hadoop 集群，这样就可以与其他监控系统有一个比较。希望大家可以结合自己实际使用感受，进一步了解 Chukwa 监控系统的特点。

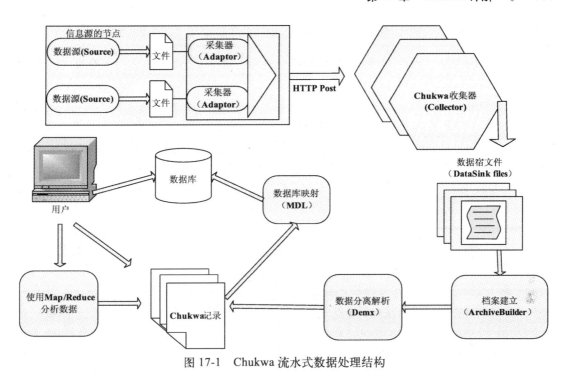

图 17-1 Chukwa 流水式数据处理结构

17.2 Chukwa 架构

Chukwa 有三个主要组成部分：客户端（Agent），它运行在每一个被监控的机器上，并且传送源数据到收集器（Collector）中；收集器（Collector）和分离解析器（Demux），收集器接受从 Agent 传来的数据，并且不断地将其写到 HDFS 中，而分离解析器则进行数据抽取并将其解析变换成有用的记录；HICC（Hadoop Infrastructure Care Center），其是一个门户样式的网页界面，用于数据的可视化。

图 17-2 为 Chuwa 的系统架构图。

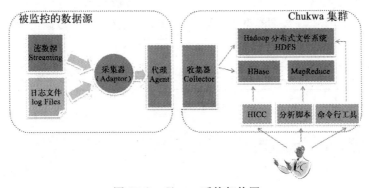

图 17-2 Chuwa 系统架构图

17.2.1 客户端及其数据模型

在 Chukwa 中，Agent 的主要目的是：使内部进程通信协议能够兼容处理本地的日志文件。

随着分布式计算处理的开始或结束，分布存放的文件和套接字将会不断增加或减少，这种变化是需要被监控的，因此要在每一台机器上配置 Agent。现在绝大多数的监控系统都要求通过特殊的协议传送数据，Chukwa 也不例外，所以在 Chukwa 中，Agent 不直接负责接收数据，取而代之的是一个可执行环境：提供可配置的承载数据模块（Adaptor）。这些 Adaptor 在文件系统或被监控的应用中的功能是读取数据，Adaptor 的输出是一个逻辑上的比特流，单个数据流对应单个文件，或者在相应套接字上接收对应的数据包或一系列重复调用的 UNIX 程序。数据流被存储成序列块，每一个数据块由一些流级别的元数据（Stream-level metadata）加上一个数组比特构成。启动 Adaptor 可以通过 UNIX 命令来完成。Adaptor 能够扫描目录，追踪新创建的文件。这样 Adaptor 便能够接收 UDP 消息，包括系统日志（Syslog），特别是可以不断地追踪日志，将日志更新到文件中。并且 Adaptor 是可以互相嵌套的，例如，一个 Adaptor 可以在内存中缓存来自另一个 Adaptor 的输出。在单个线程内运行所有的 Adaptor，可以让管理员在资源受限的商业环境中实施一些必要的资源限制：内存的使用可以通过 JVM 堆的使用进行控制；CPU 的使用可以通过进程优先级（Nice）控制；带宽的限制可以通过 Agent 进程协调，即设置它在网络中的最大传输速率，只要超过最大可利用的带宽，就在 Agent 进程中设置固定大小的队列，或者当 Collector 响应缓慢时，Collector 会自动调节进程中 Adaptor 的工作。

Agent 的主要工作是负责开始和停止 Adaptors，并且通过网络传输数据。Agent 支持行定位控制协议，方便程序对 Agent 控制。该协议包含的命令有：启动和停止 Adaptor，以及查询它们的状态，也允许外部程序在开始读日志时重新配置 Chukwa。Agent 进程也将会定期查询 Adaptor 状态，并且存储 Adaptor 状态在检查点（Checkpoint）文件中，每一个 Adaptor 负责记录足够的状态以便能够在需要的时候完整地恢复原先的状态，Checkpoint 只是包含状态，因此 Checkpoint 文件是很小的，一般每一个 Adaptor 的 Checkpoint 文件只有几百比特。

Agent 和 Adaptor 会自动设置一些元数据，但是其中有两个元数据是需要用户自己定义的：集群名字和数据类型。集群名字被设置在 etc/chukwa/chukwa-agent-conf.xml 中，是在每一个进程当中的全局变量。数据类型描述了由 Adaptor 实例收集的数据类型，在启动实例时，它必须已经指定。下面的表 17-1 列举了块的元数据字段。

表 17-1　块的元数据字段

字　　段	含　　义
数据源（Source）	产生块的节点
集群（Cluster）	标明集群节点
数据类型（Datatype）	数据输出格式
序列号（Sequence ID）	流数据中块的偏移量
名字（name）	数据源的名字

Adaptors 需要以序列号（Sequence ID）作为参数，以便在崩溃后能重新恢复到之前的状态。在启动 Adaptor 时，通常会把序列号置为 0，但是有时候也会为了其他的目的将序列号置为其他值，例如，只想追踪文件的下半部分。

17.2.2　收集器

现在介绍 Chukwa 架构中 Collector 的模型。如果每一个 Agent 都直接向 HDFS 中写入数据，那么将会产生许多小文件，所以 Chukwa 使用 Collector 技术，由单个 Collector 线程处理多个来自于 Agent 的数据，每一个 Collector 将它接收的数据写到单个输出文件中，这个文件放在数据宿（Data Sink）目录下，这就减少了单个机器或单位时间内 Adaptor 产生的文件数，同时也减少了整个集群产生的文件数。从某种意义上来讲，Collector 的存在减轻了大量的低速率数据源和优化过的少量高速率文件系统间写入的匹配问题，Collector 会定期关闭它们的输出文件，同时重新命名该文件来标记其可以被进一步处理，并且开始写另一个新的文件。这个过程被称为文件轮转。一个 MapReduce 作业定期压缩收集到的日志文件并且将它们合并成一个文件。

Chukwa 不同于其他监控系统的地方就是它利用了 Collector 技术。在 Collector 中没有实施任何可靠性策略，Chukwa 的可靠性是依赖于系统端到端的协议。在 Chukwa 的可靠路径中，Collector 以标准的 Hadoop 序列文件（sequencefile）格式写数据。这种格式使 MapReduce 的多路处理更加容易。

Chukwa Agent 在分配 Collector 时也没有实施动态负载均衡方法，而是由 Agent 随机选择 Collector 轮询，直到有一个可以工作为止，而后 Agent 将独占该 Collector，直到 Agent 接受到报错信息，这时才会转移到一个新的 Collector 上，如图 17-3 所示。

该方法的好处是在文件系统写数据之前，限定了由于 Collector 故障受影响的 Agent 的数量，这也避免了故障扩散，否则会发生每一个 Agent 都被迫对任意一个 Collector 所发生的故障做出响应的情况。这种情况会造成 Collector 间的负载不均衡。但在实际的应用中该问题造成的影响不大，Collector 不太会饱和。

为了处理过载的情况，Agent 重新询问 Collector 是有特定方法的。如果 Agent 向一个 Collector 中写入数据失败，那么该 Collector 被标记为 "坏的"（bad），并且该 Agent 将在再次写入之前等待一个系统设置的时间。因此，如果所有 Collector 过载，一个 Agent 将会询问每一个 Collector，其结果都将会是访问失败，这样 Agent 会等待几分钟后再次访问 Collector。

在 Collector 端筛选数据有许多优点，如 Collector 是 IO 约束型，不是 CPU 约束型，这意味着 CPU 资源可以根据作业的状态进行分配，进一步说，也就是 Collectors 是无状态的，只需在机器间简单增加更多的 Collector 即可。

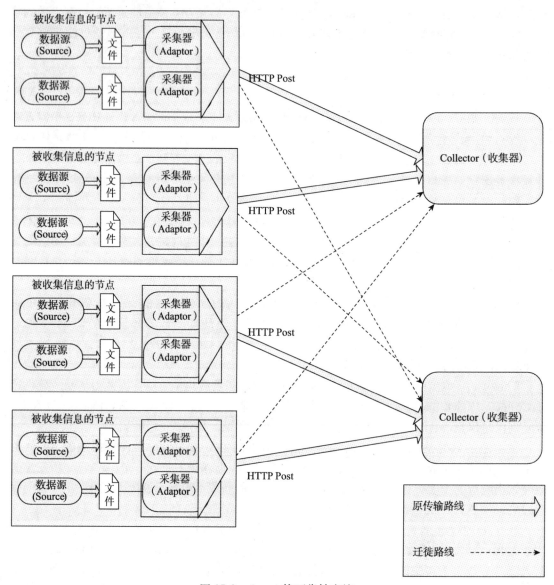

图 17-3 Agent 的可靠性实施

17.2.3 归档器和分离解析器

Chukwa 为我们定制了一系列 MapReduce 作业，这些作业大体上可以分为两类：归档（Archiving）和分离解析（Demux）。

归档器从 HDFS 的块（Chunk）中抽取数据作为输入，然后将数据进行排序、分组。在这一过程中归档器并不对数据内容进行分析或修改，它会按照不同的方式将数据进行分组。

归档器能去除重复数据，并探查到数据丢失，重复地调用该作业可让数据随时间不断压缩到一个大文件中。Chukwa 提供了一些工具搜索归档器产生的文件。

分离解析器的功能是抽取记录并解析，使之变换成可以利用的记录，以减少文件数目和降低分析难度。Demux 的实现是通过在数据类型和配置文件中指定的数据来处理类并执行相应的数据分析工作的。一般是把非结构化的数据结构化，抽取其中的数据属性。由于 Demux 的本质是一个 MapReduce 作业，所以可以根据需求制定 Demux 作业来进行各种复杂的逻辑分析。Chukwa 提供的 Demux interface 可以通过 Java 语言很方便地扩展。在之前没有 Demux 的版本中，Chukwa 引入了 Archiving 的 MapReduce 作业，按照集群、日期和数据类型来分类数据。这种存储模型匹配了使用数据的传统作业模式，简化了写作业通过基于数据的时间、来源和类型提纯数据的过程。例如，存储用户日志用 14 天标记，而存储系统日志则用年标记。

Chukwa 支持用正则表达式来查询文件的元数据和数据内容，对于繁重和复杂的任务，用户可以运行特定的 MapReduce 作业去收集数据。此外，Chukwa 完整地整合了 Pig（见第 14 章"Pig 详解"），以提供更加强大的搜索功能。

17.2.4 HICC

HICC 作为 Chukwa 的子项目，其重要功能是可视化系统性能指标。HICC 能够显示传统系统的度量数据，例如系统资源空闲比率、CPU 的负载、磁盘写数据的速度，以及应用层的统计数据（如本地机器内 map 任务数、Hadoop 块迁移数量等）等。HICC 也能够显示使用每一个节点日志信息的 SALSA 作业执行模型状态机和 Mochi 可视化框架[1,2]。利用 Chukwa 可视化功能可以清楚看到集群中的作业是否在被均匀传播。HDFS 对于读请求有很长的延迟，因此在执行交互查询工作时，反应会比较慢，而 HICC 抽取数据是使用批插入的方式向 SQL 数据库中插入通过 MapReduce 处理收集到的数据。MapReduce 作业默认每 5 分钟执行一次，因此显示数据至少比实时慢 5 分钟。HICC 也可以支持集群性能的调试和 Hadoop 作业执行的可视化等应用。在这些应用中，延迟并不是问题。目前，HICC 不需要 Chukwa 的可靠性传输，但是它依赖于 Chukwa 收集数据和 MapReduce 处理数据。

17.3 Chukwa 的可靠性

容错能力是 Chukwa 设计的一个重要指标。即使在系统崩溃、网络连接中断情况下，也不能丢失数据。Chukwa 的方案与其他分布式系统在本质上的不同是其分布式存储日志的方式。该方式会将数据源的相应状态写入数据节点，由 Agent 管理节点崩溃的情况，Agent 通常会为自己的状态设置检查点（Checkpoint）。该 Checkpoint 描述了每一个当前被监控的数据流，并且清查有多少来自流中的数据已经被提交到 DataSink 上。在节点崩溃后，Chukwa 使用后台管理工具去重启 Agent。

在 Agent 进程恢复后，每一个 Adaptor 将从最近的 Checkpoint 状态重启。这意味着

Agent 将重新发送没有提交的数据，或者重新发送在最后的 Checkpoint 记录之后所提交的数据。在恢复过程中所产生的重复块将通过 Archiving 作业滤除掉。跟踪文件状态的 Adaptor 通过文件的定位固定偏移量来恢复文件内容，并且 Adaptor 也能够监控临时数据源，如网络的套接字。在这种情况下，Adaptor 通过重新发送数据就能很容易恢复丢失的数据，因此丢失数据将不是一个大的麻烦，例如丢失一分钟的系统度量信息。因为在默认提供封装好的库的 Adaptor 中已经缓存了来自不稳定数据源的数据，所以就可以建立不带容错机制的 Collector。Agent 将检查 Collector 对于文件系统的状态，这个状态会起到侦测系统故障并从故障中恢复的作用。恢复则完全由 Agent 处理，并不需要从失效的 Collector 中获取信息。然后 Agent 发送数据到 Collector，Collector 将写数据存储到 HDFS 文件中，并且也定位了数据在文件中的位置。这个位置很容易就能确定，因为每一个文件仅是通过一个 Collector 写的，唯一需要满足的要求就是排列数据和增加其长度。

Collector 将不监控已写入的文件，也不存储每一个 Agent 状态，轮询 Collector 而不是直接对文件系统访问是为了减少文件系统主节点的负载，把 Agent 从存储系统的烦琐中解脱出来。在出现故障时，Agent 将恢复上一个 Checkpoint，并且选择一个新的 Collector。

17.4 Chukwa 集群搭建

17.4.1 基本配置要求

Chukwa 可以工作在任何 POSIX 平台上，但是 GNU/Linux 是唯一的已经被广泛测试的商用平台，不过，几个 Chukwa 研发团队也在 Mac OS X 上成功使用了 Chuwka。目前将 GNU/Linux 作为安装 Chukwa 的平台是比较理想的选择。下面是安装 Chukwa 的先决条件：

- ❏ 必须安装 Java 1.6；
- ❏ 必须安装 Hadoop 0.20.205.0 或以上版本；
- ❏ 安装 HBase 0.90.4 或以上版本；
- ❏ Chukwa 集群管理脚本需要安装 SSH。SSH 功能用户 Chkuwa 执行集群管理脚本，但是对于 Chukuwa 的运行并不是必需的。如果不使用 SSH 用户可以采用其他方法来维护 Chukwa 集群。

17.4.2 Chukwa 的安装

Chukwa 项目的运行至少需要如下三部分的支持：

- ❏ Hadoop 集群和 HBase 集群，Chukwa 依赖其来存储并处理数据。
- ❏ 一个 Collector 进程，将收集到的数据写入 HBase 中。
- ❏ 一个或多个 Agent 进程，它发送监控数据到 Collector，我们将运行的 Agent 进程的节点视为被监控点。

另外，可以使用定制的脚本文件来监控集群的健康状态，并使用 HICC 来图形化显示集群的状态。

下面我们以三台机器为例介绍如何配置 Chukwa 来监控 Hadoop 分布式集群，集群中三台机器的主机名分别为：master、slave1 和 slave2，其中 master 作为 Hadoop 的 NameNode 和 Hbase 的 HMaser。

1. 安装 Chukwa

首先需要在官网（http://incubator.apache.org/chukwa/ ）上下载 Chukwa，然后将其解压在合适的目录下。当前 Chukwa 的最新版本为 0.5.0，下面以此版本为例进行介绍。下载并解压 Chukwa 后，我们设置 Chkuwa 的环境变量如下所示：

```
export CHUKWA_HOME=/home/hadoop/hadoop-1.0.1/chukwa-incubating-0.5.0
export CHUKWA_CONF_DIR=$CHUKWA_HOME/etc/chukwa
export PATH=$CHUKWA_HOME/bin:$CHUKWA_HOME/sbin:$CHUKWA_CONF_DIR:$PATH
```

从上面的配置中可以看出，我们将 Chukwa 放在 Hadoop 目录下便于管理。在 Chukwa 0.5.0 版本中，配置文件并不在根目录下的 conf 文件中，conf 文件已经被删除，取而代之的是 Chukwa 根目录下的 $CHUKWA_HOME/etc/chukwa 目录。另外，Chukwa 的集群管理脚本也并非全部在 bin 目录下，而是在 bin 和 sbin 两个目录下。故此，我们将 $CHUKWA_HOME/bin 和 $CHUKWA_HOME/sbin 同时加入 PATH 中方便操作。

2. Hadoop 和 HBase 集群的配置

Hadoop 和 HBase 的安装与配置我们已经在前面章节详细讲过，这里不再赘述。这里主要介绍为了安装 Chukwa 而对 Hadoop 和 HBase 集群配置的进一步修改。

首先按照如下命令，将 Chukwa 文件复制到 Hadoop 中：

```
cp $CHUKWA_CONF_DIR/hadoop-log4j.properties $HADOOP_CONF_DIR1 /log4j.properties
cp $CHUKWA_HOME/etc/chukwa/hadoop-metrics2.properties $HADOOP_CONF_DIR/hadoop-metrics2.properties
cp $CHUKWA_HOME/share/chukwa/chukwa-0.5.0-client.jar $HADOOP_HOME/ lib
cp $CHUKWA_HOME/share/chukwa/lib/json-simple-1.1.jar $HADOOP_HOME/ /lib
```

配置完成后重启 Hadoop 集群，接着进行 HBase 的设置。我们需要在 HBase 中创建数据存储所需要的表，如下所示：

```
bin/hbase shell < CHUKWA_HOME/etc/chukwa/hbase.schema
```

表的模式 Chukwa 已经定义好，我们只需要通过 HBase shell 将其导入即可。

3. Collector 的配置

首先我们对 $CHUKWA_CONF_DIR/chukwa-env.sh 进行配置。该文件为 Chukwa 的环境变量，大部分的脚本都需要从该文件中读取关键的全局 Chukwa 配置信息。我们需要对以下变量进行设置：

```
export JAVA_HOME=/usr/lib/jvm/java-6-sun-1.6.0.06
export HBASE_HOME=/home/hadoop/hadoop-1.0.1/hbase-0.92.1
export HBASE_CONF_DIR=$HBASE_HOME/conf
```

```
export HADOOP_HOME=/home/hadoop/hadoop-1.0.1
export HADOOP_CONF_DIR=$ HADOOP_HOME/conf
```

注意　如果已经在系统环境变量中（如 /etc/profile 文件）配置了上述参数，那么这里可以省略。需要格外注意的是，chukuwa-env.sh 中参数的优先级要高于 /etc/profile 文件中相同的参数，一定要保证优先级高的参数设置正确。

另外，当需要运行多台机器作为收集器的时候，要修改 $CHUKWA_CONF_DIR/collectors 文件，该文件定义了哪台机器运行收集器进程。配置文件格式与 Hadoop 的 $HADOOP_CONF_DIR/slaves 文件类似，每行代表一台机器。在默认情况下该文件只包含一行记录：配置 localhost 运行收集器进程。

另外，$CHUKWA_CONF_DIR/initial_Adaptors 文件主要用于设置 Chukwa 监控哪些日志，以及以什么方式、什么频率来监控等。使用默认配置即可，如下所示：

```
add sigar.SystemMetrics SystemMetrics 60 0
add SocketAdaptor HadoopMetrics 9095 0
add SocketAdaptor Hadoop 9096 0
add SocketAdaptor ChukwaMetrics 9097 0
add SocketAdaptor JobSummary 9098 0
```

CHUKWA_CONF_DIR/chukwa-collector-conf.xml 维护了 Chukwa 的基本配置信息。我们需要通过该文件指定 HDFS 的位置，如下所示：

```
<property>
    <name>writer.hdfs.filesystem</name>
    <value>hdfs://Master:9000/</value>
    <description>HDFS to dump to</description>
</property>
```

writer.hdfs.filesystem 中的 hdfs://master:9000/ 是 Hadoop 分布式文件系统的地址，Chukwa 将利用它来存储数据，可以根据实际地址对其进行修改。

下面的属性设置用于指定 sink data 地址（见代码内容），/chukwa/logs/ 就是它在 HDFS 中的地址。在默认情况下，Collector 监听 8080 端口（代码如下所示），不过这是可以修改的，各个 Agent 将会向该端口发消息。

```
<property>
    <name>chukwaCollector.outputDir</name>
    <value>/chukwa/logs/</value>
    <description>Chukwa data sink directory</description>
  </property>
<property>
    <name>chukwaCollector.http.port</name>
    <value>8080</value>
    <description>The HTTP port number the collector will listen on</description>
</property>
```

4. Agent 的配置

Agent 由 $CHUKWA_CONF_DIR/agents 文件进行配置，该配置文件的格式与 $CHUKWA_CONF_DIR/ collectors 相似，每行代表一台运行 Agent 的机器。如下所示为我们运行 Agent 的设置：

```
master
slave1
slave2
```

另外，CHUKWA_CONF_DIR/chukwa-Agent-conf.xml 文件维护了代理的基本配置信息，其中最重要的属性是集群名，用于表示被监控的节点，这个值被存储在每一个被收集到的块中，以区分不同的集群，如设置 cluster 名称：cluster="chukwa"。

```
<property>
    <name>chukwaAgent.tags</name>
    <value>cluster="chukwa"</value>
    <description>The cluster's name for this Agent</description>
</property>
```

另一个可选的节点是 chukwaAgent.checkpoint.dir，这个目录是 Chukwa 运行 Adaptor 的定期检查点，它是不可共享的目录，并且只能是本地目录，不能是网络文件系统目录。

5. 使用 Pig 进行数据分析

我们可以使用 Pig 进行数据分析，因此需要额外设置环境变量。要让 Pig 能够读取 Chukwa 收集到的数据，即与 HBase 和 Hadoop 进行连接，首先需要确保 Pig 已经正确安装，然后在 Pig 的 classpath 中引入 Hadoop 和 HBase 的配置文件目录，如下所示：

```
export PIG_CLASSPATH=$HADOOP_CONF_DIR:$HBASE_CONF_DIR
```

接下来创建 HBASE_CONF_DIR 的 JAR 文件：

```
jar cf $CHUKWA_HOME/hbase-env.jar $HBASE_CONF_DIR
```

创建周期性运行的分析脚本作业：

```
pig -Dpig.additional.jars=${HBASE_HOME}/hbase-0.90.4.jar:${ZOOKEEPER_HOME}/
zookeeper-3.3.2.jar:${PIG_HOME}/pig-0.10.0.jar:${CHUKWA_HOME}/hbase-env.jar
${CHUKWA_HOME}/share/chukwa/script/pig/ClusterSummary.pig
```

其中 hbase-env.jar 为上一步刚刚生成的 HBASE_CONF_DIR 的 JAR 文件。

17.4.3 Chukwa 的运行

在启动 Chukwa 之前需要启动 Hadoop 和 HBase，之后需要分别启动 Collector 进程和 Agent 进程。

1. Collector 进程的启动

在单个节点上运行 Collector 进程可以使用 bin/chukwa collector 命令，如下所示：

```
chukwa collector
```

```
hadoop@master:~/hadoop-1.0.1/chukwa-incubating-0.5.0$
OK writer.hdfs.filesystem [URI] = hdfs://master:9000
No checker rules for: chukwaCollector.outputDir
started Chukwa http collector on port 8080
```

在启动成功后将读出一些系统配置信息，如上所示，Collector 进程将监视 8080 端口。另外，Collector 可以作为守护进程运行，其脚本命令是 sbin/start-collectors.sh，它将远程登录 (SSH) 到在 conf/collectors 配置中列出的 Collector 地址，并且启动一个 Collector 进程在后台运行。

脚本命令 sbin/stop-collectors.sh 则用来关闭 Collector 进程。另外还可以通过 bin/chukwa collector sotp 命令来关闭 Collector 进程。

可以在浏览器中输入 http://collectorhost:collectorport/chukwa?ping=true，其中，collectorhost 是 Collector 的节点，collectorport 是相应的端口，如果 Collector 运行正常，一些统计数据将在页面中显示，例如：

```
Date:1337780783926
Now:1337780798066
numberHTTPConnection in time window:0
numberchunks in time window:0
lifetimechunks:0
```

2. Agent 进程的启动

在单个节点上启动 Agent 进程可以使用 bin/chukwa agent 命令。另外也可以通过 sbin/start-agents.sh 来启动 Agent 进程。start-agents.sh 脚本将会读取 CHUKWA_CONF_DIR/agents 文件，并且启动该配置文件中所列出的所有机器的 Agent 进程。

3. HICC 进程的启动

开始运行 HICC，输入命令 $CHUKWA_HOME/bin/chukwa hicc，如下所示：

```
hadoop@master:chukwa hicc
hadoop@master:~/hadoop-1.0.1/chukwa-incubating-0.5.0$ May 23, 2012 6:51:41 AM com.
sun.jersey.api.core.PackagesResourceConfig init
INFO: Scanning for root resource and provider classes in the packages:
  org.apache.hadoop.chukwa.rest.resource
  org.apache.hadoop.chukwa.hicc.rest
May 23, 2012 6:51:42 AM com.sun.jersey.api.core.ScanningResourceConfig logClasses
INFO: Root resource classes found:
  class org.apache.hadoop.chukwa.hicc.rest.MetricsController
  class org.apache.hadoop.chukwa.rest.resource.ViewResource
  class org.apache.hadoop.chukwa.rest.resource.UserResource
  class org.apache.hadoop.chukwa.rest.resource.WidgetResource
  class org.apache.hadoop.chukwa.rest.resource.ClientTrace
May 23, 2012 6:51:42 AM com.sun.jersey.api.core.ScanningResourceConfig logClasses
INFO: Provider classes found:
  class org.apache.hadoop.chukwa.rest.resource.WidgetContextResolver
  class org.apache.hadoop.chukwa.rest.resource.ViewContextResolver
```

```
May 23, 2012 6:51:42 AM com.sun.jersey.server.impl.application.WebApplicationImpl
_initiate
INFO: Initiating Jersey application, version 'Jersey: 1.10 11/02/2011 04:41 PM'
```

在 Agent 进程启动成功后，在 Web 地址栏输入 http://<Server>:<port>/hicc 即可看到 Chukwa 的可视化界面。其中，Server 是主机名，<port> 是 jetty 端口，默认为 4080，可以根据需要对 $CHUKWA/webapps/hicc.war 文件中 /WEB-INF/ 目录下的 jetty.xml 文件进行修改，如下所示：

```xml
<Call name="addConnector">
    <Arg>
        <New class="org.mortbay.jetty.nio.SelectChannelConnector">
            <Set name="host"><SystemProperty name="jetty.host"/></Set>
            <Set name="port"><SystemProperty name="jetty.port" default="4080"/></Set>
            <Set name="maxIdleTime">30000</Set>
            <Set name="Acceptors">2</Set>
            <Set name="statsOn">false</Set>
            <Set name="confidentialPort">8443</Set>
            <Set name="lowResourcesConnections">5000</Set>
            <Set name="lowResourcesMaxIdleTime">5000</Set>
        </New>
    </Arg>
</Call>
```

Chukwa HICC 界面如图 17-4 所示。

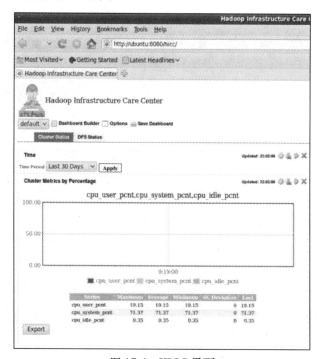

图 17-4　HICC 界面

在 Cluster Status 表单中可以看到监控集群的运行情况，如图 17-5 所示。

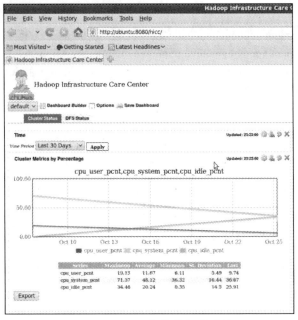

图 17-5　HICC 监控的集群运行

在 DFS Status 表单中可以看到分布式文件系统的状态，如图 17-6 所示。

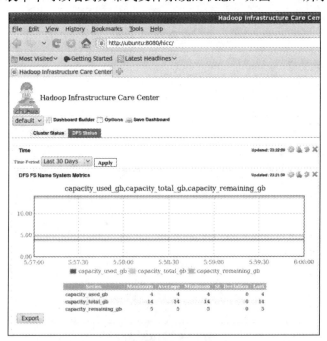

图 17-6　HICC 监控的分布式文件系统运行

也可以单击菜单栏中 Options 选项的 Add Widget（窗件），向网页中添加需要监控的窗件，如图 17-7 所示。

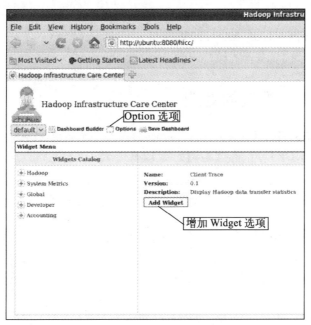

图 17-7　向 HICC 添加信息窗

单击信息窗右上角的齿轮，可以打开并选择需要显示的度量指标，如图 17-8 所示。

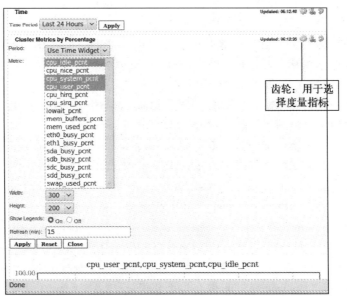

图 17-8　在 HICC 的窗件中选择需要显示的度量指标

4. 启动 Chukwa 的过程

我们可以按照如下顺序启动 Chukwa。

1）启动 Hadoop 和 HBase；

2）启动 Chukwa：$CHUKWA_HOME/sbin/ start-chukwa.sh；

3）启动 HICC：$CHUKWA_HOME/bin/chukwa hicc。

17.5　Chukwa 数据流的处理

原始日志收集和聚集的流程是基于 Chukwa 分布式文件系统（DFS）的。

Chukwa 文件在 HDFS 中的存储结构如图 17-9 所示。

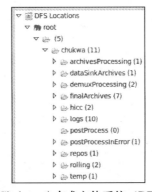

图 17-9　Chukwa 分布式文件系统（DFS）的结构

下面介绍 Chukwa 文件在 HDFS 中的存储流程。

1）Collector 将块写到 logs/ 目录下的 *.chukwa 文件中，直到达到块的大小（64MB）或超时了，Collector 关闭块，并且将 logs/*.chukwa 改为 logs/*.done 后缀的文件。

2）DemuxManager 每 20 秒检查一次 *.done 文件。

如果这些文件存在，那么移动它们到 demuxProcessing/mrInput 中，之后 Demux 将在 demuxProcessing/mrInput 目录下执行 MapReduce 作业。

如果 Demux 在三次之内成功整理完成 MapReduce 文件，那么将 demuxProcessing / mrOutput 中的文件移动到 dataSinkArchives/[yyyyMMdd]/*/*.done 中，否则移动执行完 MapReduce 的文件 demuxProcessing/mrOutputdataSinkArchives/ InError/[yyyyMMdd]/*/*.done。

3）每隔几分钟 PostProcessManager 将执行聚集、排序和去除重复文件作业，并且将 postProcess/demuxOutputDir_*/[clusterName]/[dataType]/[dataType]_[yyyyMMdd]_[HH].Re 移动到 repos/[clusterName]/[dataType]/[yyyyMMdd]/[HH]/ [mm]/ [dataType]_ [yyyyMMdd] _ [HH]_[N].[N].evt。

4）HourlyChukwaRecordRolling 将会每个小时运行一次 MapReduce 作业，然后将每小时的日志数据划分为以 5 分钟为日期单位的日志，并且移动 Repos/[clusterName]/[dataType]/

[yyyyMMdd]/[HH]/ [mm]/[dataType]_ [yyyyMMdd]_[mm].[N].evt 文件到 temp/hourlyRolling/ [clusterName] /[dataType] /[yyyyMMdd] 和 repos/[clusterName]/[dataType] /[yyyyMMdd]/ [HH]/ [dataType] _HourlyDone_[yyyyMMdd]_[HH].[N].evt 中，同时将文件保留到 Repos / [clusterName] / [dataType]/[yyyyMMdd]/[HH]/rotateDone/ 路径下。

5）DailyChukwaRecordRolling 在凌晨 1:30 运行 MapReduce 作业，将以小时为单位的日志归类到以日为单位的日志中，同时保留在 repos/[clusterName]/[dataType] /[yyyyMMdd] / rotateDone/ 路径下。

6）ChukwaArchiveManager 大约每半个小时使用 MapReduce 作业聚集和移除 dataSinkArchives 中的数据，移动 dataSinkArchives/[yyyyMMdd]/*/*.done 到 archivesProcessing/mrInput 和 archivesProcessing/mrOutput，以及 finalArchives/ [yyyyMMdd]/*/chukwaArchive-part-* 中。

7）以下目录下的文件将随时间的增长而增加，因此需要定期清理。

❏ finalArchives/[yyyyMMdd]/*

❏ repos/[clusterName]/[dataType]/[yyyyMMdd]/*.evt

17.6　Chukwa 与其他监控系统比较

在了解了 Chukwa 的特点和如何使用之后，大家或许会问 Chukwa 监控系统与其他监控系统相比有什么特点，下面我们将通过介绍其他监控系统特点来帮助大家了解 Chukwa 所具有的特点。

Splunk[3-6] 是一个日志收集和索引分析的商业化系统，它依赖于集中的存储和收集架构，不考虑传输日志的可靠性，然而在高级日志分析领域又有这样的需求：为了满足需求，许多大型互联网公司都已经建了大集群监控和分析高级工具。

存在一些专门的日志收集系统，在这些系统当中，Scribe [7] 是一个开源的监控系统，它的元数据模型比 Chukwa 简单，消息是 key-value 对，其优点是灵活，但是缺点是要求用户设计自己的元数据标准，这使得用户之间很难分享源代码。Scribe 的部署由多个服务器组成，它们被安排在有向非循环图中，其中的每一个节点对是否提交和存储接收信息都是有具体规定的。相比 Chukwa 而言，Scribe 没有被设计成兼容传统的应用，被监控的系统必须通过 Thrift RPC 服务发送消息给 Scribe。这样的优点在于避免在通常情况下的本地写开销，使消息可以无误地传输；缺点是在对不适用于 Scribe 的数据源进行收集时需要额外的处理。相对而言，Chukwa 处理这样的问题就平滑得多。Scribe 在传送上的可靠性也弱于 Chukwa。一旦数据被提交到 Scribe 服务器，服务器将负责处理该数据，而这个服务器为了后续传送会长时间地缓存数据。这就意味着 Scribe 服务器故障可能造成数据丢失，同时也没有一个端到端的传输保证，这是因为原始发送者没有保留一个副本。客户端在向多个服务器发送消息时，如果在发送失败之前没有找到一个正常工作的 Scribe Server，那么数据将会丢失。

另一个相关的系统是 Artemis，它是由 Microsoft 研究设计的，用来调试大规模 Dryad[8] 集群。Artemis 是为针对上下文而专门设计的：它只在本地处理日志，使用 DryadLINQ[9] 作为处理引擎。该架构的优点是避免了网络中多个副本的冗余，也使系统资源可以重复利用正在分析和已经分析的结果；缺点是如果一个节点坏掉或暂时不能用，查询会给出错误的结果。Artemis 没有被设计成使用长期可靠的存储，因为那需要除本地以外的副本；另外，在本地分析对于监控商业服务来说也是不理想的，因为其分析数据功能可能会干扰正在被监控的系统。

还有一些其他监控系统工具，像 Astrolabe、Pier 和 Ganglia[10-12] 被设计成能帮助用户查询分布式系统监控信息的系统。在所有的情况下，每个被监控机器上的客户端都存储了一定量的数据用于答复查询。因为客户端不收集和存储大数据集的结构化数据，所以它们不适合一般目的的编程模型。它们通过在系统中应用一个特殊的数据聚集策略来实现可扩展性，但是这会耗费较大的系统性能。相比而言，因为 Chukwa 从收集过程中剥离了分析过程，所以每一个部分部署都可以独立地扩展。

Ganglia 擅长实时故障侦测，相对而言，Chukwa 会有分钟级的延迟，但考虑到系统能在分钟级处理海量数据，并且能够敏锐侦测到运行变化，同时会对故障诊断有所帮助，而工程师一般不能对秒级别的事件有所反应，所以分钟级的延时是被允许的。

17.7　本章小结

Chukwa 作为 Hadoop 的子项目，既能帮助 Hadoop 处理其日志，也能利用 MapReduce 对日志进行分析处理。在 Chukwa 的帮助下，Hadoop 用户能够清晰了解系统运行的状态，分析作业运行的状态及 HDFS 的文件存储状态，从而对整个分布式系统状态有形象直观的了解。

和 Hadoop 一样，Chukwa 也是一个分布式系统，它虽然构建于 Hadoop 之上，但是本身也有自己的特点。它利用分布在各个节点上 Agent 进程中的 Adaptor 收集各个节点被监控的信息，然后以块的形式通过 HTTP Post 汇集到 Collector，再由它处理后转储到 HDFS 中。之后这些数据由 Archiving 处理（去除重复数据和合并数据）提纯，再由 Demux 利用 MapReduce 将这些数据转换成结构化记录，并存储到数据库中，HICC 通过调用数据库中的数据向用户展示可视化后的系统状态。

要想利用好 Chukwa 这个工具，就必须对 Hadoop 的各个配置项都有清晰的认识。同时 Chukwa 这个项目自身也在不断完善中，感兴趣的读者可以持续跟进。以下是其官网地址：http://incubator.apache.org/chukwa/。

本章参考资料

[1] J. Tan, X. Pan, S. Kavulya, R. Gandhi, and P. Narasimhan. SALSA: Analyzing Logs as StAte Machines. In First USENIX Workshop on Analysis of System Logs (WASL '08), San Diego, CA, December 2008.

[2] J. Tan, X. Pan, S. Kavulya, R. Gandhi, and P. Narasimhan. Mochi: Visual Log-Analysis Based

Tools for Debugging Hadoop. In Workshop on Hot Topics in Cloud Computing (HotCloud '09), San Diego, CA, June 2009.

[3] http://management.silicon.com/itpro/0,39024675,39157789,00.html.

[4] Burns, Bryan; Killion, Dave; Beauchesne, Nicolas; Moret, Eric; Sobrier, Julien; Lynn, Michael; Markham, Eric; Iezzoni, Chris; Biondi, Philippe; Granick, Jennifer; W. Manzuik, Steve; Guersch, Paul. Security Power Tools. O'Reilly Media, Inc.. ISBN 0-596-00963-1.

[5] Schubert, Max; Bennett, Derrick; Gines, Jonathan; Hay, Andrew; Strand, John. Nagios 3 Enterprise Network Monitoring: Including Plug-Ins and Hardware Devices. Syngress. ISBN 1-59749-267-1.

[6] Splunk Inc. IT Search for Log Management,Operations, Security and Compliance. http://www.splunk.com/, 2009.

[7] https://github.com/facebook/scribe.

[8] G. F. Cret‚u-Cioc^arlie, M. Budiu, and M. Goldszmidt. Hunting for problems with Artemis. In First USENIX Workshop on Analysis of System Logs (WASL ' 08), San Diego, CA, December 2008.

[9] Y. Yu, M. Isard, D. Fetterly, M. Budiu, U. Erlingsson, P. Gunda, and J. Currey. DryadLINQ: A system for general-purpose distributed data-parallel computing using a high-level language. In 8thUSENIX Symposium on Operating Systems Design and Implementation (OSDI ' 08), San Diego, CA, December 2008.

[10] R. Van Renesse, K. Birman, and W. Vogels. Astrolabe: A Robust and Scalable Technology for Distributed System Monitoring, Management, and Data Mining. ACM TOCS, 21(2):164–206, 2003.

[11] R. Huebsch, J. Hellerstein, N. Lanham, B. Loo, S. Shenker, and I. Stoica. Querying the Internet with PIER. Proceedings of 19th International Conference on Very Large Databases (VLDB), pages 321–332, 2003.

[12] M. Massie, B. Chun, and D. Culler. The Ganglia Distributed Monitoring System: Design, Implementation, and Experience. Parallel Computing, 30(7):817–840, 2004.

第 18 章

Hadoop 的常用插件与开发

本章内容

☐ Hadoop Studio 的介绍和使用

☐ Hadoop Eclipse 的介绍和使用

☐ Hadoop Streaming 的介绍和使用

☐ Hadoop Libhdfs 的介绍和使用

☐ 本章小结

18.1　Hadoop Studio 的介绍和使用

18.1.1　Hadoop Studio 的介绍

　　Hadoop Studio 是一个加快 Hadoop 开发进程的可视化开发环境。Hadoop Studio 通过降低 Hadoop 的使用复杂度，让用户在更少的步骤内完成更多的事情以提高效率。Studio 有专业版和大众版两个版本，大众版仅需要注册就可以获得，本章介绍的 Studio 都指大众版 Studio。用户可以通过 Hadoop Studio 强大的 GUI 部署 Hadoop 任务，并监控 Hadoop 任务的实时信息。它主要有以下优点：

- □ 简化并加快了 Hadoop 任务模型建立、开发和调试的进程。
- □ 能够实时地定义、管理、可视化和监视作业、集群和文件系统等；能够查看任务的实时工作情况；能够让用户通过观察输入输出和中间结果的工作流程图来管理任务的执行时间。
- □ 具有很强的移植性，能够被部署在任何操作系统和任何版本的私有或公有 Hadoop 云系统上，且服务能通过代理服务器和防火墙而不受影响。

　　Hadoop Studio 的优点决定了无论用户是只有极少 MapReduce 或 Hadoop 开发经验的 Java 程序员，还是熟练的并行程序开发者，它都能简化用户的工作，提高其工作效率。而这主要是从设计、部署、调试和可视化四个方面来实现的。

　　1）设计：由于 Studio 能够仿真 Hadoop 系统，所以用户初期建立 MapReduce 任务模型时就不需要真正的集群，这可以帮助用户迅速上手。

　　2）部署：无论用户使用的是私有网络内的集群还是公共网络上的集群，Studio 都能简化用户任务的部署而且不受服务器和防火墙的影响。在 Hadoop Studio 环境下，用户只需要简单几步便可以启动计算任务：首先在 Hadoop Jobs 中添加生成好的 JAR 包，然后选择要执行的主类，添加依赖项，并选择执行任务的目标 Cluster 节点和目标 Filesystems 即可完成启动。

　　3）调试：MapReduce 编程中最具挑战性的领域之一就是在集群上调试 MapReduce 任务。Studio 提供了可视化工具和任务实时监控，并支持图表化 Hadoop 任务执行状态（包括作业类型、完成情况、执行状态、起止时间、报错信息、输出结果等）和查看任务计数器，这都使得调试 MapReduce 变得容易起来。

　　4）可视化：强大的图形用户界面能够使用户不用关注分布式平台的细节就可以编写程序、调试程序、管理集群和文件系统、配置任务信息和日志文件等，这都为用户节省了时间。同时图形界面还能让用户通过实时查看输入输出和中间结果的流程图等其他任务信息来管理任务的执行情况。

　　Hadoop Studio 是一个强大的 Hadoop 插件，它具有众多优点，能够简化用户 Hadoop 开发过程，提高用户的效率。

18.1.2 Hadoop Studio 的安装配置

Hadoop Studio 专注于简化数据处理。为满足其广泛的可用性，Hadoop Studio 开发和部署环境的要求都设计得很简单。表 18-1 是它的开发和部署环境要求：

表 18-1 Hadoop Studio 开发环境

	环境要求
Hadoop 版本要求	Apache Hadoop (0.20)、Amazon EMR 或 S3、Cloudera、IBM InfoSphere BigInsights 或 Yahoo!
操作系统	Mac、Microsoft Windows、Linux
开发环境	Eclipse（版本 3.5 或更高）

从这个表中可以看出 Studio 的开发可以基于 Eclipse。下面，我们以基于 Eclipse（安装在 Linux 系统上）的大众版 Hadoop Studio 为例介绍其安装和使用方法。

基于 Eclipse 安装 Hadoop Studio 需要一个集成开发环境（IDE）、Java 平台和 Java SE，并且首先需要有以下软件的支持，如表 18-2 所示。

表 18-2 Hadoop Studio 的软件支持

Eclipse IDE 版本	3.5（或更高）
Java 版本	1.6（或更高）
开发环境	Java 环境或 Java SE

安装 JDK 和 Eclipse 的过程不再赘述，重点介绍安装好 JDK 和 Eclipse 之后如何安装基于 Eclipse 的大众版 Hadoop Studio。

Hadoop Studio 是 Eclipse 的一个插件，在启动 Eclipse 之后依次点击 Help 菜单下的 Install New Software →弹出的 Install 窗口→ Add，然后在弹出的 Add Repository 窗口中填入以下信息：

Name：Karmasphere Studio Plugin

Location：http://updates.karmasphere.com/dist/<<serial_key>>/Eclipse/site.xml

serial_key 需要在 Karmasphere Studio 官网（http://karmasphere.com/）注册后才能获取。填完之后点击 OK。接下来在 Install 窗口下会出现可能需要安装的插件，选择 Karmasphere Studio Community Edition 或者 Karmasphere Studio Professional Edition，之后一直点击 Next 并选择 I accept the terms of the license agreements。接下来 Hadoop Studio 插件将会自动下载并安装。中途如果出现 Security Warning 窗口，选择 OK 安装就会继续。安装结束后重启 Eclipse 即能正常使用。现在最新版本的 Studio 是 1.11。

18.1.3 Hadoop Studio 的使用举例

下面以本地 MapReduce 任务的开发、调试和部署及远程部署为例，介绍 Hadoop Studio 的使用情况。

1. 本地开发、调试和部署

（1）本地的开发和调试

Hadoop Studio 的任务开发工具允许用户开发并调试 MapReduce 任务。Hadoop Studio 可以降低 MapReduce 编程的入门门槛，因为有了它，用户可以在不需要集群支持的情况下，不断开发和调试自己的任务以避免延误整个工程的开发周期。接下来我们介绍两个工作流程并说明如何在本地部署它们，让大家熟悉 Hadoop Studio 开发工具的使用方法，这两个工作流程中一个使用 MapReduce 预定义类（WordCount Workflow），另一个使用 MapReduce 自定义类（Pi Project Workflow）。

❑ WordCount 工作流

1）创建一个名为 WordCountProject 的 Java 工程（详细过程略）；

2）创建一个 MapReduce 工程。

为了使用 Hadoop Studio，我们需要引用 Karmasphere 和 Hadoop libraries，右键点击步骤 1) 中创建的 Java 工程，选择 Build Path>Add Libraries，接着选择弹出窗口中的 Hadoop Libraries from Karmasphere 并点击 Next，在弹出的窗口中选择 Karmasphere Client for Hadoop 并点击 finish。然后右键点击 WordCountProject 工程，选择 New>Other，接着选择 Hadoop Jobs 下的 Hadoop Map-Reduce Job (Karmasphere API) 并点击 finish。再然后展开 Eclipse 工作区面板中的 WordCountProject，双击 src 下的 HadoopJob.wordfolw。出现下面的界面（如图 18-1 所示）：

图 18-1　Hadoop Studio 工程配置图

点击窗口界面中第一行的 Bootstrap 按钮，再点击相应页面中的 Browse 按钮，打开文件系统上的一个文件，然后保存工程。这样 Studio 就会为你的工程生成所有的代码并且进行编译。在图 18-1 的窗口中有很多选项卡，点击各个选项卡用户可以查看自己工程所处的状态和输入数据在各个时间点对工程的影响。用户也可以点击选项卡设置对应的工程配置参数。

现在先点击 Input 选项卡，在 Class name 一栏中输入 org.apache.Hadoop.mapred. TextInputFormat，将输入文件的格式设定为 TextInputFormat。再点击 Mapper 选项卡，在 Class name 一栏输入 org.apache.Hadoop.mapred.lib.TOKenCountMapper，为 Mapper 的计数令牌设定类的格式。接着点击 Partitioner 选项卡，在 Class name 一栏输入 org.apache. Hadoop.mapred.lib.HashPartitioner，以设定 Partitioner 的类。随后点击 Comparator 选项卡，在 Class name 一栏输入 org.apache.Hadoop.io.Text.Comparator 选定 Text Comparator。然后点击 Combiner，在 Classname 一栏输入 org.apache.Hadoop.mapred.lib.IdentityReducer，选定

Identity Reduce。再然后点击 Reducer，在 Class name 一栏输入 org.apache.Hadoop.mapred. lib.LongSumReducer，选定 Long Sum Reducer。最后点击 Output 选项卡，在 Class name 中输入 org.apache.Hadoop.mapred.TextOutputFormat，以设定 output 的数据类型。

❑ Pi Project 工作流

1）创建新的 Java 工程，按照上面 WordCountProject 中添加工作流的步骤添加一个工作流。如图 18-2 所示。

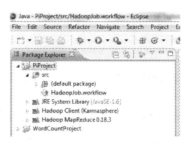

图 18-2　Hadoop Studio 新创建的工程图

2）右键点击 PiProject，选择 New → Other。选择 New 窗口中 Hadoop Types 下的 Hadoop Mapper，然后点击 finish。Package Explorer 中的 PiProject 工程下会出现 HadoopMapper. java，按照同样的步骤添加 HadoopReducer.java。双击 HadoopMapper.java 打开界面，输入下面的代码：

```java
package cn.edu.ruc.cloudcomputing.book.chapter18;

import java.util.Random;
import java.io.IOException;

import org.apache.Hadoop.mapred.MapReduceBase;
import org.apache.Hadoop.mapred.Mapper;
import org.apache.Hadoop.mapred.OutputCollector;
import org.apache.Hadoop.mapred.Reporter;

import org.apache.Hadoop.io.Text;
import org.apache.Hadoop.io.LongWritable;
/**
 *
 */
public class HadoopMapper extends MapReduceBase implements Mapper<Text,Text,Text,
LongWritable> {

public void map(Text key, Text value, OutputCollector<Text, LongWritable> output,
Reporter reporter)
        throws IOException {

        Random generator = new Random();
        int i;
```

```
        final int iter = 100000;

        for (i =0; i < iter; i++)
        {
                double x = generator.nextDouble();
                double y = generator.nextDouble();

                double z;

                z = x*x + y*y;

                if (z <= 1)
                        output.collect(new Text("VALUE"), new LongWritable(1));
                else
                        output.collect(new Text ("VALUE"), new LongWritable(0));

        }
        }
    }
}
```

再双击 HadoopReducer.java 打开界面，输入下面代码：

```
package cn.edu.ruc.cloudcomputing.book.chapter18;

import java.io.IOException;
import java.util.Iterator;

import org.apache.Hadoop.mapred.MapReduceBase;
import org.apache.Hadoop.mapred.OutputCollector;
import org.apache.Hadoop.mapred.Reducer;
import org.apache.Hadoop.mapred.Reporter;

import org.apache.Hadoop.io.Text;
import org.apache.Hadoop.io.LongWritable;
import org.apache.Hadoop.io.DoubleWritable;

public class HadoopReducer extends MapReduceBase implements Reducer<Text,LongWrit-
able,Text,DoubleWritable> {
    public void reduce(Text key, Iterator<LongWritable> value,
OutputCollector<Text, DoubleWritable> output, Reporter reporter)
        throws IOException {
        double pi = 0;
        double inside = 0;
        double outside = 0;

        while (value.hasNext())
        {
          if (value.next().get() == (long)1)
              inside++;
          else
```

```
                        outside++;
            }

            pi = (4*inside)/(inside + outside);

            output.collect(new Text ("pi"), new DoubleWritable(pi));
        }
    }
```

右键点击 Eclipse 菜单栏中的 Project 选项卡，查看 Build Automatically 项是否选中，如果没有选中，就点击 Project 下的 Build Project。需要注意的是，Build Automatically 对于 Studio 生成的 Hadoop Job 默认是选中的。之后点击 HadoopJob.wordflow 下的 Bootstrap，接着点击 Browse 选择输入文件，并点击 input 选项卡设定输入格式为 org.apache.Hadoop. mapred.KeyValueTextInputFormat。然后点击 mapper 选项卡输入 HadoopMapper 选定 HadoopMapper。点击 Partitioner 选项卡输入 org.apache.Hadoop.mapred.lib.HashPartitioner 选定 Hash Partitioner。点击 Comparator 选项卡，输入 org.apache.Hadoop.io.TextComparator 选定 Text Comparator。点击 Reducer 选项卡，输入 HadoopReducer 选定 Hadoop Reducer。最后点击 Output 选项卡输入 org.apache.Hadoop.mapred.TextOutputFormat 选定输出数据格式。

（2）本地任务部署

Hadoop Studio 使用户能够将自己的本地任务部署成线程模式。这里我们介绍将本地工作流任务和 JAR 包任务部署成线程模式的详细步骤，包括工作流和 JAR 文件。需要注意的是如果读者使用的是 Windows 系统，则需要先安装 Cygwin 模拟 Linux 环境。

❑ 部署工作流

打开上面已经创建的 PiProject 工程中的工作流，点击 Eclipse 工具栏中最后一个 Deploy 按钮，设定 Deployment 窗口中 Target Cluster 和 Data Filesystem 的参数值，分别为 In-Process Thread（0.20.2）和 Local Filesystem C:\，然后点击 OK。当工作流在本地部署完成时，在 Output 窗口下就可以看到实时执行状态了。

❑ 部署 JAR 包

首先还是打开上面已经创建的 PiProject 工程中的工作流，然后选择 Eclipse → window → Open Perspective → Other → Hadoop，点击 OK 之后会打开 Hadoop 视图。在 Jobs 上右键点击选择 New Job，输入 Job Name，选择 Job Type 为 Hadoop Job from pre-existing JAR file，点击 Next，然后选择要部署的 JAR 文件并点击 Next。接着选择 Default Cluster 为 In-Process Thread （0.19.3），设定 Default Arguments 为 pi 10 10000。最后右键点击新建的 Job，选择 Execute Job。到此 JAR 文件的部署已经完成。同样在 JAR 文件部署完成之后，就可以在 Output 窗口中查看 Job 的实时执行状态了。

2. 集群部署

（1）新建 Hadoop HDFS

为了使用 HDFS，我们首先需要在 Hadoop 视图下创建一个文件系统。Hadoop Studio 允许用户通过 Socket 或 SSH 连接、浏览、读写一个 HDFS。它有一个内置的用来展示本地文件系统的选项。

首先，让我们打开 Hadoop 视图创建一个文件系统选项。右键点击 Filesystem 选择 New Filesystem，在打开的窗口中输入文件系统的名字并设定 Filesystem Type 为 Hadoop HDFS Filesystem。接下来配置运行 HDFS 的 NameNode。如果计划通过 SSH 连接，那么需要将 NameNode Host 配置成 localhost，然后再配置 NameNode Port、Hadoop Version、Username、Group 并点击 finish，接下来将连接类型配置成 DIRECT，之后点击 finish 完成文件系统选项的创建。右键点击创建的文件系统选项，选择 Open Filesystem 可以浏览文件系统项目，Studio 将会创建同文件系统的连接，并打开 Filesystem Browser 窗口以便于用户查看管理文件系统。

（2）监控 HDFS

Hadoop Studio 可以图形化地描述 HDFS 文件系统的状态，在需要查看的文件系统上点击右键选择 Monitor status 就可以查看。当然前提是用户已经创建了文件系统。

（3）创建 Hadoop 集群

要在分布式 Hadoop 集群上部署、调试、监控，需要先在 Hadoop 视图下创建集群选项。Hadoop Studio 允许用户在集群上运行自己的任务并通过图表监控集群的状态。

Hadoop Studio 有一个内置模拟集群的选项。用户可以用它来运行任务，在测试小数据量上任务的运行时显得尤其有用。在这里将创建一个 Hadoop 集群，首先需要添加一个新的 JobTracker 集群。打开 Hadoop 视图右键点击 Hadoop Clusters 并选择 New Cluster，在出现的窗口输入 Cluster Name，选择 Cluster Type 为 Hadoop Cluster (JobTracker)，再设定正确的 Hadoop Version 和 Default Filesystem。点击 Next 之后再配置集群，输入 JobTracker Host、JobTracker Port 和 Username，之后点击 Next。接下来配置 Hadoop 集群的通信机制，有直接通信、Socket 和可选 SSH。我们这里设置为直接通信。然后点击 finish 完成 Hadoop 集群的创建。

（4）监控正在运行的任务

Hadoop Studio 可以解释并显示用户 Hadoop 集群在运行任务时保存的日志文件和错误诊断信息。这个功能使用户可以监控自己任务的执行情况，并且分析任务的执行结果。当 MapReduce Job 运行时，Hadoop Studio 会切换到 Job Monitor 视图，在这个视图上用户可以看到任务的执行信息。Job Monitor 视图列出了集群上所有任务的信息，选择一个任务并点击 Task Monitor 按钮，就可以看到这个任务的 Summary、Timeline、Logs、Tasks 和 Config 等信息。如果需要监控集群的状态，可以右键点击对应集群并选择 Monitor Status，Monitor Status 窗口就会列出 Map Attempts、Reduce Attempts、Task Trackers 和 User Accounting 的统计表格。

（5）部署运行任务

Hadoop Studio 允许用户部署三种类型的任务：工作流、JAR 文件和流任务。这里我们将介绍部署这三种类型任务的步骤。需要注意的是，如果集群通过 SSH 连接，那么部署的

Job 必须是通过 Hadoop Client 创建的（具体过程参考本章相关内容）。另一个需要注意的是保证 Hadoop 的版本与集群的 Hadoop 版本一致。

工作流

创建一个工作流（过程略）然后点击 deploy，在弹出的 Deployment 窗口中输入 Job Name，选择 Target Cluster 和 Data Filesystem，键入输入和输出的参数，然后点击 OK。需要注意的是，输入参数的时候需要每个参数都要占一行或者同行参数之间需要空格隔开，并且输出目录应为空或不存在。接下来点击 OK，之后工作流就会部署运行了，在 Output 窗口里可以查看运行情况。

流任务

打开 Hadoop 视图，右键点击 Jobs 选择 New Job。输入 Job Name，选择 Job Type 为 Hadoop Streaming Job，点击 Next。再输入 Input Location 和 Output Location，点击 Next。接着选择 Mapper 和 Reducer 的 types 为 Raw Command，在 Mapper 和 Reducer 中输入 /bin/cat，然后点击 finish，如果是自己编写的代码那么就需要在设置 Mapper 和 Reducer 时选择 Upload。接下来右键点击新建的 Job 选择 Execute Job，在确认各项参数无误之后点击 OK，这样，任务就会部署运行，同样可以在 Output 中查看状态。

JAR 文件

在集群上部署 Jar 文件需要用到 Hadoop Services。具体步骤是打开 Hadoop 视图，右键点击 Jobs，选择 New Job，输入 Job Name，选择 Job Type 为 Hadoop Job from pre-existing JAR file，点击 Next。在弹出的窗口中浏览文件系统选择 Primary Jar file，并输入 Main Class，点击 Next。接下来需要选择默认集群和默认参数，配置完成之后点击 finish。参数输入格式的要求和 Job Worflow 中相同，然后右键点击新创建的 Job，选择 Execute Job，确认参数无误之后点击 OK，这样，任务就会部署运行，同样可以在 Output 中查看状态。

到这里 Hadoop Studio 的使用方法已经介绍完毕，我们从本机和集群两个角度分别介绍了不同任务的部署和运行，同时还介绍了如何使用 Hadoop Studio 监控用户任务，以及利用其用户界面简化 Hadoop 任务的创建、调试、监控和执行。Hadoop Studio 的可视化设计和全面的功能大大降低了基于 Hadoop 项目的开发难度，值得所有 Hadoop 使用者和开发者使用。

18.2 Hadoop Eclipse 的介绍和使用

18.2.1 Hadoop Eclipse 的介绍

Hadoop 是一个强大的并行框架，它允许任务在其分布式集群上并行处理。但是编写、调试 Hadoop 程序都有很大的难度。正因为如此，Hadoop 的开发者开发出了 Hadoop Eclipse 插件，它在 Hadoop 的开发环境中嵌入 Eclipse，从而实现了开发环境的图形化，降低了编程难度。在安装插件、配置 Hadoop 的相关信息之后，如果用户创建 Hadoop 程序，插件会自动导入 Hadoop 编程接口的 JAR 文件，这样用户就可以在 Eclipse 的图形化界面中编写、调试、运行 Hadoop 程序（包括单机程序和分布式程序），也可以在其中查看自己程序的实时状态、错误信息和运行结果，还可以查看、管理 HDFS 及其文件。总的来说，Hadoop Eclipse 插件安装简单，使用方便，功能强大，尤其是在 Hadoop 编程方面，是 Hadoop 入门和 Hadoop 编程必不可少的工具。

18.2.2　Hadoop Eclipse 的安装配置

Hadoop Eclipse 插件有很多版本，比如 Hadoop 官方下载包中的版本、IBM 的版本等。下面将以 Hadoop 官方下载包中的插件为例介绍安装和使用方法。安装插件之前先要安装 Hadoop 和 Eclipse（这部分内容略去，直接介绍插件的安装）。需要注意的是，在 Hadoop1.0 版本中，并没有像 0.20 版本那样，在 HADOOP_HOME/contrib./eclipse-plugin 有现成的 Eclipse 插件包，而是在 HADOOP_HOME/src/contrib/eclipse-plugin 目录下放置了 Eclipse 插件的源码。下面将详细介绍如何编译此源码生成适用于 Hadoop1.0 的 Eclipse 插件。

1. 安装环境

操作系统：Ubuntu 11.10

软件：

❑ Eclipse 3.7

❑ Java 1.6.0_22

❑ Hadoop 1.0.1

2. 编译步骤

1）首先需要下载 ant 和 ivy 安装包。将下载的两个安装包解压到待安装的目录下，然后将 ivy 包中 ivy-2.2.0.jar 包 ant 安装目录的 lib 目录下，然后配置 /etc/profile 中 ant 的安装目录。在文件的最末尾添加下面内容（请以自己的安装路径替换下面配置内容的路径部分）：

```
export ANT_HOME=/home/ubuntu/apache-ant-1.8.3
export PATH="$ANT_HOME/bin:$PATH"
```

2）将终端路径定位到 Hadoop 安装目录下，执行 ant compile。这一命令需要执行的时间稍长。

3）再将终端的路径定位到 HADOOP_HOME/src/contrib/eclipse-plugin。然后执行下面的命令，注意 -D 后紧跟 Eclipse 安装路径和 Hadoop 版本，并没有空格。

```
ant -Declipse.home=/home/ubuntu/eclipse -Dversion=1.0.1 jar
```

4）命令执行完之后，就可以在 HADOOP_HOME/build/contrib/hadoop-eclipse 路径下找到自己生成的 Eclipse 插件了。下面就可以安装配置 Eclipse 插件。

3. 安装步骤

1）将 Hadoop Eclipse plugin 移动到 Eclipse 的插件文件夹（即 Eclipse\plugins）中。重启 Eclipse。

2）在 Eclipse 中打开 Hadoop 视图。依次选择：Eclipse → Window → perspective → Other，然后选择 Map/Reduced 并点击 OK。Eclipse 会出现 Hadoop 视图。左边 Project Explorer 会出现 DFS Locations，下方选项卡中会出现 Map/Reduce Locations 选项卡。

3）在下方选项卡中选中 Map/Reduce Locations，然后在出现的空白处右键点击选择 New Hadoop location…，这时会弹出配置 Hadoop location 的窗口。按照下面的提示正确配置 Hadoop。

Location Name – hadoop

Map/Reduce Master：

Host – localhost

Port – 9001

DFS Master：

Host – localhost

Port – 9000

User name – 系统用户名

配置完成之后点击 finish，Map/Reduce Locations 下就会出现新配置的 Map/Reduce location。Eclipse 界面左边的 DFS location 下面也出现新配置的 DFS，点击 "+" 可以查看其结构。

到此，Hadoop Eclipse 插件已经安装完成，可以辅助大家开发 MapReduce 程序和管理 HDFS 集群。由于对于 HDFS 的管理比较简单，下面仅举例介绍如何使用此插件来简化大家 MapReduce 程序的编写。

18.2.3　Hadoop Eclipse 的使用举例

首先打开 Hadoop 视图（图略），然后右键点击 Project Explorer 空白处选择 New → Project。在创建工程向导中选择创建 Map/Reduce 工程，然后输入工程名，点击 finish，此时 Project Explore 中会出现新创建的工程。接下来就是编写具体的 MapReduce 代码了，有两种做法。一种是右键点击新建工程然后新建一个 class，并输入自己完整的 MapReduce 的代码以新建 class 代码区。注意，代码中的类名要和创建类时输入的类名相同，代码编写完之后直接选择 Run on Hadoop 即可。另外一种方法是分别建立 MapReduce Driver、Mapper、Reducer，再在 Hadoop 上运行 MapReduce Driver。下面详细介绍这两种方法。

1. 方法一

方法一是在 MapReduce 工程下创建符合 MapReduce 程序框架的普通 class 文件，然后在 Hadoop 运行。这种办法直接明了，灵活性比较高。具体步骤如下：

首先在刚才新创建的 Hadoop 工程上右键点击依次选择 New → class，然后点击 Next，输入类名 TestMapReduce 之后点击 finish。然后在 class 文件中输入自己的 MapReduce 框架函数（本书第 6 章的程序都可以）。

然后选中 TestMapReduce 之后选择 Run on Hadoop。在输出窗口就可以看到程序在 Hadoop 上执行的实时信息。

需要注意的是，如果选择 Run as Java Application，程序会在类似于单机模式的 Hadoop 上运行，这时程序的输入和输出都是本地的目录，而不是 HDFS 上的目录。

2. 方法二

方法二是在创建三个 MapReduce 框架的类时，会自动添加上继承的类和实现的接口以及接口中需要覆盖的函数，这样大家只需要修改类中的函数即可，非常方便。具体步骤如下：

首先在刚才新创建的 Hadoop 工程上右键点击依次选择 New → Other → Map/Reduce → Mapper，然后点击 Next，输入类名 TestMapper 之后点击 finish。在自动生成的 Map 函数中输入自己的处理函数。需要注意的是，Mapper 抽象类中 Map 方法的参数类型和自动生成的不匹配，只需要按照提示修改自动生成 Map 函数的参数类型就可以了。

接下来在刚才新创建的 Hadoop 工程上右键点击依次选择 New → Other → Map/Reduce → Reducer，然后点击 Next，输入类名 TestReducer 之后点击 finish。在自动生成的 Reduce 函数中输入自己的处理函数。同样需要按照提示修改自动生成 Map 函数的参数类型，使其和 Reducer 抽象类中 Reduce 方法的类型匹配。

最后在刚才新创建的 Hadoop 工程上右键点击依次选择 New → Other → Map/Reduce → MapReduceDriver，然后点击 Next，输入类名 TestDriver 之后点击 finish。如果生成的代码中有下面两行内容：

```
conf.setInputPath(new Path("src"));
conf.setOutputPath(new Path("out"));
```

这两个内容是配置 MapReduce Job 在集群上的输入和输出路径，使用的 API 和 Hadoop 中的 API 不匹配。因此需要将这两段代码改成：

```
conf.setInputFormat(TextInputFormat.class);
conf.setOutputFormat(TextOutputFormat.class);

FileInputFormat.setInputPaths(conf, new Path("In"));
FileOutputFormat.setOutputPath(conf, new Path("Out"));
```

同时还需要确认 Map/Reduce 工程下已经创建了输入文件夹 In 且没有输出文件夹 Out。在自动生成的代码中还有下面的两行：

```
conf.setMapperClass(org.apache.hadoop.mapred.lib.IdentityMapper.class);
conf.setReducerClass(org.apache.hadoop.mapred.lib.IdentityReducer.class);
```

它们的作用是配置 MapReduce Job 中 Map 过程的执行类和 Reduce 过程的执行类，也就是前两个步骤编写的两个 Class。所以将这两行修改成下面的内容：

```
conf.setMapperClass(TestMapper.class);
conf.setReducerClass(TestReducer.class);
```

最后在 TestDriver 类名上点击右键依次选择 Run As → Run on Hadoop，并选择之前已经配置的 Hadoop server，点击 finish，接下来就可以看到 Eclipse 开始运行 TestDriver 了。这里需要注意的问题有两个：

1）如果任务执行失败，出错提示为 Java space heap。这主要是因为 Eclipse 执行任务时内存不够，导致任务失败，解决的办法是选中工程并点击 Run → Run Configuretions，点击出现窗口中间的 Arguments 选项卡，在 VM arguments 中写入：-Xms512m -Xmx512m，然后点击 Apply，接下来就可以正常执行程序了。这句话的主要作用是配置这个工程可以使用的内存最小值与最大值都是 512MB。

2）如何调试 MapReduce 程序。安装有 Hadoop Eclipse 插件的 Eclipse 可以调试 MapReduce 程序，调试的办法就是正常 Java 程序在 Eclipse 中的调试办法，即设置断点，启动 Debug，按步调试。

18.3　Hadoop Streaming 的介绍和使用

18.3.1　Hadoop Streaming 的介绍

Hadoop Streaming 是 Hadoop 的一个工具，它帮助用户创建和运行一类特殊的 MapReduce 作业，这些特殊的 MapReduce 作业是由一些可执行文件或脚本文件充当 Mapper 或 Reducer。也就是说 Hadoop Streaming 允许用户用非 Java 的编程语言编写 MapReduce 程序，然后 Streaming 用 STDIN（标准输入）和 STDOUT（标准输出）来和我们编写的 Map 和 Reduce 进行数据交换，并提交给 Hadoop。命令格式如下：

```
$HADOOP_HOME/bin/hadoop  jar $HADOOP_HOME/hadoop-streaming.jar \
-input myInputDirs \
-output myOutputDir \
-mapper /bin/cat \
-reducer /bin/wc
```

1. Streaming 的工作原理

在上面的命令里，Mapper 和 Reducer 都是可执行文件，它们从标准输入按行读入数据，并把计算结果发送给标准输出。Streaming 工具会创建一个 MapReduce 作业，并把它发送给合适的集群，同时监视这个作业的整个执行过程。

如果一个可执行文件被用于 Mapper，则在其初始化时，每一个 Mapper 任务会把这个可执行文件作为一个单独的进程启动。Mapper 任务运行时，它把输入切分成行，并把结果提供给可执行文件对应进程的标准输入。同时，它会收集可执行文件进程标准输出的内容，并把收到的每一行内容转化成 key/value 对，作为输出。默认情况下，一行中第一个 tab 之前的部分被当做 key，之后的（不包括 tab）被当做 value。如果没有 tab，则整行内容被当做 key 值，value 值为 null。具体的转化策略会在下面讨论。

如果一个可执行文件被用于 Reducer，每个 Reducer 任务同样会把这个可执行文件作为一个单独的进程启动。Reducer 任务运行时，它把输入切分成行，并把结果提供给可执行文件对应进程的标准输入。同时，它会收集可执行文件进程标准输出的内容，并把每一行内容转化成 key/value 对，作为输出。默认情况下，一行中第一个 tab 之前的部分被当作 key，之后的（不包括 tab）被当做 value。

用户也可以使用 Java 类作为 Mapper 或 Reducer。本节最初给出的命令与这里的命令等价：

```
$HADOOP_HOME/bin/Hadoop  jar $HADOOP_HOME/Hadoop-streaming.jar \
    -input myInputDirs \
    -output myOutputDir \
    -mapper org.apache.hadoop.mapred.lib.IdentityMapper\
    -reducer /bin/wc
```

用户可以设定 stream.non.zero.exit.is.failure 的值为 true 或 false，从而表明 streaming task 的返回值非零时是 Failure 还是 Success。默认情况下，streaming task 返回非零时表示失败。

2. 将文件打包到提交的作业中

利用 Streaming 用户可以将任何可执行文件指定为 Mapper/Reducer。这些可执行文件可以事先存放在集群上，也可以用 -file 选项让可执行文件成为作业的一部分，并且会一起打包提交。例如：

```
$HADOOP_HOME/bin/hadoop  jar $HADOOP_HOME/hadoop-streaming.jar \
    -input myInputDirs \
    -output myOutputDir \
    -mapper myPythonScript.py \
    -reducer /bin/wc \
    -file myPythonScript.py
```

上面的例子描述了一个用户把可执行 Python 文件指定为 Mapper。其中的选项 "-file myPythonScirpt.py" 使可执行 Python 文件作为作业的一部分被上传到集群的机器上。

除了可执行文件外，其他 Mapper 或 Reducer 需要用到的辅助文件（比如字典、配置文件等）也可以用这种方式打包上传。例如：

```
$HADOOP_HOME/bin/hadoop  jar $HADOOP_HOME/hadoop-streaming.jar \
    -input myInputDirs \
    -output myOutputDir \
    -mapper myPythonScript.py \
    -reducer /bin/wc \
    -file myPythonScript.py \
    -file myDictionary.txt
```

3. Streaming 选项与用法

（1）只使用 Mapper 的作业

有时候只需要使用 Map 函数处理输入数据。这时只须把 mapred.reduce.tasks 设置为零，Mapreduce 框架就不会创建 Reducer 任务，Mapper 任务的输出就是整个作业的最终输出。

为了做到向下兼容，Hadoop Streaming 也支持 "-reduce None" 选项，它与 "-jobconf mapred.reduce.tasks=0" 等价。

（2）为作业指定其他属性

和其他普通的 MapReduce 作业一样，用户可以为 Streaming 作业指定数据格式，命令如下：

```
-inputformat JavaClassName
-outputformat JavaClassName
-partitioner JavaClassName
-combiner JavaClassName
```

如果不指定输入格式，程序会默认使用 TextInputFormat。因为 TextInputFormat 得到的 key 值是 LongWritable 类型的（key 值并不是输入文件中的内容，而是 value 偏移量），所以 key 会被丢弃，只会把 value 用管道方式发给 Mapper。

另外，用户提供的定义输出格式的类需要能够处理 Text 类型的 key/value 对。如果不指定输出格式，则默认会使用 TextOutputFormat 类。

（3）Hadoop Streaming 中的大文件和档案

任务依据 -File 和 -Archive 选项在集群中分发文件和档案，选项的参数是用户已上传至 HDFS 的文件或档案的 URI。这些文件和档案在不同的作业间缓存。用户可以通过 fs.default.name 配置参数的值得到文件所在的 host 和 fs_port。

下面是使用 -cacheFile 选项的例子：

```
-File hdfs://host:fs_port/user/testfile.txt#testlink
```

在上面的例子里，URL 中 # 后面的内容是建立在任务当前工作目录下的符号链接的名字。这个任务的当前工作目录下有一个"testlink"符号链接，它指向 testfile.txt 文件在本地的复制位置。如果有多个文件，选项可以写成：

```
-File hdfs://host:fs_port/user/testfile1.txt#testlink1
-File hdfs://host:fs_port/user/testfile2.txt#testlink2
```

-Archive 选项用于把 JAR 文件复制到任务当前工作目录，并自动把 JAR 文件解压缩。例如：

```
-Archive hdfs://host:fs_port/user/testfile.jar#testlink3
```

在上面的例子中，testlink3 是当前工作目录下的符号链接，它指向 testfile.jar 解压后的目录。

下面是使用 -Archive 选项的另一个例子。其中，input.txt 文件有两行内容，分别是两个文件的名字：testlink/cache.txt 和 testlink/cache2.txt。"testlink"是指向档案目录（JAR 文件解压后的目录）的符号链接，这个目录下有"cache.txt"和"cache2.txt"两个文件。代码如下所示：

```
$HADOOP_HOME/bin/Hadoop  jar $HADOOP_HOME/Hadoop-streaming.jar \
             -input "/user/me/samples/cachefile/input.txt"  \
             -mapper "xargs cat"  \
             -reducer "cat"  \
             -output "/user/me/samples/cachefile/out" \
```

```
                        -Archive 'hdfs://Hadoop-nn1.example.com/user/me/samples/
cachefile/cchedir.jar#testlink' \
                -D mapred.map.tasks=1 \
                -D mapred.reduce.tasks=1 \
                -D mapred.job.name="Experiment"

$ ls test_jar/
cache.txt  cache2.txt

$ jar cvf cachedir.jar -C test_jar/ .
added manifest
adding: cache.txt(in = 30) (out= 29)(deflated 3%)
adding: cache2.txt(in = 37) (out= 35)(deflated 5%)

$ Hadoop dfs -put cachedir.jar samples/cachefile

$ Hadoop dfs -cat /user/me/samples/cachefile/input.txt
testlink/cache.txt
testlink/cache2.txt

$ cat test_jar/cache.txt
This is just the cache string

$ cat test_jar/cache2.txt
This is just the second cache string

$ Hadoop dfs -ls /user/me/samples/cachefile/out
Found 1 items
/user/me/samples/cachefile/out/part-00000  <r 3>   69

$ Hadoop dfs -cat /user/me/samples/cachefile/out/part-00000
This is just the cache string
This is just the second cache string
```

4. 为作业指定附加配置参数

用户可以使用 "-jobconf <n>=<v>" 增加一些配置变量。例如：

```
$HADOOP_HOME/bin/Hadoop  jar $HADOOP_HOME/Hadoop-streaming.jar \
    -input myInputDirs \
    -output myOutputDir \
    -mapper org.apache.Hadoop.mapred.lib.IdentityMapper\
    -reducer /bin/wc \
    -D mapred.reduce.tasks=2
```

在上面的例子中，-jobconf mapred.reduce.tasks=2 表明用两个 Reducer 完成作业。

关于 jobconf 参数的更多细节可以参考 Hadoop 安装包中的 Hadoop-default.html 文件。

5. 其他选项

Streaming 命令的其他选项如表 18-3 所示。

表 18-3　Streaming 命令选项表

选　　项	可选 / 必须	描　　述
-cluster name	可选	在本地 Hadoop 集群与一个或多个远程集群进行切换
-dfs host:port or local	可选	覆盖作业的 HDFS 配置
-jt host:port or local	可选	覆盖作业的 JobTracker 配置
-additionalconfspec specfile	可选	用一个类似于 Hadoop-site.xml 的 XML 文件保存所有配置，从而不需要用多个 "-jobconf name=value" 类型的选项单独为每个配置变量赋值
-cmdenv name=value	可选	传递环境变量给 streaming 命令
-File fileNameURI	可选	指定一个上传到 HDFS 的文件
-Archive fileNameURI	可选	指定一个上传到 HDFS 的 JAR 文件，这个 JAR 文件会被自动解压缩到当前工作目录下
-inputreader JavaClassName	可选	为了向下兼容：指定一个 record reader 类（而不是 input format 类）
-verbose	可选	详细输出

使用 -cluster <name> 实现"本地"Hadoop 和一个或多个远程 Hadoop 集群间的切换。默认情况下，使用 Hadoop-default.xml 和 Hadoop-site.xml。当使用 -cluster <name> 选项时，会使用 $HADOOP_HOME/conf/Hadoop-<name>.xml。

下面的选项可改变 temp 目录：

```
-D dfs.data.dir=/tmp
```

下面的选项指定其他本地 temp 目录：

```
-D mapred.local.dir=/tmp/local
-D mapred.system.dir=/tmp/system
-D mapred.temp.dir=/tmp/temp
```

在 streaming 命令中设置环境变量：

```
-cmdenv EXAMPLE_DIR=/home/example/dictionaries/
```

18.3.2　Hadoop Streaming 的使用举例

Hadoop Streaming 插件是 Hadoop 安装包当中的一个 JAR 文件，具体位置在…\Hadoop-1.0.1\contrib\streaming 目录下，所以 Hadoop Streaming 插件是直接使用的，只需要在执行 Hadoop 程序时输入命令 Hadoop Streaming 就可以了，无须安装，在编写 MapReduce 程序时，只要按照整个框架要求并根据自己的需要编写出符合对应语言格式的程序，然后用下面的命令格式将程序提交给 Hadoop 就可以了：

```
$HADOOP_HOME/bin/hadoop  jar $HADOOP_HOME/hadoop-streaming.jar \
    -input myInputDirs \
    -output myOutputDir \
    -mapper /bin/cat \
    -reducer /bin/wc
```

需要注意的是，程序执行所需要的支持文件也要在提交程序的同时提交到 Hadoop 集群，这在前面已有说明，不再赘述。下面以一个用 PHP 语言编写的 WordCount 使用 Hadoop Streaming 提交的程序为例，来说明此插件使用方法（Linux 系统下需要安装 PHP 环境，命令为 sudo apt-get install php5-client）。

程序代码举例如下所示。

（1）Mapper.php

```php
#!/usr/bin/php
<?php

$word2count = array();

// 标准输入 STDIN (standard input)
while ((($line = fgets(STDIN)) !== false) {
    // 移除小写与空格
    $line = strtolower(trim($line));
    // 切词
    $words = preg_split('/\W/', $line, 0, PREG_SPLIT_NO_EMPTY);
    // 将字 +1
    foreach ($words as $word) {
        $word2count[$word] += 1;
    }
}

// 结果写到 STDOUT (standard output)
foreach ($word2count as $word => $count) {
    echo $word, chr(9), $count, PHP_EOL;
}
?>
```

（2）Reduce.php

```php
#!/usr/bin/php
<?php

$word2count = array();

// 输入为 STDIN
while ((($line = fgets(STDIN)) !== false) {
    // 移除多余的空白
    $line = trim($line);
    // 每一行的格式为（字 "tab" 数字），记录到 ($word, $count)
    list($word, $count) = explode(chr(9), $line);
    // 转换格式 string -> int
    $count = intval($count);
    // 求总的频数
    if ($count > 0) $word2count[$word] += $count;
}

// 此行非必要内容，但可让 output 排列更完整
```

```
ksort($word2count);

// 将结果写到 STDOUT (standard output)
foreach ($word2count as $word => $count) {
    echo $word, chr(9), $count, PHP_EOL;
}


?>
```

执行情况如下:

```
$ bin/Hadoop jar contrib/streaming/Hadoop-0.20.2-streaming.jar   \
-mapper /opt/Hadoop/mapper.php -reducer /opt/Hadoop/reducer.php -input lab4_input
-output stream_out2
```

下面来查看一下结果:

```
$ bin/Hadoop dfs -cat stream_out2/part-00000
```

18.3.3 使用 Hadoop Streaming 常见的问题

1. 如何处理多个文件，其中每个文件一个 Map ?

需要处理多个文件时，用户可以采用多种途径，这里以在集群上压缩（zipping）多个文件为例，用户可以使用以下几种方法:

（1）使用 Hadoop Streaming 和用户编写的 mapper 脚本程序。

先生成一个文件，文件中包含所有要压缩的文件在 HDFS 上的完整路径。每个 Map 任务获得一个路径名作为输入。

然后创建一个 Mapper 脚本程序，实现如下功能：获得文件名，把该文件复制到本地，压缩该文件并把它发到期望的输出目录中。

（2）使用现有的 Hadoop 框架

在 main 函数中添加如下命令:

```
FileOutputFormat.setCompressOutput(conf, true);
FileOutputFormat.setOutputCompressorClass(conf, org.apache.Hadoop.io.compress.
GzipCodec.class);
conf.setOutputFormat(NonSplitableTextInputFormat.class);
conf.setNumReduceTasks(0);
```

编写 Map 函数:

```
public void map(WritableComparable key, Writable value,
                OutputCollector output,
                Reporter reporter) throws IOException {
    output.collect((Text)value, null);
}
```

注意输出的文件名和原文件名不同。

2. 如果在 Shell 脚本里设置一个别名，并放在 -mapper 之后，Streaming 会正常运行

吗？例如，alias cl='cut -fl', -mapper "cl" 会运行正常吗？

脚本里是无法使用别名的，但是允许变量替换，例如：

```
$ Hadoop dfs -cat samples/student_marks
alice    50
bruce    70
charlie  80
dan      75

$ c2='cut -f2'; $HADOOP_HOME/bin/Hadoop jar $HADOOP_HOME/Hadoop-streaming.jar \
    -input /user/me/samples/student_marks
    -mapper \"$c2\" -reducer 'cat'
    -output /user/me/samples/student_out
    -jobconf mapred.job.name='Experiment'

$ Hadoop dfs -ls samples/student_out
Found 1 items/user/me/samples/student_out/part-00000    <r 3>    16

$ Hadoop dfs -cat samples/student_out/part-00000
50
70
75
80
```

3. 在 Streaming 作业中用 -file 选项运行一个分布式的超大可执行文件（例如，3.6GB）时，如果得到错误信息 "No space left on device" 如何解决？

由于配置变量 stream.tmpdir 指定了一个目录，会在这个目录下进行打 jar 包的操作。stream.tmpdir 的默认值是 /tmp，用户需要将这个值设置为一个有更大空间的目录：

```
-D stream.tmpdir=/export/bigspace/...
```

4. 如何设置多个输入目录？

可以使用多个 -input 选项设置多个输入目录：

```
Hadoop jar Hadoop-streaming.jar -input '/user/foo/dir1' -input '/user/foo/dir2'
```

5. 如何生成 gzip 格式的输出文件？

除了纯文本格式的输出，用户还可以让程序生成 gzip 文件格式的输出，只需将 Streaming 作业中的选项设置为 "-D mapred.output.compress=true -jobconf mapred.output.compression.codec=org.apache.Hadoop.io.compress.GzipCode"。

6. 在 Streaming 中如何自定义 input/output format？

在 Hadoop 0.14 版本以前，不支持多个 jar 文件。所以当指定自定义的类时，用户需要把它们和原有的 streaming jar 打包在一起，并用这个自定义的 jar 包替换默认的 Hadoop streaming jar 包。在 0.14 版本以后，就无须打包在一起，只需要正常的编译运行。

7. Streaming 如何解析 XML 文档？

用户可以使用 StreamXmlRecordReader 来解析 XML 文档，如下所示：

```
Hadoop jar Hadoop-streaming.jar -inputreader "StreamXmlRecord,begin=BEGIN_
STRING,end=END_STRING" .....
```

Map 任务会把 BEGIN_STRING 和 END_STRING 之间的部分看做一条记录。

8. 在 Streaming 应用程序中如何更新计数器？

Streaming 进程能够使用 stderr 发出计数器信息。应该把 reporter:counter:<group>,<counter>,<amount> 发送到 stderr 来更新计数器。

9. 如何更新 Streaming 应用程序的状态？

Streaming 进程能够使用 stderr 发出状态信息。可把 reporter:status:<message> 发送到 stderr 来设置状态。

18.4　Hadoop Libhdfs 的介绍和使用

18.4.1　Hadoop Libhdfs 的介绍

Libhdfs 是一个基于 C 编程接口的为 Hadoop 分布式文件系统开发的 JNI（Java Native Interface），它提供了一个 C 语言接口以结合管理 DFS 文件和文件系统。并且它会在 ${HADOOP_HOME}/libhdfs/libhdfs.so 中预编译，它是 Hadoop 分布式结构中的一部分。

18.4.2　Hadoop Libhdfs 的安装配置

在安装 Libhdfs 之前首先需要安装 Hadoop 的分布式文件系统 HDFS。当用户有一个正在运行的工作集时，进入 src/c++/libhdfs 目录，使用 makefile 文件安装 Libhdfs。一旦安装 Libhdfs 成功，用户可以通过它连接到自己的程序。

18.4.3　Hadoop Libhdfs API 简介

这部分将介绍 Libhdfs 提供的各种用来管理 DFS 的 API。我们按照管理对象（单个文件、文件系统）对 API 进行了分类。

1. FileSystem API

Libhdfs 不仅提供了通用文件系统管理 API，比如创建文件夹、复制文件、移动文件等，还提供了一些特殊功能的 API，比如获取备份文件信息等。

在启动时应该在任何文件或文件系统操作之前先用 HDFSconnect API 将 Libhdfs 和 DFS 连接起来。还有一个类似的 hdfsdisconnect API 负责连接的清除。

通用操作如下：

❏ hdfsCopy（也适用文件系统）

❏ hdfsMove（也适用文件系统）

❏ hdfsRename

❏ hdfsDelete

Libhdfs 还提供了在 DFS 上管理目录的 API，如下所示。

❏ hdfsCreateDirectory

❏ hdfsSetWorkingDirectory

❏ hdfsGetWorkingDirectory

❏ hdfsListDirectory / hdfsGetPathInfo / hdfsFreeFileInfo

查询 filesystem 各种属性的 API 如下。

❏ hdfsGetHosts

❏ hdfsGetDefaultBlockSize

❏ hdfsGetUsed / hdfsGetCapacity

2. File APIs

Libhdfs 提供了一些类似于 POSIX（Portable Operating System Interface）的接口来实现单个文件上的操作，比如 create、read/write、query 等，如下所示。

❏ hdfsOpenFile / hdfsCloseFile

❏ hdfsRead / hdfsWrite

❏ hdfsTell / hdfsSeek

❏ hdfsFlush

❏ hdfsAvailable

18.4.4　Hadoop Libhdfs 的使用举例

Libhdfs 可以用在 POSIX 线程编写的线程应用程序中。无论是与 JNI 的全局还是局部引用交互，使用者都必须显式地调用 hdfsConvertToGlobalRef / hdfsDeleteGlobalRef API。

下面是一个 Libhdfs 应用的程序。

```
#include "hdfs.h"

int main(int argc, char **argv) {

    hdfsFS fs = hdfsConnect("default", 0);
    const char* writePath = "/tmp/testfile.txt";
    hdfsFile writeFile = hdfsOpenFile(fs, writePath, O_WRONLY|O_CREAT, 0, 0, 0);
    if(!writeFile) {
          fprintf(stderr, "Failed to open %s for writing!\n", writePath);
          exit(-1);
    }
    char* buffer = "Hello, World!";
```

```
tSize num_written_bytes = hdfsWrite(fs, writeFile, (void*)buffer, strlen(buffer)+1);
if (hdfsFlush(fs, writeFile)) {
        fprintf(stderr, "Failed to 'flush' %s\n", writePath);
      exit(-1);
  }
hdfsCloseFile(fs, writeFile);
}
```

接下来再介绍一些具体情况的解决办法。

（1）如何连接到库

使用 Libhdfs 源文件目录 (${HADOOP_HOME}/src/c++/libhdfs/Makefile) 下的 makefile 或者使用下面的命令来连接库：

```
gcc above_sample.c -I${HADOOP_HOME}/src/c++/libhdfs -L${HADOOP_HOME}/libhdfs
-lhdfs -o above_sample
```

（2）CLASSPATH 配置问题

使用 Libhdfs 最常见的问题就是在运行一个使用了 Libhdfs 的程序时 CLASSPATH 没有正确配置 Libhdfs。 请确保在每个运行 Hadoop 所必需的 Hadoop jar 包中对其进行了正确配置。另外，目前还没有使用程序自动生成 CLASSPATH 的方法，但有一个很好的办法就是引用 ${HADOOP_HOME} 和 ${HADOOP_HOME}/lib 下的所有 JAR 包，并且正确配置 hdfs-site.xml 中的目录。

18.5　本章小结

本章介绍了使用 Hadoop 开发的四种常用插件，分别是 Hadoop Studio、Hadoop Eclipse、Hadoop Streaming 和 Hadoop LibHdfs。Hadoop Studio 是一个加快 Hadoop 开发进程的可视化开发环境。Hadoop Studio 通过降低 Hadoop 的使用复杂度让用户在更少的步骤内完成更多的事情来提高生产率。用户可以通过 Hadoop Studio 强大的 GUI，部署 Hadoop 任务，并监控 Hadoop 任务的实时信息。Studio 的优点在于无论用户的开发经验有多少，它都能从设计、部署、调试和可视化四个方面简化用户的工作，提高工作效率。Hadoop Studio 全面强大的功能使其使用范围甚广。

Hadoop Eclipse 插件将 Hadoop 的开发环境图形化。在编译和安装插件、配置 Hadoop 的相关信息之后，如果用户创建 Hadoop 程序，插件会自动导入 Hadoop 编程接口的 jar 文件，这样，用户就可以在 Eclipse 的图形化界面中编写、调试、运行 Hadoop 程序（单机程序和分布式程序都可以）了，也可以在其中查看自己程序的实时状态、错误信息和运行结果了，还可以查看、管理 HDFS 和其他文件。总的来说，Hadoop Eclipse 插件安装简单，使用方便，功能强大，尤其是在 Hadoop 编程方面，是 Hadoop 入门和 Hadoop 编程必不可少的工具。

Hadoop Streaming 是 Hadoop 的一个工具，它帮助用户创建和运行一类特殊的 MapReduce 作业，这些特殊的 MapReduce 作业是由一些可执行文件或脚本文件充当 Mapper 或者 Reducer。本章也举例说明了它的使用方法。

　　Libhdfs 是一个基于 C 编程接口、为 Hadoop 的分布式文件系统开发的 JNI（Java Native Interface），它提供了一个 C 语言接口以结合管理 DFS 文件和文件系统。它在 ${HADOOP_HOME}/libhdfs/libhdfs.so 中预编译，是 Hadoop 分布式结构中的一部分。其丰富的 API 方便了用户对于 HDFS 和 HDFS 文件的管理。在这部分内容的最后给出了 Libhdfs 使用的具体例子，并给出了一些常见问题的解决办法。

　　本章详细介绍了 Hadoop 开发常用的四种插件，从安装步骤到使用方法，再到常见问题的解决方法，希望能帮助大家提高使用和开发 Hadoop 的效率。

第 19 章

企业应用实例

本章内容

当今世界，随着企业的数据量迅速增长，存储和处理大规模数据已成为人们的迫切需求。Hadoop 作为开源的云计算平台，已引起了学术界和企业界的普遍兴趣。使用它，可以在不了解分布式底层细节的情况下开发分布式应用程序，并处理大规模数据。由于 Hadoop 性能优秀，它已在一些公司得到了很好地推广。

本书详细讲解了 Hadoop 中 HDFS 和 MapReduce 的相关知识，并简单介绍了 Hadoop 相关的 Apache 项目。本章将从企业应用实例方面为大家讲解 Hadoop 在大型应用中扮演了什么角色，如何搭建基于 Hadoop 的大型应用框架以及如何在系统开发中应用 Hadoop 设计思想。下面我们将选取具有代表性的 Hadoop 应用案例进行分析，让大家了解 Hadoop 在企业界的应用情况。

19.1 Hadoop 在 Yahoo! 的应用

关于 Hadoop 技术的研究和应用，Yahoo! 都处于领先地位，它将 Hadoop 应用于自己的各种产品中，包括数据分析、内容优化、反垃圾邮件系统、广告的优化选择、大数据处理和 ETL 等；同样，在用户兴趣预测、搜索排名、广告定位等方面也得到了充分地应用。

在 Yahoo! 主页个性化方面，实时服务系统通过 Apache 从数据库中读取 user 到 interest 的映射，并且每隔 5 分钟生产环境中的 Hadoop 集群就会基于最新数据重新排列内容，每隔 7 分钟则在页面上更新内容。

在邮箱方面，Yahoo! 利用 Hadoop 集群根据垃圾邮件模式为邮件计分，并且每隔几个小时就在集群上改进反垃圾邮件模型，集群系统每天还推动 50 亿次的邮件投递。

目前 Hadoop 最大的生产应用是 Yahoo! 的 Search Webmap 应用，它运行在超过 10 000 台机器的 Linux 系统集群里，Yahoo! 的网页搜索查询使用的就是它产生的数据。Webmap 的构建步骤如下：首先进行网页的爬取，同时产生包含所有已知网页和互联网站点的数据库，以及一个关于所有页面及站点的海量数据组；然后这些数据传输给 Yahoo! 搜索中心执行排序算法。在整个过程中，索引中页面间的链接数量将会达到 1TB，经过压缩的数据产出量会达到 300TB，运行一个 MapReduce 任务就需使用超过 10 000 的内核，而在生产环境中使用数据的存储量超过 5PB。

Yahoo! 在 Hadoop 中同时使用了 Hive 和 Pig，在许多人看来，Hive 和 Pig 大体相似而且 Pig Latin 与 SQL 也十分相似。那么 Yahoo! 为什么要同时使用这些技术呢？主要是因为 Yahoo! 的研究人员查看了它们的工作负载并分析了应用案例后认为不同的情况下需要使用不同的工具。

先了解一下大规模数据的使用和处理背景。大规模的数据处理通常分为三个不同的任务：数据收集、数据准备和数据表示，这里并不打算介绍数据收集阶段，因为 Pig 和 Hive 主要用于数据准备和数据表示阶段。

数据准备阶段通常被认为是提取、转换和加载（Extract Transform Load，ETL）数据的阶段，或者认为这个阶段是数据工厂。这里的数据工厂只是一个比喻，现实生活中的工厂接受原材料后会输出客户所需的产品，而数据工厂与之相似，它在输入原始数据后，输出可供客户使用的数据集。这个阶段需要装载和清洗原始数据，并让它遵守特定的数据模型，还要尽可能地让它与其他数据源结合等。这一阶段的客户一般都是程序员、数据专家或研究者。

数据表示阶段一般指的都是数据仓库，数据仓库存储了客户所需要的产品，客户会根据需要选取合适的产品。这一阶段的客户可能是系统的数据工程师、分析师或决策者。

根据每个阶段负载和用户情况的不同，Yahoo! 在不同的阶段使用不同的工具。结合了诸如 Oozie 等工作流系统的 Pig 特别适合于数据工厂，而 Hive 则适合于数据仓库。下面将分别介绍数据工厂和数据仓库。

在 Yahoo! 的数据工厂存在三种不同的工作用途：流水线、迭代处理和科学研究。

经典的数据流水线包括数据反馈、清洗和转换。一个常见例子就是 Yahoo! 的网络服务器日志，这些日志需要进行清洗以去除不必要的信息，数据转换则是要找到点击之后所转到的页面。Pig 是分析大规模数据集的平台，它建立在 Hadoop 之上并提供了良好的编程环境、优化条件和可扩展的性能。Pig Latin 是关系型数据流语言，并且是 Pig 核心的一部分，基于以下的原因，Pig Latin 相比 SQL 而言更适合构建数据流。首先，Pig Latin 是面向过程的，并且允许流水线开发者自定义流水线中检查点的位置；其次，Pig Latin 允许开发者直接选择特定的操作实现方式而不是依赖于优化器；另外，Pig Latin 支持流水线的分支，并且允许流水线开发者在数据流水线的任何地方插入自己的代码。Pig 和诸如 Oozie 等的工作流工具一起使用来创建流水线，一天可以运行数以万计的 Pig 作业。

迭代处理也是需要 Pig 的，在这种情况下通常需要维护一个大规模的数据集。数据集上的典型处理包括加入一小片数据后就会改变大规模数据集的状态。如考虑一个数据集，它存储了 Yahoo! 新闻中现有的所有新闻。我们可以把它想象成一幅巨大的图，每个新闻就是一个节点，新闻节点若有边相连说明这些新闻指的是同一件事件。每隔几分钟就会有新的新闻加入进来，这些工具需要将这些新闻节点加到图中，并找到相似的新闻节点用边连接起来，还要删除被新节点覆盖的旧节点。这和标准流水线不同，它不断有小变化，这就需要使用增长处理模型在合理的时间范围内处理这些数据。例如，所有的新节点加入到图中后，又有一批新的新闻节点到达，在整个图上重新执行连接操作是不现实的，这也许会花费数个小时。相反，在新增加的节点上执行连接操作并使用全连接（full join）的结果是可行的，而且这个过程只需要花费几分钟时间。标准的数据库操作可以使用 Pig Latin 通过上述方式实现，这时 Pig 就会得到很好地应用。

Yahoo! 有许多的科研人员，他们需要网格工具处理千万亿大小的数据，还有许多研究人员希望快速地写出脚本来测试自己的理论或获得更深的理解。但是在数据工厂中，数据不是以一种友好的、标准的方式呈现的，这时 Pig 就可以大显身手了，因为它可以处理未知模式的数据，还有半结构化和非结构化的数据。Pig 与 streaming 相结合，使得研究者在小规模数据集上测试的 Perl 和 Python 脚本可以很方便地在大规模数据集上运行。

在数据仓库处理阶段有两个主要的应用：商业智能分析和特定查询（Ad-hoc query）。在第一种情况下，用户将数据连接到商业智能（BI）工具（如 MicroStrategy）上来产生报告或深入地分析。第二种情况下用户执行数据分析师或决策者的特定查询。这两种情况下，关系模型和 SQL 都很好用。事实上，数据仓库已经成为 SQL 使用的核心，它支持多种查询并具有分析师所需的工具，Hive 作为 Hadoop 的子项目为其提供了 SQL 接口和关系模型，现在 Hive 团队正开始将 Hive 与 BI 工具通过接口（如 ODBC）结合起来使用。

Pig 在 Yahoo! 得到了广泛应用，这使得数据工厂的数据被移植到 Hadoop 上运行成为可能。随着 Hive 的深入使用，Yahoo! 打算将数据仓库移植到 Hadoop 上。在同一系统上部署数据工厂和数据仓库将会降低数据加载到仓库的时间，这也使得共享工厂和仓库之间的数据、管理工具、硬件等成为可能。Yahoo! 在 Hadoop 上同时使用多种工具使 Hadoop 能够执行更多的数据处理。

19.2 Hadoop 在 eBay 的应用

eBay 是全球知名的个人和企业销售商品和提供服务的在线交易平台，是互联网上最受欢迎的购物网站之一。在 eBay 上存储着上亿种商品的信息，而且每天有数百万种的新商品增加，因此需要用云系统来存储和处理 PB 级别的数据，而 Hadoop 是个很好的选择。

Hadoop 是建立在商业硬件上的容错、可扩展、分布式的云计算框架，eBay 利用 Hadoop 建立了一个大规模的集群系统——Athena，它被分为五层（如图 19-1 所示），下面从最底层向上开始介绍：

1）核心层，包括 Hadoop 运行时环境、一些通用设施和 HDFS，其中文件系统为读写大块数据而做了一些优化，如将块的大小由 128MB 改为 256MB。

2）MapReduce 层，为开发和执行任务提供 API 和控件。

3）数据获取层，现在数据获取层的主要框架是 HBase、Pig 和 Hive：

图 19-1　Athena 的层次

- □ HBase 是根据 Google BigTable 开发的按列存储的多维空间数据库，通过维护数据的划分和范围提供有序的数据，其数据储存在 HDFS 上。
- □ Pig(Latin) 是提供加载、筛选、转换、提取、聚集、连接、分组等操作的面向过程的语言，开发者使用 Pig 建立数据管道和数据工厂。
- □ Hive 是用于建立数据仓库的使用 SQL 语法的声明性语言。对于开发者、产品经理和分析师来说，SQL 接口使得 Hive 成为很好的选择。

4）工具、加载库层，UC4 是 eBay 从多个数据源自动加载数据的企业级调度程序。加载库有：统计库（R）、机器学习库（Mahout）、数学相关库（Hama）和 eBay 自己开发的用于解析网络日志的库（Mobius）。

5）监视和警告库，Ganglia 是分布式集群的监视系统，Nagios 则用来警告一些关键事件如服务器不可达、硬盘已满等。

eBay 的企业服务器运行着 64 位的 RedHat Linux：

- □ NameNode 是负责管理 HDFS 的主服务器；
- □ JobTracker 负责任务的协调；
- □ HBaseMaster 负责存储 HBase 存储的根信息，并且方便与数据块或存取区域进行协调；
- □ ZooKeeper 是保证 HBase 一致性的分布式锁协调器。

用于存储和计算的节点是 1U 大小的运行 Cent OS 的机器，每个机器拥有两个四核处理器和 2TB 大小的存储空间，每 38 ～ 42 个节点单元为一个 rack，这组建成高密度网格。有关网络方面，顶层 rack 交换机到节点的带宽为 1Gbps，rack 交换机到核心交换机的带宽为 40Gpbs。

这个集群为 eBay 内多个团队共同使用的，包括产品和一次性任务。这里使用 Hadoop 公平调度器（Fair Scheduler）来管理分配、定义团队的任务池、分配权限、限制每个用户和组的并行任务、设置优先权期限和延迟调度。

数据流的具体处理过程如图 19-2 所示，系统每天需要处理 8 ～ 10TB 的新数据，而 Hadoop 主要用于：

- □ 基于机器学习的排序。使用 Hadoop 计算需要考虑多个因素（如价格、列表格式、卖家记录、相关性）的排序函数，并需要添加新因素来验证假设的扩展功能，以增强 eBay 物品搜索的相关性。
- □ 对物品描述的数据挖掘。在完全无人监管的方式下使用数据挖掘和机器学习技术，将物品描述清单转化为与物品相关的键 / 值对，来扩大分类的覆盖范围。

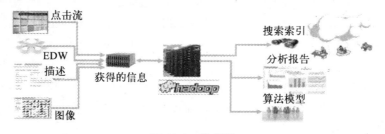

图 19-2　数据流

eBay 的研究人员在系统构建和使用过程中遇到的挑战以及一些初步计划有以下几个方面：

- □ 可扩展性：当前主系统 NameNode 拥有扩展的功能，随着集群的文件系统不断增长，需要存储大量的元数据，所以内存占有量也在不断增长。如果是 1PB 的存储量则需要将近 1GB 的内存量，可能的解决方案是使用等级结构的命名空间划分，或者使用 HBase 和 ZooKeeper 联合对元数据进行管理。
- □ 有效性：NameNode 的有效性对产品的工作负载很重要，开源社区提出了一些备用选择，如使用检查点和备份节点、从 Secondary NameNode 中转移到 Avatar 节点、日志元数据复制技术等。eBay 研究人员根据这些方法建立了自己的产品集群。

❑ 数据挖掘：在存储非结构化数据的系统上建立支持数据管理、数据挖掘和模式管理的系统。新的计划提议将 Hive 的元数据和 Owl 添加到新系统中，并称为 Howl。eBay 研究人员努力将这个系统联系到分析平台上去，这样用户可以很容易地在不同的数据系统中挖掘数据。

❑ 数据移动：eBay 研究人员考虑发布数据转移工具，这个工具可以支持在不同的子系统如数据仓库和 HDFS 之间进行数据的复制。

❑ 策略：通过配额实现较好的归档、备份等策略（Hadoop 现有版本的配额需要改进）。eBay 的研究人员基于工作负载和集群的特点对不同的集群确定配额。

❑ 标准：eBay 研究人员开发健壮的工具来为数据来源、消耗情况、预算情况、使用情况等进行度量。

同时 eBay 正在改变收集、转换、使用数据的方式，以提供更好的商业智能。

19.3　Hadoop 在百度的应用

百度作为全球最大的中文搜索引擎公司，提供基于搜索引擎的各种产品，包括以网络搜索为主的功能性搜索，以贴吧为主的社区搜索，针对区域、行业的垂直搜索，MP3 音乐搜索，以及百科等，几乎覆盖了中文网络世界中所有的搜索需求。

百度对海量数据处理的要求是比较高的，要在线下对数据进行分析，还要在规定的时间内处理完并反馈到平台上。百度在互联网领域的平台需求如图 19-3 所示，这些需求需要通过性能较好的云平台进行处理了并实现，Hadoop 就是很好的选择。在百度，Hadoop 主要应用于以下几个方面：

❑ 日志的存储和统计；

❑ 网页数据的分析和挖掘；

❑ 商业分析，如用户的行为、广告关注度等；

❑ 在线数据的反馈，及时得到在线广告的点击情况；

❑ 用户网页的聚类，分析用户的推荐度及用户之间的关联度。

MapReduce 主要是一种思想，并不能解决领域内与计算有关的所有问题，百度的研究人员认为比较好的模型应该如图 19-4 所示，HDFS 实现共享存储，一些计算使用 MapReduce 解决，一些计算使用 MPI 解决，而还有一些计算需要通过两者来共同处理。因为 MapReduce 适合处理数据很大且适合划分的数据，所以在处理这类数据时就可以用 MapReduce 做一些过滤，得到基本的向量矩阵，然后通过 MPI 进一步处理后并返回结果，只有整合技术才能更好地解决问题。

百度现在拥有三个 Hadoop 集群，总规模在 700 台机器左右，其中有 100 多台新机器和 600 多台要淘汰的机器（它们的计算能力相当于 200 多台新机器），不过其规模还在不断地扩大中。现在每天运行的 MapReduce 任务大约在 3000 个左右，处理数据约 120TB/ 天。

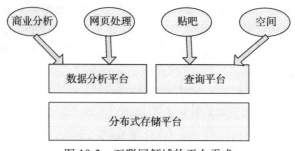

图 19-3　互联网领域的平台需求

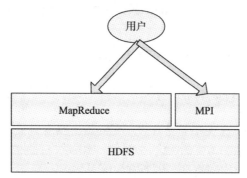

图 19-4　计算模型

百度为了更好地用 Hadoop 进行数据处理，在以下几个方面做了改进和调整：

（1）调整 MapReduce 策略

❏ 限制作业处于运行状态的任务数；

❏ 调整预测执行策略，控制预测执行量，一些任务不需要预测执行；

❏ 根据节点内存状况进行调度；

❏ 平衡中间结果输出，通过压缩处理减少 I/O 负担。

（2）改进 HDFS 的效率和功能

❏ 权限控制，在 PB 级数据量的集群上数据应该是共享的，这样分析起来比较容易，但是需要对权限进行限制；

❏ 让分区与节点独立，这样，一个分区坏掉后节点上的其他分区还可以正常使用；

❏ 修改 DFSClient 选取块副本位置的策略，增加功能使 DFSClient 选取块时跳过出错的 DataNode；

❏ 解决 VFS(Virtual File System) 的 POSIX(Portable Operating System Interface of Unix) 兼容性问题。

（3）修改 Speculative 的执行策略

❏ 采用速率倒数替代速率，防止数据分布不均时经常不能启动预测执行情况的发生；

❏ 增加任务时必须达到某个百分比后才能启动预测执行的限制，解决 Reduce 运行等待 Map 数据的时间问题；

❑ 只有一个 Map 或 Reduce 时，可以直接启动预测执行。

（4）对资源使用控制

❑ 对应用物理内存的控制。如果内存使用过多会导致操作系统跳过一些任务，百度通过修改 Linux 内核对进程使用的物理内存进行独立的限制，超过阈值可以终止进程。

❑ 分组调度计算资源，实现存储共享、计算独立，在 Hadoop 中运行的进程是不可抢占的。

❑ 在大块文件系统中，X86 平台下一个页的大小是 4K B。如果页较小，管理的数据就会很多，会增加数据操作代价并影响计算效率，因此需要提高页的大小。

百度在使用 Hadoop 时也遇到了一些问题，主要有：

❑ MapReduce 的效率问题：比如，如何在 shuffle 效率方面减少 I/O 次数以提高并行效率；如何在排序效率方面设置排序为可配置的，因为排序过程会浪费很多的计算资源，而一些情况下是不需要排序的。

❑ HDFS 的效率和可靠性问题：如何提高随机访问效率，以及数据写入的实时性问题，如果 Hadoop 每写一条日志就在 HDFS 上储存一次，效率会很低。

❑ 内存使用的问题：Reducer 端的 shuffle 会频繁地使用内存，这里采用类似 Linux 的 Buddy System 来解决，保证 Hadoop 用最小的开销达到最高的利用率；当 Java 进程内容使用内存较多时，可以调整垃圾回收（GC）策略；有时存在大量的内存复制现象，这会消耗大量 CPU 资源，同时还会导致内存使用峰值极高，这时需要减少内存的复制。

❑ 作业调度的问题：如何限制任务的 Map 和 Reduce 计算单元的数量，以确保重要计算可以有足够的计算单元；如何对 TaskTracker 进行分组控制，以限制作业执行的机器，同时还可以在用户提交任务时确定执行的分组并对分组进行认证。

❑ 性能提升的问题：UserLogs cleanup 在每次 Task 结束的时候都要查看一下日志决定是否清除，这会占用一定的任务资源，可以通过将清理线程从 Java 子进程移到 TaskTracker 来解决；Java 子进程会对文本行进行切割而 Map 和 Reduce 进程则会重新切割，这将造成重复处理，这时需要关掉 Java 进程的切割功能；在排序的时候也可以实现并行排序提升性能；实现对数据的异步读写也可以提升性能。

❑ 健壮性的问题：需要对 Mapper 和 Reducer 程序的内存消耗进行限制，这就要修改 Linux 内核，增加其限制进程的物理内存的功能，也可以通过多个 Map 程序共享一块内存，以一定的代价减少对物理内存的使用；还可以将 DataNode 和 TaskTracker 的 UGI 配置为普通用户并设置账号密码；或者让 DataNode 和 TaskTracker 分账号启动，确保 HDFS 数据的安全性，防止 Tracker 操作 DataNode 中的内容；在不能保证用户的每个程序都很健壮的情况下，有时需要将进程终止掉，但要保证父进程终止后子进程也被终止。

❑ Streaming 局限性的问题：比如，只能处理文本数据，Mapper 和 Reducer 按照文本行的协议通信，无法对二进制的数据进行简单处理。为了解决这个问题，百度新写了一个类 Bistreaming(Binary Streaming)，这里 Java 子进程 Mapper 和 Reducer 按照 (KeyLen,Key,ValLen,Value) 的方式通信，用户可以按照这个协议书写程序。

❑ 用户认证的问题：这个问题的解决办法是使用用户名、密码、所属组都在 NameNode 和 JobTracker 上集中维护，用户连接时需要提供用户名和密码，从而保证数据的安全性。

百度下一步的工作重点主要涉及以下内容：

❑ 内存方面，降低 NameNode 的内存使用并研究 JVM 的内存管理；

❑ 调度方面，改进任务可以被抢占的情况，同时开发出自己的基于 Capacity 的作业调度器，让等待作业队列具有优先级且队列中的作业可以设置 Capacity，并可以支持 TaskTracker 分组；

❑ 压缩算法，选择较好的方法提高压缩比、减少存储容量，同时选取高效率的算法用于 shuffle 数据的压缩和解压；

❑ 对 Mapper 程序和 Reducer 程序使用的资源进行控制，防止过度消耗资源导致机器死机。以前是通过修改 Linux 内核来进行控制的，现在考虑通过在 Linux 中引入 Cgroup 来对 Mapper 和 Reducer 使用的资源进行控制；

❑ 将 DataNode 的并发数据读写方式由多线程改为 select 方式，来支持大规模并发读写和 Hypertable 的应用。

百度同时也在使用 Hypertable，它是以 Google 发布的 BigTable 为基础的开源分布式数据存储系统，百度将它作为分析用户行为的平台，同时在元数据集中化、内存占用优化、集群安全停机、故障自动回复等方面做了一些改进。

19.4 即刻搜索中的 Hadoop

19.4.1 即刻搜索简介

即刻搜索是由运营一年的人民搜索改名而来，它秉承"创新、公正、权威"的理念，致力于成为大众探索求知的工具、工作生活的助手和文化交流的平台。相对于网络上百家争鸣的搜索引擎，即刻搜索区别于其他引擎的特点是：新颖的索引架构，先进的大规模并行处理系统，大规模应用的闪存技术和干净、便捷的网络搜索环境。即刻搜索在开发之初就用到了 Hadoop 和并行处理的思想，下面介绍即刻搜索中的 Hadoop 应用。

19.4.2 即刻 Hadoop 应用架构

图 19-5 是即刻搜索引擎的应用架构图。

即刻搜索框架结构比较明了。下面我们对框架各个角色进行介绍。

❑ 链接库：这是一个保存了网络中内外部链接的初始数据库，即刻搜索根据数据库中的链接进行网页的爬取。

❑ 即刻爬虫：网络爬虫是搜索引擎中必不可少的部分，即刻爬虫根据链接库的内容，爬取网络中的页面资源，形成 SSTable 并输入 HDFS 中。SSTable 是 Google 在 BigTable 设计中提出的一种磁盘文件存储结构，全称是 Sorted String Table，以 <key, value> 对方式在磁盘上存储数据，并根据 key 的值进行排序，支持随机查找，有不俗的读写性能。

❑ HDFS_Bridge：这是即刻搜索的中间件，为网络爬虫提供写缓存服务，保证爬虫快速写操作。具体来说，通过 HDFS_Bridge，爬虫生成的 SSTable 文件，首先以内存写的速度将数据写入 HDFS_Bridge，然后由 DFS 直接将数据文件写出到 DFS 磁盘上，这样通过 HDFS_Bridge 就将 SSTable 数据的磁盘 I/O 转化成了内存写，提高了速度。

❑ HDFS：即刻搜索中保存 SSTable 的分布式文件系统，主要提供海量数据的存储服务，保证数据的安全性和读写服务的可靠性。

❑ MapReduce：这一层主要应用 Hadoop 中的 MapReduce 并行编程框架来对爬虫原始数据进行分析，包括 PageRank 计算、链接分析统计、倒排索引生成等，主要提高了搜索引擎中数据分析步骤的速度，实现了并行化处理。

❑ online-service-cluster：这一层是面向用户的，主要根据用户输入的查询，分析关键词，通过并行框架查找相关结果并返回。

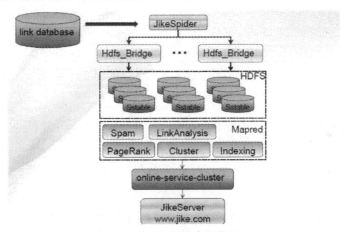

图 19-5　即刻搜索架构图

这里再重点介绍一下 MapReduce 层。在即刻搜索中，各种基础数据上的操作都是以 C++ 语言编写、经过 Hadoop Pipes 的封装之后提交给 Hadoop 执行的，但是具体使用中即刻搜索也从代码层修改了 Hadoop Pipes 的协议等内容来适应自己的需求。在具体使用中，即刻搜索首先定义了 MapReduce 框架中的 Mapper 封装器和 Reducer 封装器，以 Mapper 封装器为例，其核心代码如下：

```
Wrapperclass BasicMapper{
    public:
            typedef::mapreduce::TaskContextTaskContext;
            explicit BasicMapper() {
                map_context_.reset(new MapContext());
            }
```

```
        virtual ~BasicMapper() {}
        // 初始化操作
        virtual void OnCreate(TaskContext* context) {}
        // 定义 Map 阶段
        virtual void OnFirstMap(MapContext* context) {}
        virtual void OnLastMap(MapContext* context) {}
        virtual void Map(MapContext* context) = 0;
        ......

protected:
        // 获取输入 value
        const std::string& GetInputValue() {
            return map_context_->GetInputValue();
        }
        // 获取输入 key
        const std::string& GetInputkey() {
            return map_context_->GetInputKey();
        }
        // 反序列化
        template <typenameT>
        boolValueToThrift(T *object) {
            return map_context_->ValueToThrift(object);
        }
        ......

        DISALLOW_COPY_AND_ASSIGN(BasicMapper);
}
```

利用这些封装器作为基类，编写自己的 MapReduce 框架代码就非常方便。下面就是一个简单的例子：

```
class SampleMap: public BasicMapper{   //Mapper
    public:
            virtual ~SampleMap() {}
            virtual void Map(mapreduce::MapContext* context)
            {
                string key = GetInputKey();
                string value = GetInputValue();
                Object obj_val;
                ValueToThrift(&obj_val); // 反序列化
                ......
                context->Emit(key, newvalue);   // 输出
            }
};

class SampleRed: public BasicReducer{
    public:
            virtual void Reduce(mapreduce::MapContext* context) {
                string key = GetInputKey();
                while (NextValue()) {
                            string value = GetInputValue();
```

```
            ……
        }
        context->Emit(key, newvalue);// 输出
    }
};
```

可以看出：上面的代码同用 Java 语言编写的代码非常类似。除了上面的主体 Mapper 和 Reducer 代码之外，再定义好其他作业信息就可以提交给 Hadoop Pipes 来运行了。

19.4.3　即刻 Hadoop 应用分析

前面简单介绍了即刻搜索的框架和在即刻搜索中如何开发自己的 MapReduce 程序。可以看出，即刻搜索在应用 Hadoop 时直接应用了 Hadoop 系统，在搜索引擎的数据存储模块直接使用 Hadoop 的数据存储服务，在任务执行和处理模块时直接使用 MapReduce 并行框架。虽然是直接使用，但是并不简单。作为独立的系统，Hadoop 在应用到某个系统中时，需要将 Hadoop 各个模块根据自己系统的实际需求进行封装。在分布式存储模块，根据海量数据存储的需求，即刻搜索在 HDFS 的输入上由 HDFS_Bridge 进行封装。通过此封装，HDFS 能为即刻搜索的网络爬虫提供写缓存，保证其海量数据的写入速度。在 MapReduce 框架模块，即刻搜索根据并行任务执行的需求，对 MapReduce 中的 Mapper 和 Reducer 进行了封装，简化了程序员代码书写难度。

总体来说，即刻搜索在系统中根据自己的需求，封装了 Hadoop 中分布式文件系统和 MapReduce 并行框架的对外接口，提高了系统的处理效率和存储性能。

19.5　Facebook 中的 Hadoop 和 HBase

众所周知，Facebook 是目前世界上最大的社交网站。从 2004 年创建之初的以服务学生为目的的局部交互网站发展到 2009 年世界范围内的综合社交网站，服务 8 亿多人群，而现在它已经剑指移动服务、搜索服务、网络直播等综合网络服务提供领域，旨在发展成为综合性网络服务商。

Facebook 作为全球性社交网站，拥有约 8 亿活跃用户，其每天产生的数据非常庞大。下面简单列举一些统计数据（截至 2011 年 9 月）：

❑ 把 Facebook 用户群作为一个国家，它会成为世界人口第三大国家；

❑ Facebook 用户在网站上已上传了 1400 亿余张照片；

❑ 每天上网的人中有 44% 访问了 Facebook，它是继 Google 之后访问率第二高的网站；

❑ Facebook 用户每 20 分钟发表 1200 万条评论，每个月分享 300 亿条内容；

上面这些统计数据背后都意味着 Facebook 面临着海量的数据存储。用户群的资料需要维护，用户分享的照片、发表的评论、分享的内容都需要存储，用户访问历史需要进行分析处理，同时还需要对原始数据进行提取、反馈给用户等。这些虽然并不简单，但在巨大用户群和使用率面前，都将成为典型的海量数据存储和处理任务。那么 Facebook 到底面临哪些

海量数据的任务？它为什么使用 Hadoop+HBase？它是否有所创新或者改进？下面将一一解答这些问题。

19.5.1　Facebook 中的任务特点

Facebook 的巨大用户群和使用率为其带来了高效存储海量数据的挑战。下面我们从 Facebook 中一些关键性技术的任务特点出发，介绍 Facebook 在存储海量数据时必须满足的一些特性。

1. Facebook 消息机制

Facebook 的消息机制为每一个用户提供一个"facebook.com"的邮箱地址，它负责整合用户或组之间的邮件、SMS（Short Message Service）以及聊天记录。该机制是 Facebook 收件箱的基础，需要管理"消息从哪位用户发往哪位用户"。该新型应用程序不但需要能够适应同时为超过 5 亿用户提供服务，还需要达到 PB 级数据的吞吐以及长时间不间断运行的需求。除此之外，新的线程模型同样需要系统能够存储每一个参与用户的消息。每一个用户需要依附于某一个数据中心。

这个机制的服务内容决定了它每天需要处理数十亿的即时消息及数百万的系统消息，而这些消息的特点又决定了该机制有如下特点：

1）高写吞吐量：由于每时每刻都有成千上万消息产生，那么每天数据的插入量将会非常大，并且会持续性地增长。

2）数据的增量存储：从该机制的特性不难发现，消息机制一般很少涉及删除操作，除非用户显式地发出该请求。此外，每一个用户的收件箱将可能无限量地增长。另外，对于每条消息记录，一般只会在近期被读有限的次数，从长远来讲很少再次查看。因此，大部分的数据不会再次被读到，但是由于存在用户访问的可能性，Facebook 需要保证这部分数据一直处于可用状态。在据图存储这一类的数据，Facebook 以用户为主键来建立索引，在索引之下存储该用户的线程和消息记录。

3）数据迁移：由于消息机制进行更新，采用新的系统以及数据模型，这就意味着 Facebook 需要将数据从原数据库中进行分离并迁移到新的数据库中。那么支持大范围扫描、随机访问以及快速大数据块导入操作的系统将会大大减少用户数据迁移的时间。

2. Facebook Insights

Facebook Insights 为开发者以及网站管理员提供了关于 Facebook 站点之间活动实时分析的接口，包括社会网络插件、Facebook 页面以及 Facebook 广告。通过这些匿名化的数据，一些商业用户可以对 Facebook 的情况有深入的了解，例如印象（impression）、点击率、网页访问次数等。通过这些信息，商业用户可以对自己的服务进行改进。

从这个技术的服务内容来看，Facebook Insights 团队想要为用户提供短时间内用户活动的统计信息，也就是在海量统计信息上的实时数据分析。这将需要 Facebook 能够提供大规模的、异步排队的系统，并使用系统对事件进行处理、存储和聚合操作。该系统应具备较高的容错性，且支持每秒成千上万个事件的并发操作。

3. Facebook 度量系统

在 Facebook 中，系统中的所有软硬件需要将自身的统计信息存储到 ODS（Operations Data Store）中。例如，记录某一个服务器或某一组服务器中的 CPU 使用率；或者，存储对数据集群的写操作记录。这些操作将对写吞吐量有很高的要求。这要求系统应具备如下特点：

1）自动分区：大量的索引以及时序写操作再加上不可预知的数据量的增长，这使得采用 sharding 模式的 MySQL 数据库难以应付，甚至需要管理人员人为地对数据进行分片。

2）快速读取最近数据并执行表扫描：在 Facebook 很多的操作仅仅涉及最近的数据，对较早的数据访问较少，但是之前的数据也同样不能丢失，必须保证其处于可用状态。例如邮件服务、消息服务等。同时，这些操作还要求对最近的数据具有较快的查询速度。

结合具体技术特点的介绍和社交网络网站共有的一些特点，Facebook 中任务特点对存储系统的需求可以总结为如下几个方面：

（1）灵活性

由于用户的增加以及市场的拓展，Facebook 要求存储系统能够支持对系统容量的增量扩充，并且要求该操作所带来的额外开销要最小化，同时应避免该操作所带来的停机问题。例如，在某些情况下，Facebook 可能需要能够快速地增加系统的容量，并且要求系统能够自动地处理新旧硬件之间的负载均衡和利用率的问题。

（2）高的写吞吐量

在 Facebook 中有很多的应用程序需要存储大量的数据，而对读的需求相对要低。因此，Facebook 对写操作有较高的要求。

（3）高效低延迟的强一致性数据中心

在 Facebook 中有很多非常重要的应用程序（如消息），它们对数据的一致性有很高的要求。例如，在用户主页上显示的"未读"消息数目需要与收件箱中实际的"未读"消息总数一致，然而实现一个全球化的分布式强一致性存储系统确实不可能，只有当数据位于同一个数据中心之内，提供强一致性的数据存储才变得稍有可能。

（4）高效的磁盘随机读

尽管应用程序级别的缓存（嵌入式或见解缓存）得到了广泛的应用和发展，在 Facebook，仍然有很多的访问不能命中缓存中的数据，而必须访问后端的数据库系统。

（5）高可用性

Facebook 需要为用户提供一种能够长时间不间断的服务，这些服务应该能够处理计划内的和计划外的事件（例如软件更新、硬件或容量扩充以及硬件故障）。此外，Facebook 还需要能够容忍数据中心少量数据的丢失以及在某一可允许的时间范围内向其他数据中心进行数据备份。

（6）容错性

Facebook 中对于长时间的 MySQL 数据库的运维经验显示故障隔离是非常重要的。如果某一个数据库发生故障，那么在 Facebook 中要求只有很少一部分用户会受到该事件的影响。

（7）原子"读-修改-写"原语

原子的增量以及比较和交换 API 在创建无锁并发应用程序中非常有用，同时也是底层存储系统必须支持的操作。

（8）范围扫描

某些应用程序需要支持某一范围内某些列集合的高效检索。例如，检索某一用户最近的 100 条消息记录或者计算某一给定广告商在过去 24 小时内每小时的印象（impression）数。

同样 Facebook 中的任务也决定了它可以不强制要求下面几点：

1）单个数据中心内的网络分区容错性。不同的系统组件往往本身就是非常集中化的。例如，MySQL 服务器很可能会集中地被放置在几个机架之内。单个数据中心内的网络分区故障将可能导致整个服务能力上的故障。因此，需要通过设置冗余网络来避免单个分区故障引起的系统不可用。

2）零故障率。从经验来看，大集群中机器故障是不可避免的。既然不存在这样的理想情况，那么必须对设计方案进行某种，也就是说，Facebook 选择面对故障的机器并尽可能地降低宕机的概率。

3）跨数据中心的 active-active 服务能力。如前所述，Facebook 假设用户的数据被存储在不同数据中心。因此，Facebook 使用用户端的缓存来降低系统的延迟。

19.5.2 MySQL VS Hadoop+HBase

面对 Facebook 中任务对存储系统的要求，Facebook 如何选择呢？

1. MySQL

MySQL 是比较流行的一款开源数据库，它轻巧简便。Facebook 在最初使用 MySQL+Memcached 构建存储层，MySQL 集群数据库作为底层存储，Memcached 构建数据缓存层。这样既发挥了 MySQL 存储系统较高的随机读效率及其简单好用等特点，又通过 Memcached 缓存层在高访问量下提高了系统的访问效率。

但是 Facebook 在发展过程中逐渐发现，MySQL 在数据量剧增和新应用上线提供服务情况下并不能像之前那样完美地工作。主要是 MySQL 集群有以下问题：随机写操作效率低、可扩展性差、管理成本和硬件成本高、负载均衡并不理想等。而这些缺点恰巧正是 Facebook 中海量数据所带来的系统需求。所以目前 Facebook 已经放弃 MySQL+Memcached 构建的存储层，而转向了 Hadoop+HBase。

2. Hadoop+HBase

Facebook 在发展过程中发现 MySQL 构建的存储层并不能完全满足系统的需求后，就开始审视到底什么样架构的存储层能够最大程度上满足 Facebook 的需求。

经过大量地研究和实验之后，Facebook 最终选择使用 Hadoop 和 HBase 来作为下一代底层存储系统。这主要是基于：

1）HBase 的特点满足 Facebook 对存储系统的需求。HBase 基于列存储分布式的开源数据库能满足系统海量数据存储的需求和高扩展性的需求，同时 HBase 能够保证高吞吐的写操作。它是一个能够实现快速随机和流读取操作的分布式存储系统。虽然不支持传统的跨行事务，但 HBase 面向列的存储模型在数据存储上提供了很高的灵活性并且支持表内的复杂索引。同时 HBase 对于写密集的事务是一个理想的选择，它能够维护大量的数据，支持复杂索引，具有灵活的伸缩性，它还能提供行级别的原子性保证。

2）Facebook 有信心解决 HBase 在现实使用中存在的问题。HBase 现在已经能够提供高一致性、高写吞吐率的键值存储。现有的 HDFS NameNode 作为管理的中心可能成为系统的瓶颈。Facebook 的 HDFS 团队决定构建一个高可用的 NameNode（在 Facebook 中称为 AvatarNode），这对于数据仓库操作也将非常有用。这样好的磁盘读效率就可以满足（向 HBase 的 LSM 树中添加 Bloom filter，使本地 DataNode 能够高效地执行读操作并且缓存 NameNode 的 metadata）。在系统故障和容错方面，HDFS 能够在磁盘子系统中容忍和隔离故障。整个 HBase/HDFS 集群的故障是系统容错的一部分，可以考虑将数据迁移到较小的 HBase 集群中。HBase 社区中对“复制”这块内容提供的是一个预定义的路径，用来解决灾难性的故障。

所以整体来说，采用 Hadoop+HBase 的存储架构，并通过 Facebook 根据自己需求进行局部的优化和改进之后，这样的存储架构能够满足系统绝大部分需求，提供稳定、高效、安全的存储服务。

19.5.3　Hadoop 和 HBase 的实现

前面介绍了 Facebook 中存储架构的设计需求和它为什么采用 Hadoop 和 HBase 来实现存储架构。这部分我们将为大家介绍 Facebook 如何实现对 Hadoop 和 HBase 的应用及进行哪些优化。

1. 实时 HDFS

HDFS 作为 Hadoop 的分布式文件存储系统，用来支持 MapReduce 应用程序的操作。该文件系统具有可扩展性以及较好的流数据处理功能，并且具有较强的容错能力。Facebook 通过对 HDFS 的修改和调整，使 HDFS 具有支持实时操作和在线服务的特性。

（1）高可用性 -AvatarNode

在 HDFS 中，仅有一个唯一的 Master，即 NameNode。在这种架构下，当 NameNode 停止服务后系统将处于不可用状态。对于需要 7×24 小时服务的软件或系统来说，肯定希望能够获得更稳定的服务，因此这样的架构可能并不是十分理想。所以 Facebook 根据自己的需求对原来的 NameNode 进行了一部分扩展，称为 AvatarNode，来保证其可用性。

AvatarNode

在原生 Hadoop 的启动阶段，HDFS 的 NameNode 首先从 fsimage 文件中读取文件系统的 metadata 信息。这个 metadata 信息存储了 HDFS 中每一个文件的名称、目录以及 meta 信息。

然而，NameNode 并不是永久地存储每一个块的位置。因此，当发生故障后，NameNode 的重新启动将包含了两个阶段：第一阶段是读取文件系统镜像，导入事务日志，将新的文件系统镜像存储回磁盘；第二阶段是 DataNode 通过对块的处理向 NameNode 报告未知块的存储位置信息。Facebook 中最大的 HDFS 集群存储了大约一亿五千万的文件，这两个阶段的操作将需要大约 45 分钟的时间。

如果在原生 Hadoop 的基础上采用备份节点的话，那么在发生故障时可以避免从磁盘中读取镜像文件，但是仍然需要从所有的 DataNode 中收集块的信息，这需要 20 分钟左右的时间。另一个问题是，当采用备份节点的时候，NameNode 需要同步地更新备份节点所存储的数据，这样系统的可靠性（一致性）将低于单个 NameNode 节点的可靠性。因此，AvatarNode 应运而生。

如 图 19-6 所 示， 一 个 HDFS 集 群 包 含 两 个 AvatarNode ： 主 AvatarNode 和 备 用 AvatarNode（同一时间只有一个 Node 处于活跃状态）。主 AvatarNode 实际上等同于 HDFS 的 NameNode，不同的是 HDFS 集群将文件系统的镜像和事务日志的备份存储在 NFS 中。每当主 AvatarNode 更新了存储在 NFS 文件系统中的日志之后，备用 AvatarNode 节点同时读取该更新，然后将更新的事务应用在自己的文件系统镜像以及日志上。备用 AvatarNode 节点负责生成主 AvatarNode 的 check-point，需要定期合并事务日志并创建 fsimage。因此，在该系统中将不再设置 Secondary NameNode。

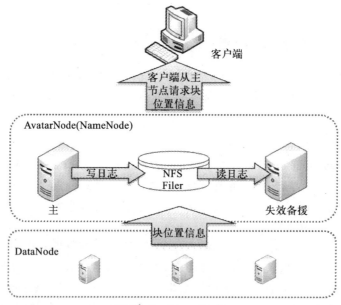

图 19-6　AvatarNode

在集群中，DataNode 不仅仅与主 AvatarNode 进行通信，同时还与备用 AvatarNode 进行通信（发送心跳、块报告和块分配信息），这样当发生故障时，备用 AvatarNode 可以马上变为主动 AvatarNode，之后启动的原 AvatarNode 将成为新的备用 AvatarNode。集群中的

Avatar DataNode 也同时与两个 AvatarNode 进行通信，他们通过与 ZooKeeper 的整合来识别哪一个 AvatarNode 是当前的主 AvatarNode。此外，Avatar 的 DataNode 仅仅处理来自主 AvatarNode 的备份 / 删除等命令。

对 HDFS 日志文件的改进

当块文件被关闭或者被同步 / 写出的时候，HDFS 会将块对应的 ID 存储到事务日志中。由于想尽量减少故障恢复的时间，那么备份 AvatarNode 需要知晓每一个块的位置。因此 Facebook 选择同时将块分配操作写入到日志中。

另外，当备份 AvatarNode 从事务日志中读取日志的时候（此时，主 AvatarNode 正在写该日志文件），那么备份 AvatarNode 将有可能只读取到部分的事务（非完整的，将有可能导致系统故障）。为了避免这种情况的发生，Facebook 修改了事务日志的格式，使其包含了写入该事务的长度，事务的 ID 以及事务的校验和。

分布式 Avatar 文件系统（DAFS）

Facebook 将修改后的 HDFS 命名为分布式 Avatar 文件系统（Distributed Avatar File System，DAFS），它是一个部署在客户端的分层文件系统，能够提供一个对 HDFS 的跨故障透明访问。DAFS 与 ZooKeeper 整合在一起。ZooKeeper 在某一 ZNode 上保存了某一集群主 AvatarNode 节点的物理地址，当客户端尝试与 HDFS 集群（例如，dfs.cluster.com）进行连接的时候，DAFS 将查看 ZooKeeper 中保存了实际主 AvatarNode 物理路径的 ZNode，然后将之后到来的连接重定位到该主 AvatarNode 上。如果由于网络环境问题使路径不可达，那么 DAFS 将从 ZooKeeper 中进行重新检索。如果在刺激前发生故障恢复事件，DAFS 将一直阻塞，直到恢复完成。DAFS 对于访问 HDFS 的应用程序来说是完全透明的，即这些应用程序不知道有 DAFS 的存在。

（2）Hadoop RPC 兼容性问题

在 Facebook 中需要为消息应用程序运行不同的 Hadoop 集群。因此，就需要系统能够一次性地在不同的集群中部署新版的软件。这就需要 Hadoop 的客户端能够与运行不同版本 Hadoop 软件的服务器进行交互操作。Facebook 对 Hadoop 的 RPC 软件进行修改使其能够自动地识别所处服务器的软件版本，然后选择合适的协议与之通信。

（3）块放置策略

默认的 HDFS 放置策略对块的放置位置有很少的限制，对于非本地的副本，块一般随机存放在任意机架的任意节点中。为了降低多个节点同时宕机时数据丢失的概率，Facebook 设计了一个可插拔式块放置策略。它将块副本放置在较小的且可配置的一组节点中。通过实验，DAFS 使数据丢失概率降低了 100 倍。

（4）实时作业性能提升

HDFS 是一个高吞吐量的系统，然而对于响应时间却并不十分理想。例如，当应对故障时，它更倾向于"重试"或"等到"，而不是对错误进行处理。

❑ RPC 超时：Hadoop 使用 TCP 连接来发送 RPC 调用。当 RPC 客户端侦测到 RPC 连接超时时，Facebook 并不是马上将连接断开，而是首先向服务器发送一个 ping，如果服务器仍旧有效，那么客户端将等待服务器的响应而不断开连接。因为，在这种情况下服务器很可能处于繁忙状态，断开重连要么导致失败要么给服务器增加额外的负担。

然而一直等待服务器的响应将陷入另一个极端。那么在 Facebook 中为 RPC 链接设置一个超时时间，当超时之后，客户端尝试向集群的其它 DataNode 发起连接。

❑ 备份文件契约（Lease）机制：另一个改进是快速撤回写者所持有的契约。HDFS 仅支持单个写者对文件的写操作，NameNode 通过下放契约来控制对文件的写操作。然后在某些情况下当需要对文件进行读的时候，读操作可能与对文件的写操作进行冲突。在之前，后续的操作通过向日志文件添加等待信息来触发文件的"软契约"过期，从而获得该文件的契约。文件的"软契约"相比契约较短，默认值为 1 分钟，该契约是为了应对这种冲突的发生。然而，这种机制依赖于管道，当发生故障时重建管道的时间过长，对系统性能影响较大。

为了克服这种问题，Facebook 设计了一种轻量级的 API：recoverLease，它能够显式地撤销文件的契约。当 NameNode 接收到 recoverLease 请求时，它马上撤回文件的契约，然后进行契约恢复处理。当契约恢复操作完成之后，请求方可以获得文件的契约。

❑ 读取本地副本：HDFS 虽然增强了数据存储系统的可扩展性和性能，然而往往带来的是写操作和读操作的延迟。因此，Facebook 在其中加入了地点侦测机制，若客户端发现数据处于本地节点中，那么它将优先从本地节点读取数据。

（5）系统新特性

❑ HDFS 同步操作：Hflush/sync 对于 HBase 和 Scribe 来说同样重要，该机制首先将数据缓存在本地，然后将数据写入管道。在数据被完全接收之前，该数据在本地将一直有效，用户可以直接从本地读取到数据的信息。另外，该机制允许后续的操作不必等待操作的完成，在他们看来 Hflush/sync 完全是透明的。

❑ 并发读者：在 Facebook 中某种应用程序需要对正在写的文件执行读操作。此时，读者需要首先与 NameNode 进行通信来获取文件的 meta 信息。由于此时 NameNode 并没有文件的最新块信息，读者需要与文件某一副本所在 DataNode 进行通信来获取文件的快信息，然后再对文件执行读操作。

2. HBase 的实现

上面介绍了 Facebook 对 Hadoop 的一些修改和优化，下面介绍它在实际使用 HBase 时进行的修改。

（1）数据库 ACID 特性

一些应用程序开发者总是希望新型数据库系统能够保持原有的 ACID 特性，Facebook 同样对 HBase 系统进行了改进，使其尽量满足 ACID 特性。首先，Facebook 采用类 MVCC 的读写一致性控制策略（Read-Write Consistency Control, RWCC）来为系统提供隔离性的保证，并且采用"先写日志"的方法来保证数据的持久性。下面将介绍 Facebook 是如何对系统进行改进，使其满足原子性和一致性。

首先，系统设计的第一步是要保证数据库系统行级别的原子性。RWCC 在大多数情况下可以提供有效的保证。然而，当节点发生故障的时候该保障将可能失效。例如，在最初的时候，系统的日志是顺序存入 HLog 文件中的。如果在执行日志写操作期间，RegionServer 发生故障，那么将可能只有部分日志被写入。Facebook 重新设计了 HLog，命名为 WALEdit，它能够保证写事务要么全部执行要么全部不执行。

HDFS 为数据提供了副本，因此需要采用一定的策略来保证系统的一致性。在 Facebook 中，它们使用管道的机制，当有新数据更新到来的时候，NameNode 首先为不同的数据副本创建管道，当所有的副本更新完成之后，副本需要向 NameNode 发送 ACK 确认。在此期间，HBase 将会一直等待，直到所有的操作完成。假如期间有某一个副本写操作失败，HBase 将控制系统参考日志进行回滚操作。另外，Facebook 还采用一定机制保证数据不被破坏，在数据读取时，HBase 首先检查数据的校验和，当校验和错误，系统将自动删除该份数据，然后检查其他副本。

（2）HBase 可用性改进

由于 HBase 中很多重要信息保存在 HBase 的 Master 中，而 HBase Master 只有一个，当发生故障时将有数据丢失的可能性。为了尽量避免这种情况的发生，Facebook 转而将数据存储在 ZooKeeper 中，因为 ZooKeeper 采用的是一个"大多数"的策略，数据将被存储在多个节点当中。当某一个节点发生故障时，用户仍旧能从其它节点获取数据。

Facebook 指出，HBase 集群的停机问题往往是由节点的随机性宕机引起的，并不是由于系统的日常维护工作。因此 Facebook 通过对系统的改进来尽量缩短停机的时间。例如，某一节点在发起停机请求之后会间歇性地发生停机事件，这是由于较长的数据压缩周期造成的。因此 Facebook 将压缩设置为可中断性操作，这样能够将停机时间缩短到秒的级别。

另外一个问题是软件的更新。为了应对软件的更新，HBase 需要将集群"停机"，然后再更新之后进行"重新启动"。为了处理这个问题，Facebook 选择采用轮询的方式对集群节点进行更新。例如，首先对某一台机器进行更新，当这一台机器更新完成之后，系统转而对下一台进行更新，周而复始，直到全部系统更新完成。

在 HBase 中，当某一个 RegionServer 发生故障时，处于该机器的 HLog 需要被重新分配到集群其余有效的节点上。在之前该操作由 HMaster 来完成，但是由于一个节点上可能保存了大量的 HLog，该操作将花费很长的时间。在 Facebook 中，他们采用 ZooKeeper 集群来负责 HLog 的划分，这使得该操作的时间降低了很多倍。

（3）HBase 性能提升

对于 HBase 的写操作，Facebook 通过缓存机制将对数据库的多次写减少到更少次数地写。当数据到来的时候，数据首先被写入提交日志，然后并非直接写入数据库而是首先写入到缓存系统 MemStore 中。当缓存系统容量到达阈值之后，缓存将数据写入 HFile 中，HFile 是不变型 HDFS 文件（不被更改）。数据的更新采用的是附加的方式，即继续写 HFile 文件，而并非对 HFile 文件进行修改。当需要读取数据的时候，HBase 控制系统并行读取 HFile 文件并抽取相关记录进行整合。当一定时间之后，HBase 对 HFile 进行压缩、合并操作，以避免后续读操作带来的延迟。

众所周知，系统中文件数目的多少对系统的读操作以及网络 IO 都有很大的影响，因此在系统中定期对文件进行压缩是非常有必要的。HBase 中的压缩分为两种类型：次要的和主要的。次要的压缩操作仅仅选择部分文件进行压缩。主要的压缩不但对所有的文件进行压缩，并且在必要情况下对系统执行删除、重写以及清除过期数据等操作。在这种情况下，次要压缩产生的效果并不理想，并且生成的 HFile 文件可能更大，这种文件不但会对块缓存系统的性能产生影响，也会对今后的进一步压缩产生影响。因此在 Facebook 中对压缩块的大小进行限制，从而避免大数据块的产生。此外，Facebook 还对 HBase 原有的压缩算法进行了改写，避免额外的操作。

对于读操作来说，某一个 Region 中文件数目的多少对其有很大的影响，在之前的介绍中可以知道，通过对数据的压缩可以大大减少文件的数目。另外 Facebook 可以通过某些技术来加快文件的搜索，跳过不必要的文件。例如：Bloom Filter 和时间戳策略。Bloon Filter 记录的是 HFile 文件特定统计信息，由于 Region 中文件数目相当多，因此 Facebook 中通过使用折叠技术（folding），进一步降低 Bloom Filter 的大小。这样讲 Bloom Filter 存储到内存之中，从而加快文件的检索。另外通过对时间戳的比对，同样可以加快文件的检索速度。

3. 展望

虽然 Facebook 修改后的 Hadoop 和 HBase 存储架构很大程度上满足了其对存储架构的设计需求，但展望未来，Facebook 还提出了未来这个存储架构完善的几个方面：

1）对 Hadoop 和 HBase 应用迭代的优化；

2）对 HBase 二级索引和视图摘要的支持，以及对这些特性的异步维护；

3）HBase 内存管理和扩充，可通过 slab 或者 JNI 进行内存管理，通过 flash memory 来扩展 HBase cache；

4）解决 HBase 多数据中心 replication 和冲突问题。

19.6　本章小结

本章按照系统的从简到难、应用的从浅到深，介绍了 Hadoop 在企业中的应用和实践，涵盖了经封装后直接使用 Hadoop 模块、修改完善 Hadoop 设计等内容，特别是大篇幅地介绍了 Facebook 使用 Hadoop+HBase 的一些细节。希望大家能认真学习，掌握如何使 Hadoop 在大型应用中扮演重要的角色，学会基于 Hadoop 搭建大型应用框架，并能在系统开发应用中根据实际需求修改完善 Hadoop。

本章参考资料

另外，本章关于 Hadoop 在 Yahoo! 的应用内容是根据 Hadoop 云计算大会上 Yahoo! 研究人员的报告整理而成的，Pig 和 Hive 应用相关内容来自 Yahoo! 研究人员的博客 [1]，大家如果想要了解 Hadoop 在 Yahoo! 应用的更多细节和进展，请关注 Yahoo! Hadoop 团队的博客（developer.yahoo.com/blogs/hadoop）。

Hadoop 在 eBay 的应用内容是根据 eBay 研究人员的技术博客[2]整理而成的，其中参考了 eBay 分析平台开发部 Anil Madan 介绍的 Hadoop 在 eBay 的使用情况，大家想要了解 Hadoop 在 eBay 应用的更多信息，可以关注 eBay 研究人员的技术博客（www.ebaytechblog.com）。

百度和即刻搜索使用 Hadoop 平台的情况则是根据近几届 Hadoop 中国云计算大会上对应企业研究人员的报告整理而成，大家如果想了解更详细的信息或 Hadoop 中国云计算大会的相关信息可登录 Hadoop in China 网站：http://www.hadooper.cn。

Facebook 的企业案例是根据 Facebook 公开发表的论文[3]整理而来。

[1]Alan Gates, Pig and Hive at Yahoo!, http://developer.yahoo.com/blog/hadoop/posts/2010/08/ pig_and_hive_at_yahoo/

[2]Anil Madan, Hadoop-The power of the Elephant, http://www.ebaytechblog.com/2010/10/29/ hadoop-the-power-of-the-elephant/

[3] Dhruba Borthakur, Apache Hadoop Goes Realtime at Facebook, Sigmod 2011

附录 A

云计算在线检测平台

本章内容

- 平台介绍
- 结构和功能
- 检测流程
- 使用介绍
- 小结

A.1　平台介绍

　　MapReduce 的日趋流行带动了普通程序员学习 MapReduce 的潮流，它的学习资料也日趋丰富起来。但是 MapReduce 运行所需的并行环境却成为了入门者学习的最大障碍，主要原因是并行环境的硬件要求高，配置复杂，同时现有的学习资料中鲜有编程实战方面的指导，更多专注在 MapReduce 的理论知识上。综合这些情况，我们开发了云计算在线检测平台（http://cloudcomputing.ruc.edu.cn/），为大家提供理论知识测试和利用理论知识进行实战的机会。该平台提供运行程序的并行环境，避免入门者将精力都花费在环境配置上，帮助他们配合本书进行学习和实践。

　　云计算在线检测平台是一个 MapReduce 程序检测平台。此平台基于 Hadoop 集群提供了 MapReduce 并行程序运行的分布式环境，旨在为 MapReduce 的入门者提供简单具体的编程练习，使其初步掌握 MapReduce 框架的编程思想，并拥有使用 MapReduce 并行化解决实际问题的能力。用户可以根据平台提供的问题背景，开发自己的并行程序并提交运行。平台会根据运行结果反馈给用户一定的信息，以便进行修改或进一步优化。用户也可以在平台上进行分布式系统理论知识的测试，以提高理论水平。同时，此平台结合分布式系统架构 Hadoop、MySQL 技术和 Tomcat 技术，提供了在线的分布式并行运行环境，供用户运行自己所提交的并行程序。根据实际的使用结果和平台功能完整性的需求，平台的结构已经从原来的前台用户接口和后台程序运行两个主体结构发展成前台用户接口、后台运行程序和平台程序过滤模块三大部分。前台用户接口负责同用户的交互，包括保存用户提交的代码、返回程序的检测结果等；后台运行程序负责前台收集的用户代码并检测结果，同时将检测的结果交给前台并维护网站用户的信息，提供整个网站的网络服务；代码过滤模块主要实现了雷同代码的过滤和非 MapReduce 合理框架程序的过滤。

　　云计算在线检测平台兼顾实战和理论，能让用户在进行理论测试的过程中掌握开源分布式系统架构 Hadoop 的相关知识和 MapReduce 的理论知识，能让用户在编程提交和修改再提交的过程中切身体验到如何利用分布式系统 Hadoop、MapReduce 编程，以及如何用 MapReduce 并行程序来解决实际问题。总体来说，此平台能够提高用户的理论水平和实战能力，是 MapReduce 入门者不错的入门指导。

A.2　结构和功能

　　正如前一节中所介绍的，云计算在线检测平台已发展成由三大部分组成，分别是前台用户接口、后台程序运行及平台程序过滤模块，下面分别对它们进行介绍。

A.2.1　前台用户接口的结构和功能

　　前台用户接口的功能结构如图 A-1 所示。它主要包括四部分内容：用户完全服务、实例编程练习、分布式系统理论知识测试、帮助功能（指网站的使用帮助、Hadoop 介绍文档，以及网站的中文页面）。下面分别详细介绍这四个功能块。

　　用户完全服务主要包括注册、登录和更新信息等。注册是指用户在 Register 页面完成新用户的注册，云计算在线检测平台只对注册用户提供代码检测服务。在注册页面需要填写用户名、注册码（选填）、密码、单位、邮箱等信息，注册成功之后用户就可以使用注册的用户名和密码登录了，同时邮箱会收到一封注册邮件，以防止用户忘记用户名和密码以致无法登录。在注册时如果发生用户名已注册、密码重复错误、验证码输入错误等，将会导致注册失败。注册成功后可以在首页的右上角直接使用用户名和密码进行登录，也可以在 login 页面完成登录操

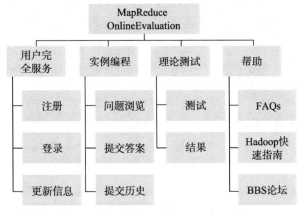

图 A-1　前台接口的结构图

作。登录成功的用户可以选择 login out。更改个人信息是指更改个人密码等信息，如果用户期望做出更改，可以在 update your info 页面完成。

　　MapReduce 实例编程练习主要包括题目浏览、提交答案、查看提交记录、查看提交源码、查看检测结果。在云计算在线检测平台上，开发小组设计了很多基于 MapReduce 并行框架能够解决的实际问题。用户可以在 problem 页面详细浏览各个问题的背景，以及输入输出要求和注意事项。然后利用自己的 MapReduce 理论知识，针对具体实例问题来编写自己的实例解决代码，并且在 submit solution 页面提交代码。网站会运行用户提交的代码，然后在网站上反馈相应的结果。用户可以在 My submission 页面中查看自己的提交记录，也可以单击每一条记录中的 source 连接查看自己提交的代码，同时还可以单击 result 栏下面的连接查看检测结果。

　　分布式系统理论知识测试主要指用户单击首页的 theory test 之后会出现一份限时半小时的试卷，共 20 道选择题。这些选择题都是随机从平台中题库里选出来的，题目是关于分布式系统的理论知识，主要集中在 Hadoop 及其子项目上。用户答题完毕单击提交按钮或在页面上停留的时间超过半小时，所有答案就会提交。平台通过比对之后将每道题目的正确答案及用户的回答一起返回，并计算出此次测试的分数。

　　帮助功能主要指网站的使用帮助、网站对应的中文页面，以及 Hadoop 的介绍文档和用于讨论的 BBS 版块。网站的使用帮助在首页的 FAQs 页面下，主要是关于网站在实际使用中要注意的事项。网站对应的中文页面可以点击 Chinese 链接进入。中文页面也提供了与英文页面完全相同的服务。Hadoop 快速指南网站上的 Hadoop Quick Start 链接和它所提供的在线文档，主要为用户提供一些 Hadoop 分布式系统的初步认识和安装说明。BBS 论坛允许用户在平台上交流 MapReduce 的学习经验，以及对平台上题目，同时还可以留下自己关于平台使用的疑问。

A.2.2　后台程序运行的结构和功能

　　后台程序运行的功能结构如图 A-2 所示。后台中的主要模块也是四部分：Tomcat 服务器、MySQL 数据库、Hadoop 分布式环境、Shell 文档。下面详细介绍这四个功能块。

　　Tomcat 服务器：担当网站的 Web 服务器角色，保证用户能够从网络上访问到平台，并将开发小组基于 JSP 技术开发的网页呈现在用户的电脑上。

　　MySQL 数据库：其中主要是网站的信息，包括用户个人信息、用户提交记录、网站题库等。基于 JSP 技术开发的网页通过调用 MySQL 的接口，获取用户请求的信息，并将其呈现在网页上或将网页上提交的信息保存到数据库中。

Tomcat	• 网站的Web应用服务器
MySQL	• 维护网站信息存储
Hadoop	• 提供并行程序运行环境
Shell	• 串联网站的前后台的各个功能块

图 A-2　后台结构图

　　Hadoop 分布式环境：是整个后台的核心所在，因为它是云计算在线检测平台提供特色服务的核心。开发小组首先在多台计算机上安装好 Hadoop 分布式系统，形成一个分布式环境，然后再在集群上配置网站提供服务，这就可以保证为用户提交的代码提供并行程序运行所需的真实分布式环境。Hadoop 集群的主要功能就是运行用户提交的代码，给出结果。

　　Shell 文档：在检测平台的系统中扮演着人体中血液的角色。它首先将网页保存下来的用户代码进行预处理，比如检测是否是正确的 Java 程序等，然后再对预处理之后的结果进行预编译，成功之后再将代码提交到 Hadoop 上，接着再收集 Hadoop 的运行结果，然后与标准结果进行比对，最后将比对的结果分类返回给前台网页，呈现在用户面前。综合来说，Shell 文档将前台功能块和后台功能块串联了起来，以便为用户提供连贯的服务。

A.2.3　平台程序过滤功能

　　这部分主要实现了两个与用户程序直接相关的功能：非 MapReduce 合理框架程序过滤和雷同代码程序过滤。添加过滤模块的主要出发点是，管理员发现在平台的使用过程中，部分用户直接提交他人代码或者经过一些初级的代码移动、替换等提交他人代码，甚至有些用户提交的代码所有任务均安排在一个节点的 Reduce 函数中完成任务，Map 函数的功能就是直接输出获取的输入，这种程序看似运用了 MapReduce 框架，但是并不是合理的 MapReduce 框架程序，因为它未能利用 MapReduce 框架来并行处理问题，甚至由于 Map 函数这个无用过程的存在增加了处理的负担。这两种现象都是不应该出现的，但是由于之前平台是自动运行，只匹配结果是否正确，导致这些不合理代码会被接受。为了避免这些现象，管理员升级了平台，增加了代码过滤模块。下面简要介绍这两个功能实现细节：

　　（1）非 MapReduce 合理框架程序过滤功能

　　MapReduce 框架通过 Map 和 Reduce 两个函数，实现了集群对海量数据的并行处理。其中 Map 函数起到数据预处理和分流的功能，Reduce 函数再根据不同的 key 获取不同的 Map 函数输出流，进行深度数据处理，可见 Map 函数和 Reduce 函数二者功能缺一不可。但是在平台使用中，部分用户只是简单地将所有数据的处理任务都放在一个节点的 Reduce 函数中，Map 函数仅输出接受的输入。这种处理方法是不合理的。

通过观察和分析这些程序，管理员发现，用户要想将所有的任务放在一台节点的 Reduce 函数中处理，那么他就需要将 Map 输出的 key 选为一个固定值。所以从这一点出发，在平台的非 MapReduce 合理框架程序过滤中，管理员首先定位 Map 函数的输出位置，再定位输出位置中 key 的位置，如果程序辨别此 key 值为某个固定值，那么说明用户并未将输入数据分流，是不合理的 MapReduce 框架程序，从而不执行此程序，输出为 MapReduce Error。

（2）雷同代码的过滤

抄袭在平常的工作中非常常见，特别是在计算机领域。从发现有雷同代码出现之后，管理员就开始研读对应的雷同代码检测文献，学习相关方法，并将之运用到平台中。现在平台的雷同代码过滤主要采取以下步骤：

❏ 过滤无效字符，替换变量为同一字符；
❏ 按照固定窗口大小，滑动获取固定大小的连续字符串；
❏ 计算每个字符串的 Hash 函数值；
❏ 按照固定窗口大小，滑动获取固定大小的连续 Hash 函数值；
❏ 获取每个连续函数值串中的最小函数值，结合其位置参数作为代码的指纹，某一位置上的函数值只能出现一次；
❏ 计算此代码指纹与代码指纹库中每个指纹的相似度，如果超过某一阈值则判为雷同代码；
❏ 界面显示雷同代码，并自动发送邮件给用户和系统管理员。

由于代码抄袭和代码学习之间的界限并不明确，可能会将代码错判为雷同代码，雷同代码的过滤在平台中发挥了巨大作用，模块刚加入之处就判出了两例雷同代码。

代码过滤模块的加入，并不是为了增加用户使用的难度，而是为了规范用户的代码，优化平台的使用。系统管理员会根据实际的使用情况，不断更新扩展此模块功能，使平台功能更加完善，用户使用更加方便。

A.3　检测流程

经过前面两节的介绍，大家对整个平台已经有一个直观整体的认识，那么这个平台是如何运行的呢？它的运行流程是什么？本节将详细介绍云计算在线检测平台检测用户代码的流程。

总体来说，平台对用户代码的检测流程主要包括代码保存、代码预处理、代码运行和结果分析返回、结果显示五个阶段，下面将分别介绍这五个阶段：

代码保存阶段：用户在网页上粘贴自己的代码，点击 submit 提交之后，网站会把用户的代码保存在服务器上一个唯一的文件中，并在后台数据库中保存这一次提交的信息和代码路径。

　　代码预处理阶段：用户在提交代码之后，网站在进行代码保存的同时还会调用 Shell 文档来进行代码的预处理。Shell 文档被调用运行之后就会开始用户代码的预处理。首先 Shell 文档会按照调用的路径参数从本地找到用户代码，然后检测用户代码，比如程序是否是可运行的 Java 代码、是否符合 MapReduce 框架要求等。如果预处理成功就会将代码提交给 Hadoop 分布式环境运行，如果预处理失败就会直接返回并将错误原因呈现到网页界面上。

　　代码运行阶段：代码预处理成功之后会被提交到 Hadoop 分布式环境上，Hadoop 调用事先已经保存在 HDFS（Hadoop 分布式文件系统）上的输入数据来运行代码。在平台的处理过程中，代码在 Hadoop 上的运行和在线下自己提交代码到 Hadoop 上的运行相同。代码运行结束之后，Shell 文档会将结果信息重定向到代码文件中同样唯一的结果信息文件中，以交给下一步处理。

　　结果分析返回阶段：结果分析返回阶段主要是分析 Hadoop 运行的结果信息，对结果分类，生成结果文件，然后将相关的信息写入数据库，供平台显示代码运行结果时调用。Shell 在分析结果时，首先查看有没有输出结果，如果有输出结果就和标准输出进行对比，正确就返回结果 Accepted，错误就返回结果 Wrong Answer。如果没有结果，再将输出信息同一些结果关键词进行匹配，然后返回匹配成功的那一类错误信息。

　　结果显示：用户在 My Submission 界面点击 result 一栏的结果链接之后，页面会调用数据库接口，搜索此次提交记录在数据库中对应的记录。找到之后，页面直接获取结果信息文件的路径，然后将其内容显示在页面上，如果代码有误，用户就可以知道代码的错误所在，用户进行调整之后重新提交。

　　结合上面的介绍，网站处理的流程图如图 A-3 所示。

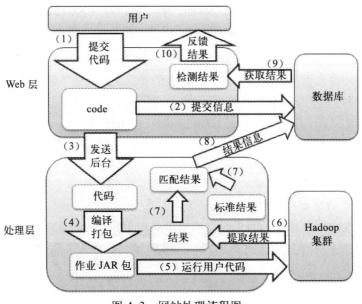

图 A-3　网站处理流程图

A.4 使用介绍

前面介绍了云计算在线检测平台的理论内容，本节将从功能使用、题目介绍、返回结果说明、使用注意事项四个方面详细介绍平台的使用方法。

A.4.1 功能使用

本附录第 2 节介绍了平台中前台用户接口和后台程序运行的结果和功能块。而与用户直接相关的就是前台功能的使用。下面用三个使用实例来说明如何使用前台功能。

1. 如何注册用户，如何修改信息？

注册功能的使用流程如下：

1）在首页点击 Register 链接，进入注册界面；

2）填写个人信息，包括用户名、注册码（选填）、密码、邮箱、单位、国家、验证码等；

3）根据提示进行调整，比如如果提示用户名已存在，就需要换一个用户名，如果提示密码重复错误，就需要重新输入密码等。

4）注册成功，如果注册完之后可以进入注册成功界面，就表示注册成功了，界面上显示的是自己除密码外的所有注册信息，同时用户所注册的邮箱会收到一封包含用户名和密码的注册邮件，以防止忘记用户名或密码。

使用修改信息功能的流程如下：

1）登录之后在首页点击 Update your info 链接，进入信息修改页面；

2）填写要修改的个人信息；

3）点击提交之后就会进入修改成功界面，界面显示修改的信息。

2. 如何提交自己的代码并查看结果？

1）登录之后点击具体题目下的 submit 按钮，进入代码提交页面，或者点击 submit solution 链接直接进入提交页面，再或者在首页的 problem 一栏下输入 problem ID 直接进入 problem，然后点击提交进入代码提交页面；

2）在代码提交页面的空白处粘贴自己的代码，点击提交；

3）提交之后页面自动跳入仅包含此次提交信息的页面，在这个页面中用户能够查看自己提交的代码，同时页面还能够在代码运行结束之后自动更新 result 一栏的状态，并显示运行结果（此处采用了 AJAX 技术，由于存在技术兼容问题，所以只有 firefox 支持），更新之后用户可以点击查看运行结果；

4）用户想查看结果和自己的代码，也可以点击 My Submission 链接，进入自己的提交记录页面，点击特定记录后的 source 就可以查看提交的代码了，点击 result 一栏的结果可以查看具体的结果信息。

3. 如何进行理论测试？

1）登录后点击 Theory test 进入理论测试界面；

2）根据具体的题目选择正确答案，然后提交（理论测试每份试卷限时 30 分钟，如果在页面上停留的时间超过 30 分钟，平台也会自己提交页面现有答案）；

3）提交之后页面自动跳入结果页面，显示每到题目的回答是否正确。

A.4.2　返回结果介绍

在平台上提交代码之后在提交历史中的 result 一栏就可以看到结果。那么都有什么结果？都代表什么意思？针对具体的错误用户应该如何应对？下面将进行详细介绍。

Accepted：表示用户提交的代码已经被接受，而用户代码被接受的前提是代码能够正确运行，并且在以平台的测试数据作为输入数据执行的输出结果和平台标准的输出结果完全相同。但是需要提醒的是，由于 MapReduce 编程框架的原因，平台上的这些题目完全可以在 MapReduce 结构中的 Map 或 Reduce 阶段独立完成，但是这种做法没有完全发挥 MapReduce 并行运行的效率，不是最优的办法。所以如果用户的代码被 Accepted 了，用户还需要审视自己的代码，检查它是否最大程度利用了并行运行来提高效率。

Compile Error：表示用户代码编译错误，出现这种情况说明在用户的代码中存在语法问题，在进行普通的 Java 程序编译时出错了。用户可以点击 result 栏的错误结果链接去查看具体的语法错误位置，并进行修改。用户也可以在本地进行普通的 Java 编译，待通过之后再提交到平台上。

MapReduce Error：表示代码在 Hadoop 上运行时出现错误并没有输出结果。这种情况出现的可能性比较多，主要包括：常见的 Java 程序逻辑错误、MapReduce 逻辑错误等。Java 程序逻辑错误又主要包括数组越界、未初始化等，MapReduce 逻辑错误则主要包括输入输出类型不匹配等。在遇到 MapReduce Error 时相对比较麻烦，需要用户仔细核对自己的代码，找出逻辑错误的地方进行修改，然后再尝试提交。

Wrong Answer：表示代码能够在 Hadoop 上正常运行并有输出结果，只是用户的输出结果和标准结果并不匹配。出现这种情况时，用户首先要检查自己代码的输出格式是否正确，比如顺序是否和实例输出相同。然后再检查结果是否完整，是不是漏掉了某些结果等，最后检查是不是程序逻辑错误导致的结果错误。

Runtime Error：表示代码执行的时间太长，也就是说用户代码在 Hadoop 上执行的时间超出了正常的执行时间。出现这种情况的原因主要是用户程序存在死循环或平台同时提交的程序太多，使运行效率降低了。用户只需要查看是否存在死循环代码并在平台空闲的时间提交就可以了。

Memory Exceed：表示程序运行时内存溢出，即用户代码中过多使用了内存或无限申请内存的代码（这主要针对主函数中的代码，如果在 MapReduce 中出现类似的代码会返回 MapReduce Error）。出现这种情况，就需要用户在自己的代码中仔细查找是否有过多使用内存或无限开内存的代码。

Evil Code：表示提交的程序中存在恶意代码，也就是说用户代码中存在系统调用代码或意图更改平台服务器配置的代码等。这就需要用户清除代码中根本用不到的代码和一些恶意代码了。

Sim Code：表示提交程序的指纹和网站代码指纹库中的某一个指纹相似度超过了网站定义的阈值，也就是说此代码有抄袭的嫌疑。发生这种错误之后网站会向用户和网站管理员自动发送相关邮件，并附上用户代码和雷同代码，如果判错用户可同管理员联系。

以上介绍了平台运行用户提交的代码之后所返回的各种结果及其出现的原因和应对策略。错误的根本原因是代码问题，所以用户遇到问题需要耐心审视自己代码，修改其中不正确的代码和逻辑，删除无用代码。

A.4.3　使用注意事项

这一节主要向大家介绍平台使用的一些注意事项，这部分内容也可以参考平台 FAQs 中的内容。

❑ Java 程序主类的名字必须为 MyMapre（否则编译错误）。存在这个限制的原因是需要统一所有提交的代码，然后由 Shell 文档再将其提交到 Hadoop 上运行，所以不能为每个用户的代码写专门的 Shell 文档。

❑ 在配置 MapReduce 程序的输入输出时必须使用下面两个语句（原因和前一个注意事项相同）：

```
旧 API
FileInputFormat.setInputPaths(conf, new Path(args[0]));
FileOutputFormat.setOutputPath(conf, new Path(args[1]));
新 API
FileInputFormat.addInputPath(job, new Path(otherArgs[0]));
FileOutputFormat.setOutputPath(job, new Path(otherArgs[1]));
```

❑ MapReduce 程序必须处于一个 Java 源文件内，它不支持引用其他文件的类。也就是说必须把 Map、Reduce、Combine 等类写到一个文件内。

❑ 平台对同时运行的 MapReduce 程序数量有限制。因为系统资源有限，而 Hadoop 平台及 MapReduce 程序在处理少量数据时的表现并不是很好（即使运行少量数据，WordCount 程序也需要花费 20 多秒的时间），所以需要用户耐心等待提交程序的检测结果，而且不要同时提交多个程序，以免占用过多的平台资源。

A.5　小结

本附录主要介绍了云计算在线检测平台。平台以 Hadoop 集群作为并行程序的运行环境，为 MapReduce 的入门者提供了兼顾实战和理论的训练，使其初步掌握 MapReduce 框架和 Hadoop 系统的理论知识，同时具有使用 MapReduce 并行化解决实际问题的能力。

在附录的第 2 节中介绍了平台的各个组成部分及其功能。平台经过升级之后主要包括前台用户接口、后台程序运行和代码过滤模块。前台主要包括用户完全服务、实例编程练习、分布式系统理论知识测试、帮助功能。前台主要完成与用户的交互和用户服务的功能。后台主要包括 Tomcat 服务器、MySQL 数据库、Hadoop 分布式环境、Shell 文档，它为前台功能提供支持。代码过滤模块主要包括非 MapReduce 合理程序过滤和雷同代码过滤，这一模块规范了用户的程序和使用规范。接着又介绍了用户代码的检测流程，主要是用户提交之后网页保存用户代码、启动 Shell 调用用户提交代码进行代码预处理、预处理成功后代码会提交到 Hadoop 上运行，然后分析并返回用户程序执行的结果，最后将用户的结果信息显示在前台界面上。最后一节对网站的使用进行了介绍，主要是一些功能使用的举例，比如注册更新信息、提交代码、理论测试等。同时本节还介绍了用户代码运行之后返回的各个结果所表示的意思、原因和如何应对。

　　云计算在线检测平台能够帮助用户补充 MapReduce 编程框架和 Hadoop 分布式系统的理论知识，并且在实践中掌握利用 MapReduce 框架解决实际问题的能力，是 MapReduce 入门者不错的选择。

附录 B

Hadoop 安装、运行与使用说明

本章内容

☐ Hadoop 安装

☐ Hadoop 启动

☐ Hadoop 使用

在本书中，关于 Hadoop 的安装、运行和使用都已有介绍，但由于章节内容的要求，并没有组织在一起。为了方便大家直接学习安装、运行和使用 Hadoop，从读者实际实践的需求出发，本书第二版附加本附录，将 Hadoop 的安装、运行和使用结合起来系统地呈现给读者（安装采用最小可用配置）。为了统一，本附录关于 Hadoop 的安装和使用均基于 Ubuntu 11.10 Linux 操作系统，1.0.1 版本的 Hadoop 和 1.6 版本的 JDK。

B.1　Hadoop 安装

B.1.1　JDK 安装

安装 JDK 具体步骤如下。

（1）下载安装 JDK

确保可以连接到互联网，从 http://www.oracle.com/technetwork/java/javase/downloads 页面下载 JDK 安装包（文件名类似 jdk-***-linux-i586.bin，不建议安装 1.7 版本，因为并不是所有软件都支持 1.7）到 JDK 安装目录（本章假设 jdk 安装目录均为 /usr/lib/jvm/jdk）。

（2）手动安装 JDK

在终端下进入 JDK 安装目录，并输入命令：

```
sudo chmod u+x jdk-***-linux-i586.bin
```

修改完权限之后就可以进行安装，在终端输入命令：

```
sudo -s ./jdk-***-linux-i586.bin
```

安装结束之后就开始配置环境变量。

（3）配置环境变量

输入命令：

```
sudo gedit /etc/profile
```

输入密码，打开 profile 文件。

在文件最下面输入如下内容：

```
#set Java Environment
export JAVA_HOME=/usr/lib/jvm/jdk
export CLASSPATH=".:$JAVA_HOME/lib:$CLASSPATH"
export PATH="$JAVA_HOME/:$PATH"
```

这一步的意义是配置环境变量，使你的系统可以找到 JDK。

（4）验证 JDK 是否安装成功

输入命令：

```
java -version
```

会出现如下 JDK 的版本信息：

```
java version "1.6.0_22"
Java(TM) SE Runtime Environment (build 1.6.0_22-b04)
Java HotSpot(TM) Client VM (build 17.1-b03, mixed mode, sharing)
```

如果出现上述 JDK 版本信息，说明当前安装的 JDK 并未设置成 Ubuntu 系统默认的 JDK，接下来还需要手动将安装的 JDK 设置成系统默认的 JDK。

（5）手动设置系统默认 JDK

在终端依次输入命令：

```
sudo update-alternatives --install /usr/bin/java java /usr/lib/jvm/jdk/bin/java 300
sudo update-alternatives --install /usr/bin/javac javac /usr/lib/jvm/jdk/bin/javac 300
sudo update-alternatives --config java
```

接下来输入 java –version 就可以看到 JDK 安装的版本信息。

B.1.2 SSH 安装

在终端输入下面的命令：

```
ssh  -version
```

如果出现类似"OpenSSH_5.1p1 Debian-6ubuntu2, OpenSSL 0.9.8g 19 Oct 2007"的字符串，表示 SSH 已安装。如果没有输入下面的命令进行安装：

```
sudo apt-get install ssh
```

然后再依次输入以下命令完成本机的免密码配置：

```
ssh-keygen -t dsa -P '' -f ~/.ssh/id_dsa
cat ~/.ssh/id_dsa.pub >> ~/.ssh/authorized_keys
```

B.1.3 Hadoop 安装

Hadoop 有三种运行方式：单节点方式、单机伪分布方式与集群方式。前两种方式并不能体现云计算的优势，但是便于程序的测试与调试。

在安装 Hadoop 之前，先从 Hadoop 官方网站：

http://www.apache.org/dyn/closer.cgi/Hadoop/core/

下载 hadoop-1.0.1.tar.gz 并将其解压，本文往下都默认 Hadoop 解压在 /home/u/ 目录下。

（1）单节点方式安装

安装单节点的 Hadoop 无须配置，在这种方式下，Hadoop 被认为是一个单独的 Java 进程，这种方式经常用来调试。

（2）单机伪分布方式安装

伪分布式的 Hadoop 是只有一个节点的集群，在这个集群中，这个节点既是 master，也是 slave；既是 NameNode 也是 DataNode；既是 JobTracker，也是 TaskTracker。

配置伪分布的 Hadoop 需要修改以下几个文件（具体修改内容的含义请参考第二章）：

进入 Hadoop 目录下 conf 目录，在 hadoop-env.sh 中添加 JAVA 安装目录：

```
export JAVA_HOME=/usr/lib/jvm/jdk
```

修改 core-site.xml 内容如下：

```
<?xml version="1.0"?>
<?xml-stylesheet type="text/xsl" href="configuration.xsl"?>

<configuration>
    <property>
        <name>fs.default.name</name>
        <value>hdfs://localhost:9000</value>
    </property>
</configuration>
```

修改 hdfs-site.xml 内容如下：

```
<?xml version="1.0"?>
<?xml-stylesheet type="text/xsl" href="configuration.xsl"?>

<configuration>
    <property>
        <name>dfs.replication</name>
        <value>1</value>
    </property>
</configuration>
```

修改 mapred-site.xml 内容如下：

```
<?xml version="1.0"?>
<?xml-stylesheet type="text/xsl" href="configuration.xsl"?>

<configuration>
    <property>
        <name>mapred.job.tracker</name>
        <value>localhost:9001</value>
    </property>
</configuration>
```

上面文件都配置结束之后，Hadoop 的安装配置也就完成了。

（3）集群方式安装

这里以安装三台主机的小集群为例为读者呈现 Hadoop 的集群安装。三台主机的 IP 地址和对应角色安排如下表：

表 B-1　Hadoop 集群 IP 及角色分配表

IP 地址	集群角色	运行进程	主机名
10.37.128.2	master	namonode,jobtracker	master
10.37.128.3	slave	datanode,tasktracker	slave1
10.37.128.4	slave	datanode,tasktracker	slave2

安装的具体步骤如下：

1）在三台主机上创建相同的用户，以便 Hadoop 启动过程中的通信。参考本附录中 JDK 和 SSH 的安装，在每台主机上安装 JDK 和 SSH，并配置环境变量。

2）在每台主机上配置主机名和 IP 地址。打开每个主机的 /etc/hosts 文件，输入内容：

```
127.0.0.1  localhost
10.37.128.2 master
10.37.128.3 slave1
10.37.128.4 slave2
```

需要注意的是，应删除此文件中其他无用信息，防止 Hadoop 集群启动时 slave 无法找到 master 准确的 IP 地址进行通信，最终导致 slave 上的进程虽然启动但无法和 master 上的进程进行通信。

接下来配置每台主机上的 /etc/hostname 文件，在文件中输入对应的主机名。

3）配置 master 免密码登录 slave，将 master 的密钥文件复制到各个 slave 主机的 .ssh 文件即可。在 master 主机的终端下输入命令：

```
scp ~/.ssh/authorized_keys slave1:~/.ssh/
scp ~/.ssh/authorized_keys slave2:~/.ssh/
```

命令完成之后可以使用 ssh slave1 和 ssh slave2 来测试是否配置成功。

4）修改 Hadoop 配置文件内容。

在每台主机上进入 Hadoop 安装目录，向 conf/hadoop-env.sh 文件中添加 JDK 安装目录：

```
export JAVA_HOME=/usr/lib/jvm/jdk
```

将 conf/core-site.xml 文件修改成：

```xml
<?xml version="1.0"?>
<?xml-stylesheet type="text/xsl" href="configuration.xsl"?>

<configuration>
  <property>
    <name>fs.default.name</name>
    <value>hdfs://master:9000</value>
  </property>
<property>
    <name>hadoop.tmp.dir</name>
    <value>/home/u/tmp</value>
</property>
</configuration>
```

将 conf/hdfs-site.xml 文件修改成：

```xml
<?xml version="1.0"?>
<?xml-stylesheet type="text/xsl" href="configuration.xsl"?>

<configuration>
<property>
    <name>dfs.replication</name>
    <value>2</value>
```

```
</property>
</configuration>
```

将 conf/mapred-site.xml 文件修改成：

```
<?xml version="1.0"?>
<?xml-stylesheet type="text/xsl" href="configuration.xsl"?>

<configuration>
 <property>
    <name>mapred.job.tracker</name>
    <value>master:9001</value>
</property>
</configuration>
```

将 conf/masters 文件修改成：

```
master
```

将 conf/slaves 文件修改成（注意每行只能有一个主机名）：

```
slave1
slave2
```

B.2　Hadoop 启动

在第一次启动 Hadoop 时，需要格式化 Hadoop 的 HDFS，命令如下：

```
bin/Hadoop namenode -format
```

接下来启动 Hadoop，命令如下：

```
bin/start-all.sh
```

启动之后，可以通过 http://master:50070、http://master:50030 这两个页面查看集群的状态。需要注意的是，由于启动之初集群处理安全模式，所以可能看到活跃节点或者 TaskTracker 进程都为 0。等集群离开安全模式之后，就会恢复正常。

B.3　Hadoop 使用

B.3.1　命令行管理 Hadoop 集群

在使用 Hadoop 时，最常用的就是使用命令行来管理 HDFS，可以上传下载文件，管理集群节点，查看集群状态，运行指定进程等，命令的运行格式如下：

```
bin/hadoop command [genericOptions] [commandOptions]
```

这里以运行文件系统工具的几个简单命令为例进行说明，有关命令行管理集群的详细内容请参见本书第九章。

```
bin/hadoop fs -ls hdfs_path            // 查看 HDFS 目录下的文件和子目录
bin/hadoop fs -mkdir hdfs_path         // 在 HDFS 上创建文件夹
bin/hadoop fs -rmr hdfs_path           // 删除 HDFS 上的文件夹
bin/hadoop fs -put local_file hdfs_path // 将本地文件 copy 到 HDFS 上
bin/hadoop fs -get hdfs_file local_path // 复制 HDFS 文件到本地
bin/hadoop fs -cat hdfs_file           // 查看 HDFS 上某文件的内容
```

B.3.2　运行 MapReduce 框架程序

本小节介绍如何编译自己编写的 MapReduce 框架程序，并在 Hadoop 上运行。假设自己编写的程序文件名为 MyMapred.java，并放置在 Hadoop 安装目录下，即 /home/u/hadoop-1.0.1。

1）首先在 hadoop 安装目录下创建 MyMapred 文件夹，然后编译自己的程序。命令：

```
javac -classpath hadoop-core-1.0.1.jar:lib/commons-cli-1.2.jar -d MyMapred
MyMapred.java
```

2）将编译好的程序打包成 JAR 文件，命令：

```
jar -cvf MyMapred.jar -C MyMapred .
```

3）在 Hadoop 上运行 JAR 文件。

在单节点方式的 Hadoop 下，只需要在准备好本地的输入文件之后（此处假设为 /home/u/input），在命令行输入下面的命令就可以运行程序（output 文件夹应不存在）：

```
bin/hadoop jar MyMapred.jar MyMapred /home/u/input output
```

运行结束之后就可以在 output 路径下查看程序的输出结果。

在伪分布方式和完全分布方式的 Hadoop 集群下，首先在集群上创建输入数据路径（此处为 input），然后将本地的程序输入数据文件上传到 HDFS 上的输入路径中，这两个步骤需要使用的命令在"命令行管理 Hadoop 集群"小节已讲到，此处不再赘述。准备好输入路径之后就使用同样的命令运行 JAR 文件：

```
bin/hadoop jar MyMapred.jar MyMapred input output
```

需要注意的是，命令中的 input 和 output 都是 Hadoop 集群上的路径，而非单节点下的本地目录。这里同样需要保证 output 路径在 HDFS 上并不存在。运行结束之后，就可以使用前面介绍的命令行命令来查看 output 文件夹下的输出文件名和输出文件的内容。

附录 C

使用 DistributedCache 的
MapReduce 程序

本章内容

☐ 程序场景
☐ 详细代码

C.1 程序场景

问题定义：过滤无意义单词（a、an 和 the 等）之后的文本词频统计。代码的具体做法是：将事先定义的无意义单词保存成文件，保存到 HDFS 上，然后在程序中将这个文件定义成作业的缓存文件。在 Map 启动之后先读入缓存文件，然后统计过滤后单词的频数。源代码的下载请到本书代码下载网址：http://datasearch.ruc.edu.cn/HadoopInAction/shiyandaima.html。

C.2 详细代码

```
package cn.edu.ruc.cloudcomputing.book;

import java.io.BufferedReader;
import java.io.FileReader;
import java.io.IOException;
import java.net.URI;
import java.util.HashSet;
import java.util.StringTokenizer;

import org.apache.hadoop.conf.Configuration;
import org.apache.hadoop.filecache.DistributedCache;
import org.apache.hadoop.fs.Path;
import org.apache.hadoop.io.IntWritable;
import org.apache.hadoop.io.Text;
import org.apache.hadoop.mapreduce.Job;
import org.apache.hadoop.mapreduce.Mapper;
import org.apache.hadoop.mapreduce.Reducer;
import org.apache.hadoop.mapreduce.lib.input.FileInputFormat;
import org.apache.hadoop.mapreduce.lib.output.FileOutputFormat;

public class AdvancedWordCount {

  public static class TokenizerMapper
      extends Mapper<Object, Text, Text, IntWritable>{

    private final static IntWritable one = new IntWritable(1);
    private Text word = new Text();

    private HashSet<String> keyWord;
    private Path[] localFiles;


    // 此函数在每个 Map Task 启动之后立即执行（此处因使用新
    //API--org.apache.hadoop.mapreduce.Mapper, 所以此函数名是 setup 而不是
    // 旧 API 中的 configure, 有疑问可查看 API）
    public void setup (Context context
            ) throws IOException, InterruptedException {
```

```
            keyWord = new HashSet<String>();
            Configuration conf = context.getConfiguration();
            localFiles = DistributedCache.getLocalCacheFiles(conf);

                    // 将缓存文件内容读入到当前 Map Task 的全局变量中
            for(int i = 0; i < localFiles.length; i++){
                    String aKeyWord;
                    BufferedReader br = new BufferedReader(new FileReader
                        (localFiles[i].toString()));
                    while ((aKeyWord = br.readLine()) != null) {
                            keyWord.add(aKeyWord);
                    }
                    br.close();
            }
    }

    // 根据缓存文件中缓存的无意义单词对输入流进行过滤
    public void map(Object key, Text value, Context context
                    ) throws IOException, InterruptedException {
      StringTokenizer itr = new StringTokenizer(value.toString());
      while (itr.hasMoreTokens()) {
       String aword = itr.nextToken();
       if(keyWord.contains(aword) == true)
              continue;
       word.set(aword);
       context.write(word, one);
      }
    }
}

public static class IntSumReducer
      extends Reducer<Text,IntWritable,Text,IntWritable> {
  private IntWritable result = new IntWritable();

  public void reduce(Text key, Iterable<IntWritable> values,
                    Context context
                    ) throws IOException, InterruptedException {
    int sum = 0;
    for (IntWritable val : values) {
      sum += val.get();
    }
    result.set(sum);
    context.write(key, result);
  }
}

public static void main(String[] args) throws Exception {

  Configuration conf = new Configuration();
```

```
// 将 HDFS 上的文件设置成当前作业的缓存文件
DistributedCache.addCacheFile(new URI("hdfs://localhost:9000/user/ubuntu/
    cachefile/KeyWord#KeyWord"), conf);
Job job = new Job(conf, "advanced word count");
job.setJarByClass(AdvancedWordCount.class);

job.setMapperClass(TokenizerMapper.class);
job.setCombinerClass(IntSumReducer.class);
job.setReducerClass(IntSumReducer.class);

job.setOutputKeyClass(Text.class);
job.setOutputValueClass(IntWritable.class);

FileInputFormat.addInputPath(job, new Path("input"));
FileOutputFormat.setOutputPath(job, new Path("output"));

System.exit(job.waitForCompletion(true) ? 0 : 1);
    }
}
```

附录 D

使用 ChainMapper 和 ChainReducer 的 MapReduce 程序

本章内容

- 程序场景
- 详细代码

D.1　程序场景

问题定义：过滤无意义单词（a、an 和 the 等）之后的文本词频统计。代码的具体做法：使用两个 Map 和一个 Reduce，第一个 Map 使用无意义单词数组对输入流进行过滤，第二个 Map 将过滤后的单词加上出现一次的标签之后输出，最后一个过程是 Reduce，对单词出现次数进行合计，并输出结果。需要注意的是 ChainMapper 和 ChainReducer 并不支持新的 Mapper 和 Reducer API（代码中也有说明），所以这个程序中使用的 API 都是旧的 API（在 1.0.1 上运行通过）。源代码的下载请到本书代码下载网址：http://datasearch.ruc.edu.cn/HadoopInAction/shiyandaima.html。

D.2　详细代码

```java
package cn.edu.ruc.cloudcomputing.book;

import java.io.IOException;
import java.util.HashSet;
import java.util.Iterator;
import java.util.StringTokenizer;

import org.apache.hadoop.fs.Path;
import org.apache.hadoop.io.IntWritable;
import org.apache.hadoop.io.LongWritable;
import org.apache.hadoop.io.Text;
import org.apache.hadoop.mapred.FileInputFormat;
import org.apache.hadoop.mapred.FileOutputFormat;
import org.apache.hadoop.mapred.JobClient;
import org.apache.hadoop.mapred.JobConf;
import org.apache.hadoop.mapred.MapReduceBase;
import org.apache.hadoop.mapred.Mapper;
import org.apache.hadoop.mapred.OutputCollector;
import org.apache.hadoop.mapred.Reducer;
import org.apache.hadoop.mapred.Reporter;
import org.apache.hadoop.mapred.TextInputFormat;
import org.apache.hadoop.mapred.TextOutputFormat;
import org.apache.hadoop.mapred.lib.ChainMapper;
import org.apache.hadoop.mapred.lib.ChainReducer;

public class ChainWordCount {

    public static class FilterMapper extends MapReduceBase implements
                                Mapper<LongWritable, Text, Text, Text>{

        private final static String [] StopWord =
                {"a", "an", "the", "of", "in", "and", "to", "at", "with", "as", "for"};
        private HashSet<String> StopWordSet;
```

```
// 此函数实现 Mapper 接口中的函数，每个 Map Task 启动之后立即执行（此处因使用
// 旧 API--org.apache.hadoop.mapred.Mapper，所以此函数名是 configure 而不是
// 新 API 中的 setup，使用旧 API 是因为 ChainMapper 和 ChainReducer 不支持新 Mapper //API。有
   疑问可查看 API)
        public void configure(JobConf job){
            StopWordSet = new HashSet<String>();
            for(int i = 0; i < StopWord.length; i++){
                    StopWordSet.add(StopWord[i]);
            }
        }
```

```
// 将输入流中的无意义单词过滤掉
    public void map(LongWritable key, Text value, OutputCollector<Text, Text>
collector,
    Reporter reportter) throws IOException {

            StringTokenizer itr = new StringTokenizer(value.toString());
            while (itr.hasMoreTokens()) {
                String aword = itr.nextToken();
            if(StopWordSet.contains(aword) == true)
                continue;
            collector.collect(new Text(aword), new Text(""));
            }
        }
}

    public static class TokenizerMapper extends MapReduceBase implements
            Mapper<Text, Text, Text, IntWritable>{

    private final static IntWritable one = new IntWritable(1);

        public void map(Text key, Text value, OutputCollector<Text, IntWritable>
        collector, Reporter reportter) throws IOException {

        collector.collect(key, one);

        }

}

public static class IntSumReducer extends MapReduceBase implements
    Reducer<Text,IntWritable,Text,IntWritable> {
    private IntWritable result = new IntWritable();

    public void reduce(Text key, Iterator<IntWritable> values, OutputCollector
<Text, IntWritable> collector, Reporter reportter) throws IOException {
    int sum = 0;
    while (values.hasNext()) {
            sum += values.next().get();
    }

        result.set(sum);
```

```
                collector.collect(key, result);
        }
    }

    public static void main(String[] args) throws Exception {

            JobConf job = new JobConf(ChainWordCount.class);
            job.setJobName("Chain Map Reduce");
            job.setJarByClass(ChainWordCount.class);
            job.setInputFormat(TextInputFormat.class);
            job.setOutputFormat(TextOutputFormat.class);

            // 将第一个过滤单词的 Map 加入作业流
            JobConf map1Conf = new JobConf(false);
            ChainMapper.addMapper(job, FilterMapper.class,
                                        LongWritable.class,
                                        Text.class,
                                        Text.class,
                                        Text.class,
                                        true,
                                        map1Conf);

        // 将第二个统计单词单次出现的 Map 加入作业流
        JobConf map2Conf = new JobConf(false);
        ChainMapper.addMapper(job,
                                TokenizerMapper.class,
                                Text.class,
                                Text.class,
                                Text.class,
                                IntWritable.class,
                                false,
                                map2Conf);

        // 将合并单词单次出现次数的 Reduce 设置成作业流唯一的 Reduce
        JobConf reduceConf = new JobConf(false);
        ChainReducer.setReducer(job,
                                IntSumReducer.class,
                                Text.class,
                                IntWritable.class,
                                Text.class,
                                IntWritable.class,
                                false,
                                reduceConf);

    FileInputFormat.addInputPath(job, new Path("input"));
    FileOutputFormat.setOutputPath(job, new Path("output"));
    JobClient.runJob(job);
    }
}
```